Trainingsrunde: Differenziert

- individuell parallel differenzieren

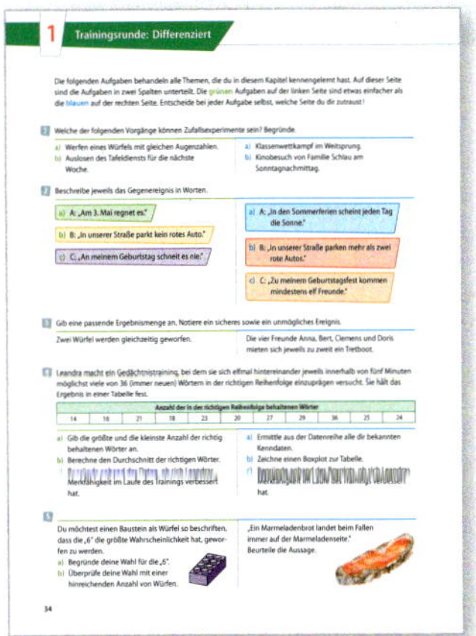

Trainingsrunde: Kreuz und quer

- fördern, ergänzen, vertiefen

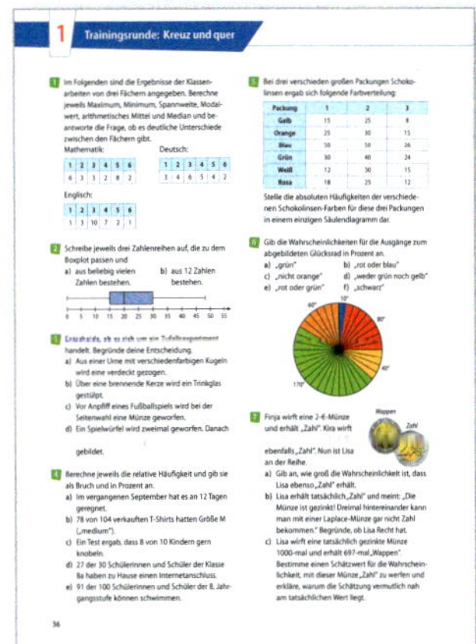

Am Ziel

- Kompetenzzuwachs erlebbar machen und sichern
- Abschlusstest mit Lösungen im Anhang

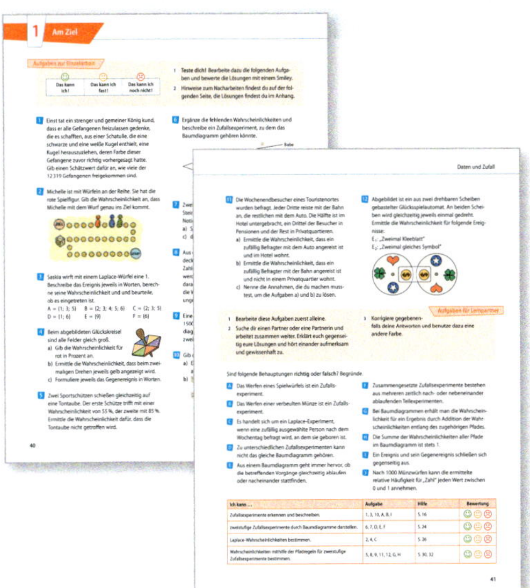

Auf einen Blick

- Grundwissen des Kapitels im Überblick

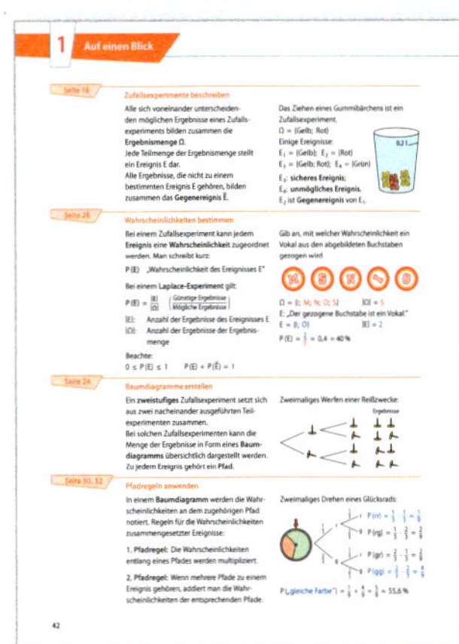

Der Anhang enthält die Lösung zu „Startklar" und „Am Ziel", einen Überblick über alle eingebundenen Mediencodes und eine Schulung zum Umgang mit Operatoren.

mathe.delta 8

Mathematik für das Gymnasium

Berlin/Brandenburg

C.C.Buchner

mathe.delta – Berlin/Brandenburg
Herausgegeben von Viola Adam und Michael Kleine

mathe.delta 8
Bearbeitet von Viola Adam, Johannes Basler, Michael Kleine, Karin Lemme, Jacqueline Pachal, Gabriela Reimann und Carsten Stoeter

Zu diesem Lehrwerk ist erhältlich:
- Digitales Schulbuch **click & study**, Einzellizenz, WEB-Bestell-Nr. 612381
- Digitales Lehrermaterial **click & teach** Einzellizenz, WEB-Bestell-Nr. 612481
- **Arbeitsheft** mit digitalen Übungen, ISBN 978-3-661-61243-0

1. Auflage, 1. Druck 2025
Alle Drucke dieser Auflage sind, weil untereinander unverändert, nebeneinander benutzbar.

Dieses Lehrwerk folgt den aktuellen Regelungen für Rechtschreibung und Zeichensetzung. Ausnahmen bilden Texte, bei denen künstlerische, philologische oder lizenzrechtliche Gründe einer Änderung entgegenstehen.
Teile des Lehrwerks wurden mithilfe gängiger Large Language Models erstellt oder bearbeitet. Sämtliche Inhalte wurden anschließend redaktionell geprüft, überarbeitet und verantwortet. Weitere Informationen finden Sie auf www.ccbuchner.de/ki-leitlinie

produktsicherheit@ccbuchner.de

Redaktion: Mark Georger
Layout und Satz: tiff.any GmbH & Co. KG, Berlin
Illustrationen: Jacqueline Urban, Berlin; Jennifer Wenzel, tiff.any GmbH & Co. KG, Berlin
Umschlag: tiff.any GmbH & Co. KG, Berlin
Druck und Bindung: Firmengruppe Appl, aprinta Druck, Wemding

www.ccbuchner.de

ISBN 978-3-661-**61238**-6

1 Daten und Zufall

2 Terme und Gleichungen

3 Lineare Funktionen

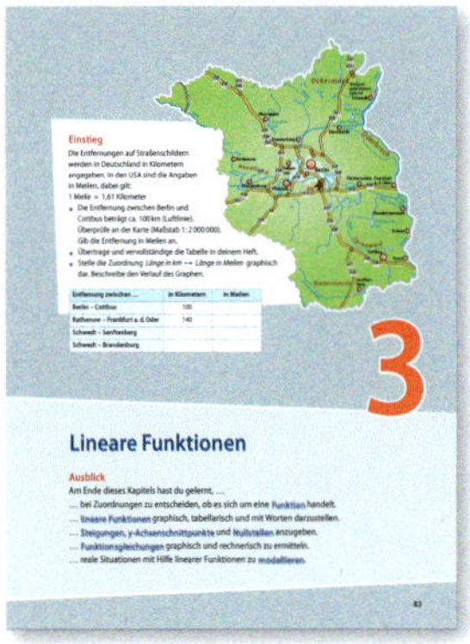

4 Maßstäbliches Vergrößern und Verkleinern

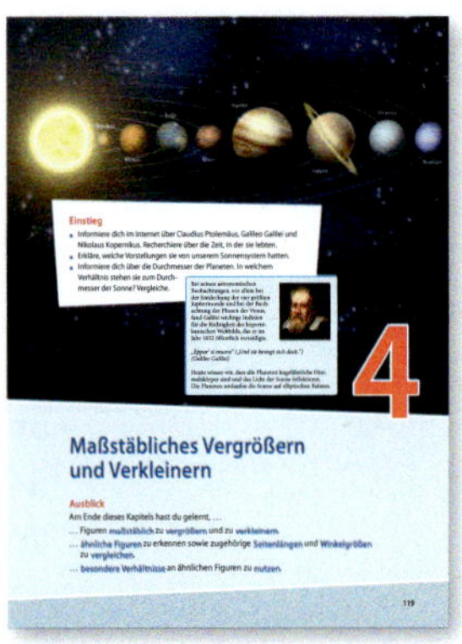

5 Satz des Pythagoras und Berechnungen an Pyramide und Kegel

6 Lineare Gleichungssysteme

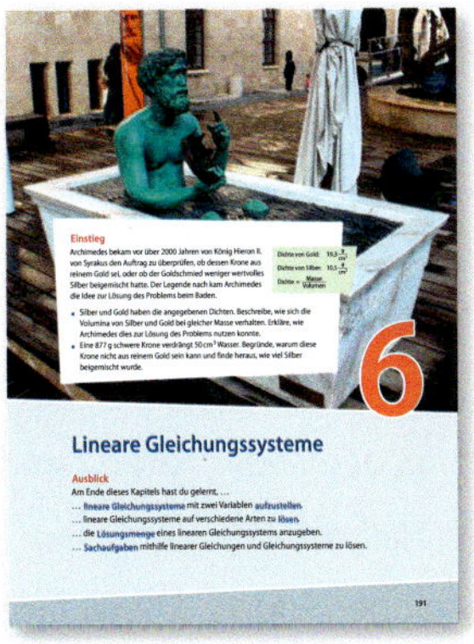

A Anhang

$\mathbb{N}$	Menge der natürlichen Zahlen
$\mathbb{Z}$	Menge der ganzen Zahlen
$\mathbb{Q}^+$	Menge der positiven rationalen Zahlen
$\mathbb{Q}$	Menge der rationalen Zahlen
D	Definitionsmenge, Definitionsbereich
W	Wertebereich
L	Lösungsmenge
{ }	Leere Menge
{a; b; c}	Menge mit den Elementen a, b und c
$\mathbb{Q}\backslash\{a; b\}$	Menge $\mathbb{Q}$ ohne die Elemente a und b
$a \in \mathbb{Q}$	a ist Element von $\mathbb{Q}$
$a \notin \mathbb{Q}$	a ist kein Element von $\mathbb{Q}$
[a; b]	geschlossenes Intervall
]a; b[	offenes Intervall
]a; b], [a; b[	halboffene Intervalle
=	gleich
$\neq$	ungleich
$\approx$	ungefähr gleich
>	größer als
<	kleiner als
$\geq$	größer oder gleich
$\leq$	kleiner oder gleich
$\widehat{=}$	entspricht
a^n	Potenz: „a hoch n"
$\sqrt{a}$	(Quadrat-)Wurzel aus a
$\frac{a}{b}$	Bruch mit Zähler a und Nenner b
a : b	Verhältnis zwischen Längen a und b
%	Prozent
H (Z)	absolute Häufigkeit, mit der das Ergebnis Z (z. B. Zahl) vorkommt
h (Z)	relative Häufigkeit, mit der das Ergebnis Z (z. B. Zahl) vorkommt
$\tilde{x}$	Median bzw. Zentralwert
x_{mod}	Modalwert, Modus
$\bar{x}$	arithmetisches Mittel
Ω	Ergebnismenge eines Zufallsexperiments
P (E)	Wahrscheinlichkeit Ereignis E
$P(\bar{E})$	Wahrscheinlichkeit Gegenereignis $\bar{E}$

$\lvert n \rvert$	Betrag der Zahl n
y, f (x)	Funktionsterm
x_0	Nullstelle einer Funktion
m	Steigung einer Funktion; Änderungsrate
n	y-Achsenabschnitt einer Funktion; absolutes Glied
P, A, …	Punkte
P (x | y)	Punkt P mit den Koordinaten x und y
AB, g, h, …	Geraden, Halbgeraden (Strahlen)
$\overline{PQ}$	Strecke mit den Endpunkten P und Q, auch Länge der Strecke
LE	Längeneinheit
$\sphericalangle$ BAC	Winkel mit dem Scheitel A, dem 1. Schenkel AB und dem 2. Schenkel AC
$\alpha, \beta, \gamma, \ldots$	Winkelbezeichnungen
°	Grad, Maßeinheit für Winkel (z. B. 30°)
Z	Streckungszentrum
k	Streckungsfaktor
$A \sim B$	Die Figur A ist ähnlich zur Figur B
h	Körperhöhe
h_a	Seitenhöhe; senkrecht zur Seite a
s	Seitenkante (Pyramide) bzw. Mantellinie (Kegel)
A	Flächeninhalt
A_G	Flächeninhalt der Grundfläche
A_M	Flächeninhalt der Mantelfläche
A_O	Oberflächeninhalt
V	Volumen, Rauminhalt
d	Durchmesser des Kreises
u	Umfangslänge
r	Radius des Kreises
π	Kreiszahl, $\pi \approx 3{,}14$
$\perp$	senkrecht auf; orthogonal zu
$\parallel$	parallel zu
$\mapsto$	ist zugeordnet
$\Rightarrow$	daraus folgt
$\Leftrightarrow$	ist äquivalent zu

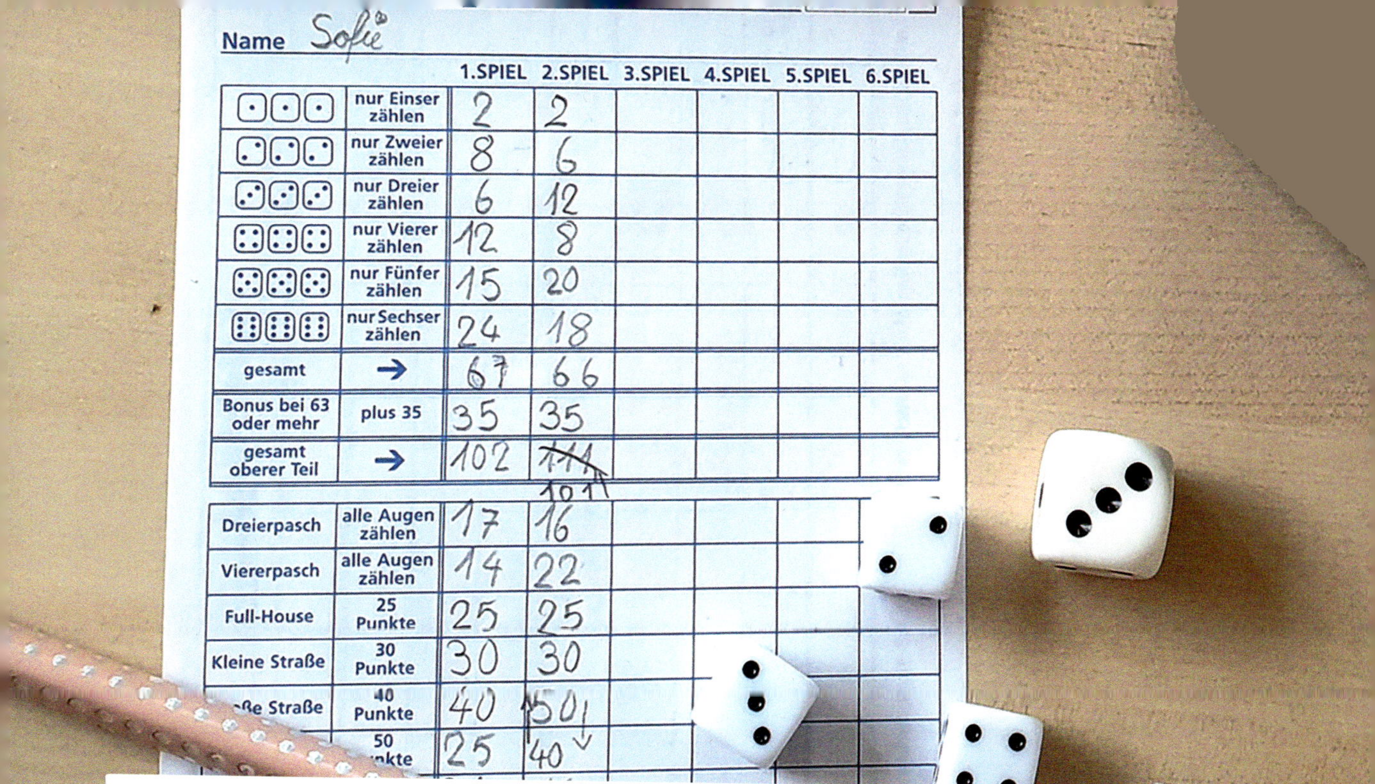

Einstieg

- Sicherlich kennst du ein Spiel mit fünf Würfeln, bei denen man in drei Versuchen bestimmte Muster oder Anzahlen würfelt. Beschreibe die Spielregeln für ein solches Spiel.
- Auf dem Spielbogen erkennst du, dass eine „kleine Straße" weniger Punkte bringt als eine „große Straße" oder 5 gleiche Augenzahlen (50 Punkte). Finde Argumente für die unterschiedlichen Punkte.
- Stell dir vor, du hast bei deinem ersten Wurf das im Foto dargestellte Würfelergebnis erzielt. Erkläre, auf welches Ziel des Spiels du zu gehen versuchst.
- Weil hier schon drei 3er gewürfelt wurden und keine 5, glaubt Marie, dass man beim nächsten Wurf eher eine 5 erwarten könne. Beurteile Maries Aussage.

1

Daten und Zufall

Ausblick

Am Ende dieses Kapitels hast du gelernt, …

… **Zufallsexperimente** zu **beschreiben**.

… **Wahrscheinlichkeiten** zu **schätzen**.

… **Wahrscheinlichkeiten** auf verschiedene Arten zu **bestimmen**.

… **Baumdiagramme** als Hilfsmittel zu **nutzen**.

Vorwissen

Erklärvideo
Mediencode 61238-01

Grundbegriffe der Prozentrechnung

Größen in der Prozentrechnung:
- Grundwert G: Das Ganze entspricht 100 %.
- Prozentwert W: Der Teil, den man mit dem Ganzen (also dem Grundwert G) vergleicht.
- Prozentsatz p %: Der Anteil vom Ganzen (also vom Grundwert G), den man in % angibt.

Beispiel:
8 Kinder von 25 Kindern sind $\frac{8}{25} = \frac{32}{100}$, also 32 %.

- 8 Kinder → Prozentwert W: Teil vom Ganzen; absolute Häufigkeit
- 25 Kindern → Grundwert G: das Ganze; Gesamtanzahl
- 32 % → Prozentsatz p %: Anteil (Bruchteil) in %; relative Häufigkeit in %

Grundaufgaben der Prozentrechnung

Bei der Prozentrechnung können die **Eigenschaften direkter Proportionalitäten** ausgenutzt werden, um fehlende Angaben zu ermitteln:

Prozentwert $W = G \cdot p\,\%$

Prozentsatz $p\,\% = \frac{W}{G}$

Grundwert $G = \frac{W}{p\,\%}$

Beispiele:
- In einem Hotel mit 250 Zimmern sind 80 % der Zimmer belegt.
  Berechne die Anzahl der belegten Zimmer.
  $W = G \cdot p\,\%$ $\quad W = 250 \cdot 80\,\% = 200$
  200 Betten sind belegt.
- 56 von 80 Kunden sind mit dem neuen Produkt zufrieden.
  Berechne, wie viel Prozent der Kunden zufrieden sind.
  $p\,\% = \frac{W}{G}$ $\quad p\,\% = \frac{56}{80} = 0{,}7 = 70\,\%$
  70 % der Kunden sind zufrieden.
- Eine Anzahlung von 150 € entspricht 40 % des Reisepreises.
  Berechne die Höhe des Reisepreises.
  $G = \frac{W}{p\,\%}$ $\quad G = \frac{150}{0{,}4} = 375$
  Der Reisepreis beträgt 375 €.

Absolute und relative Häufigkeiten von Daten bestimmen

Erklärvideos
Mediencode 61238-02

Daten kann man in einer **Urliste** (ungeordnete Aufzählung aller Daten), **Strichliste** (Abzählen der Daten durch Striche) oder in einer **Häufigkeitstabelle** (Angabe der Daten als absolute oder relative Häufigkeit) darstellen.

Beispiel:

Strichliste:

Anna	||||
Nikos	|||
Lisa	卌 |

Häufigkeitstabelle:

Name	Anzahl
Anna	4
Nikos	3
Lisa	6

Die **absolute Häufigkeit H** ist die tatsächliche Anzahl, wie oft ein Ergebnis vorkommt.

Datenreihe als Urliste:
1; 2; 6; 3; 6; 4; 5; 3; 2; 4; 6; 3
absolute Häufigkeit von „6“: $H(6) = 3$

Die **relative Häufigkeit h** ist der Anteil eines Ergebnisses in Bezug auf die Gesamtzahl der Ergebnisse.

relative Häufigkeit von „6“:

$$h(6) = \frac{\text{absolute Häufigkeit für 6}}{\text{Gesamtanzahl aller Zahlen}} = \frac{3}{12} = \frac{1}{4}$$

Vorwissentest

🙂	😐	🙁
Das kann ich!	Das kann ich fast!	Das kann ich noch nicht!

Teste dich! Schau dir dazu zunächst die bereits bekannten Inhalte auf der linken Seite an. Bearbeite die Aufgaben und bewerte deine Lösungen. Die Ergebnisse findest du im Anhang.

1 Ordne die Begriffe Grundwert G, Prozentwert W und Prozentsatz p % den Angaben im Text zu. Veranschauliche den Sachverhalt graphisch.

a) Die Klasse 8a hat 28 Schüler. 7 von ihnen fahren mit dem Rad zur Schule, das sind 25 %.

b) Ein Landschaftspark ist 1,2 ha groß. 15 % davon sind Wasserfläche, das sind 0,18 ha.

c) Beim Sommerfestverkauf werden 50 % der Einnahmen gespendet. Die Spende beträgt 60 €.

d) Auf einen Fernseher, der 980 € kostet, wird ein Nachlass von 5 % gegeben.

2 Berechne die fehlende Größe im Kopf.

a)
1. 25 % von 40 €
2. 10 % von 270 m
3. 20 % von 15 min
4. 60 % von 450 kg
5. 5 % von 420 €
6. 15 % von 300 t

b)
1. 27 von 100 Mädchen
2. 66 von 200 Autos
3. 56 kg von 800 kg
4. 250 kg von 0,75 t
5. 90 min von 2 h
6. 6 m von 10 m

c)
1. 24 m sind 50 %
2. 150 € sind 10 %
3. 2,5 t sind 25 %
4. 2,1 cm sind 1 %
5. 360 € sind 75 %
6. 1 h sind 60 %

3 a) Bei einer Grillfeier wurden für 290 € Steaks und für 196 € Würstchen verkauft. Berechne den Gewinn in € und %, wenn beim Einkauf der Grillsachen 360 € ausgegeben wurden.

b) Nach einem Unfall ist der Wert eines Neuwagens um 40 % gesunken. Bestimme den Wert des Autos, wenn es vor dem Unfall 14 500 € gekostet hat.

4 Eine Münze wird wiederholt geworfen. Die Urliste gibt an, ob Kopf (K) oder Zahl (Z) jeweils oben liegt.

Z; Z; K; Z; Z; Z; K; K; Z; K; K; Z; K; K; Z; K; K; Z; Z; K; Z; Z; Z; K; K; K; Z; K; K; Z; K; K; K; Z; K; K; Z; K; Z; Z; K; K; K; K; Z; Z; K; Z; K; K

a) Stelle die Urliste in einer Strichliste und in einer Häufigkeitstabelle dar.

b) Bestimme die absoluten und relativen Häufigkeiten für Kopf und Zahl.

5 Bestimme die zugehörigen relativen Häufigkeiten und gib sie in Prozent an:

a) Stimmen bei der Wahl des Schülersprechers: Mara: 248 Türkan: 413 Adnan: 339

b) Regentage im vergangenen Jahr: 146; Sonnentage im vergangenen Jahr: 73; restliche Tage: durchwachsenes Wetter.

Ich kann …	Aufgabe	Bewertung
Grundbegriffe der Prozentrechnung zuordnen.	1	🙂 😐 🙁
Grundaufgaben der Prozentrechnung berechnen.	2, 3	🙂 😐 🙁
absolute und relative Häufigkeiten berechnen.	4, 5	🙂 😐 🙁

1 Entdecken

Das Schere-Stein-Papier-Spiel

Das bekannte Schere-Stein-Papier-Spiel kann man auch als „Brettspiel" für zwei Personen spielen. Ziel des Spiels ist es, seine Spielfiguren im „Haus" des Gegners zu platzieren.

Arbeitsblatt
Mediencode 61238-03

Materialien:

- Ein Blatt Papier
- Einen Stift
- 6 Spielfiguren von einer Farbe und 6 Spielfiguren von einer anderen Farbe (falls keine Spielfiguren vorhanden sind, gehen auch Steine, Muscheln, …)

Vorbereitung:

- Verwendet die Vorlage hinter dem Mediencode.
- Stellt eure Figuren in der Startaufstellung auf.

① Startaufstellung

②

③

Spielregeln:

- Das Spiel beginnt in der Mitte des Spielfelds (siehe Bild oben).
- In jedem Durchgang wird eine Runde „Schere, Stein, Papier" gespielt. Der Gewinner von „Schere, Stein, Papier" wirft die Spielfigur seines Gegners, die direkt vor der eigenen Figur steht, raus und rückt auf das Spielfeld des Gegners vor (siehe Bild oben).
- „Schere, Stein, Papier": Auf einen Countdown (z. B. „3, 2, 1" oder „schnick, schnack, schnuck") entscheiden sich beide Spieler gleichzeitig für ein Symbol. Bei gleichen Symbolen muss die Runde wiederholt werden.
- Der Gewinner des ersten Durchgangs darf entscheiden, wo der nächste Angriff erfolgt (siehe Bild ②).

- Stein schlägt Schere
- Schere schlägt Papier
- Papier schlägt Stein

Spielziel:

Das Spiel ist zu Ende, wenn kein Angriff nach vorne mehr möglich ist (siehe Bild ③).
Wer am Ende am meisten Figuren im Haus des Gegners hat, hat gewonnen.

- Spiele das Schere-Stein-Papier-Spiel.
- **1** Überlege dir eine Strategie, um zu gewinnen.
  2 Spiele das Spiel erneut und teste nun deine Strategie.
  3 Erkläre, warum deine Strategie erfolgreich oder auch nicht erfolgreich war.
- Jona und Finnja haben das Spiel ganz oft gespielt. Insgesamt haben sie dabei 500-mal „Schere, Stein, Papier" gespielt. Schätze, wie oft es zu einem Unentschieden gekommen ist.

Medien & Werkzeuge

Simulation: „Schere, Stein, Papier"

Wir simulieren im Folgenden „Schere, Stein, Papier" mithilfe eines Tabellenkalkulationprogramms. Unser Ziel ist es herauszufinden, wie oft es bei 500 Runden zu einem Unentschieden kommt. Für die Simulation werden folgende Befehle benötigt:

„=ZUFALLSBEREICH(1;3)"
(Eine ganze Zufallszahl von 1 bis 3 wird erzeugt.)

„=Wenn(BEDINGUNG; DANN; ANSONSTEN)"
(Wenn die BEDINGUNG erfüllt ist, DANN fülle die Zelle mit diesem Inhalt. ANSONSTEN mit diesem Inhalt.)

„=ZÄHLENWENN(BEREICH; BEDINGUNG)"
(Die Anzahl der jeweiligen Augensumme wird gezählt.)

Vorgehen:
- Erstelle Tabellenblatt **1**.
- Erstelle Tabellenblatt **2**. Hier wird die Zufallszahl in „Schere", „Stein" oder „Papier" übersetzt.
- Erstelle Tabellenblatt **3** und erweitere die Tabelle auf 500 Runden.

1

	A	B	C
1		**„Schere, Stein, Papier"**	
2			
3		Schere:	1
4		Stein:	2
5		Papier:	3
6			
7	**Runde**	**Spieler 1**	**Spieler 2**
8	1	=ZUFALLSBEREICH{1;3}	1
9	=A8+1	3	3
10	3	1	3
11	4	2	2

2

…(B8=2;"Stein";"Papier"))

	A	B	C	D	E
1		**„Schere, Stein, Papier"**			
2					
3		Schere:	1		
4		Stein:	2		
5		Papier:	3		
6					
7	**Runde**	**Spieler 1**	**Spieler 2**	**Spieler 1**	**Spieler 2**
8	1	2	3	=WENN(B8=1;"Schere";WENN …	Papier
9	2	1	2	Schere	Stein
10	3	1	3	Schere	Papier
11	4	2	3	Stein	Papier

3

…(F8:F507"Unentschieden")

	A	B	C	D	E	F	G	H	I	J
1		**„Schere, Stein, Papier"**								
2										
3		Schere:	1							
4		Stein:	2							
5		Papier:	3							
6										
7	**Runde**	**Spieler 1**	**Spieler 2**	**Spieler 1**	**Spieler 2**	**Unentschieden**				
8	1	3	2	Papier	Stein	=WENN(D8=E8;"Unentschieden";" ")				
9	2	1	1	Schere	Schere	Unentschieden			**Anzahl**	**rel. Häufigkeit**
10	3	2	3	Stein	Papier			**Unentschieden**	=ZÄHLENWENN…	=I10/I12
11	4	3	3	Papier	Papier	Unentschieden				
12	5	1	3	Schere	Papier			**Gesamtanzahl**	500	

- Vergleiche das Ergebnis der Simulation mit deiner Schätzung.
- Berechne die relative Häufigkeit für „Unentschieden". Erkläre, was dir auffällt.

1.1 Umgang mit Daten

Entdecken

In einer Klasse vergleichen die Schülerinnen und Schüler die Anzahl der WhatsApp-Nachrichten miteinander, die in der letzten Woche verschickt wurden.

- Erstelle eine Rangliste.
- Beschreibe die Anzahl verschickter WhatsApp-Nachrichten mithilfe bekannter Kennwerte.

Verschickte WhatsApp-Nachrichten					
23	45	8	77	65	34
12	51	34	21	101	12
17	49	31	27	121	14
22	76	21	63	11	65

Verstehen

Du kennst bereits verschiedene Möglichkeiten, um eine Datenreihe mithilfe von Kennzahlen zu beschreiben.

Erklärvideo

Mediencode 61238-04

Merke

Um zu erfahren, wie weit die Daten auseinanderliegen, verwendet man den größten Wert der Datenreihe als Maximum und den kleinsten Wert als Minimum. Die Differenz dieser beiden Werte wird Spannweite genannt.

Spannweite = Maximum − Minimum

Durch die Angabe eines **Mittelwertes** versucht man, einen Wert zu bestimmen, der typisch ist für die Datenreihe. Häufig verwendete Mittelwerte:

- Der Modalwert x_{mod} ist der Wert, der am häufigsten vorkommt.
  Kommt jeder Wert nur einmal vor, bestimmt man keinen Modalwert.
  Kommen mehrere Werte gleich häufig vor, gibt es mehrere Modalwerte.
- Der Median $\tilde{x}$ ist der Wert in der Mitte einer geordneten Datenreihe.
- Das arithmetische Mittel $\bar{x}$ verteilt die Summe aller Einzelwerte gleichmäßig auf alle Werte: $\bar{x} = \frac{\text{Summe aller Einzelwerte}}{\text{Anzahl der Einzelwerte}}$.

Beispiel

Ein Vergleich von Schuhgrößen der Jungen der Klasse 8b ergibt folgende Urliste:
38; 39; 37; 40; 42; 38; 40; 36; 39; 39; 38; 41; 38; 37.
Stelle die Daten in einem Diagramm dar und beschreibe sie anhand von Kennwerten.

Lösung:

Rangliste: 36; 37; 37; 38; 38; 38; 38; | 39; 39; 39; 40; 40; 41; 42

Median: 38,5

Gibt es zwei mittlere Werte, so wählt man als Median die Zahl in der Mitte zwischen diesen beiden Werten.

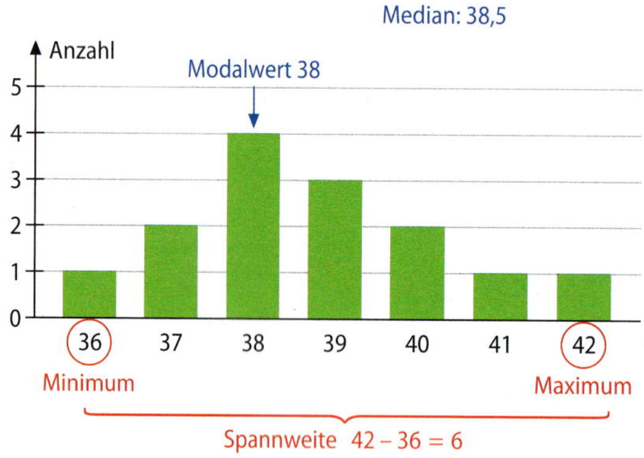

arithmetisches Mittel:

$$\bar{x} = \frac{36 + 37 + 37 + \ldots + 41 + 42}{14} \approx 38{,}7$$

Im Durchschnitt hat jede der 14 Personen etwa die Schuhgröße 39.

Nachgefragt

- Nenne Alltagsbeispiele, bei denen eine möglichst große (möglichst kleine) Spannweite erwünscht ist. Beispiel: Beim Abfüllen von Getränkedosen ist eine möglichst geringe Spannweite der Abweichungen des Inhalts notwendig.
- Der Median wird oft als Zentralwert bezeichnet. Finde eine Begründung.

Aufgaben

1 Gib den Modalwert sowie, falls möglich, den Median und das arithmetische Mittel an.

a) Affe, Pferd, Kamel, Pferd, Esel, Hund, Kamel, Katze, Affe, Hund, Kamel, Katze
b) 2; 5; 3; 7; 8; 3; 8; 2; 5; 9; 1; 7; 3; 5; 3; 2; 1; 9
c) 5 ct; 2 ct; 10 ct; 50 ct; 2 ct; 2 ct; 1 ct; 10 ct; 5 ct; 10 ct
d) BMW, Audi, Mercedes, Audi, Opel, Mercedes, BMW, Opel, VW, VW
e) 
f) 3 kg; 2000 g; 4 kg; 7 kg; 9 kg; 1 kg; 3 kg; 5 kg

2 Übertrage ins Heft und vervollständige.

Achte auf gleiche Einheiten.

	Daten							$\bar{x}$	$\tilde{x}$
a)	2 €	3 €	5 €	1 €	6 €	350 ct	7,50 €		
b)	100 m	250 m	75 m	0,3 km	125 m	50 m	500 m		
c)	14 kg	26 kg	83 kg	42 kg	9 kg	55 kg	0,044 t		
d)	50 m²	420 m²		170 m²	60 m²	350 m²	200 m²	200 m²	
e)	4 ℓ	6 ℓ	9 ℓ	2 ℓ		5 ℓ		5 ℓ	

Erklärvideos
Mediencode 61238-05

3 Berechne das arithmetische Mittel. Erläutere seine Bedeutung für den Datensatz.

a) 200-m-Trainingsläufe: 24,2 s; 24,81 s; 24,9 s; 25,6 s
b) Schuhgrößen: 33; 36; 35; 36; 31; 34,5
c) Tageshöchsttemperaturen einer Woche: 29 °C; 28 °C; 25 °C; 26,5 °C; 31 °C; 27,5 °C; 22 °C
d) Preise für eine Pizza: 8,40 €; 9,25 €; 11,80 €; 10,50 €; 12,75 €; 9,80 €; 14,75 €

4 Im Internet können Spitzenköche mit ein bis fünf Sternen bewertet werden. Paul de la Cuisine hat 21-mal einen Stern, 44-mal zwei Sterne, 13-mal drei Sterne, 26-mal vier und 54-mal fünf Sterne erhalten. Bestimme einen sinnvollen Mittelwert der Bewertungen. Begründe, welchen Mittelwert du verwendest.

Alles klar?

5

8,0	6,0	3,2	3,2	3,2	3,6	4,0	5,2	5,6	5,6	6,0	2,8

a) Ermittle für die gegebene Datenreihe den Median und das arithmetische Mittel.
b) Verändere genau einen Wert der Datenreihe so, dass das arithmetische Mittel kleiner als der Median ist, und gib dann für die neue Datenreihe die beiden statistischen Kenngrößen an.
c) Nachgefragt: Verändere genau einen Wert der Datenreihe so, dass der Median und das arithmetische Mittel gleich groß sind. Beschreibe dein Vorgehen.

6 Isa und Niam unterhalten sich.

In der Zeitung steht, dass jeder Deutsche pro Jahr durchschnittlich acht Liter Eis isst.

Wie die Leute von der Zeitung wohl zu dieser Aussage kommen?

Hast du eine Idee? Erläutere sie.

7

Mathematik und Sprache: Fachsprache anwenden

Matti hat zur Wiederholung seine Mathematikmappe aus der 7. Klasse durchgeschaut und festgestellt, dass er da einiges durcheinandergebracht hat. Hilf ihm, die Sätze so umzuschreiben, dass sie sinnvoll und richtig sind.

- Eine **Rangliste** ist eine unsortierte Liste von Ergebnissen einer Datenumfrage.
- Das **Maximum** einer Datenreihe ist der Wert, der in der Mitte liegt.
- Die **Spannweite** ist die Anzahl der Teilnehmer einer Umfrage.
- Der **Modalwert** ist der größte Wert einer Datenreihe.
- Das **Minimum** einer Datenreihe ist der am wenigsten vorkommende Wert.
- Der **Median** ist die Summe aller Einzelwerte geteilt durch die Anzahl der Einzelwerte.
- Eine **Urliste** ist eine sortierte Liste von Ergebnissen einer Umfrage.
- Das **arithmetische Mittel** einer Datenreihe ist die Differenz des größten und des kleinsten Wertes der Datenreihe.

Durchschnitt = arithmetisches Mittel

8 Der Klassendurchschnitt einer Mathearbeit war 3,0. Furat hat eine 2 geschrieben.

a) Gib an, welche der folgenden Aussagen falsch und welche richtig sind. Gib an, bei welchen Aussagen eine Beurteilung nicht sicher möglich ist.

A Jemand hat eine 4 geschrieben.

B Mindestens einer war besser als Furat.

C Es gab mindestens eine Note schlechter als 2.

D Es gibt genau so viele, die besser waren als Furat, wie solche, die schlechter waren.

b) Ermittle, welche Noten für ▢ eingesetzt werden können, damit sich 3,0 als Durchschnitt ergibt.

1 3; ▢; 2; 1; 1; 3; ▢; 4; 5 **2** 1; 1; 2; 2; 5; 4; 3; ▢; ▢; ▢

c) Miriam kann den Durchschnitt folgender Noten jeweils ganz schnell im Kopf ausrechnen. Beschreibe, wie sie das machen könnte.

1 1; 2; 3; 4; 5 **2** 1; 2; 3; 1; 2; 3; 4; 5; 6

9 **a)** Gib an, wie viele Gummibärchen du von jeder Farbe in der Abbildung findest. Schätze möglichst geschickt und erstelle eine Häufigkeitstabelle.

b) Ermittle die relative Häufigkeiten, mit denen die Farben jeweils auftreten. Runde geeignet.

c) Zeichne ein Diagramm, das einen schnellen Überblick über die Farbverteilung der Gummibärchen ermöglicht.

10 **Mathematik und Sprache: Fachsprache anwenden**

Eine weitere Möglichkeit zur Veranschaulichung von Daten ist der **Boxplot**. Diese Art der Darstellung kennst du bereits aus Klasse 7. Levi hat sich anhand eines Beispiels eine Schritt-für-Schritt-Anleitung zum Erstellen von Boxplots erstellt.

1 3; 5; 2; 0; 5; 4; 3; 3; 6; 3; 2; 5; 2; 2; 5
2 0; 0; 2; 2; 2; 3; 3; 3; 3; 4; 5; 5; 5; 5; 6
3 0 0; 2; 2 2; 3; 3; 3 3; 4; 5; 5 5; 5; 6
4

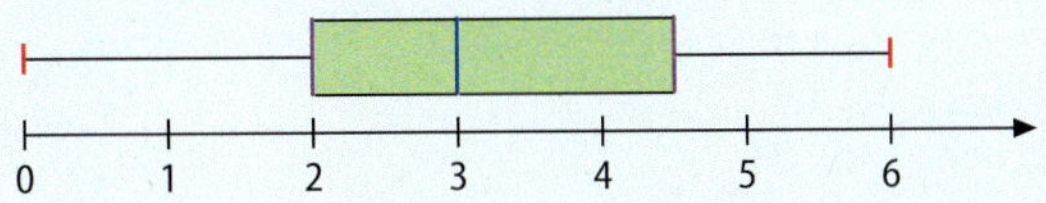

a) Erkläre zu jedem Schritt genau, wie man vorgeht. Verwende dabei die folgenden Begriffe:

Urliste | Rangliste | Minimum | Maximum | oberes Quartil | unteres Quartil | Median | Box | Antennen

b) Erkläre, wann ein Boxplot gegenüber einem anderen Diagramm Vorteile hat.

Erklärvideo
Mediencode 61238-06

Unteres Quartil = Median der unteren Hälfte
Oberes Quartil = Median der oberen Hälfte

11 Ole und Karim haben ihre Reaktionszeit jeweils 100-mal getestet. Die Tabelle zeigt jeweils die ersten 15 und die letzten 15 Ergebnisse in Hundertstelsekunden:

Ole	**1**	**2**	**3**	**4**	**5**	**6**	**7**	**8**	**9**	**10**	**11**	**12**	**13**	**14**	**15**
	71	63	42	53	32	32	38	41	40	37	35	42	33	47	32
	86	**87**	**88**	**89**	**90**	**91**	**92**	**93**	**94**	**95**	**96**	**97**	**98**	**99**	**100**
	31	27	23	26	28	20	18	19	29	22	24	19	26	27	20
Karim	**1**	**2**	**3**	**4**	**5**	**6**	**7**	**8**	**9**	**10**	**11**	**12**	**13**	**14**	**15**
	30	32	27	28	27	26	24	32	26	19	22	18	21	24	25
	86	**87**	**88**	**89**	**90**	**91**	**92**	**93**	**94**	**95**	**96**	**97**	**98**	**99**	**100**
	21	20	20	20	24	17	18	19	19	20	24	25	27	26	20

a) Veranschauliche die Werte für Ole und Karim für die ersten und für die letzten 15 Durchgänge jeweils in einem Boxplot.

b) Lies möglichst viele Informationen aus den Diagrammen ab. Vergleiche auch die Reaktionszeiten von Ole und Karim.

Du kannst auch digitale Werkzeuge verwenden, um Boxplots zu erstellen:

Arbeitsblatt
Mediencode 61238-07

12

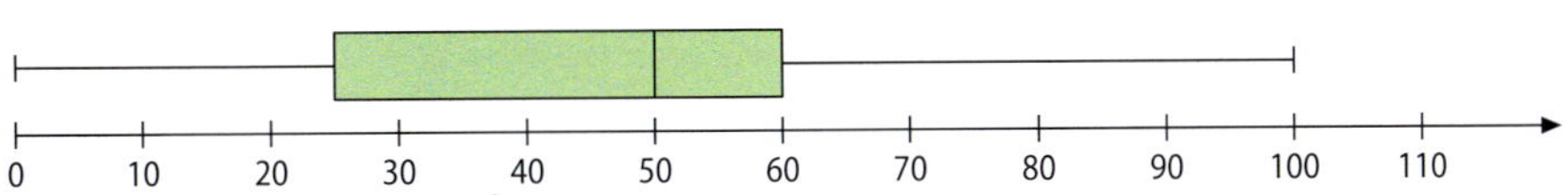

a) Erfinde zu dem Boxplot eine passende Datenreihe mit mindestens neun Werten.

b) Gib begründet Werte aus der Datenreihe in a) an, die du verändern kannst, ohne dass sich der Boxplot ändert.

1.2 Zufallsexperimente beschreiben

Entdecken

Die Klasse 8b hat ein Glücksrad aufgebaut.

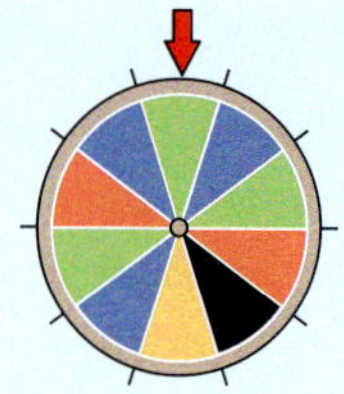

Gewinn	Felder
Sporttasche	Rot
Spielkarten	Blau
Taschenrechner	Gelb
T-Shirt	Grün
Gutschein	Schwarz

- Karin versucht ihr Glück und dreht. Das Rad bleibt auf Blau stehen. Nenne den Gewinn von Karin.
- David sagt: „Auf Dauer gibt es öfter T-Shirts als Gutscheine zu gewinnen." Erkläre, warum er Recht hat.
- Gib an, welchen Gewinn man am häufigsten (seltensten) bekommen wird. Begründe.

Verstehen

Zufällige Vorgänge gibt es z. B. beim Werfen eines Spielwürfels oder beim Werfen einer Münze.

Merke

Ein **Zufallsexperiment** ist ein Versuch, der **nach festgelegten Regeln** immer gleich durchgeführt wird und dessen **Ausgänge nicht vorhersagbar** sind. Beispiele für Zufallsexperimente sind das Drehen eines Glücksrads oder das Werfen einer Münze.

- Mögliche Ausgänge eines Zufallsexperiments nennt man **Ergebnisse**.
- Alle möglichen Ergebnisse eines Zufallsexperiment bilden zusammen die Ergebnismenge Ω.
- Betrachtet man nur eine Teilmenge aus der Ergebnismenge, so erhält man ein Ereignis E.
- Alle Ergebnisse eines Zufallsexperiments, die nicht zu einem Ereignis E gehören, bilden das Gegenereignis $\overline{E}$.

Beispiel:
Das abgebildete Glücksrad mit fünf gleich großen Feldern wird gedreht.

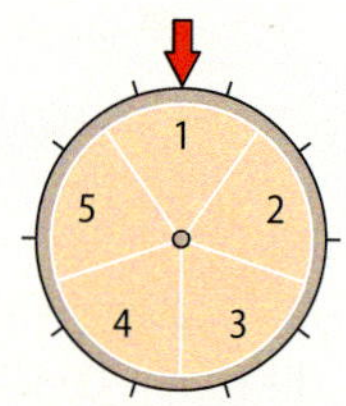

Ergebnismenge: $\Omega = \{1, 2, 3, 4, 5\}$
Ereignis E: „Eine gerade Zahl wird gedreht" ist die Teilmenge $E = \{2, 4\}$.
Das Gegenereignis sind alle Ergebnisse, die nicht zu E gehören: $\overline{E} = \{1, 3, 5\}$.

Erklärvideo
Mediencode
61238-08

Beispiel

Das abgebildete Glücksrad wird ein Mal gedreht. Stelle die folgenden Mengen auch graphisch dar.

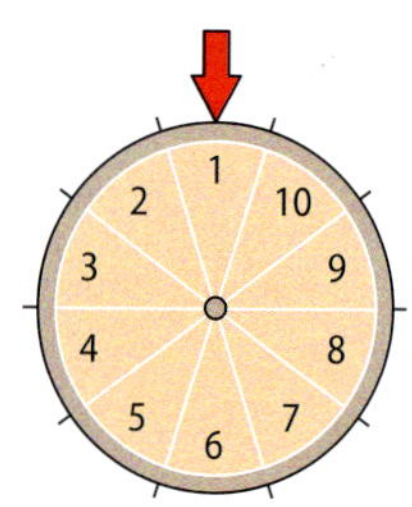

a) Gib die Ergebnismenge Ω an.
b) Gib zu jedem Ereignis die Ergebnisse und das zugehörige Gegenereignis als Menge und in Worten an.
   1 Die Zahl ist gerade.   **2** Die Zahl ist durch 3 teilbar.
c) Begründe, auf welches Ereignis du wetten würdest: **1** oder **2**?

Lösung:

a) $\Omega = \{1, 2, 3, 4, 5, 6, 7, 8, 9, 10\}$

Ein Mengendiagramm ist die Möglichkeit Ergebnisse darzustellen.

b) **1** $E_1 = \{2, 4, 6, 8, 10\}$
$\overline{E_1} = \{1, 3, 5, 7, 9\}$
$\overline{E_1}$: „keine gerade Zahl"

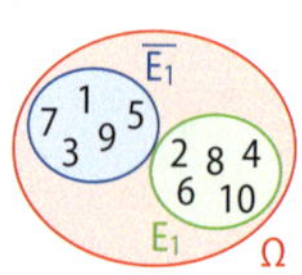

2 $E_2 = \{3, 6, 9\}$
$\overline{E_2} = \{1, 2, 4, 5, 7, 8, 10\}$
$\overline{E_2}$: „nicht durch 3 teilbar"

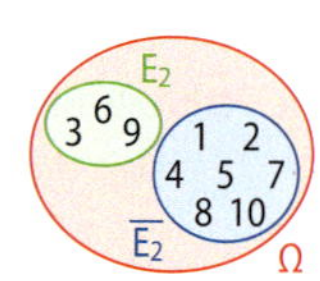

c) Ich würde auf Ereignis E_1 wetten, da es dort mehr mögliche Ergebnisse beim Drehen des Glücksrades gibt.

Nachgefragt

- Finde mindestens drei Beispiele für Zufallsexperimente in deiner Umwelt.
- Richtig oder falsch? Beim „blinden" Ziehen einer Spielkarte aus einem Kartenspiel handelt es sich um ein Zufallsexperiment. Begründe.

Aufgaben

1 Entscheide, welche der folgenden Vorgänge Zufallsexperimente sind. Erläutere deine Antwort.

a) „Würfeln" mit einem Reißnagel
b) Felix dreht ein Glücksrad.
c) Platzierung bei einem Tennisturnier
d) Du löst eine Mathematikaufgabe.
e) Der Trainer wählt Spieler aus.
f) Du würfelst einen Spielwürfel.

2

1

Gleichzeitiges Werfen zweier Spielwürfel

2

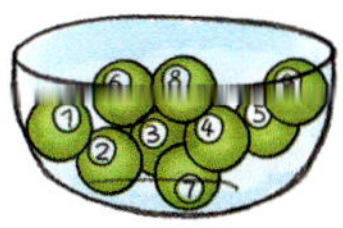

Einmaliges Ziehen einer Kugel aus der abgebildeten Urne

3

Würfeln mit einem Würfel mit acht gleich großen Flächen (Ziffern 1 bis 8)

a) Gib die Ergebnismenge zu den folgenden Zufallsexperimenten an.
b) Gib zu jedem Zufallsexperiment ein unmögliches Ergebnis an.
c) Gib zu jedem Zufallsexperiment die Ergebnisse E_1 bis E_4 als Teilmengen von Ω an.
E_1: „Die erhaltene Zahl ist durch 3 teilbar." E_2: „Die erhaltene Zahl ist kleiner als 2."
E_3: „Die erhaltene Zahl ist größer als 10." E_4: „Die erhaltene Zahl ist ungerade."
d) Nenne zu jedem Zufallsexperiment die Gegenereignisse E_1 bis E_4 in Worten und gib die Gegenereignisse als Teilmengen von Ω an.

Erinnere dich:
Quersumme von 375:
$3 + 7 + 5 = 15$

3 Bei einem Zufallsexperiment werden zwei Spielwürfel geworfen und ihre Augenzahlen so aneinandergelegt, dass eine möglichst kleine zweistellige Zahl entsteht.
a) Gib die Ergebnismenge Ω an.
b) Gib die Ergebnisse E_1 bis E_3 als Teilmengen von Ω an.
E_1: „Die Zahl ist eine Primzahl." E_2: „Die Zahl ist größer als 60." E_3: „Die Zahl ist durch 5 teilbar."

Alles klar?

4 Gib zu den Angaben mögliche Zufallsexperimente an. Untersuche die Zufallsexperimente im Hinblick auf die möglichen Ergebnisse. Formuliere jeweils das Gegenereignis.
a) „Lottes Geburtstag fällt dieses Jahr auf ein Wochenende."
b) „Unsere neue Klassenkameradin hat im Oktober Geburtstag."
c) „Tomasz ist jünger als 16 Jahre."

5 Nachgefragt: Luca hat beim Preisausschreiben einer großen Tageszeitung mitgemacht.

Wusstest du, dass diese Tageszeitung mehr als eine halbe Million Leser hat?

Dass ich den Hauptgewinn bekomme, ist dann wohl ein unmögliches Ergebnis.

Begründe, ob Luca Recht hat.

6 Nora überquert auf dem Weg zur Schule drei Straßen mit je einer Fußgängerampel.

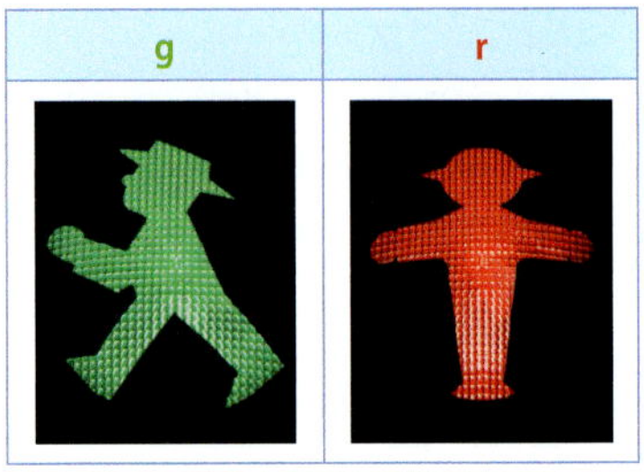

a) Gib alle Möglichkeiten an, wie Nora die Ampeln vorfinden könnte. Bestimme die Anzahl der möglichen Ergebnisse.

b) Gib zu den Ausgängen von 1, 2 und 3 eine Beschreibung in Worten an, die Gemeinsamkeiten dieser Ergebnisse berücksichtigt.

1 rrr; ggg   2 rrg; rgr; grr   3 ggg; rgg; ggr; grg; grr; rgr; rrg

7 Gib alle möglichen Ereignisse zu der angegebenen Ergebnismenge an.

a) $\Omega = \{\text{Zahl; Kopf}\}$

b) $\Omega = \{\text{Tor 1; Tor 2; Tor 3}\}$

c) $\Omega = \{\text{Norden; Osten; Süden; Westen}\}$

d) $\Omega = \{\text{Fr.; Sa.; So.}\}$

8 Beschreibe jeweils das Gegenereignis in Worten.

a) E_1: „An einem zufällig ausgewählten Tag beträgt die Höchsttemperatur über 20 °C."

b) E_2: „Bei einem Imbiss kostet ein Döner mindestens 7 und höchstens 8 Euro."

c) E_3: „Eine Zahl ist positiv und gerade."

Weiterdenken

Bei den Ergebnissen eines Zufallsexperiments können wir angeben, ob dieses Ergebnis überhaupt eintreten kann. Dabei kann ein Ergebnis „unmöglich", „möglich" oder „sicher" sein. Dasselbe kann auch für ein Ereignis gelten.

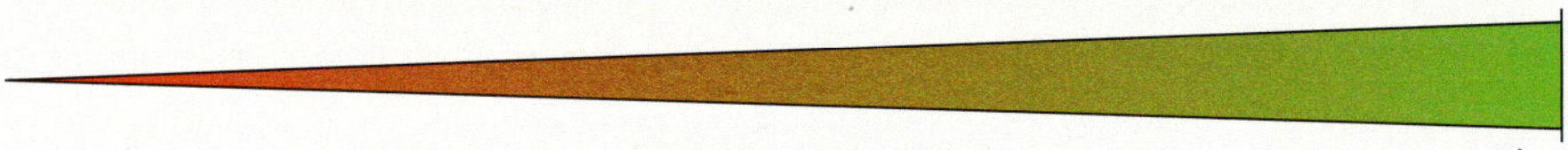

9

Mathematik und Sprache: Wahrscheinlichkeiten beschreiben

Übertrage eine solche Abbildung von unmöglich bis sicher in dein Heft.

a) Ordne an dem Streifen die folgenden Begriffe ein.

vielleicht | so gut wie sicher | gut möglich | eher unwahrscheinlich | fast unmöglich

b) Finde eigene Umschreibungen für unmögliche, mögliche und sichere Ergebnisse bzw. Ereignisse.

c) Vergleiche mit einer Partnerin oder einem Partner deine Einordnungen.

10 a) Beschreibe beim Werfen eines Spielwürfels mindestens einen

1 sicheren   2 möglichen   3 unmöglichen Ausgang.

b) Beschreibe beim Lottospiel „6 aus 49" mindestens einen

1 sicheren   2 möglichen   3 unmöglichen Ausgang.

11 Amalia sagt: „Das Gegenteil von einem sicheren Ausgang ist ein unmöglicher Ausgang." Stimmst du ihr zu? Überprüfe die Aussage, gib eine Antwort und begründe diese.

12 a) Übertrage die Tabelle ins Heft und vervollständige sie, indem du jeweils alle betrachteten Ergebnisse bestimmst.

	Ergebnisse
Zahl ist kleiner als 4.	
Zahl ist ungerade.	
Zahl ist größer als 5.	
Zahl ist größer als 0.	

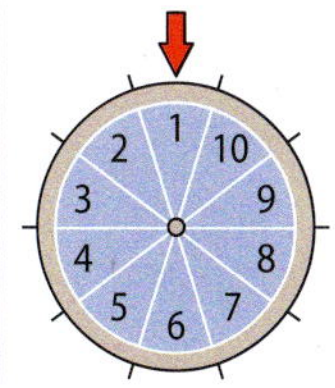

Mithilfe eines Bierdeckels und einer Nadel kannst du leicht selbst ein Glücksrad bauen. Probiere es aus!

b) Formuliere selbst Bedingungen, die …
1 sicher erfüllt sind.
2 unmöglich erfüllt werden können. Gib auch die Ergebnisse dazu an.

13 Bei einem Zufallsversuch sollen alle möglichen Ergebnisse lauten: blau, weiß und grün. Begründe, ob das Zufallsgerät zu einem solchen Zufallsversuch passt. Korrigiere die möglichen Ergebnisse, wenn dies nicht der Fall ist.

1 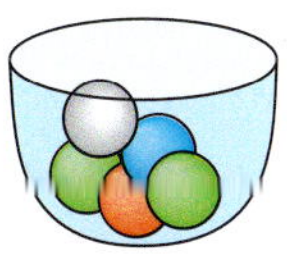
2 
3 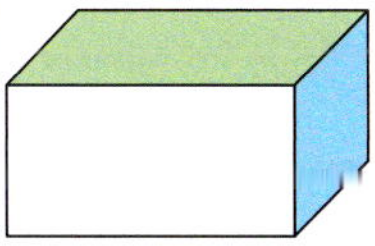

14 Ein Tetraeder-Würfel mit den Augenzahlen 1 bis 4 als Beschriftung wird geworfen.

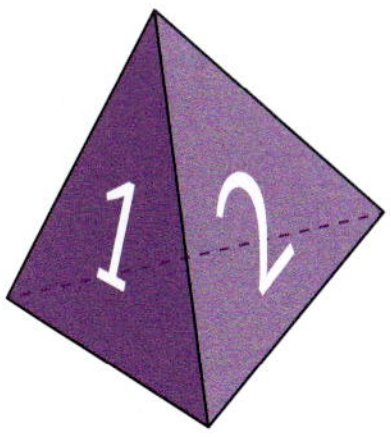

a) Gib alle möglichen Ergebnisse an.
b) Gib alle Ergebnisse an, die zur folgenden Angabe gehört: „ Die Augenzahl ist …
1 ungerade.“ 2 größer als 0.“ 3 keine Vier.“ 4 eine Sechs.“

15 Bei einem Experiment wird zuerst eine Münze geworfen, anschließend ein gewöhnlicher Spielwürfel.
a) Begründe, ob es sich hierbei um ein Zufallsexperiment handelt.
b) Gib die möglichen Ergebnisse an.

16 Auf dem Tisch liegen verdeckt diese fünf Karten. Eine Karte wird umgedreht.

a) Tilo notiert als mögliche Ergebnisse: Eis, 30, 14, Raupe, 10. Erkläre seine Fehler.
b) Gib jeweils alle möglichen Ergebnisse an.
1 „Auf der gezogenen Karte ist ein Tier abgebildet.“
2 „Auf der gezogenen Karte steht eine durch acht teilbare Zahl.“

17 In einem Beutel sind ein rotes, ein grünes und ein gelbes Gummibärchen. Gib zu den Zufallsexperimenten a) bis c) jeweils die Ergebnismenge sowie die Anzahl der möglichen Ereignisse an, wenn die Reihenfolge eine Rolle spielt.
a) Es wird einmal aus dem Beutel gezogen.
b) Es wird zweimal nacheinander ein Gummibärchen gezogen. Ein gezogenes Gummibärchen wird nicht wieder in den Beutel zurückgelegt.
c) Es wird dreimal nacheinander ein Gummibärchen gezogen, ein gezogenes Gummibärchen wird nicht wieder in den Beutel zurückgelegt.
d) Beschreibe, wie sich die Anzahl der Ergebnisse (Ereignisse) von b) verändert, wenn noch ein viertes (blaues Gummibärchen) hinzukommt.

Wenn die Ergebnismenge n Elemente enthält, so gibt es 2^n mögliche Ereignisse.

1.3 Das empirische Gesetz der großen Zahlen

Entdecken

Zu absoluten Häufigkeiten H und relativen Häufigkeiten h siehe S. 8.

Münzwurf durchführen

- Erkläre, wie oft du bei einem Münzwurf die Seite „Zahl" erwartest, wenn du eine Münze 10-, 50-, 100-, … mal wirfst.
- Überprüfe deine Erwartung mit einem echten Münzwurf. Übertrage dazu die Tabelle in dein Heft.

Anzahl Würfe	H(Z)	h(z)
10		
50		
100		
…		

Münzwurf simulieren

Wir simulieren das Werfen einer Münze. Das Ergebnis „Zahl" steht dabei im Mittelpunkt. Die Abbildung 1 zeigt den Aufbau eines Tabellenblattes.

- Beschreibe den Aufbau des Tabellenblattes. Erkläre die angegebenen Formeln in der Tabelle.
- Erstelle das Tabellenblatt zur Abbildung 1. Simuliere den Münzwurf für mehr als 2000 Würfe. Beschreibe die Entwicklung der relativen Häufigkeit.

1

	A	B	C	D
1	Münzwurf – relative Häufigkeit für Zahl			
2				
3	Wurf Nr.	Zahl	H („Zahl")	h („Zahl")
4	1	0	0	0
5	2	1	1	0,5
6	3	0	1	0,333333
7	4	1	2	0,5
8	5	1	3	0,6
9	=Zufallsbereich(0;1)	1	=C4+B5	=C5/A5	0,666666667
10	7	1	5	0,714285714
11	8	0	5	0,625
12	9	0	5	0,555555556
13	10	0	5	0,5
14	11	0	5	0,454545455

Die relative Häufigkeit kann man auch in einem Diagramm beobachten.

- Erstelle ein Diagramm, das die relativen Häufigkeiten in Abhängigkeit von der Anzahl der Würfe darstellt. Du erhältst eine Darstellung wie in Abbildung 2. Beschreibe deine Beobachtung.

2

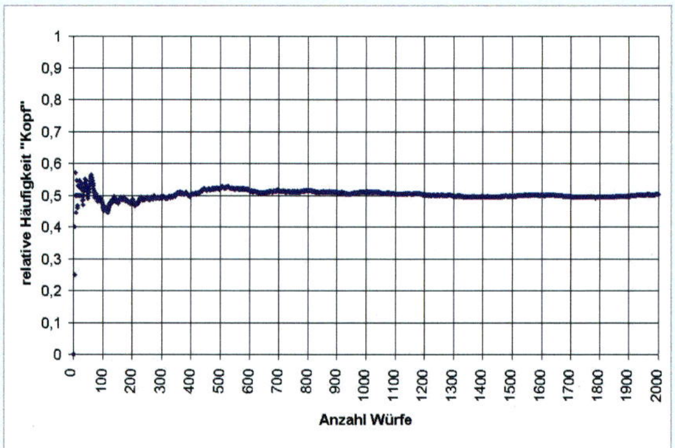

Verstehen

Mithilfe der relativen Häufigkeit kannst du Wahrscheinlichkeiten schätzen.

Merke

Führt man ein Zufallsexperiment sehr oft durch, dann beobachtet man, dass sich die **relativen Häufigkeiten** bei wachsender Versuchszahl **stabilisieren.** Das heißt, die relativen Häufigkeiten ändern sich kaum noch, wenn das Experiment nur oft genug durchgeführt wird. Diese Tatsache wird auch als das **empirische Gesetz der großen Zahlen** bezeichnet.

Die stabilisierten relativen Häufigkeiten sind ein guter **Schätzwert für die Wahrscheinlichkeit**, mit der man die Ergebnisse eines Zufallsexperiments erwartet.

Erklärvideo
Mediencode 61238-09

Beispiel

Beurteile anhand des Münzwurfs, ob die Münze gezinkt ist.

Eine gezinkte Münze ist so manipuliert, dass die Wahrscheinlichkeiten nicht 50 : 50 sind.

Anzahl der Würfe	H (Kopf)	H (Zahl)	h (Kopf)	h (Zahl)
10	7	3	70 %	30 %
100	42	58	42 %	58 %
1000	514	486	51 %	49 %
10 000	4955	5045	50 %	50 %

Lösung:
Bei einer Münze erwartet man jeweils in der Hälfte der Fälle „Kopf" bzw. „Zahl". Wird die Münze nur selten geworfen (10- oder 100-mal), kann man noch keine Aussage treffen, da die relativen Häufigkeiten noch stark schwanken können. Man sieht jedoch, dass sich bei einer großen Anzahl von Durchführungen (10 000-mal) die relativen Häufigkeiten um den erwarteten Wert stabilisieren. Die Münze ist also nicht gezinkt.

Nachgefragt

- Begründe, ob Ausgang A oder B wahrscheinlicher ist oder ob sie gleich wahrscheinlich sind.
  A Bei 10 Würfen einer Münze liegt 7-mal oder öfter Zahl oben.
  B Bei 100 Würfen einer Münze liegt 70-mal oder öfter Zahl oben.

Aufgaben

1 Nimm einen Schraubverschluss (z. B. von einer Flasche), der an der Seite ziemlich gerade ist. Beim Werfen auf einen harten Untergrund lassen sich drei Positionen unterscheiden:

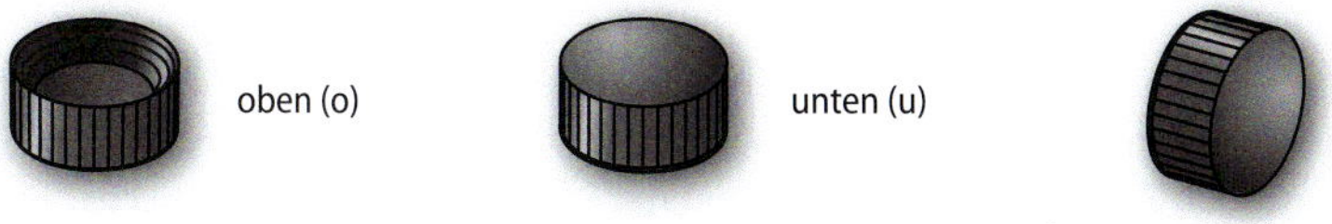

a) Übertrage die Tabelle in dein Heft und vervollständige sie, indem du den Verschluss 500-mal wirfst und die Ergebnisse mittels einer Strichliste festhältst.

	absolute Häufigkeit			relative Häufigkeit		
	H (o)	H (u)	H (S)	h (o)	h (u)	h (S)
Meine 500 Würfe	■	■	■	■	■	■

b) Erweitere die Tabelle um drei Zeilen mit den Ergebnissen dreier anderer Personen. Bestimme dann Schätzwerte für die Wahrscheinlichkeiten der drei Positionen.

2 Eine Spielkarte wird 10-mal in die Luft geworfen. Sie landet 6-mal auf der Vorderseite und 4-mal auf der Rückseite. Nelson ist sich sicher: „Die Wahrscheinlichkeit, dass die Spielkarte auf der Vorderseite landet, beträgt 60 %." Begründe, ob Nelson recht hat.

3 **Mathematik und Sprache: Fachbegriffe vernetzen**

Erkläre das empirische Gesetz der großen Zahlen in deinen eigenen Worten.
Verwende die folgenden Begriffe: relative Häufigkeit – Ergebnis – stabilisieren – zunehmende Anzahl an Durchführungen – Zufallsexperiment – Schätzwert – kleine Anzahl an Durchführungen – Wahrscheinlichkeit – Schwankung

4 Telefonnummern bestehen aus verschiedenen Ziffern. Die Tabelle zeigt die absoluten Häufigkeiten der Ziffern auf ausgewählten Seiten eines Telefonbuchs.

Ziffer	0	1	2	3	4	5	6	7	8	9
S. 34	354	276	451	289	313	462	243	178	254	327
S. 187	267	189	312	251	281	361	176	189	243	278
S. 342	317	229	395	321	276	385	207	165	265	332

Du kannst auch mit einem Partner oder einer Partnerin zusammen arbeiten.

a) Bestimme die relativen Häufigkeiten der Ziffern auf den einzelnen Seiten.
b) Bestimme einen Schätzwert für die Wahrscheinlichkeit der einzelnen Ziffern der Telefonnummern.

Alles klar?

5 Jeder der beiden Holzzylinder wurde 50 000-mal geworfen und dokumentiert, wie oft er auf einer der Stern-Flächen landet.

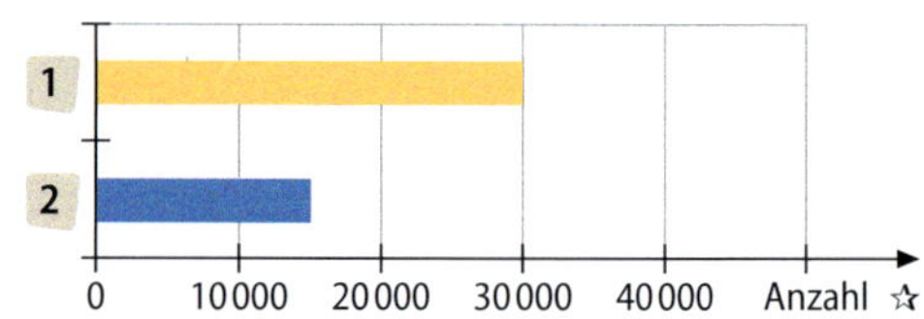

a) Entscheide, welcher Balken im Diagramm zu dem jeweiligen Holzzylinder gehört.
b) Gib jeweils für das Ergebnis den zugehörigen Schätzwert für die Wahrscheinlichkeit an.

6 **Nachgefragt:** „Egal wie oft ein Zufallsexperiment von verschiedenen Personen durchgeführt wird, man kann als Schätzwert für die Wahrscheinlichkeit eines Ergebnisses immer das arithmetische Mittel der einzelnen relativen Häufigkeiten nehmen." Begründe, ob das stimmt.

Geogebra
Mediencode 61238-10

7 Laura hat einen Spielwürfel 200-mal geworfen und dabei in einer Tabelle dargestellt, wie oft sie die einzelnen Augenanzahlen geworfen hat.

Augenzahl	1	2	3	4	5	6
absolute Häufigkeit	34	35	33	31	32	35

a) Berechne für jede Augenzahl die relative Häufigkeit.
b) **Medien und Werkzeuge:** Ermittle mithilfe von einem Tabellenkalkulationsprogramm die absoluten und relativen Häufigkeiten von den Ausgängen 1 bis 6 für einen 600-mal geworfenen Würfel.
c) Lisa behauptet: „Auch ohne b) zu simulieren, kann ich ungefähre Werte für die absoluten Häufigkeiten angeben." Begründe, warum Lisa recht hat.

Bei einem gezinkten Spielwürfel erhält man manche Augenzahlen mit größerer Wahrscheinlichkeit als andere.

8 Beim Spieleabend läuft gerade eine Runde „Mensch-ärgere-dich-nicht". Aaron ärgert sich, dass Anissa mit ihrem Glückswürfel schon wieder eine sechs gewürfelt hat. Beschreibe, wie Aaron herausfinden könnte, ob Anissas Glückswürfel gezinkt ist.

9 Beschrifte einen Baustein so, dass auf der Begrenzungsfläche mit den Noppen die 6 steht und sich auf den beiden Begrenzungsflächen mit dem kleinsten Flächeninhalt die Augenzahlen 3 und 4 befinden. Die anderen Augenzahlen ergeben sich entsprechend.

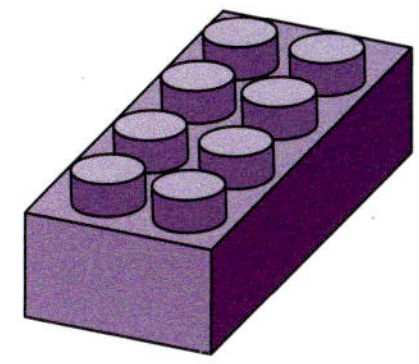

Die Summe der Augenzahlen auf gegenüberliegenden Begrenzungsflächen hat stets den Wert 7.

a) Gib Vermutungen über die Wahrscheinlichkeiten der einzelnen Augenzahlen beim Würfeln an. Begründe deine Antwort.

b) Würfle wiederholt 200-mal mit dem Baustein und bestimme für jeden Durchgang die relativen Häufigkeiten der einzelnen Augenzahlen in einer Tabelle.

	h(1)	h(2)	h(3)	h(4)	h(5)	h(6)
1. Durchgang	■	■	■	■	■	■
2. Durchgang	■	■	■	■	■	■

⋮

c) Bestimme mit den Ergebnissen aus b) Schätzwerte für die Wahrscheinlichkeit der einzelnen Augenzahlen auf verschiedene Arten. Vergleiche mit deinen Vermutungen aus a).

10 Niklas, Elias und Sevil haben jeweils einen der abgebildeten „Würfel" 100-mal geworfen und ihre Ergebnisse in einer Tabelle zusammengestellt. Einander gegenüberliegende Augenzahlen auf den „Würfeln" haben den Summenwert 7.

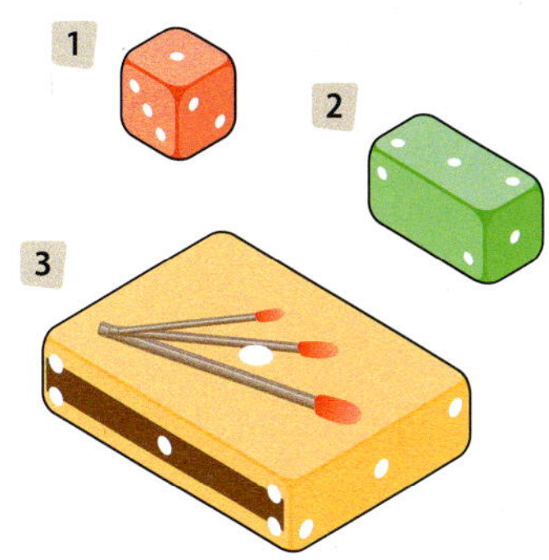

	Augenanzahl	**1**	**2**	**3**	**4**	**5**	**6**
Niklas	Anzahl der Würfe	10	20	18	22	19	11
Elias	Anzahl der Würfe	17	18	16	16	17	16
Sevil	Anzahl der Würfe	35	8	2	3	15	37

a) Bestimme, welchen der „Würfel" 1 bis 3 Niklas, Elias bzw. Sevil geworfen hat, und erkläre dein Vorgehen.

b) Niklas behauptet: „Sevils Chance, eine 6 zu werfen, ist ungefähr dreimal so groß wie die von mir."
Überprüfe die Aussage von Niklas.

c) Begründe, dass von den drei Würfeln der Würfel 1 am häufigsten bei Gesellschaftsspielen verwendet wird.

11 a) Beschreibe ein Zufallsexperiment, das zu dem Diagramm passt. Begründe deine Ausführungen.

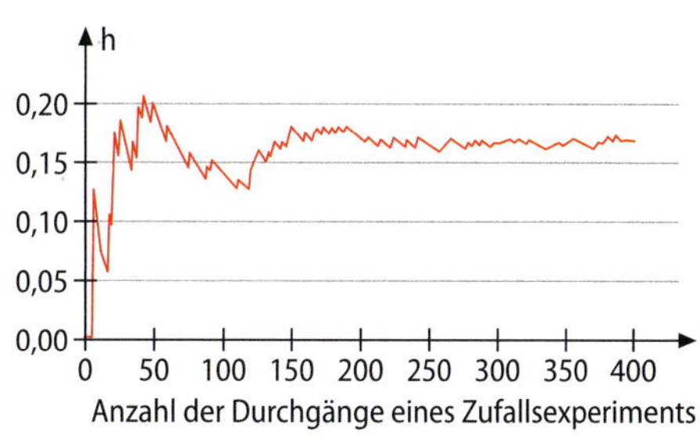

b) Erläutere, was das Diagramm in Bezug auf das empirische Gesetz der großen Zahlen zum Ausdruck bringt.

c) Finde andere Zufallsversuche, die zu einem ähnlichen Diagramm führen.

12 Ein Glücksrad soll mit einer Wahrscheinlichkeit von 40 % zu einem Gewinn führen. Zeichne ein solches Glücksrad und beschreibe dein Vorgehen. Zeichne anschließend zwei weitere Glücksräder, bei denen die Gewinnwahrscheinlichkeit ebenfalls 40 % beträgt.

1.4 Zweistufige Zufallsexperimente und Baumdiagramme

Entdecken

Bei den olympischen Spielen in Paris 2024 gab es im Handball der Frauen zwei Gruppen. Zunächst spielte in der Gruppenphase jeder gegen jeden in seiner Gruppe.

- Wie viele Spiele gibt es in der Gruppenphase? Überlege zunächst, wie du möglichst geschickt vorgehen kannst.

Gruppe A	Gruppe B
Norwegen	Frankreich
Schweden	Niederlande
Dänemark	Ungarn
Deutschland	Brasilien
Südkorea	Angola
Slowenien	Spanien

Verstehen

Will man unterschiedliche Ergebnisse miteinander kombinieren, so kann man die verschiedenen Möglichkeiten in einem Baumdiagramm übersichtlich darstellen.

Erklärvideo

Mediencode 61238-11

Merke

Ein Baumdiagramm hat mehrere Stufen. Eine **Stufe** steht für einen Versuchsschritt – zum Beispiel Würfeln oder Ziehen eines Loses – und an jeder Stufe verzweigen sich die möglichen Einzelergebnisse für diesen Schritt.
Ein **Pfad** zeigt einen möglichen Ablauf durch alle Stufen – also eine bestimmte Abfolge von Einzelergebnissen.
Zu jedem Pfad gehört ein **Ergebnis**, das diese Kombination von Einzelergebnissen beschreibt.

Beispiele

I. Ein Chip mit roter und blauer Seite wird zweimal geworfen. Bestimme die Anzahl der Ergebnisse. Stelle sie als Baumdiagramm dar.

Lösung:
Es sind insgesamt $2 \cdot 2 = 4$ Ergebnisse möglich:
rr; rb; br; bb.

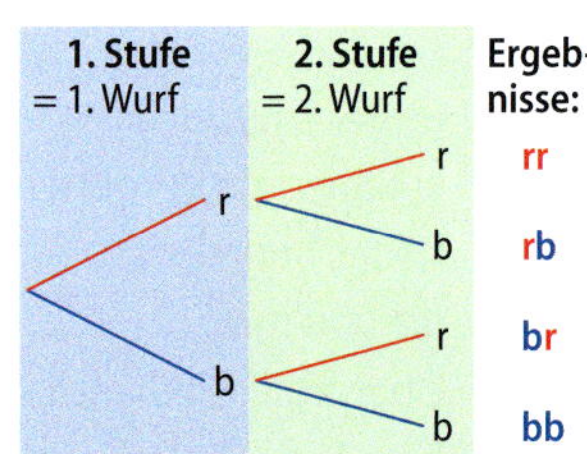

II. Clara hat zwei Mützen und drei Schals in ihrem Schrank. Stelle mit einem Baumdiagramm alle Möglichkeiten dar die beiden Kleidungsstücke miteinander zu kombinieren.

Lösung:

Die Stufen lassen sich beliebig vertauschen. Du kannst also hier mit Mützen oder mit Schals beginnen.

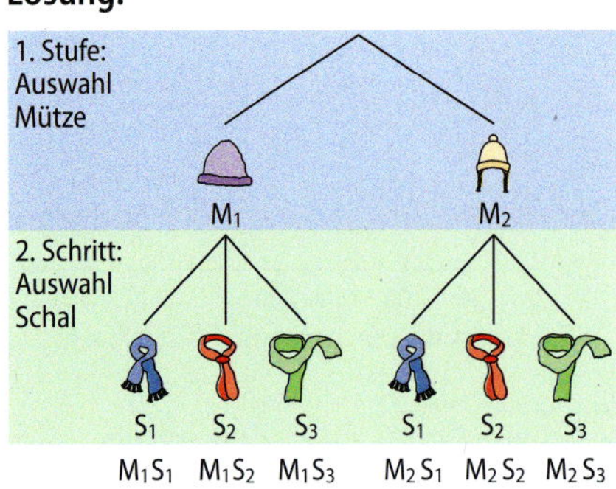

oder

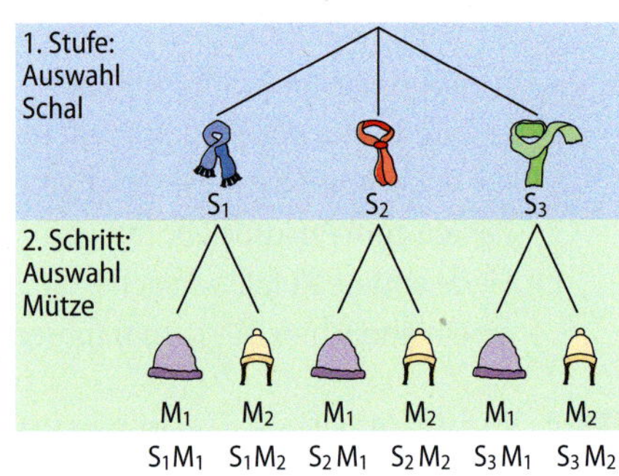

Am Ende der Pfade kannst du alle Möglichkeiten ablesen. Diese bilden die Ergebnismenge Ω. Es gibt insgesamt $2 \cdot 3 = 6$ Möglichkeiten die Kleidungsstücke zu kombinieren.

Nachgefragt

- Erkläre, was man unter einem zusammengesetzten Zufallsexperiment versteht.
- Gib verschiedene Beispiele für Zufallsexperimente an, welche keine zusammengesetzten Zufallsexperimente darstellen. Erläutere deine Auswahl.

Aufgaben

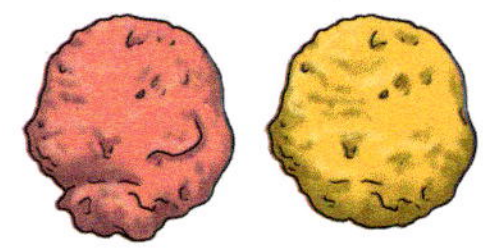

1 Elizabeta möchte sich aus dem Tiefkühlschrank ein Eis mit zwei Kugeln selber machen. Sie hat drei verschiedene Eissorten zur Auswahl: Vanille, Schoko und Erdbeere. Dabei kann eine Eissorte auch doppelt vorkommen.

a) Zeichne ein Baumdiagramm zu ihrer Auswahl.

b) Bestimme mithilfe des Baumdiagramms …

1 die Ergebnismenge Ω. 2 das Ereignis E: Alle Eissorten sind unterschiedlich.

2 Nico steht vor seinen Kleiderschrank und er kann sich nicht zwischen zwei Hosen und drei T-Shirts entscheiden. Zeichne ein Baumdiagramm und bestimme damit die Anzahl aller Kombinationsmöglichkeiten.

3 Bestimme mit Hilfe eines Baumdiagramms die Anzahl der Möglichkeiten, wie man die Buchstaben A, I, M zu Wörtern mit zwei Buchstaben kombinieren kann. Dabei darf …

1 jeder Buchstabe auch wiederholt vorkommen.

2 jeder Buchstabe höchstens einmal vorkommen.

Die gebildeten Wörter müssen nicht sinnvoll sein. Es ist also auch
1 MM möglich oder
2 MA.

4 Betrachte die abgebildeten Glücksräder. Beschreibe verschiedene Zufallsexperimente, zu denen das Baumdiagramm gehören kann.

1

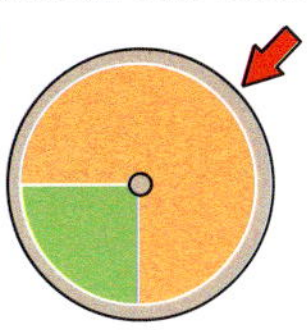

2

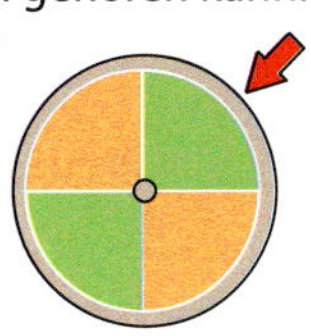

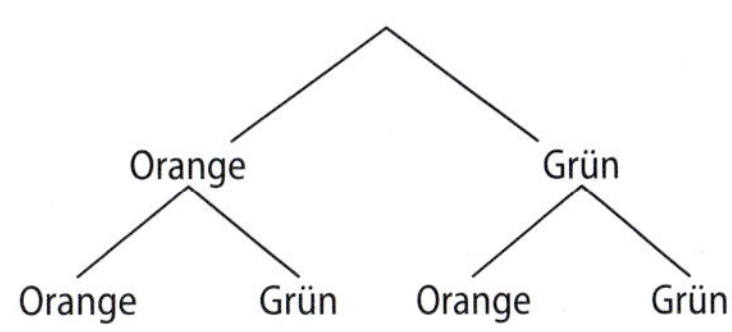

5 Du wirfst einen Spielwürfel zweimal nacheinander. Ermittle alle möglichen Ergebnisse. Nutze ein Baumdiagramm zur Veranschaulichung.

A: „Es wird zweimal die 6 geworfen."

B: „Es wird zweimal die gleiche Zahl, also ein Pasch, gewürfelt."

C: „Es werden nur ungerade Zahlen gewürfelt."

6 Stine, Viktor und Sophie unterhalten sich:

Überprüfe Sophies Behauptung.

Entdecken

Arbeitsblatt

Mediencode 61238-12

Bastle ein Tetraeder und male die Flächen rot, blau, grün und violett an. Mit dem Tetraeder soll gewürfelt werden. Diejenige Farbe gilt als gewürfelt, mit der die untere, nicht sichtbare Fläche angemalt wurde.

- Schätze vor dem ersten Wurf die Wahrscheinlichkeit für Blau und Rot. Begründe anschließend deine Schätzung.
- Überprüfe deine Vermutung, indem du mit dem Tetraeder 100-mal würfelst und die relativen Häufigkeiten der Farben bestimmst. (Tipp: Um nicht 100-mal würfeln zu müssen, kannst du auch mit einem Partner zusammenarbeiten. Jeder von euch würfelt dann 50-mal. Anschließend addiert ihr eure absoluten Häufigkeiten.)
- Gib auf Grundlage deiner Ergebnisse einen Schätzwert für einen „normalen“ Spielwürfel an und begründe deine Vermutung.

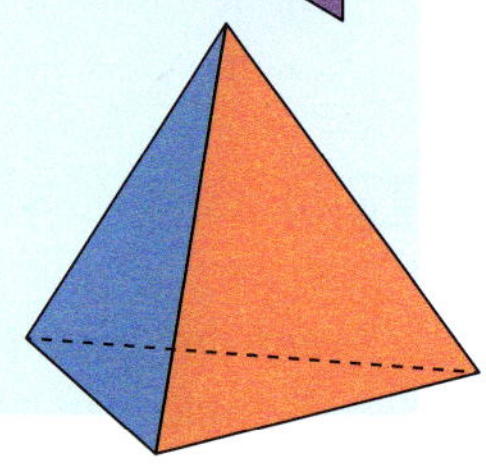

Tetraeder (gleichseitige, dreieckige Pyramide)

Verstehen

Es gibt Zufallsexperimente, bei denen man aufgrund theoretischer Überlegungen davon ausgehen kann, dass alle möglichen Ergebnisse gleich wahrscheinlich sind.

Merke

Ein **Laplace-Experiment** ist ein Zufallsexperiment, bei dem **alle möglichen Ergebnisse gleich wahrscheinlich** sind. Jedes der n Ergebnisse $(n = 2, 3, 4, \dots)$ tritt mit der **(Laplace-)Wahrscheinlichkeit** $\frac{1}{n}$ auf.

- Bei einem Laplace-Experiment kann jeder zusammengefassten Menge von einem oder mehreren Ergebnissen E eine Wahrscheinlichkeit zugeordnet werden. Man schreibt: **P (E)** „Wahrscheinlichkeit für eines der Ergebnisse aus E“ mit $0 \leq P(E) \leq 1$
- Handelt es sich um ein Laplace-Experiment, dann gilt: $P(E) = \frac{|E|}{|\Omega|}$ $|E|$: Anzahl der Ergebnisse, die man betrachtet (also „günstig“ sind). $|\Omega|$: Anzahl aller Ergebnisse, die möglich sind.
- Die **Wahrscheinlichkeiten für E** und **für $\bar{E}$** müssen **zusammen 1** ergeben: $P(E) + P(\bar{E}) = 1$ **$P(\bar{E})$** ist die **Gegenwahrscheinlichkeit** zu E.

Man sagt auch: $\frac{\text{„Günstige“}}{\text{„Mögliche“}}$

Beispiel

Erklärvideo

Mediencode 61238-13

In einer Lostrommel sind 96 Lose. Einige sind Gewinne, der Rest Nieten. Die Anzahl der Gewinnlose und der Nieten ist nicht bekannt, aber die Wahrscheinlichkeit, eine Niete zu ziehen, beträgt $P(\text{„Niete“}) = \frac{2}{3}$. Bestimme die Anzahl der Gewinnlose und die der Nieten.

Lösung:

Insgesamt sind 96 Lose in der Trommel, also sind 96 Ergebnisse möglich. Erweitert man den Bruch mit 32, so folgt: $P(\text{„Niete“}) = \frac{2}{3} = \frac{64}{96}$.

Somit sind 64 der 96 Lose Nieten. Die restlichen 32 Lose sind Gewinne.

Nachgefragt

- Begründe anhand eines Beispiels: „Die Gegenwahrscheinlichkeit zur Gegenwahrscheinlichkeit ist gleich der Wahrscheinlichkeit selbst."
- Begründe, dass die Wahrscheinlichkeiten zu allen Ergebnissen E, die man betrachtet, und allen Ergebnissen $\overline{E}$, die man nicht betrachtet, addiert 1 ergeben müssen.

Aufgaben

1 Ordne die Laplace-Wahrscheinlichkeiten jeweils einem Ergebnis an den Spielgeräten zu.

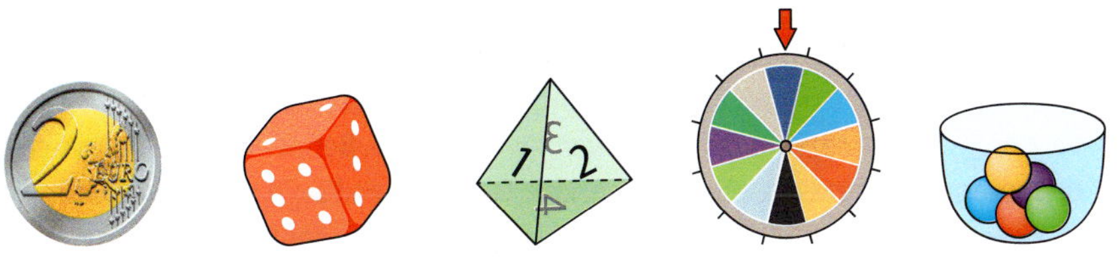

Münze | Würfel | Tetraeder | Glücksrad | Urne

$\frac{1}{6}$ | $\frac{1}{12}$ | $\frac{1}{2}$ | $\frac{1}{6}$ | $\frac{1}{4}$

2 Beim Lotto 6 aus 49 wird die erste Gewinnzahl gezogen. Beurteile, ob es sich um ein Laplace-Experiment handelt, wenn man die folgenden möglichen Ergebnisse betrachtet.

a) 1; 2; 3; …; 49 **b)** gerade Zahl; ungerade Zahl

3 Beschreibe mindestens zwei verschiedene Varianten eines Zufallsexperiments mit den möglichen Ergebnissen für einen einmaligen Wurf eines Spielwürfels, bei denen es sich …

a) um ein Laplace-Experiment handelt. **b)** um kein Laplace-Experiment handelt.

4 Ein Würfel wird einmal geworfen. Ermittle die Wahrscheinlichkeit folgender Ausgänge. Die Augenzahl ist …

a) gerade. **b)** durch 2 oder 5 teilbar. **c)** keine Primzahl. **d)** größer als 6.

5 Die Abbildung zeigt das Glücksrad einer Fernsehshow.

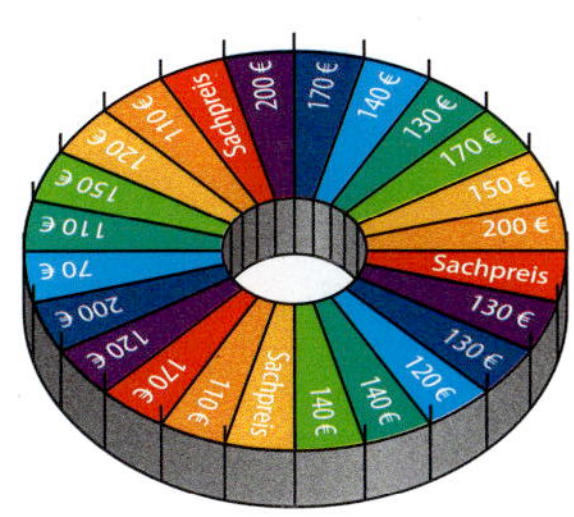

a) Das Glücksrad wird gedreht. Gib verschiedene Varianten von Zufallsexperimenten mit den jeweils möglichen Ergebnissen an.

b) Begründe, bei welchen Varianten aus a) die Annahme gerechtfertigt ist, dass es sich um ein Laplace-Experiment handelt.

c) Ermittle die Wahrscheinlichkeit, beim einmaligen Drehen einen Geldpreis zwischen 110 € und 150 € zu gewinnen.

6 In einem Stoffsäckchen befinden sich vier bis auf die Farbe identische Kugeln. Eine ist gelb, eine grün, eine rot und eine blau. Ohne hinzusehen werden zwei Kugeln nacheinander entnommen, wobei die erste Kugel nicht zurückgelegt wird.

a) Bestimme alle möglichen Ergebnisse des Zufallsexperiments.

b) Ermittle die Wahrscheinlichkeit, dass eines der Ergebnisse aus E eintritt:

1 E: „Eine der gezogenen Kugeln ist gelb, die andere blau."

2 E: „Keine der gezogenen Kugeln ist gelb."

3 E: „Beide gezogenen Kugeln haben die gleiche Farbe."

c) Beschreibe das Ereignis E, das mit der Wahrscheinlichkeit 25 % eintritt.

Verwende Farbstifte:

Alles klar?

7 Aus dem Netz wird ein Spielwürfel gebaut. Übertrage das Netz in dein Heft und vervollständige es so, dass das Werfen des Spielwürfels ein Laplace-Experiment darstellt. Gib die zugehörige Laplace-Wahrscheinlichkeit an.

a) Tetraeder-Würfel

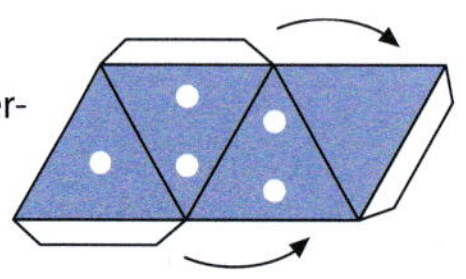

b) Oktaeder-Würfel

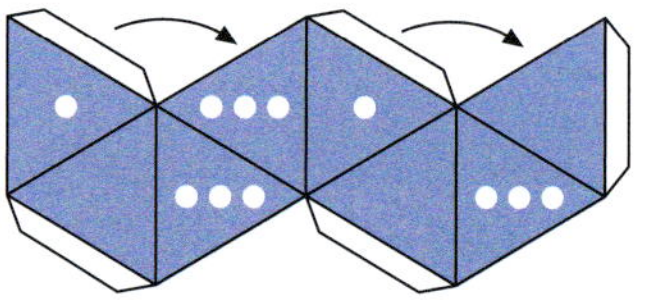

8 Nachgefragt: Aus einem gut gemischten Stapel Spielkarten (zwei Buben, eine Dame, ein König, zwei Asse) wird eine Karte verdeckt gezogen. Betrachtet wird, ob es sich bei der gezogenen Karte um einen Buben, eine Dame, einen König oder ein Ass handelt.

Es gibt verschiedene Möglichkeiten.

a) Begründe, dass dieses Experiment kein Laplace-Experiment darstellt.

b) Formuliere das Experiment so um, dass es ein Laplace-Experiment wird.

9 Lorena hat eine Tüte Schokoerdnüsse geöffnet. Es gibt sie mit gelber, oranger, roter, grüner, blauer und brauner Lasur. Ohne hinzusehen, nimmt Lorena eine Schokoerdnuss heraus und betrachtet ihre Farbe. Beschreibe, wie Lorena überprüfen könnte, ob es sich um ein Laplace-Experiment handelt.

10 Ein gewöhnlicher Spielwürfel wird dreimal in Folge geworfen. Überlege, welches der drei Ergebnisse bei diesem Laplace-Experiment am unwahrscheinlichsten ist, oder ob alle drei Ergebnisse gleich unwahrscheinlich sind. Begründe deine Meinung.

1 

2 

3 

11 Nimm an, dass zu Beginn deiner nächsten Geschichtsstunde jemand in deiner Klasse abgefragt wird. Betrachte folgende Ergebnisse.

E_1: „Es wird ein Mädchen abgefragt."

E_2: „Es wird jemand abgefragt, der eine Brille trägt."

E_3: „Derjenige, der abgefragt wird, trägt Jeans."

E_4: „Es wird jemand mit langen Haaren abgefragt."

a) Bestimme für deine Klasse jeweils die Wahrscheinlichkeiten, dass das Ergebnis eintritt.

b) Gib zu jedem der vier Betrachtungen die Ergebnisse an, die nicht betrachtet werden. Beschreibe sie in Worten und bestimme jeweils die zugehörige Wahrscheinlichkeit.

12 **a)** Beschreibe ein Laplace-Experiment mit dem abgebildeten Glücksrad.

b) Ermittle alle möglichen Summen beim zweimaligen Drehen und bestimme die Wahrscheinlichkeit, einen Preis zu erhalten.

> Zahle 50 Cent und drehe das Rad zweimal. Ist die Summe durch 3 teilbar, so winkt ein toller Preis.

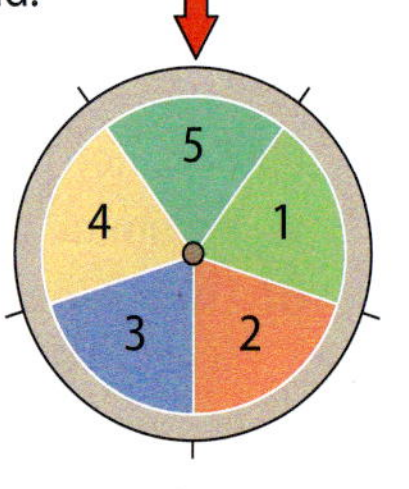

13 Yasemin und ihre Schwester Zoja diskutieren darüber, wer am Sonntag in der Früh aufstehen und Brötchen holen muss. Yasemin unterbreitet Zoja folgendes Angebot:

Du würfelst mit einem roten und einem grauen Spielwürfel gleichzeitig und addierst die Augenzahlen. Ich würfle nur mit dem roten Würfel und verdopple dafür dessen Augenzahl. Wer von uns beiden „12" hat, muss nicht aufstehen. Haben wir beide „12", dann würfeln wir nochmals. Ansonsten stehen wir gemeinsam auf und holen Brötchen.

Begründe, ob das Angebot fair ist. Erkläre dabei, was für dich ein „faires" Angebot ist.

Weiterdenken

Mithilfe eines **Baumdiagramms** kannst du auch die Anzahl aller Möglichkeiten und die Anzahl der günstigen Möglichkeiten bei einem Zufallsexperiment ablesen.

14 Begründe die Aussage aus dem „Weiterdenken"-Kasten. Beschreibe, wie du vorgehst, um die Anzahl zu bestimmen.

15 Luisa hat ihr Handy verloren. Zum Glück war es ausgeschaltet. Wenn der vierstellige Code dreimal hintereinander falsch eingegeben wird, wird die SIM-Karte automatisch gesperrt.

a) Gib einen Schätzwert für die Chancen des Finders an.
b) Ermittle die Wahrscheinlichkeit, den richtigen PIN-Code beim **1** ersten Versuch **2** zweiten Versuch **3** dritten Versuch zu knacken. Erkläre, wie du die Wahrscheinlichkeit bestimmst.
c) Bestimme die Anzahl an Möglichkeiten, so dass die Hälfte der Ziffern des Codes richtig ist. Zeichne dazu ein passendes Baumdiagramm.

16 Im Jahr 1825 erfand Louis Braille die Blindenschrift. Jedes Zeichen besteht aus sechs Punkten, die jeweils entweder erhöht, also tastbar, oder flach und damit nicht tastbar dargestellt sind. Heute kann man die Blindenschrift oft auf Verpackungen von Medikamenten finden. Beurteile, ob man mit dieser Blindenschrift alle Buchstaben (mit Umlauten) und Ziffern darstellen kann.

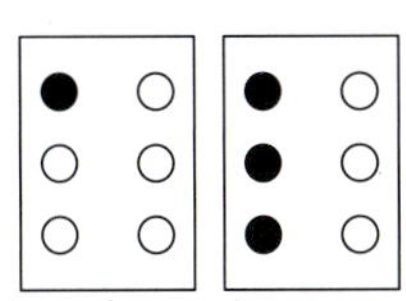

A oder 1 L

17 Auf dem Jahrmarkt wird dieses Glücksspiel angeboten: In einer Schachtel befinden sich drei Kugeln, die mit den Buchstaben I, N und A beschriftet sind. Für 1 € Einsatz darf man drei Kugeln nacheinander ziehen und muss die gezogene Kugel sofort zurücklegen. Bei der Reihenfolge I-N-A gewinnt man ein Lebkuchenherz.

a) Schreibe alle „Wörter" auf, die du bei diesem Spiel erhalten kannst.
b) Bestimme die Wahrscheinlichkeit, ein Lebkuchenherz zu gewinnen. Beschreibe mit eigenen Worten, welche Bedeutung die Lösung für das Glücksspiel hat.
c) Gib an, wie viel der Jahrmarktbudenbesitzer im Einkauf höchstens für ein Herz bezahlen darf, um auf lange Sicht keinen Verlust zu machen.
d) Beschreibe, wie sich das Spiel verändert, wenn I-N-A durch A-N-N-A ersetzt wird.

1.6 Pfadregeln

Entdecken

Ein Spielwürfel wird zwei Mal hintereinander geworfen.

- Gib an, wie viele Kombinationsmöglichkeiten es für die erste und zweite Augenzahl gibt.
- Beschreibe, wie ein Baumdiagramm zu diesem Zufallsexperiment aussehen muss.
- Begründe, weshalb ein Baumdiagramm umständlich zu zeichnen ist.

Im Spiel interessiert man sich besonders für das Werfen einer „6".

- Die Abbildung zeigt ein **vereinfachtes Baumdiagramm**. Erkläre die Darstellung und die Zahlen an den einzelnen Ästen.
- Berechne, wie groß die Wahrscheinlichkeit, zweimal hintereinander die 6 zu würfeln, ist. Gib an, wie groß die Wahrscheinlichkeit ist, erst keine 6 und dann eine 6 zu würfeln. Beschreibe, wie das Baumdiagramm beim Lösen helfen kann.

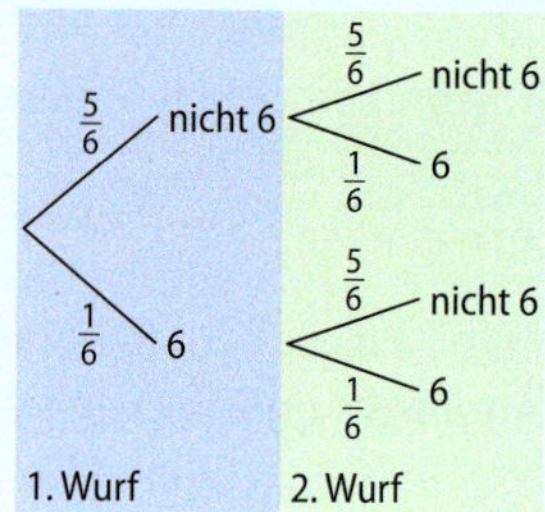

Verstehen

Jedem Ergebnis entspricht genau ein Pfad im Baumdiagramm. Die Wahrscheinlichkeit eines Ergebnisses wird mithilfe der 1. Pfadregel bestimmen.

Merke

1. Pfadregel:
Die Wahrscheinlichkeit eines Ergebnisses am Ende eines Pfades wird berechnet, indem alle Wahrscheinlichkeiten entlang des Pfads miteinander multipliziert werden.

Beispiel: Aus einer Urne mit drei weißen und zwei schwarzen Kugeln werden nacheinander zwei Kugeln ohne Zurücklegen gezogen. Die Wahrscheinlichkeit, beim ersten Mal eine weiße zu ziehen, ist $\frac{3}{5}$, beim zweiten Mal noch $\frac{2}{4}$, also insgesamt $\frac{2}{4}$ von $\frac{3}{5}$, also $\frac{2}{4} \cdot \frac{3}{5} = \frac{3}{5} \cdot \frac{2}{4} = \frac{6}{20}$.

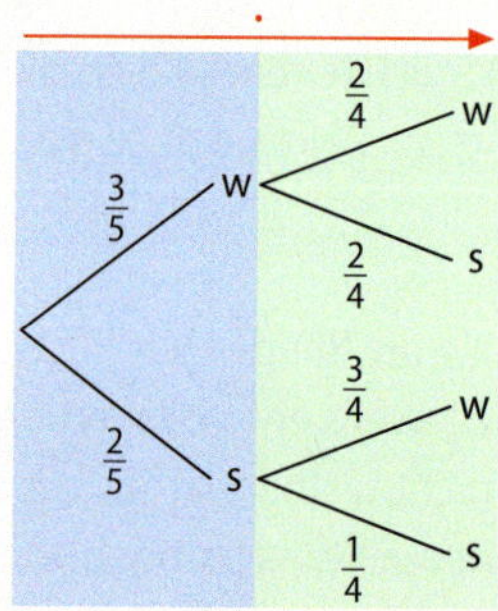

$P(ww) = \frac{3}{5} \cdot \frac{2}{4} = \frac{3}{10} = 30\,\%$

$P(ws) = \frac{3}{5} \cdot \frac{2}{4} = \frac{3}{10} = 30\,\%$

$P(sw) = \frac{2}{5} \cdot \frac{3}{4} = \frac{3}{10} = 30\,\%$

$P(ss) = \frac{2}{5} \cdot \frac{1}{4} = \frac{1}{10} = 10\,\%$

Die Wahrscheinlichkeit eines Ereignisses schreibt man direkt an den zugehörigen Ast.

Erklärvideo
Mediencode 61238-14

Beispiel

Aus der abgebildeten Schale zieht man eine Kugel, notiert die Farbe und legt sie dann wieder zurück. Anschließend wird nochmals eine Kugel gezogen. Zeichne ein Baumdiagramm. Berechne die Wahrscheinlichkeit für das Ziehen zweier blauer Kugeln.

Lösung:

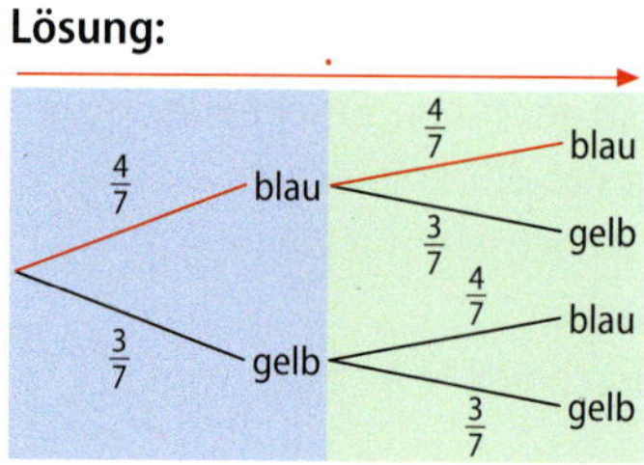

$P(bb) = \frac{4}{7} \cdot \frac{4}{7} = \frac{16}{49}$

Nachgefragt

- Erkläre die Multiplikation entlang der Pfade mithilfe des Prinzips „ein Anteil von einem Anteil“ am Beispiel des Würfelwurfs aus dem Abschnitt Entdecken. Nutze die abgebildete Zeichnung.

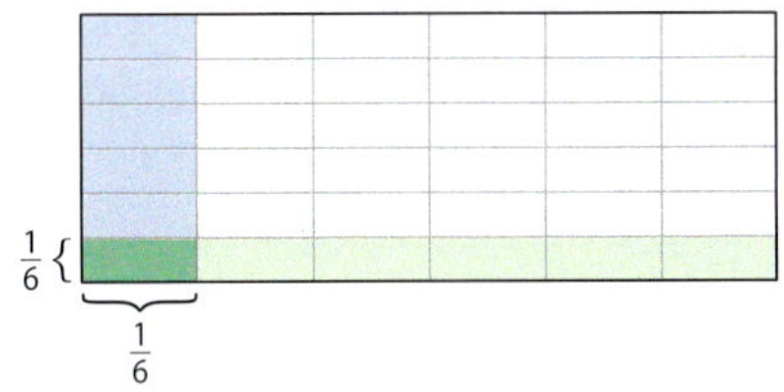

Aufgaben

1 Eine Laplace-Münze wird zweimal geworfen. Bestimme mithilfe eines Baumdiagramms die Wahrscheinlichkeit, dass …

a) jedes Mal Zahl erscheint.

b) erst Zahl und dann Kopf erscheint.

c) zweimal Kopf erscheint.

d) Begründe ohne zu rechnen, dass bei a), b) und c) stets dasselbe Ergebnis herauskommt.

2 Das Ziehen aus einer Urne ist in dem Baumdiagramm dargestellt. Gib an, …

1 wie oft aus der Urne gezogen wird.

2 wie viele Kugeln in der Urne liegen können. Erkläre, warum man die Anzahl der Kugeln nicht genau angeben kann.

3 Vervollständige das Baumdiagramm.

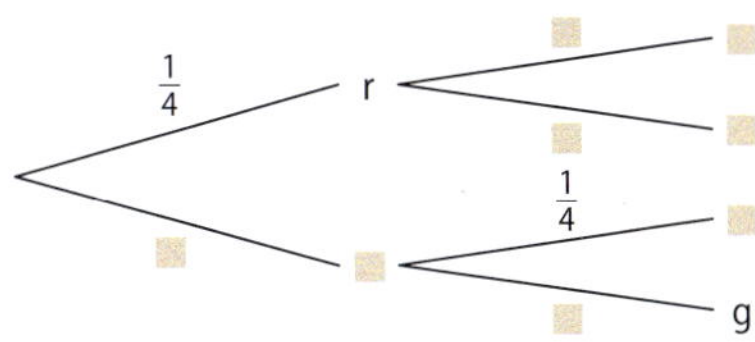

Geogebra
Mediencode 61238-15

3 Jannis und Carlo spielen in der gleichen Handballmannschaft. Jannis trifft einen Siebenmeter mit 90 % Wahrscheinlichkeit, Carlo in 70 % der Fälle. Im Training wirft zuerst Jannis und danach Carlo.

a) Bestimme mithilfe eines Baumdiagramms die Wahrscheinlichkeit, dass …

1 beide treffen. 2 keiner trifft. 3 Jannis trifft, Carlo jedoch nicht.

b) Gib an, wie sich die Wahrscheinlichkeiten aus a) verändern, wenn zuerst Carlo wirft und dann Jannis.

Alles klar?

4 Miriam geht zu Fuß zur Schule. Auf ihrem Weg zur Schule gibt es zwei Fußgängerampeln. Wenn Miriam die erste Straße überqueren will, zeigt die erste Ampel mit einer Wahrscheinlichkeit von 40 % grün. Die zweite Ampel zeigt mit einer Wahrscheinlichkeit von 50 % grün.

a) Erstelle ein vollständiges Baumdiagramm zu dieser Situation.

b) Berechne die Wahrscheinlichkeit, dass …

1 Miriam eine „Grüne Welle“ hat.

2 Miriam an der ersten Ampel grün, aber an der zweiten Ampel rot hat.

c) Nachgefragt: Kai hat den gleichen Schulweg wie Miriam. Er behauptet: „Ich habe immer rot, wenn ich zur Schule gehe.“ Nimm begründet Stellung zu seiner Aussage.

5 Begründe, weshalb es sich nicht lohnt beim fünffachen Würfelwurf ein vollständiges Baumdiagramm zu zeichnen, wenn man die Wahrscheinlichkeit für das Ereignis „jedes Mal wird 1 geworfen“ berechnen möchte.

6 Bei einem Würfelspiel würfelt man gleichzeitig mit allen Würfeln. Einen „Treffer" erzielt man, wenn alle Würfel die Augenzahl 6 zeigen.

a) Bestimme die Wahrscheinlichkeit, beim ersten Versuch einen Treffer zu erzielen, wenn man mit 5 (6) Würfeln spielt.

b) Wie wahrscheinlich ist ein Treffer, wenn man mit n Würfeln spielt? Berechne die Wahrscheinlichkeit des Ergebnisses für $n = 10$ und $n = 15$.

Weiterdenken

Erklärvideo

Mediencode 61238-16

Da zu einem Ereignis mehrere Ergebnisse gehören können, kann man im Baumdiagramm die entsprechende Wahrscheinlichkeit für das Ereignis mithilfe der 2. Pfadregel bestimmen.

2. Pfadregel:
Die Wahrscheinlichkeit eines Ereignisses wird berechnet, indem die Wahrscheinlichkeiten der einzelnen Ergebnisse **am Ende der zugehörigen Pfade** miteinander **addiert** werden.

Beispiel: Aus einer Schale mit drei weißen und zwei schwarzen Kugeln werden nacheinander zwei Kugeln gezogen, wobei die Kugeln nicht wieder in die Schale gelegt werden. Zum Ereignis „zwei gleichfarbige Kugeln" gehören die Ergebnisse „ww" und „ss". Die Wahrscheinlichkeit dafür ist:
P („zwei gleichfarbige Kugeln")
$= P(ww) + P(ss) = \frac{3}{10} + \frac{1}{10} = \frac{4}{10} = \frac{2}{5}$

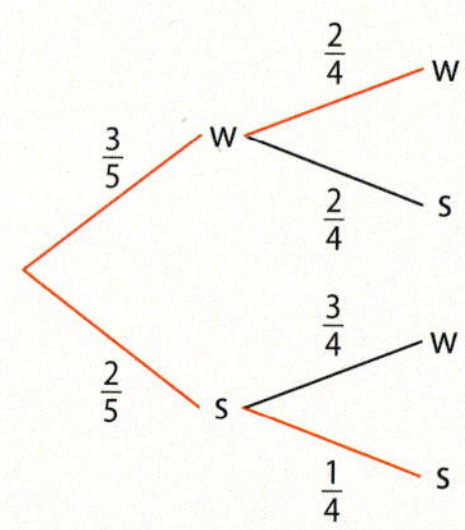

$P(ww) = \frac{3}{5} \cdot \frac{2}{4} = \frac{3}{10}$

$P(ws) = \frac{3}{5} \cdot \frac{2}{4} = \frac{3}{10}$

$P(sw) = \frac{2}{5} \cdot \frac{3}{4} = \frac{3}{10}$

$P(ss) = \frac{2}{5} \cdot \frac{1}{4} = \frac{1}{10}$

7 Statistische Erhebungen haben ergeben, dass bei der Geburt die Wahrscheinlichkeit für einen Jungen 51,3 % beträgt. Bestimme mithilfe eines Baumdiagramms die Wahrscheinlichkeit, dass …

a) bei einer Familie mit zwei Kindern beide Kinder **1** Mädchen **2** Jungen sind.

b) eine Familie mit drei Kindern zwei Mädchen und einen Jungen hat.

8 Aus der abgebildeten Schale zieht man nacheinander zwei Kugeln, wobei die gezogene Kugel nicht in die Schale zurückgelegt wird. Zeichne ein Baumdiagramm. Berechne die Wahrscheinlichkeit für das Ziehen zweier verschiedenfarbiger Kugeln.

Manchmal reicht auch nur der Anfang eines Baumdiagramms aus, um dessen Aufbau zu verstehen und dann die Möglichkeiten zu berechnen.

9 Ein Fragebogen besteht aus 12 Fragen zum Ankreuzen, die alle entweder mit „trifft zu" oder „trifft nicht zu" beantwortet werden müssen.

a) Gib die Anzahl der Möglichkeiten für das Ausfüllen dieses Fragebogens an.

b) Ein Fragebogen mit fünf Fragen wird zufällig ausgefüllt. Berechne die Wahrscheinlichkeit, dass …

1 alle Fragen richtig beantwortet wurden.
2 80 % aller Fragen richtig beantwortet wurden.
3 mindestens 80 % aller Fragen richtig beantwortet wurden.
4 weniger als 80 % aller Fragen richtig beantwortet wurden.

10 Das Baumdiagramm stellt dar, dass man zu Beginn des „Mensch-ärgere-dich-nicht"-Spiels drei Versuche hat, um eine Sechs zu würfeln.

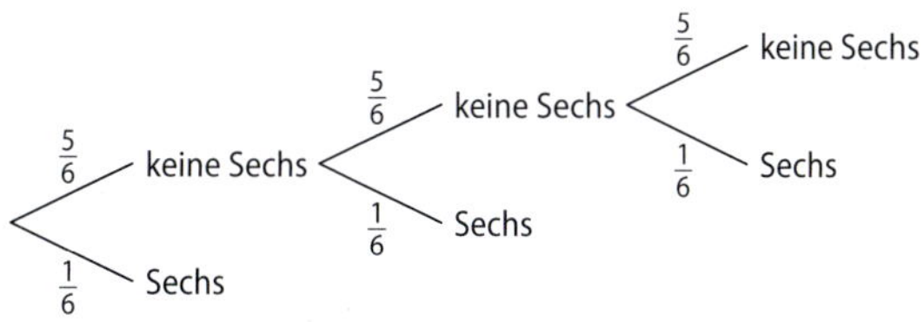

a) Beschreibe den Aufbau des Baumdiagramms.

b) Berechne die Wahrscheinlichkeit, dass bei den ersten drei Versuchen keine Sechs fällt.

c) Gib das Gegenereignis zu b) an, erkläre seine Bedeutung und berechne seine Wahrscheinlichkeit.

11 Denise würfelt mit einem Würfel zweimal hintereinander und bildet die Summe der Augenzahlen.

a) Erstelle ein Baumdiagramm zu diesem Zufallsexperiment.

b) Ermittle die Wahrscheinlichkeiten der folgenden Ausgänge:
A: „Beim ersten Wurf erscheint 3, beim zweiten 4."
B: „Es erscheint ein Pasch."
C: „Das Produkt der beiden Zahlen ist 12."
D: „Die Augensumme ist eine Primzahl."
E: „Die Augenzahl im ersten Wurf ist größer als die im zweiten Wurf."

Augensumme:
5 + 2 = 7

12 Hinter dem Mediencode findest du eine Vorlage für ein Würfelspiel.

a) Lies dir die Regeln durch und baue die Würfel zusammen.

b) Wähle einen Würfel aus und begründe deine Wahl.

c) Diskutiere mit einem Mitschüler, ob es einen Würfel gibt, mit dem man immer gewinnt.

d) Pia hat den gelben Würfel gewählt. Berechne die Wahrscheinlichkeit, dass sie gewinnt, wenn Kai den roten oder den blauen Würfel wählt.

e) Malte hat den blauen Würfel gewählt. Erstelle ein Baumdiagramm zu dem Spiel.

f) Erkläre, ob du deine Wahl aus a) nach dem Bearbeiten der Aufgaben ändern würdest.

Arbeitsblatt
Mediencode 61238-17

13 Wirf gleichzeitig einen Würfel und ein 2-€-Stück. Die Zahl-Seite der Münze hat den Wert 2, die Wappen-Seite den Wert 1. Multipliziere die Augenzahl des Würfels mit dem Wert der Münzseite. Würfelst du also eine 5 und liegt die Wappen-Seite der Münze oben, hast du …

 ·  = 5 Punkte. Bei einer 3 und Zahl bekommst du

 · 

= 6 Punkte usw.

a) Gib die Ergebnismenge zu dem Spiel an.

b) Schätze, welcher Wert am wahrscheinlichsten ist und begründe deine Schätzung.

c) Erstelle ein vollständiges Baumdiagramm zu diesem Spiel.

d) Ermittle das Ergebnis, das am wahrscheinlichsten ist.

e) Ändere die Spielregeln so ab, dass die Wahrscheinlichkeit für den Wert 8 am größten ist.

Die folgenden Aufgaben behandeln alle Themen, die du in diesem Kapitel kennengelernt hast. Auf dieser Seite sind die Aufgaben in zwei Spalten unterteilt. Die **grünen** Aufgaben auf der linken Seite sind etwas einfacher als die **blauen** auf der rechten Seite. Entscheide bei jeder Aufgabe selbst, welche Seite du dir zutraust!

1 Welche der folgenden Vorgänge können Zufallsexperimente sein? Begründe.

a) Werfen eines Würfels mit gleichen Augenzahlen.
b) Auslosen des Tafeldiensts für die nächste Woche.

a) Klassenwettkampf im Weitsprung.
b) Kinobesuch von Familie Schlau am Sonntagnachmittag.

2 Beschreibe jeweils das Gegenereignis in Worten.

a) A: „Am 3. Mai regnet es."
b) B: „In unserer Straße parkt kein rotes Auto."
c) C: „An meinem Geburtstag schneit es nie."

a) A: „In den Sommerferien scheint jeden Tag die Sonne."
b) B: „In unserer Straße parken mehr als zwei rote Autos."
c) C: „Zu meinem Geburtstagsfest kommen mindestens elf Freunde."

3 Gib eine passende Ergebnismenge an. Notiere ein sicheres sowie ein unmögliches Ereignis.

Zwei Würfel werden gleichzeitig geworfen.

Die vier Freunde Anna, Bert, Clemens und Doris mieten sich jeweils zu zweit ein Tretboot.

4 Leandra macht ein Gedächtnistraining, bei dem sie sich elfmal hintereinander jeweils innerhalb von fünf Minuten möglichst viele von 36 (immer neuen) Wörtern in der richtigen Reihenfolge einzuprägen versucht. Sie hält das Ergebnis in einer Tabelle fest.

Anzahl der in der richtigen Reihenfolge behaltenen Wörter										
14	16	21	18	23	20	27	29	36	25	24

a) Gib die größte und die kleinste Anzahl der richtig behaltenen Wörter an.
b) Berechne den Durchschnitt der richtigen Wörter.
c) Begründe anhand der Daten, ob sich Leandras Merkfähigkeit im Laufe des Trainings verbessert hat.

a) Ermittle aus der Datenreihe alle dir bekannten Kenndaten.
b) Zeichne einen Boxplot zur Tabelle.
c) Begründe anhand des Boxplots, ob sich Leandras Merkfähigkeit im Laufe des Trainings verbessert hat.

5

Du möchtest einen Baustein als Würfel so beschriften, dass die „6" die größte Wahrscheinlichkeit hat, geworfen zu werden.
a) Begründe deine Wahl für die „6".
b) Überprüfe deine Wahl mit einer hinreichenden Anzahl von Würfen.

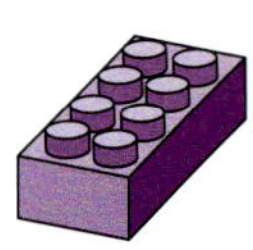

„Ein Marmeladenbrot landet beim Fallen immer auf der Marmeladenseite."
Beurteile die Aussage.

6 Nico hat einen manipulierten Würfel 2500-mal geworfen und die absoluten Häufigkeiten für die einzelnen Augenzahlen in eine Tabelle eingetragen:

Augenzahl	1	2	3	4	5	6
H	319	362	419	307	496	597

a) Berechne die zugehörigen relativen Häufigkeiten in Prozent.
b) Ermittle einen Schätzwert für die Wahrscheinlichkeit, mit diesem Würfel eine Sechs zu werfen.
c) Beschreibe, wie Nico vorgehen könnte, um einen noch besseren Schätzwert zu erhalten.

a) Bestimme aus den Daten einen ungefähren Wert für die Wahrscheinlichkeit, mit der man mit Nicos Würfel eine Sechs wirft.
b) Nico meint: „Eine Fünf oder Sechs zu würfeln ist doppelt so wahrscheinlich wie eine Eins oder Vier zu werfen." Nimm Stellung zu Nicos Aussage.

7 Paula hat die drei abgebildeten „Spielwürfel" zur Verfügung:

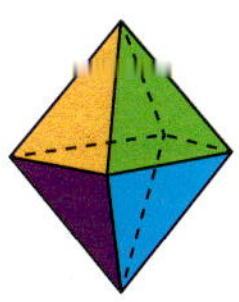
Oktaeder: 8 gleich große Seiten

Dodekaeder: 12 gleich große Seiten

Ikosaeder: 20 gleich große Seiten

Alle „Würfelseiten" sind mit unterschiedlichen Farben gefärbt.
a) Bestimme jeweils die Wahrscheinlichkeit für die Farbe Hellblau.
b) Begründe, dass es sich beim Werfen dieser „Spielwürfel" um Laplace-Experimente handelt.

a) Ermittle, wie viele Würfelseiten jeweils gelb angemalt sein müssen, damit die Wahrscheinlichkeit für die Farbe Gelb 25 % beträgt.
b) Erkläre, wie die Würfelseiten gefärbt sein müssen, damit es sich beim Werfen aller „Spielwürfel" um Laplace-Experimente handelt.

8 Nela und Lena haben die Buchstaben A, E, L und N auf Kärtchen geschrieben, die sie verdeckt auf den Tisch legen. Es wird viermal hintereinander ein Kärtchen gezogen und nacheinander ein „Wort" gebildet. Die gezogene Karte bleibt dabei aufgedeckt.

a) Gib die Ergebnismenge des Zufallsexperiments an. Zeichne dazu ein passendes Baumdiagramm.
b) Bestimme mithilfe des Baumdiagramms die Wahrscheinlichkeit, dass sie zufällig das Wort NALE bilden.

a) Bestimme mithilfe eines Baumdiagramms die Wahrscheinlichkeit, dass sie einen ihrer Vornamen bilden.
b) Gib die Wahrscheinlichkeit dafür an, dass sie keinen ihrer Vornamen bilden. Rechne auf verschiedenen Arten.

9 Bei einem Multiple-Choice-Test sind zu jeder der insgesamt 6 Fragen vier Antwortmöglichkeiten A bis D vorgegeben, von denen jeweils nur eine richtig ist. Rico hat vor lauter Aufregung alle Antworten vergessen.

a) Gib die Anzahl aller möglichen Antwortkombinationen an. Du musst dazu kein vollständiges Baumdiagramm zeichnen.
b) Berechne die Wahrscheinlichkeit, dass Rico zufällig bei allen Fragen das Richtige ankreuzt.
c) Bestimme die Wahrscheinlichkeit, dass Rico genau die erste und letzte Frage richtig beantwortet.

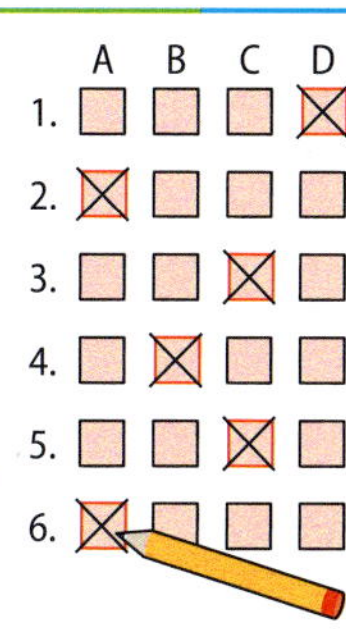

a) Ermittle die Wahrscheinlichkeit, dass Rico genau jede zweite Frage richtig beantwortet.
b) Ermittle die Wahrscheinlichkeit, dass Rico genau ein richtiges Kreuz setzt.
c) Der Test gilt als bestanden, wenn höchstens ein falsches Kreuz gemacht wurde. Berechne die Wahrscheinlichkeit, dass Rico zufällig besteht.

1 Trainingsrunde: Kreuz und quer

1 Im Folgenden sind die Ergebnisse der Klassenarbeiten von drei Fächern angegeben. Berechne jeweils Maximum, Minimum, Spannweite, Modalwert, arithmetisches Mittel und Median und beantworte die Frage, ob es deutliche Unterschiede zwischen den Fächern gibt.

Mathematik:

1	2	3	4	5	6
6	3	3	2	8	2

Deutsch:

1	2	3	4	5	6
3	4	6	5	4	2

Englisch:

1	2	3	4	5	6
1	3	10	7	2	1

2 Schreibe jeweils drei Zahlenreihen auf, die zu dem Boxplot passen und

a) aus beliebig vielen Zahlen bestehen.

b) aus 12 Zahlen bestehen.

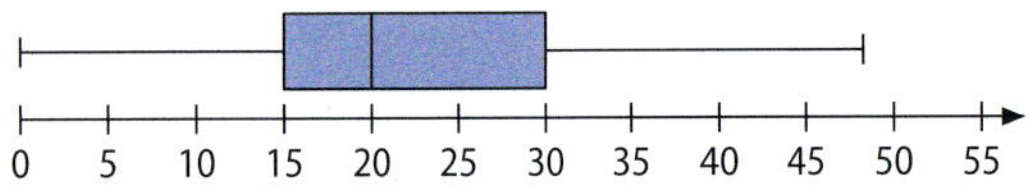

3 Entscheide, ob es sich um ein Zufallsexperiment handelt. Begründe deine Entscheidung.

a) Aus einer Urne mit verschiedenfarbigen Kugeln wird eine verdeckt gezogen.

b) Über eine brennende Kerze wird ein Trinkglas gestülpt.

c) Vor Anpfiff eines Fußballspiels wird bei der Seitenwahl eine Münze geworfen.

d) Ein Spielwürfel wird zweimal geworfen. Danach wird die Summe der gewürfelten Augenzahlen gebildet.

4 Berechne jeweils die relative Häufigkeit und gib sie als Bruch und in Prozent an.

a) Im vergangenen September hat es an 12 Tagen geregnet.

b) 78 von 104 verkauften T-Shirts hatten Größe M („medium").

c) Ein Test ergab, dass 8 von 10 Kindern gern knobeln.

d) 27 der 30 Schülerinnen und Schüler der Klasse 8a haben zu Hause einen Internetanschluss.

e) 91 der 100 Schülerinnen und Schüler der 8. Jahrgangsstufe können schwimmen.

5 Bei drei verschieden großen Packungen Schokolinsen ergab sich folgende Farbverteilung:

Packung	1	2	3
Gelb	15	25	8
Orange	25	30	15
Blau	50	50	26
Grün	30	40	24
Weiß	12	30	15
Rosa	18	25	12

Stelle die absoluten Häufigkeiten der verschiedenen Schokolinsen-Farben für diese drei Packungen in einem einzigen Säulendiagramm dar.

6 Gib die Wahrscheinlichkeiten für die Ausgänge zum abgebildeten Glücksrad in Prozent an.

a) „grün"
b) „rot oder blau"
c) „nicht orange"
d) „weder grün noch gelb"
e) „rot oder grün"
f) „schwarz"

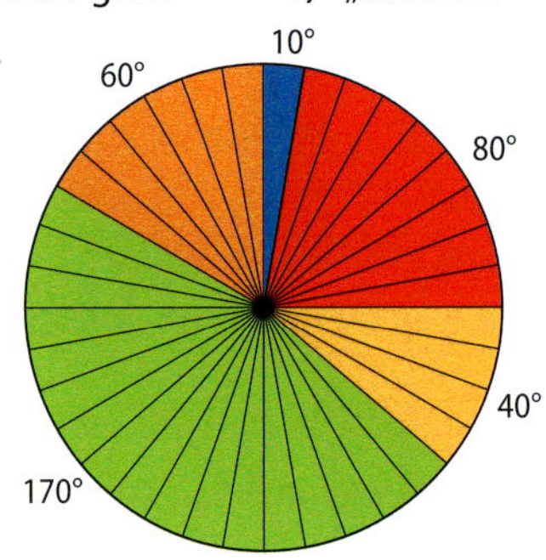

7 Finja wirft eine 2-€-Münze und erhält „Zahl". Kira wirft dieselbe Münze und erhält ebenfalls „Zahl". Nun ist Lisa an der Reihe.

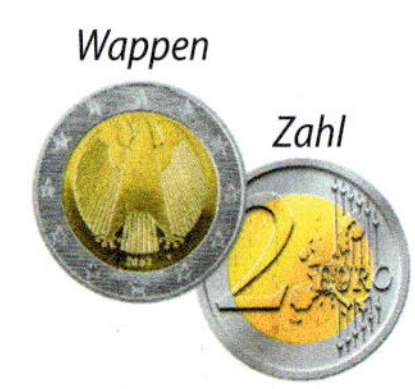

a) Gib an, wie groß die Wahrscheinlichkeit ist, dass Lisa ebenso „Zahl" erhält.

b) Lisa erhält tatsächlich „Zahl" und meint: „Die Münze ist gezinkt! Dreimal hintereinander kann man mit einer Laplace-Münze gar nicht Zahl bekommen." Begründe, ob Lisa Recht hat.

c) Lisa wirft eine tatsächlich gezinkte Münze 1000-mal und erhält 697-mal „Wappen". Bestimme einen Schätzwert für die Wahrscheinlichkeit, mit dieser Münze „Zahl" zu werfen und erkläre, warum die Schätzung vermutlich nah am tatsächlichen Wert liegt.

8 Ein Spielwürfel wird zweimal geworfen. Berechne die Wahrscheinlichkeit folgender Ausgänge.

a) A: „Die Augensumme ist 5."

b) B: „Es werden eine 1 und eine 2 geworfen."

c) C: „Es wird ein Pasch (zwei gleiche Zahlen) geworfen."

9 Gib für jedes Zufallsgerät die Wahrscheinlichkeit für „Rot" in Prozent an.

a) 1-mal drehen

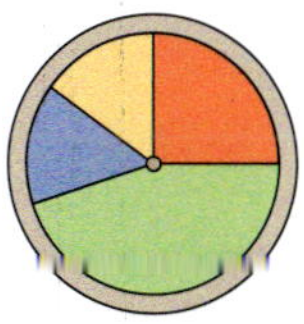

b) 1 Kugel blind ziehen

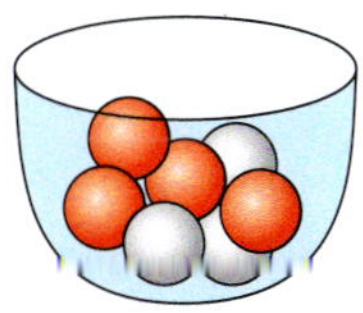

c) 1 Karte verdeckt ziehen

d) 1 Seite würfeln

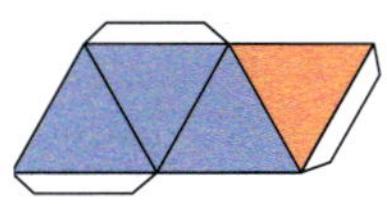

10 Millie und Bello spielen. Unter zwei der drei Hütchen wurde ein Leckerli versteckt. Zunächst darf Millie ein Hütchen umwerfen und ggf. das Leckerli darunter fressen. Anschließend ist Bello dran. Gib die Wahrscheinlichkeit dafür an, dass Bello ein Leckerli aufdeckt, wenn

1 Millie bereits eines aufgedeckt hat.

2 Millie leer ausgegangen ist.

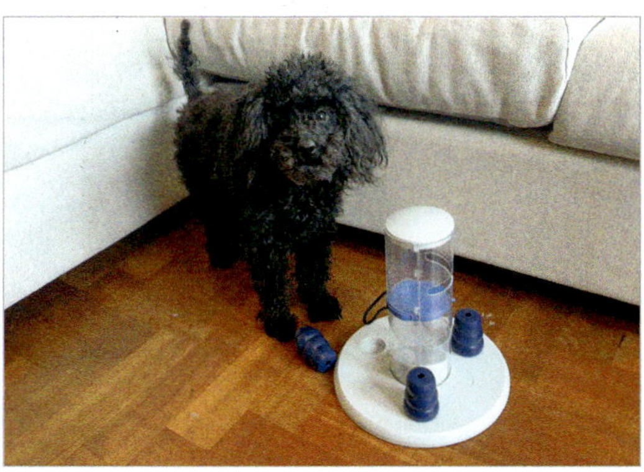

11 In der Klasse 8a sind 15 Schülerinnen und 12 Schüler. Gib die Wahrscheinlichkeit an, dass ein zufällig gewählter Schüler …

a) am 16. Juni Geburtstag hat.

b) im Monat November Geburtstag hat.

12 In Emils Klasse sind 26 Schülerinnen und Schüler. Durch Losverfahren werden Paare für Referate gebildet. Anschließend werden auch die zugehörigen Themen zugelost. Ein Thema ist die „Serengeti-Wüste".

a) Ermittle die Anzahl der Möglichkeiten für die Zusammenstellung der Teams.

b) Bestimme die Wahrscheinlichkeit, dass

1 Emil ein Referat gemeinsam mit seinem Freund Yuri halten darf.

2 Emil mit seinem Team das Thema „Serengeti-Wüste" erhält.

13 Betrachtet wird das Zufallsexperiment „Rollen einer Sechskantschraube" mit der Ergebnismenge $\Omega = \{I; II; III; IV; V; VI\}$. Begründe, ob es sich um ein Laplace-Experiment handelt.

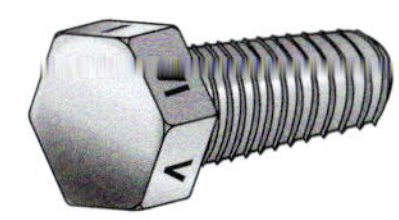

Als „gerollt" gilt die oben liegende Kante.

14 Zu einem Zufallsexperiment wurde das Baumdiagramm gezeichnet. Beschreibe, wie das Zufallsexperiment aussehen könnte. Gib verschiedene Möglichkeiten an.

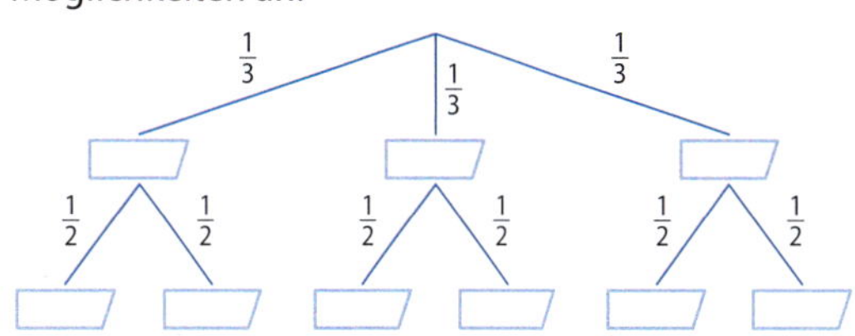

15 Miwan würfelt zweimal mit dem abgebildeten Würfel und multipliziert die Augenzahlen.

Netz des Würfels:

a) Gib ein unmögliches Ergebnis dieses Zufallsexperiments an.

b) Gib alle möglichen Ergebnisse an.

c) Gib an, ob es sich um ein Laplace-Experiment handelt. Begründe.

d) Kaya führt dieses Zufallsexperiment mit einem anderen Würfel durch. Ihre möglichen Ergebnisse lauten: 0; 4; 10; 12; 25; 30; 36. Zeichne ein mögliches Netz von Kayas Würfel.

16 Ein Zahlenschloss besteht aus drei Rädchen, jeweils mit den Ziffern 0 bis 9. Es gibt genau eine Ziffernkombination, mit der das Schloss geöffnet werden kann. Bestimme mithilfe eines Baumdiagramms die Wahrscheinlichkeit, dass …

a) die erste Ziffer richtig ist.
b) das Schloss zufällig beim ersten Versuch geknackt wird.
c) das Schloss geöffnet werden kann, wenn man weiß, dass die erste Ziffer schon richtig eingestellt ist.

17 Bei einer Geburtstagsfeier wird ein Glücksspiel nach folgenden Regeln gespielt: Reihum muss jeder am abgebildeten Glücksrad mit den Farben Rot, Blau, Grün und Orange drehen und anschließend eine Bohne mit der entsprechenden Farbe essen. In jeder Farbe gibt es am Anfang des Spiels gleich viele Bohnen mit leckerem Geschmack und solche, die nicht lecker schmecken.

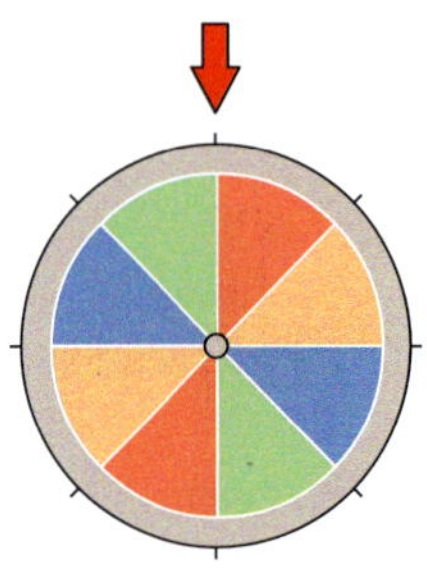

a) Bestimme die Wahrscheinlichkeit, beim ersten Drehen eine leckere (nicht leckere) Bohne zu erwischen.
b) Das Glücksrad wird zum ersten Mal gedreht. Bestimme die Wahrscheinlichkeit dafür, eine rote oder eine blaue Bohne mit unangenehmem Geschmack zu bekommen.
c) Bestimme die Wahrscheinlichkeit dafür, dass der Ausgang aus b) nicht eintritt.
d) Mark hat in den ersten drei Runden jeweils eine leckere Bohne erwischt. Er sagt: „Beim nächsten Drehen erhalte ich eine nicht leckere Bohne." Erläutere deine Meinung zu der Aussage.

18 Ein Glücksrad soll mit einer Wahrscheinlichkeit von 20 % zu einem Gewinn führen.
a) Zeichne ein solches Glücksrad und beschreibe dein Vorgehen.
b) Gib an, wie viele verschiedene Glücksräder es gibt. Zeichne mehrere, wenn möglich.

19 Du ziehst nacheinander von einem Kartenstapel drei der abgebildeten Zahlenkarten. Die gezogene Karte legst du nach jedem Zug wieder zurück. Die drei Zahlen werden addiert.

a) Berechne die Wahrscheinlichkeit dafür, dass die Summe 3 (4; 13) beträgt.
b) Begründe, ob es sich um ein Laplace-Experiment handelt.

20 Eine Laplace-Münze wird viermal hintereinander geworfen. Gib alle möglichen Ergebnisse an. Bestimme anschließend die Wahrscheinlichkeit, dass …
a) gleich oft Wappen und Zahl erscheint.
b) Wappen seltener erscheint als Zahl.
c) höchstens dreimal Zahl erscheint.
d) nie Zahl erscheint.

21 Der Zusammenhang zwischen Körpergröße und Gewicht ist in der Abbildung als Boxplot dargestellt. Ziehe Schlüsse aus den Grafiken.

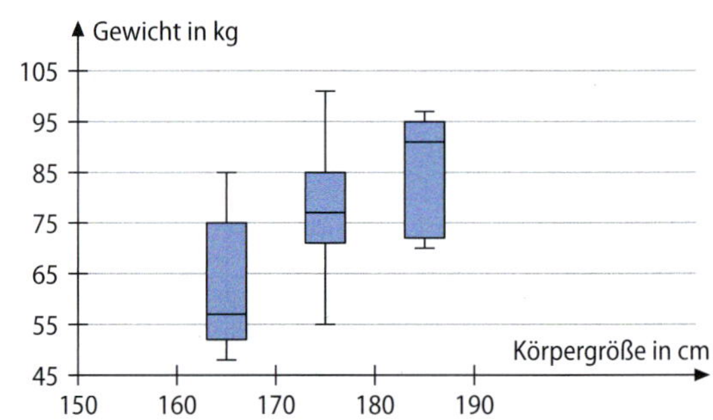

22 Zwei identisch aussehende Spielmünzen werden gleichzeitig in die Luft geworfen. Es wird betrachtet, welche Seite nach der Landung jeweils oben liegt.

a) Ermittle mithilfe eines Baumdiagramms, wie viele unterschiedliche Ergebnisse insgesamt möglich sind.
b) Bestimme die Wahrscheinlichkeiten, die sich den einzelnen Ergebnissen zuordnen lassen.

23 Man weiß aus langjährigen Untersuchungen, dass auf einen sonnigen Tag mit 70 %-iger Wahrscheinlichkeit wieder ein sonniger Tag folgt. Mit einer Wahrscheinlichkeit von $\frac{2}{3}$ folgt auf einen Regentag wieder ein Regentag. Bestimme die Wahrscheinlichkeit, dass nach einem sonnigen Freitag …

a) das ganze Wochenende (Samstag und Sonntag) die Sonne scheint.

b) an mindestens einem Tag des Wochenendes die Sonne scheint.

c) am Montag die Sonne scheint, es aber das ganze Wochenende geregnet hat.

d) es bis zum nächsten Freitag ununterbrochen regnet.

24 Marie hat einen Spielwürfel sechsmal geworfen und folgende Ergebnisse erhalten: 6; 6; 5; 4; 3; 2
Was meinst du zu ihrer Aussage?

25 Gummibärchen gibt es in sechs verschiedenen Farben, die alle gleich häufig produziert werden. Ein Gummibärchen hat eine Masse von etwa 2,5 g.

a) Berechne die Wahrscheinlichkeit, dass die ersten 2 Gummibärchen, die in eine 100-g-Tüte fallen, **1** gelb sind **2** die gleiche Farbe haben.

b) Lilli behauptet: „Es kommt so gut wie nie vor, dass in einer 100-g-Packung nur Bärchen von einer einzigen Farbe enthalten sind." Begründe diese Aussage mithilfe von Wahrscheinlichkeiten.

26 Ein Biathlet muss am Schießstand auf fünf Scheiben schießen. Für jeden Fehlschuss muss er eine Strafrunde von 150 m laufen. Seine Treffsicherheit liegt für jeden Schuss bei 85 %.

a) Zeichne das zugehörige Baumdiagramm.

b) Bestimme, mit welcher Wahrscheinlichkeit der Athlet …

1 eine Strafrunde laufen muss.

2 zwei Strafrunden laufen muss.

27 Denke dir jeweils zwei Zufallsexperimente aus, bei denen jedes mögliche Ergebnis mit der folgenden Wahrscheinlichkeit auftritt.

a) 0,5 b) 5 % c) $\frac{1}{5}$

28 Beim Mensch-ärgere-dich-nicht-Spiel darf man nur starten, wenn man eine Sechs würfelt. Dazu hat man maximal drei Versuche.

a) Zeichne ein Baumdiagramm. Beachte, dass es nach dem Würfeln einer Sechs keine Rolle mehr spielt, welche Zahl als nächstes gewürfelt wird.

b) Bestimme die Wahrscheinlichkeit starten zu dürfen.

c) Gib das Gegenereignis zu b) an, erkläre seine Bedeutung und berechne seine Wahrscheinlichkeit.

d) Timo spielt mit den gelben Figuren. Bestimme die Wahrscheinlichkeit, mit der Timo beim nächsten Wurf eine andere Figur schlägt.

29 Aus den drei Netzen werden Spielwürfel gebaut. Diese werden gleichzeitig geworfen.

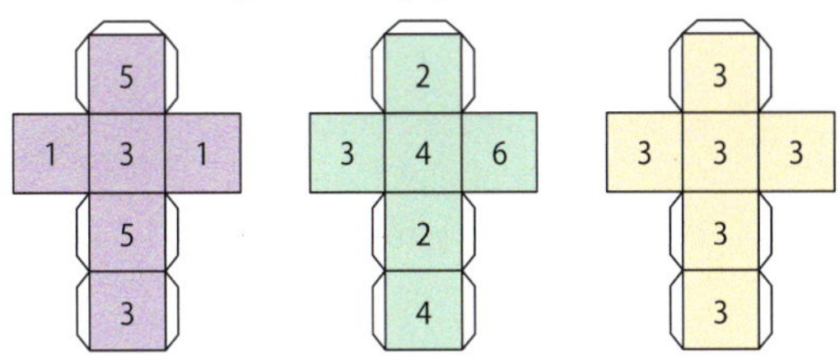

Ermittle die Wahrscheinlichkeiten für folgende Ereignisse:

E_1 = „Alle drei Spielwürfel zeigen die 3 an."

E_2 = „Keiner der drei Spielwürfel zeigt die 3 an."

E_3 = „Mindestens einer der drei Spielwürfel zeigt die 3 an."

E_4 = „Höchstens einer der drei Spielwürfel zeigt die 3 an."

Aufgaben zur Einzelarbeit

Das kann ich!	Das kann ich fast!	Das kann ich noch nicht!

1 **Teste dich!** Bearbeite dazu die folgenden Aufgaben und bewerte die Lösungen mit einem Smiley.

2 Hinweise zum Nacharbeiten findest du auf der folgenden Seite, die Lösungen findest du im Anhang.

1 Einst tat ein strenger und gemeiner König kund, dass er alle Gefangenen freizulassen gedenke, die es schafften, aus einer Schatulle, die eine schwarze und eine weiße Kugel enthielt, eine Kugel herauszuziehen, deren Farbe dieser Gefangene zuvor richtig vorhergesagt hatte. Gib einen Schätzwert dafür an, wie viele der 12 319 Gefangenen freigekommen sind.

2 Michelle ist mit Würfeln an der Reihe. Sie hat die rote Spielfigur. Gib die Wahrscheinlichkeit an, dass Michelle mit dem Wurf genau ins Ziel kommt.

3 Saskia wirft mit einem Laplace-Würfel eine 1. Beschreibe das Ereignis jeweils in Worten, berechne seine Wahrscheinlichkeit und und beurteile, ob es eingetreten ist.

A = {1; 3; 5} B = {2; 3; 4; 5; 6} C = {2; 3; 5}
D = {1; 6} E = {9} F = {6}

4 Beim abgebildeten Glückskreisel sind alle Felder gleich groß.

a) Gib die Wahrscheinlichkeit für rot in Prozent an.
b) Ermittle die Wahrscheinlichkeit, dass beim zweimaligen Drehen jeweils gelb angezeigt wird.
c) Formuliere jeweils das Gegenereignis in Worten.

5 Zwei Sportschützen schießen gleichzeitig auf eine Tontaube. Der erste Schütze trifft mit einer Wahrscheinlichkeit von 55 %, der zweite mit 85 %. Ermittle die Wahrscheinlichkeit dafür, dass die Tontaube nicht getroffen wird.

6 Ergänze die fehlenden Wahrscheinlichkeiten und beschreibe ein Zufallsexperiment, zu dem das Baumdiagramm gehören könnte.

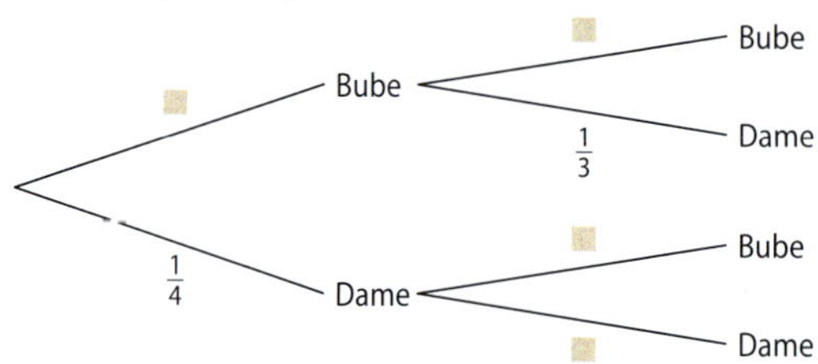

7 Zwei Freunde spielen das Knobelspiel „Papier – Stein – Schere“. Zeichne ein Baumdiagramm. Notiere die Ereignisse dafür, dass …
a) Spieler A gewinnt. b) Spieler B gewinnt.
c) das Spiel unentschieden endet.

8 Aus den verdeckt liegenden Zahlenkarten

werden zwei zufällig ausgewählt und die beiden darauf stehenden Zahlen multipliziert. Bestimme die Wahrscheinlichkeit, dass der Produktwert eine ungerade Zahl ist.

9 Eine Losbude hat 2000 Lose, darunter sind 1500 Nieten. Bestimme mithilfe eines Baumdiagramms die Wahrscheinlichkeit, dass bei zwei Losen mindestens ein Gewinn dabei ist.

10 Gib die Ergebnismenge an.

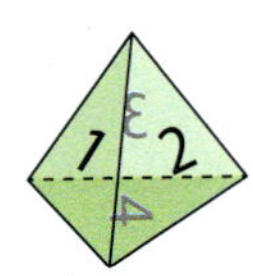

a) Einmaliges Werfen des abgebildeten Würfels.
b) **1** Gleichzeitiges Ziehen von zwei Kugeln
2 Zweimaliges Ziehen ohne Zurücklegen und Angabe der Summe der Zahlen auf den gezogenen Kugeln.

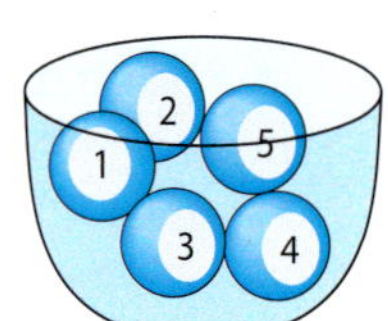

11 Die Wochenendbesucher eines Touristenortes wurden befragt. Jeder Dritte reiste mit der Bahn an, die restlichen mit dem Auto. Die Hälfte ist im Hotel untergebracht, ein Drittel der Besucher in Pensionen und der Rest in Privatquartieren.

a) Ermittle die Wahrscheinlichkeit, dass ein zufällig Befragter mit dem Auto angereist ist und im Hotel wohnt.

b) Ermittle die Wahrscheinlichkeit, dass ein zufällig Befragter mit der Bahn angereist ist und nicht in einem Privatquartier wohnt.

c) Nenne die Annahmen, die du machen musstest, um die Aufgaben a) und b) zu lösen.

12 Abgebildet ist ein aus zwei drehbaren Scheiben gebastelter Glücksspielautomat. An beiden Scheiben wird gleichzeitig jeweils einmal gedreht. Ermittle die Wahrscheinlichkeit für folgende Ereignisse:

E_1: „Zweimal Kleeblatt"

E_2: „Zweimal gleiches Symbol"

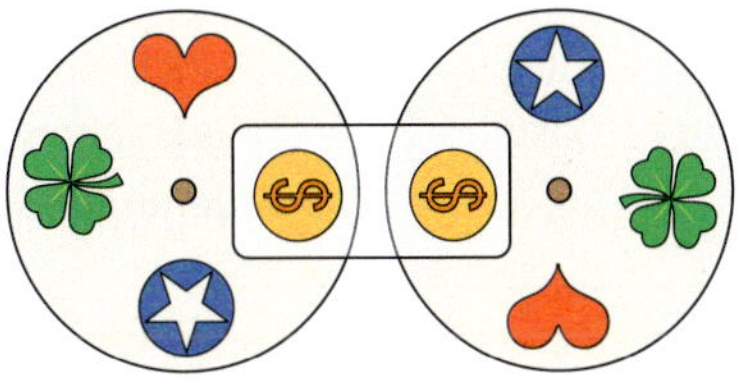

Aufgaben für Lernpartner

1 Bearbeite diese Aufgaben zuerst alleine.

2 Suche dir einen Partner oder eine Partnerin und arbeitet zusammen weiter. Erklärt euch gegenseitig eure Lösungen und hört einander aufmerksam und gewissenhaft zu.

3 Korrigiere gegebenenfalls deine Antworten und benutze dazu eine andere Farbe.

Sind folgende Behauptungen **richtig** oder **falsch**? Begründe.

A Das Werfen eines Spielwürfels ist ein Zufallsexperiment.

B Das Werfen einer verbeulten Münze ist ein Zufallsexperiment.

C Es handelt sich um ein Laplace-Experiment, wenn eine zufällig ausgewählte Person nach dem Wochentag befragt wird, an dem sie geboren ist.

D Zu unterschiedlichen Zufallsexperimenten kann nicht das gleiche Baumdiagramm gehören.

E Aus einem Baumdiagramm geht immer hervor, ob die betreffenden Vorgänge gleichzeitig ablaufen oder nacheinander stattfinden.

F Zusammengesetzte Zufallsexperimente bestehen aus mehreren zeitlich nach- oder nebeneinander ablaufenden Teilexperimenten.

G Bei Baumdiagrammen erhält man die Wahrscheinlichkeit für ein Ergebnis durch Addition der Wahrscheinlichkeiten entlang des zugehörigen Pfades.

H Die Summe der Wahrscheinlichkeiten aller Pfade im Baumdiagramm ist stets 1.

I Ein Ereignis und sein Gegenereignis schließen sich gegenseitig aus.

J Nach 1000 Münzwürfen kann die ermittelte relative Häufigkeit für „Zahl" jeden Wert zwischen 0 und 1 annehmen.

Ich kann …	Aufgabe	Hilfe	Bewertung
Zufallsexperimente erkennen und beschreiben.	1, 3, 10, A, B, I	S. 16	☺ 😐 ☹
zweistufige Zufallsexperimente durch Baumdiagramme darstellen.	6, 7, D, E, F	S. 24	☺ 😐 ☹
Laplace-Wahrscheinlichkeiten bestimmen.	2, 4, C	S. 26	☺ 😐 ☹
Wahrscheinlichkeiten mithilfe der Pfadregeln für zweistufige Zufallsexperimente bestimmen.	5, 8, 9, 11, 12, G, H	S. 30, 32	☺ 😐 ☹

Seite 16

Zufallsexperimente beschreiben

Alle sich voneinander unterscheidenden möglichen Ergebnisse eines Zufallsexperiments bilden zusammen die **Ergebnismenge Ω.**
Jede Teilmenge der Ergebnismenge stellt ein Ereignis E dar.
Alle Ergebnisse, die nicht zu einem bestimmten Ereignis E gehören, bilden zusammen das **Gegenereignis $\overline{E}$.**

Das Ziehen eines Gummibärchens ist ein Zufallsexperiment.
$\Omega = \{\text{Gelb; Rot}\}$
Einige Ereignisse:
$E_1 = \{\text{Gelb}\}$; $E_2 = \{\text{Rot}\}$
$E_3 = \{\text{Gelb; Rot}\}$; $E_4 = \{\text{Grün}\}$
E_3: **sicheres Ereignis;**
E_4: **unmögliches Ereignis.**
E_2 ist **Gegenereignis** von E_1.

Seite 26

Wahrscheinlichkeiten bestimmen

Bei einem Zufallsexperiment kann jedem **Ereignis** eine **Wahrscheinlichkeit** zugeordnet werden. Man schreibt kurz:

P (E) „Wahrscheinlichkeit des Ereignisses E"

Bei einem **Laplace-Experiment** gilt:

$$P(E) = \frac{|E|}{|\Omega|} \quad \left(\frac{\text{Günstige Ergebnisse}}{\text{Mögliche Ergebnisse}}\right)$$

$|E|$: Anzahl der Ergebnisse des Ereignisses E
$|\Omega|$: Anzahl der Ergebnisse der Ergebnismenge

Beachte:
$0 \le P(E) \le 1 \qquad P(E) + P(\overline{E}) = 1$

Gib an, mit welcher Wahrscheinlichkeit ein Vokal aus den abgebildeten Buchstaben gezogen wird.

$\Omega = \{I; M; N; O; S\} \qquad |\Omega| = 5$
E: „Der gezogene Buchstabe ist ein Vokal."
$E = \{I; O\} \qquad |E| = 2$
$P(E) = \frac{2}{5} = 0{,}4 = 40\,\%$

Seite 24

Baumdiagramme erstellen

Ein **zweistufiges** Zufallsexperiment setzt sich aus zwei nacheinander ausgeführten Teilexperimenten zusammen.
Bei solchen Zufallsexperimenten kann die Menge der Ergebnisse in Form eines **Baumdiagramms** übersichtlich dargestellt werden.
Zu jedem Ereignis gehört ein **Pfad.**

Zweimaliges Werfen einer Reißzwecke:

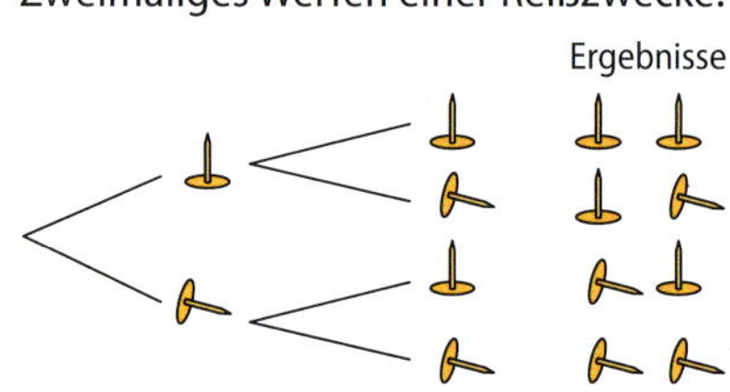

Seite 30, 32

Pfadregeln anwenden

In einem **Baumdiagramm** werden die Wahrscheinlichkeiten an dem zugehörigen Pfad notiert. Regeln für die Wahrscheinlichkeiten zusammengesetzter Ereignisse:

1. Pfadregel: Die Wahrscheinlichkeiten entlang eines Pfades werden multipliziert.

2. Pfadregel: Wenn mehrere Pfade zu einem Ereignis gehören, addiert man die Wahrscheinlichkeiten der entsprechenden Pfade.

Zweimaliges Drehen eines Glücksrads:

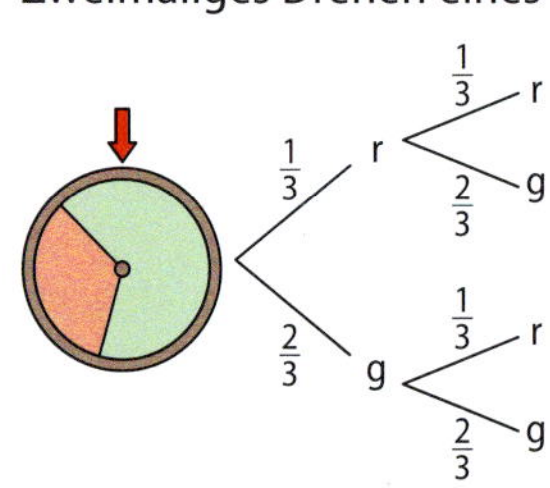

$P(rr) = \frac{1}{3} \cdot \frac{1}{3} = \frac{1}{9}$
$P(rg) = \frac{1}{3} \cdot \frac{2}{3} = \frac{2}{9}$
$P(gr) = \frac{2}{3} \cdot \frac{1}{3} = \frac{2}{9}$
$P(gg) = \frac{2}{3} \cdot \frac{2}{3} = \frac{4}{9}$

P („gleiche Farbe") $= \frac{1}{9} + \frac{4}{9} = \frac{5}{9} \approx 55{,}6\,\%$

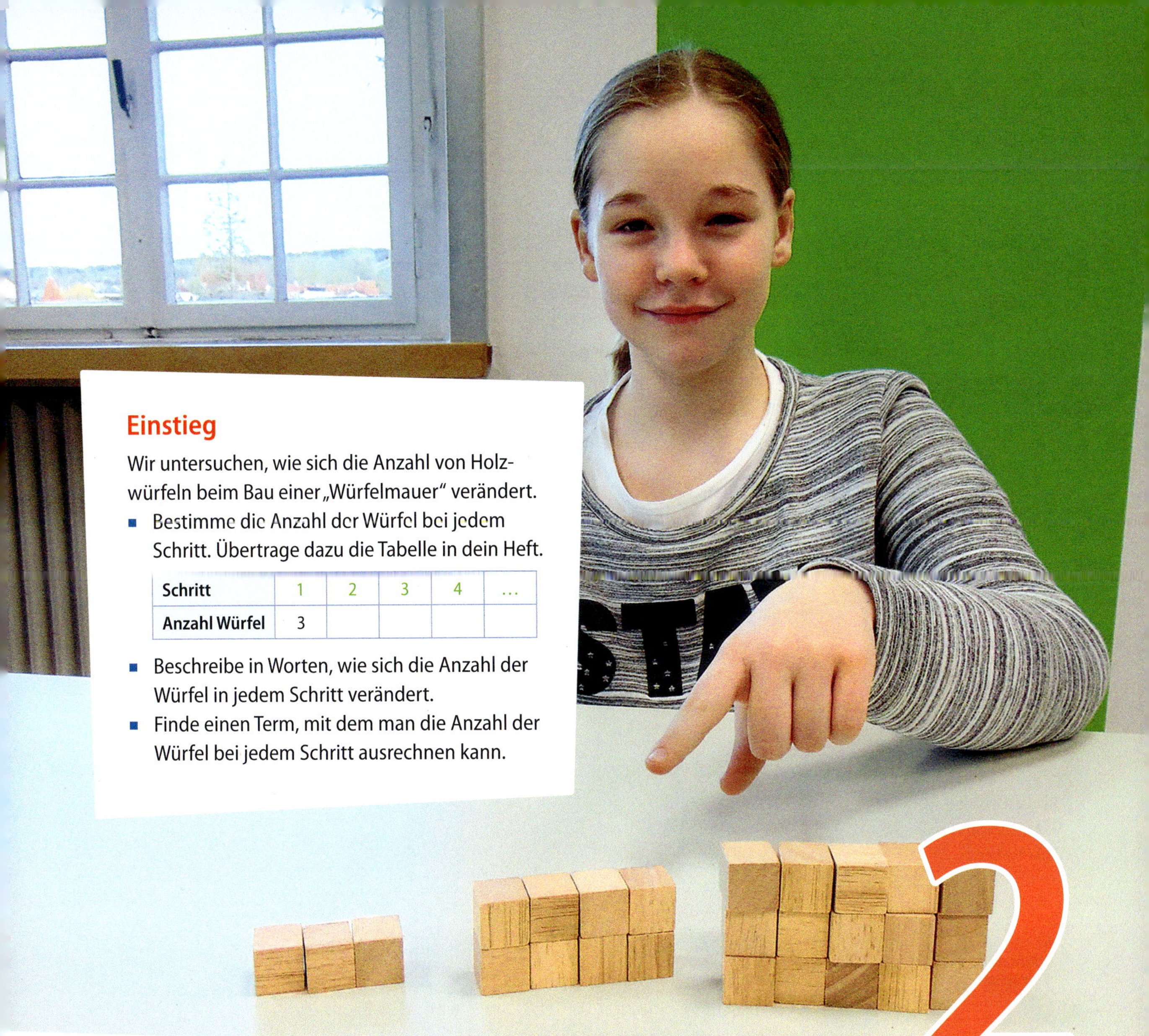

Einstieg

Wir untersuchen, wie sich die Anzahl von Holzwürfeln beim Bau einer „Würfelmauer“ verändert.

- Bestimme die Anzahl der Würfel bei jedem Schritt. Übertrage dazu die Tabelle in dein Heft.

Schritt	1	2	3	4	…
Anzahl Würfel	3				

- Beschreibe in Worten, wie sich die Anzahl der Würfel in jedem Schritt verändert.
- Finde einen Term, mit dem man die Anzahl der Würfel bei jedem Schritt ausrechnen kann.

2

Terme und Gleichungen

Ausblick

Am Ende dieses Kapitels hast du gelernt, …

… Terme **aufzustellen** und **umzuformen**.

… Terme zu **vereinfachen und zu lösen**.

… die **binomischen Formeln** anzuwenden.

… **lineare Gleichungen** auf verschiedene Arten **zu lösen**.

Vorwissen

Erklärvideos

Mediencode 61238-18

Terme aufstellen

Terme können helfen, Sachsituationen zu mathematisieren und Lösungen zu bestimmen. Ein Term ist eine beliebige Zahl oder Variable und eine **sinnvolle Verknüpfung aus Zahlen, Variablen und Rechenzeichen.** Um den Wert eines Terms zu berechnen, setzt man für die Variablen Zahlen aus einer festgelegten Zahlenmenge ein.

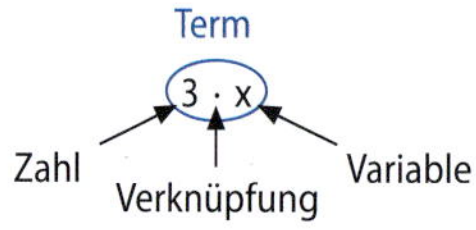

Beispiel:
Ein Rechteck ist dreimal so lang wie breit. Stelle einen Term für den Umfang des Rechtecks auf.

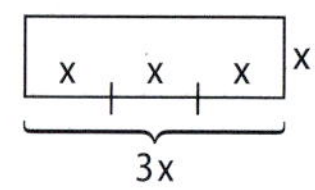

Lösungsmöglichkeit:
Variable x ist die Breite (z. B. in cm)

Breite: $b = x$ Länge: $l = 3x$

Term für den Umfang eines Rechtecks:

$u = 2 \cdot (l + b)$

$u = 2 \cdot (3x + x) = 2 \cdot 4x = 8x$

Rechenregeln nutzen

Die Klammer sagt: „Zuerst komm' ich, Potenz vor Punkt und Punkt vor Strich, und was ich noch nicht rechnen kann, das häng' ich unverändert an." (Zuerst rechnen bedeutet nicht zuerst aufschreiben.)

1. Was in **Klammern** steht, wird immer **zuerst** gerechnet. Dabei ist es egal, an welcher Stelle in der Rechnung die Klammer steht. Bei mehreren Klammern beginne mit der innersten.
2. **Potenzen** werden **vor** den vier **Grundrechenarten** berechnet.
3. **Punktrechnung** (·/:) geht **vor Strichrechnung** (+/−).

Rechengesetze anwenden

Erklärvideo

Mediencode 61238-19

Beim alleinigen Addieren und Multiplizieren dürfen einzelne Zahlen oder Variablen **beliebig vertauscht** („Kommutativgesetz") oder durch Klammern **zusammengefasst** („Assoziativgesetz") werden.

Kommutativgesetz: $a + b = b + a$
$a \cdot b = b \cdot a$

Assoziativgesetz: $(a + b) + c = a + (b + c)$
$(a \cdot b) \cdot c = a \cdot (b \cdot c)$

Soll eine Summe (Differenz) mit einer Zahl oder Variablen multipliziert werden, dann ist es manchmal vorteilhafter, die Zahl oder die Variable auf die einzelnen Teile der Summe (Differenz) **zu verteilen** („Distributivgesetz"). Umgekehrt kann es auch vorteilhafter sein, Klammern zu setzen, wenn ein gemeinsamer Faktor ausgeklammert werden kann.

Distributivgesetz: $a \cdot (b + c) = a \cdot b + a \cdot c$

Kommutativgesetz (KG):
- $2x + 5 = 5 + 2x$
- $t \cdot 8 = 8 \cdot t$

Assoziativgesetz (AG):
- $5x + (3x + 7{,}5) = (5x + 3x) + 7{,}5 = 8x + 7{,}5$
- $(4 \cdot 2z) \cdot z = 4 \cdot (2z \cdot z) = 8z \cdot z = 4 \cdot 2z^2 = 8z^2$

Distributivgesetz (DG):

ausmultiplizieren

$7 \cdot (x + 6) = 7 \cdot x + 7 \cdot 6$

ausklammern

oder

ausmultiplizieren

$(x + 6) \cdot 7 = x \cdot 7 + 6 \cdot 7$

ausklammern

Vorwissentest

Das kann ich!	Das kann ich fast!	Das kann ich noch nicht!

Teste dich! Schau dir dazu zunächst die bereits bekannten Inhalte auf der linken Seite an. Bearbeite die Aufgaben und bewerte deine Lösungen. Die Ergebnisse findest du im Anhang.

1 Eine Fahrt mit einem Taxi kostet 1,20 € pro Kilometer. Bei der Fahrt wird noch eine Grundgebühr von 2 € hinzugerechnet. Achim fährt 11 Kilometer. Ordne den richtigen Rechenbaum zu. Übertrage ihn ins Heft und vervollständige die Lücken.

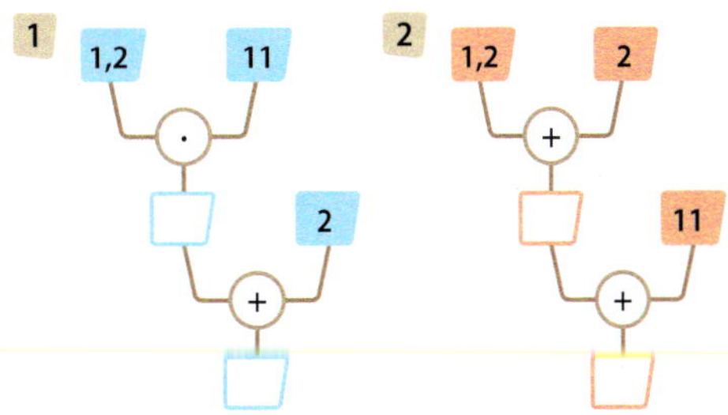

2 Stelle einen Term auf, mit dem man den Umfang der Figur berechnen kann. Beschreibe jeweils, wofür deine Variable steht.

a) Bei einem Rechteck ist eine Seite 5 cm länger (3 cm kürzer) als die andere Seite.
b) Bei einem Parallelogramm ist eine Seite halb so lang wie die andere.
c) Bei einem Sechseck sind alle Seiten gleich lang.

3 Übertrage die Additionsmauer in dein Heft und berechne die fehlenden Terme.

a)

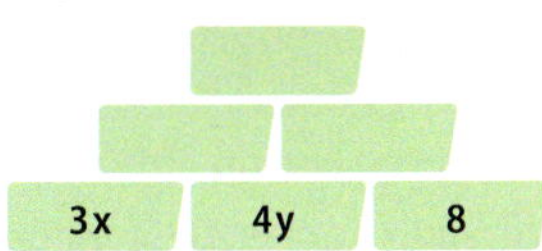

b)

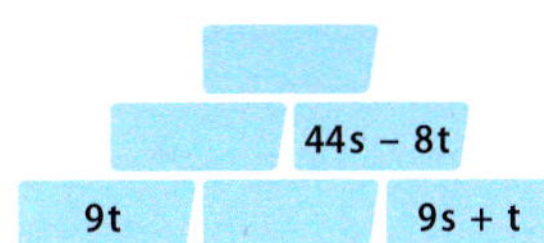

4 Berechne. Achte auf die Rechenregeln und Rechengesetze.

a) $-2{,}7 - 6{,}3 + 2 \cdot [6{,}4 - (8{,}7 + 1{,}1)]$ **b)** $21{,}5 - [-6{,}5 + |-8{,}5| - (7{,}6 - 8{,}3)]$
c) $-34{,}4 - 6{,}6 - 2{,}5 \cdot [-4{,}4 - (-8{,}4)] + 8$ **d)** $1{,}7 \cdot [4 - (2{,}8 + 4) \cdot 2] - 4{,}6 \cdot 2$

Betrag einer Zahl:
$|4| = 4$
$|-4| = 4$

5 Löse alle Klammern auf und vereinfache den Term so weit wie möglich.

a) $2 \cdot (x + y) - 3x$ **b)** $(4a - 3) \cdot 5 + 8$ **c)** $\frac{1}{2} \cdot (e - 2) + (f - 1) \cdot 7$
d) $\frac{1}{4} \cdot \left(\frac{1}{2}s + 4t\right) - 3s$ **e)** $(a + b) \cdot 3 + 4 \cdot (a - b)$ **f)** $5k - (0{,}7m - 3k)$

6 **a)** Erkläre mithilfe der Abbildungen in der Randspalte folgende Umformung:
$(a + b) \cdot c = a \cdot c + b \cdot c$.
b) Erstelle selbst eine Abbildung für die Umformung $(a - b) \cdot c = a \cdot c - b \cdot c$.

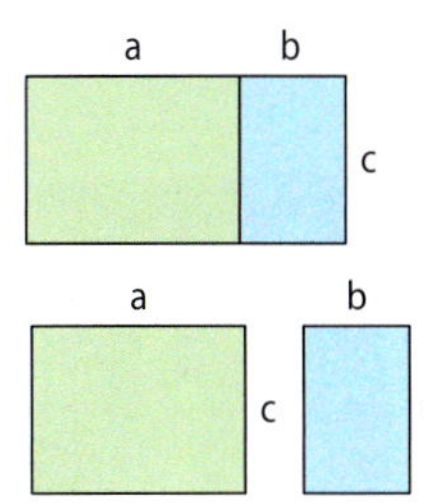

Ich kann …	Aufgabe	Bewertung
einfache Terme aufstellen und für Berechnungen nutzen.	1, 2	☺ 😐 ☹
Rechenregeln nutzen.	3, 4	☺ 😐 ☹
Rechengesetze anwenden.	5, 6	☺ 😐 ☹

Preise pro Person:

Übernachtung mit Frühstück:
28,50 € pro Nacht

Zusatzkosten Abendessen:
8,– €

Tourismussteuer:
1,90 € pro Tag

Wir fahren in den Thüringer Wald!

Der Sportverein SC Baruth plant für die kommenden Ferien im Winter ein Sportcamp mit vier Übernachtungen im Thüringer Wald. Rechts sind die Kosten abgebildet, die pro Person in der Jugendherberge anfallen.

- Bestimme den Gesamtpreis für eine Übernachtung mit Abendessen in der Jugendherberge für eine Person.
- Stelle einen Term auf, mit dem man die Übernachtungskosten für den Aufenthalt pro Person ermitteln kann.
- Zum Sportcamp haben sich insgesamt 45 Teilnehmende angemeldet. Ermittle mithilfe des zuvor aufgestellten Terms die Übernachtungskosten für die gesamte Gruppe.

… viel zu sehen
Der Thüringer Wald hat viele Sportmöglichkeiten im Winter.

Skipass für Kinder:

1 Tag: 20,– €
2 Tage: 34,– €
3 Tage: 49,– €
4 Tage: 62,– €

- Erstelle für das Sportcamp einen Tagesplan mit verschiedenen Sportaktivitäten. Suche Möglichkeiten im Internet.
- Bestimme die Kosten für die Aktivitäten für die gesamte Gruppe. Finde Preise im Internet.

Schnelle Rechner

Du kannst die Übernachtungskosten für das Sportcamp auch mit einem Tabellenkalkulationsprogramm berechnen. Die Abbildung zeigt ein mögliches Tabellenblatt.

	A	B	C
1		**Kosten für die Jugendherberge**	
2	Anzahl der Nächte	4	
3			
4		**Preis pro Nacht in €**	**Preis für 4 Nächte in €**
5	Übernachtung mit Frühstück	28,50	114,00
6	Mehrkosten Abendessen	8,00	32,00
7	Tourismussteuer	1,90	7,60
0			
9	**Gesamtkosten in €**	=SUMME(B5;B8)	
10			
11			
12			
13			

- Beschreibe den Aufbau des Tabellenblatts.
- Überprüfe, welche Formel geeignet ist, um den Wert in Zelle C5 zu berechnen.
  1 =B5+B5+B5+B5
  2 =4*(B5+B6+B7)
  3 =B5*B2
- Erweitere das Tabellenblatt, um die Kosten für die gesamte Gruppe zu bestimmen. Berücksichtige hierbei auch die Kosten für die Aktivitäten, für die du dich auf der vorherigen Seite entschieden hast. Überlege auch, für welchen Zeitraum ein Skipass sinnvoll ist.
- Kurz vor der Fahrt melden sich noch weitere 5 Teilnehmende an. Berechne den Gesamtpreis für die neue Gruppe. Beschreibe, in welchen Zellen du Änderungen vornehmen musst.
- Präsentiere deine Kostenrechnung in der Klasse. Überlege, ob das Sportcamp deiner Meinung nach finanziell im Rahmen liegt.

2.1 Terme aufstellen und vereinfachen

Entdecken

In Klasse 7 hast du bereits gelernt, wie man Terme aufstellt. Damit kann man beispielsweise beschreiben, wie sich die Anzahl von Würfeln über verschiedene Schritte hinweg verändern.

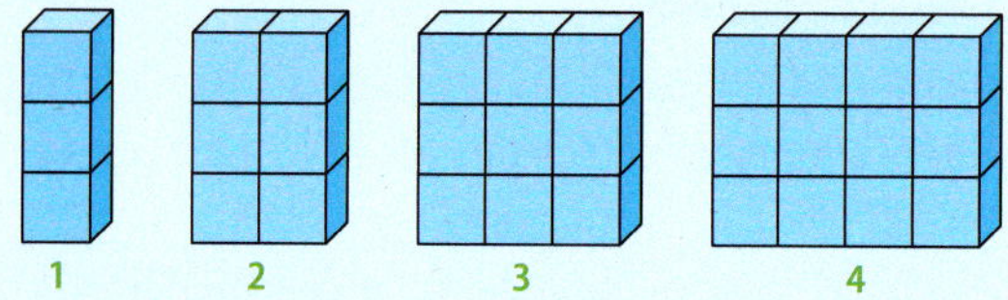

- Betrachte die abgebildete Folge an Würfelmauern: Beschreibe in Worten, …
  1 wie sich die Anzahl der Würfel in der Mauer mit jedem Schritt ändert.
  2 wie man die Anzahl der Würfel einer Mauer für jeden Schritt bestimmen kann.
- Gib einen Term an, der angibt …
  1 wie sich die Würfelanzahl aus der vorangegangenen Mauer bestimmen lässt.
  2 wie viele Würfel bei jedem Schritt Bestandteil einer Mauer sind.

Verstehen

Es gibt verschiedene Möglichkeiten, um mit Termen Zusammenhänge zu beschreiben. Dabei unterscheidet man, welche Werte bei jedem Schritt gleich bleiben und welche Werte sich bei jedem Schritt ändern.

Die Gleichwertigkeit von Termen nennt man auch ***Äquivalenz****.*

Merke

Um einen Term zu bestimmen, ist es hilfreich sich zunächst für einige Schritte aufzuschreiben, wie das Ergebnis berechnet wird. Dabei erkennst du, welche Teile gleich bleiben und welche sich verändern.
Es gibt oftmals verschiedene Terme, um den gleichen Zusammenhang zu beschreiben. Diese Terme nennt man **gleichwertig**.

Beispiel

Erklärvideo
Mediencode 61238-20

Gib eine Beschreibung und einen Term an, mit dem man die Anzahl der Würfel für jeden Schritt berechnen kann.

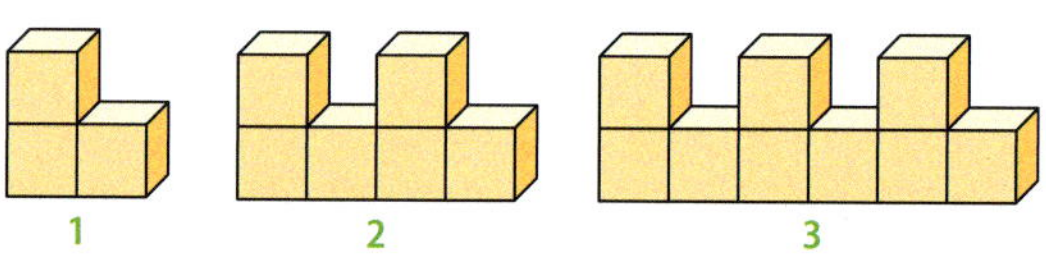

Lösungsmöglichkeiten:

1 Untersuche Zusammenhänge zwischen benachbarten Schritten (n: Variable für den Schritt).
Lösung: „Die Anzahl A (n) der Würfel ist beim neuen Schritt immer 3 mehr als beim vorherigen Schritt".
Anzahl A der Würfel bei Schritt n: $A(n) = A(n-1) + 3$

n	1	2	3	4
A (n)	3	6	9	12

+3 +3 +3

2 Stelle einen Zusammenhang zwischen dem Schritt und der Veränderung her. Stelle die Anzahl mithilfe des Startwerts und der Zusammenhänge dar.
Lösung: „Zu den 3 Anfangswürfeln kommen immer eins weniger als der aktuelle Schritt mal 3 neue Würfel hinzu."
Anzahl A der Würfel bei Schritt n: $A(n) = 3 + (n-1) \cdot 3$

n	1	2	3	4
A (n)	3	$3 + 1 \cdot 3$	$3 + 2 \cdot 3$	$3 + 3 \cdot 3$

3 Stelle auch den Startwert mithilfe der Zusammenhänge dar. Oftmals ist hier der Zusammenhang zwischen den Schritten und den Änderungen klarer:
Lösung: „Die Anzahl der Würfel ergibt sich, indem man den aktuellen Schritt mit der Veränderung 3 multipliziert."
Anzahl A der Würfel bei Schritt n: $A(n) = n \cdot 3$

n	1	2	3	4
A (n)	$1 \cdot 3$	$2 \cdot 3$	$3 \cdot 3$	$4 \cdot 3$

Nachgefragt

- Beschreibe mit eigenen Worten den Unterschied zwischen den verschiedenen Lösungen im Beispiel.
- Bewerte, welche Lösungen besser geeignet sind, um die Anzahl der Würfel für einen beliebigen Schritt n zu berechnen.

Aufgaben

1

1
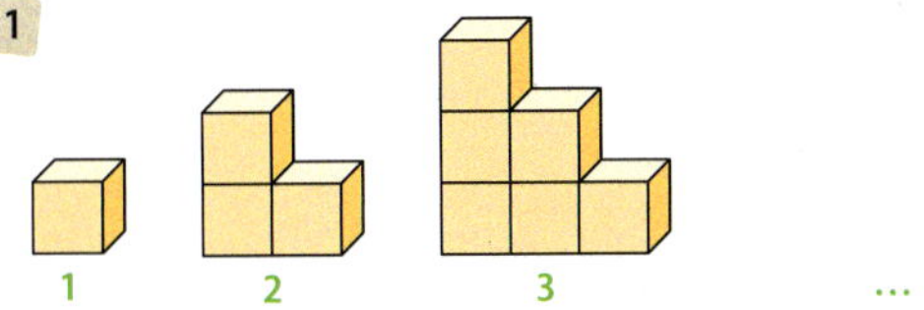

2
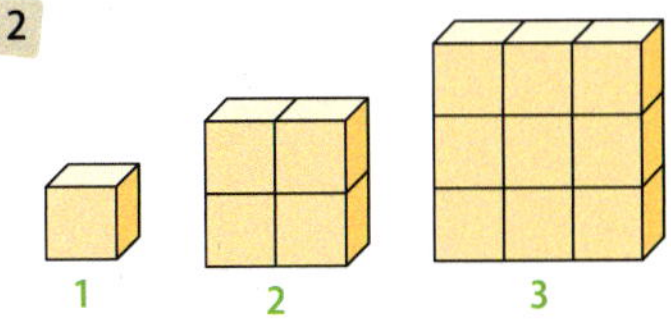

3
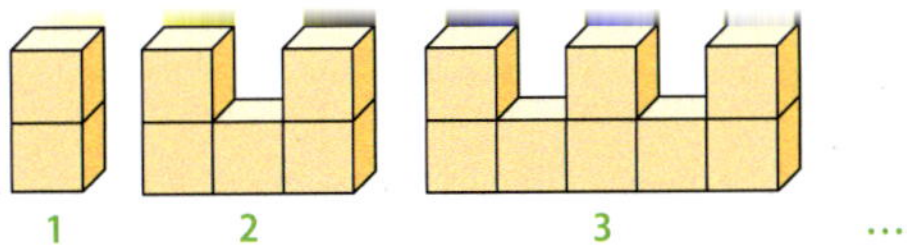

4
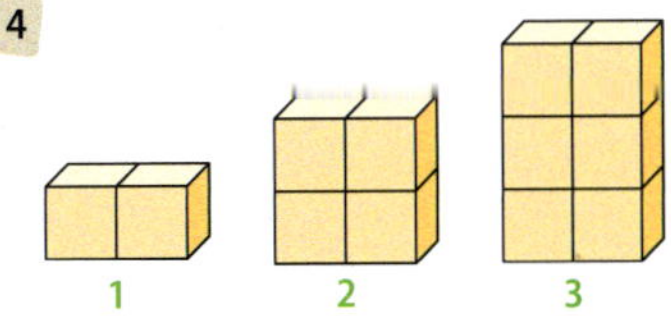

a) Übertrage die Würfelmauern ins Heft und setze die Folge um mindestens 2 Schritte fort.
b) Erstelle eine Tabelle, mit der du die Anzahl der Würfel für jeden Schritt angibst.
c) Gib, wenn möglich, verschiedene Beschreibungen und Terme an, mit denen man die Anzahl der Würfel für jeden Schritt berechnen kann.
d) Überprüfe die Terme für den 5. und 10. Schritt.

2 Betrachte die abgebildete Folge an Würfelmauern.
a) Ordne zu, mit welchem Term du die Anzahl A der Würfel beim n-ten Schritt beschreiben kannst. Begründe deine Antwort.
b) Überprüfe die Terme aus a) für den 5. und für den 8. Schritt.
c) Gib eine Beschreibung für die gefundenen Terme aus a) an. Vergleiche die Beschreibung mit einer Partnerin bzw. einem Partner.

1 $A(n) = A(n-1) + 3$
2 $A(n) = 3 + (n-1) \cdot 4$
3 $A(n) = 3 + n \cdot 4$
4 $A(n) = A(n-1) + 4$
5 $A(n) = 4 + (n-1) \cdot 3$
6 $A(n) = 1 + n \cdot 3$

3 a) Begründe, dass du die Anzahl der Würfel für jeden Schritt bei allen Würfelmauern durch dieselben Terme beschreiben kannst.
b) Gib verschiedene Terme an, mit denen du die Anzahl der Würfel für jeden Schritt bestimmen kannst.
c) Erkläre, welcher Term aus b) dir am leichtesten fällt zu finden.

1
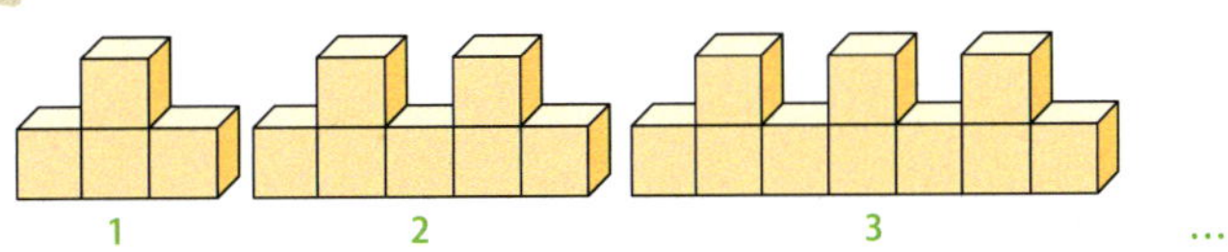

2
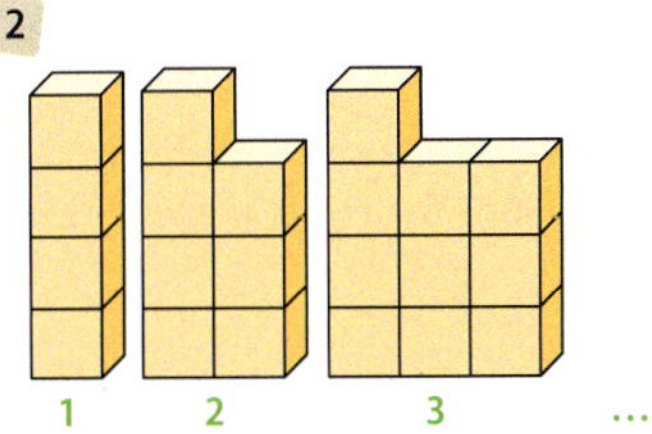

3
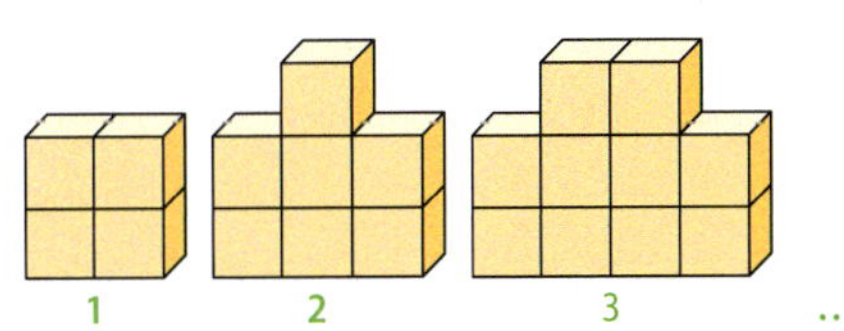

Alles klar?

4 a) Übertrage die Würfelmauern in dein Heft und setze die Folge um mindestens 2 Schritte fort.

b) Erstelle eine Tabelle, mit der du die Anzahl der Würfel für jeden Schritt angibst.

c) Gib verschiedene Beschreibungen und Terme an, mit denen man die Anzahl der Würfel für jeden Schritt berechnen kann.

d) Überprüfe die Terme aus c) für den 5. und 10. Schritt.

e) Nachgefragt: Erkläre, wie du die verschiedenen Terme ermitteln kannst.

1

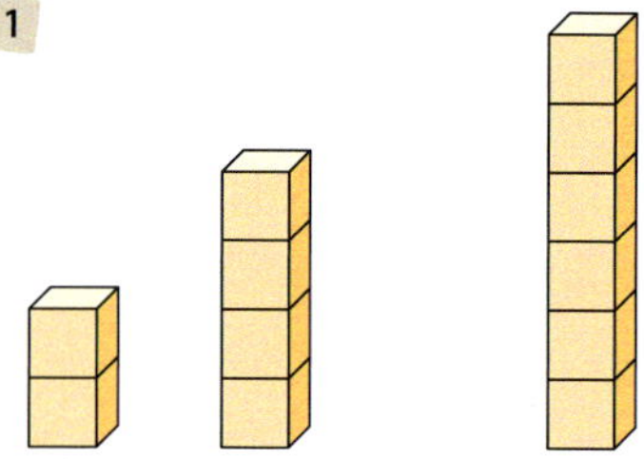

2

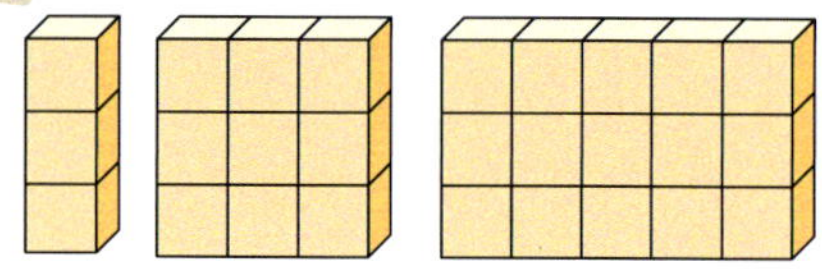

5

				…
Schritt	1	2	3	…
Anzahl weißer Quadrate	1	4	9	…
Anzahl schwarzer Quadrate	4	9	16	…

a) Übertrage die Tabelle in dein Heft und setze sie um mindestens drei Schritte fort.

b) Beschreibe die Änderung der
1 weißen Quadrate 2 schwarzen Quadrate in jedem Schritt.

c) Gib einen Term an, mit dem man für jeden Schritt die Anzahl der
1 weißen Quadrate 2 schwarzen Quadrate bestimmen kann.

d) Überprüfe die Terme für den 5., 8. und 10. Schritt.

e) Vergleiche die verschiedenen Terme aus c) miteinander.

6 1

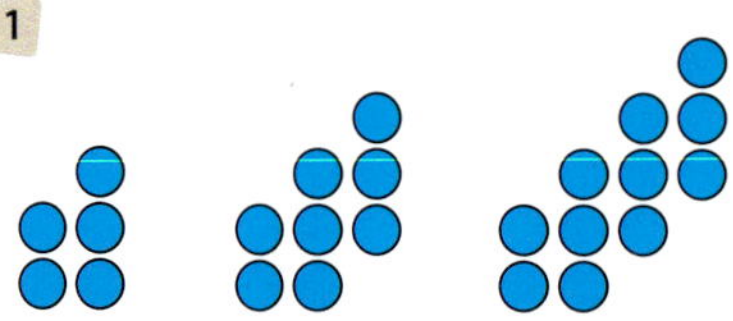

2

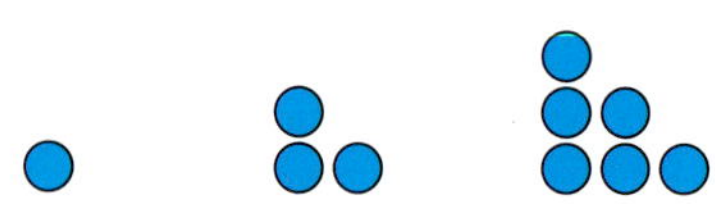

a) Setze das Punktmuster im Heft um mindestens 2 Schritte fort.

b) Gib eine Beschreibung und einen Term an, mit denen man die Anzahl der Punkte für jeden Schritt berechnen kann.

c) Überprüfe den Term aus b) für den 5. und 10. Schritt.

7 Erstelle zu dem angegebenen Term mindestens …

1 $A(n) = 2 + (n - 1) \cdot 4$

2 $A(n) = A(n - 1) + 2$

3 $A(n) = 5 + n \cdot 2$

4 $A(n) = 1 + (n - 1)^2$

a) zwei verschiedene Folgen von Würfelmauern.

b) zwei verschiedene Folgen von Punktmustern.

Weiterdenken

Du weißt bereits, dass sich Terme nach den bekannten Rechenregeln vereinfachen lassen. Bei der **Vereinfachung** von Termen entstehen zueinander **gleichwertige** (äquivalente) Terme.

1 Eine **Summe gleicher Summanden** lässt sich als **Produkt** schreiben.
Beispiel:
$x + x + y + x + y + x = x + x + x + x + y + y = 4 \cdot x + 2 \cdot y$

2 **Gleichartige Summanden** lassen sich zusammenfassen, indem man nur die Koeffizienten (= Zahlfaktoren) addiert/subtrahiert und die Variablen beibehält.
Beispiel:
$3xy + 7xz - 7xy + 2xy - 2xz = 3xy - 7xy + 2xy + 7xz - 2xz$
$= -2xy + 5xz$

3 Man verwendet die in $\mathbb{Q}$ gültigen Rechengesetze:

Kommutativgesetz:	$a + b = b + a$	$a \cdot b = b \cdot a$
Assoziativgesetz:	$a + (b + c) = (a + b) + c$	$a \cdot (b \cdot c) = (a \cdot b) \cdot c$
Distributivgesetz:	$a \cdot (b + c) = a \cdot b + a \cdot c$	

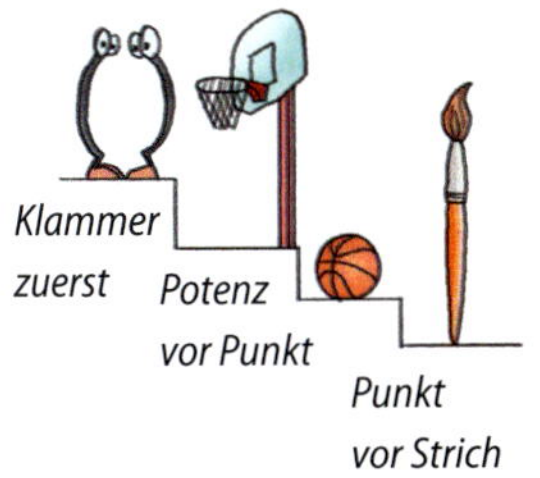

Erklärvideo
Mediencode 61238-21

8 Vereinfache so weit wie möglich. Erkläre, welche Rechengesetze du angewandt hast.

a) $5a - 2a + a$ b) $4z^2 - 3z^2 + z^2 + 3z^2$ c) $(3a + 2b) + 5a$
d) $-7y - 5y - 23y$ e) $51c^2 - 9c + 3c^2$ f) $3x + (8x + 16)$
g) $5y - 7y^2 + 1{,}5y \cdot y$ h) $\left(\frac{1}{2}p + 2\frac{1}{2}q\right) + 1\frac{1}{2}q$ i) $-3e \cdot e + 3f - 3e^2 + \frac{1}{2}f$

Denke daran:
$a + a = 2a$
$b \cdot b = b^2$
$3 \cdot c = 3c$

9 Begründe, welche Terme gleichwertig zueinander sind.

1: $\frac{1}{8} \cdot x$ 2: $8 : x$ 3: $x \cdot \frac{1}{8}$ 4: $x \cdot 8$ 5: $x : 8$ 6: $\frac{8}{x}$
7: $\frac{x}{8}$ 8: $1 : (8 \cdot x)$ 9: $8 \cdot x$ 10: $\frac{1}{x \cdot 8}$

10 Berechne jeweils den Wert des Terms für die gegebene Belegung der Variablen.

a) $x + 5$
$x = 2 \rightarrow$ O
$x = 11 \rightarrow$ A

b) $\frac{a}{2} + 3$
$a = 0 \rightarrow$ I
$a = 46 \rightarrow$ U

c) $5 - z + 10$
$z = -8 \rightarrow$ N
$z = \frac{2}{3} \rightarrow$ N

d) $\frac{3}{2} \cdot b + 5$
$b = 4\frac{1}{2} \rightarrow$ O
$b = -6 \rightarrow$ E

e) y^3
$y = -2 \rightarrow$ R
$y = 5 \rightarrow$ S

f) $x \cdot (x - 2)$
$x = 2{,}5 \rightarrow$ G
$x = -3 \rightarrow$ T

g) $\frac{x^3}{x^2}$
$x = 9 \rightarrow$ M

Wenn du alle Ergebnisse der Größe nach ordnest, ergeben die Buchstaben den Namen eines Mathematikers. Beginne mit dem kleinsten Wert.

11 Korrigiere die Fehler beim Einsetzen. Berechne dann jeweils den Wert des Terms.

a) Term: $3 \cdot x - 2 \cdot y + 4$
Einsetzen:
$x = -2$ und $y = -1$
$3 \cdot (-2) - 2 \cdot (-1) + 4$

b) Term: $b^2 + ab - 3$
Einsetzen:
$a = 4$ und $b = -4$
$-4^2 + 4 - 4 - 3$

c) Term: $x^2 + 5 - 7x$
Einsetzen: $x = -3$
$(-3)^2 + 5 - 7x$

Lösungen zu 12:
−5; 1; 4; 16; 0; −9; −3; −6

12 Stelle einen Term mit der Variablen x auf. Vereinfache den Term und berechne den Termwert für $x = -4; -1; 0; 2$.

a) Subtrahiere von der Summe aus x und 7 die Zahl 12.

b) Dividiere das Quadrat des Doppelten einer Zahl durch 4.

13 Gib zu den Termwerten den zugehörigen Term an.

a)

x	−3	−2	−1	0	1	2	3
?	−9	−6	−3	0	3	6	9

b)

x	−5	$-4\frac{1}{2}$	−4	$-3\frac{1}{2}$	−3	$-2\frac{1}{2}$	−2
?	25	$\frac{81}{4}$	16	$\frac{49}{4}$	9	$\frac{25}{4}$	4

c)

x	−4	−2	−1	0	1	3	5
?	−5	−1	1	3	5	9	13

d)

x	−3	−2	−1	0	1	2	3
?	14	9	6	5	6	9	14

14 Gib mindestens zwei verschiedene, aber gleichwertige Terme für den Umfang der Figur an. Zeige, dass die Terme gleichwertig sind.

a)
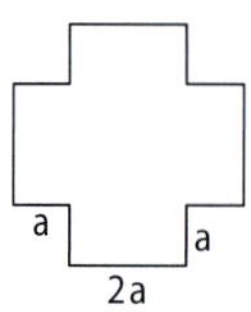

b)
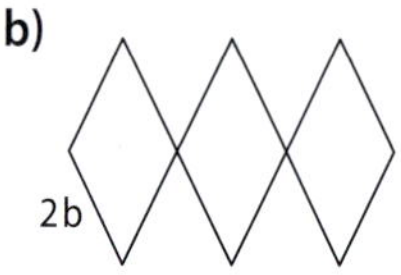

c)
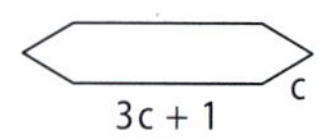

d)
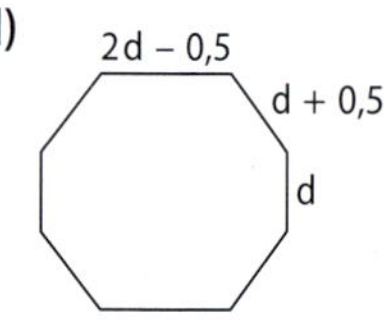

In der Lösung ordnet man Variablen alphabetisch, falls möglich.

15 Vereinfache so weit wie möglich.

a) $4a + 12 - 6a + 3$

b) $-5a - 3b + 7b + 8 - 3a$

c) $12xy - 8x + 7y - 2x - 2{,}5xy$

d) $-7{,}5z + 3{,}8x - 4{,}2z - 0{,}9 + 2{,}8z$

e) $14{,}3x^2 - 7{,}3x^2y + 6{,}2x^2 - 2{,}7xy^2$

f) $-0{,}8st^2 - 3{,}1s^2t + 4{,}6ts^2 - 2{,}5t^2s + 8{,}9t^2s^2$

Weiterdenken

1. Vorzeichen
2. Zahlen
3. Variablen

Erklärvideos
Mediencode 61238-22

- Wird eine Summe mit einem Faktor multipliziert, dann wird **jeder Summand mit dem Faktor (aus-)multipliziert**. Die entstandenen Produkte werden mit ihren Vorzeichen addiert.

1 Direktes Ausmultiplizieren oder **2 Multiplikationstabelle**

$$x \cdot (y + 12) = x \cdot y + 12 \cdot x$$

·	y	12
x	x · y	12x

Es folgt:
$x \cdot (y + 12) = x \cdot y + 12x$

Ausklammern nennt man auch Faktorisieren.

- Kommt in einer Summe von Produkten in jedem Summanden derselbe Faktor vor, dann kann dieser **gemeinsame Faktor ausgeklammert** werden.
$4x + 12y - 8z = 4 \cdot (x + 3y - 2z)$
$x^2 - 3x + x^3 = x \cdot (x - 3 + x^2)$

16 Erkläre den Zusammenhang zwischen dem direkten Ausmultiplizieren und dem Nutzen der Multiplikationstabelle.

17 a) Erkläre die Richtigkeit der nebenstehenden Aussage anhand der folgenden Gleichheit.
$-(2x - 4{,}5) = (-1) \cdot (2x - 4{,}5) = -2x + 4{,}5$

b) Löse die folgenden Klammern auf und vereinfache.

1 $1{,}2x - (2{,}6 - 3{,}1x)$ 2 $-\frac{4}{7}s - \left(0{,}8 - \frac{3}{7}s\right)$
3 $3a^2 - (-1{,}9a + 0{,}2a^2)$ 4 $2x - (7x + 15)$
5 $-\frac{5}{2}a - b \cdot \left(ab + \frac{1}{b}\right)$ 6 $-6y - (4{,}5 + 9y)$
7 $x - 4 \cdot \left(8x + \frac{2}{5}y\right)$ 8 $3z - (4z - 3z^2)$
9 $3y - (-7y + xy)$ 10 $-2 \cdot (6x + 4z) - 9z$

Klammern, vor denen ein Minuszeichen – steht, nennt man auch ***Minusklammern****.*

18 Begründe, welches Produkt richtig ausmultipliziert wurde.

a)	$x \cdot (y - 12) =$	1 $x \cdot y - 12x$	2 $-12xy$	3 $x \cdot y - 12$
b)	$-x \cdot (2 - y) =$	1 $-2x - xy$	2 $-x \cdot 2 + y$	3 $-2x + xy$
c)	$(x - 6y) : (-2) =$	1 $x + 3y$	2 $-x : 2 + 3y$	3 $-2x + 3y$

19 Ermittle alle gemeinsamen Faktoren (siehe Beispiele). Klammere sie aus und vereinfache.

Beispiele:

1 $15ab + 21a - 3ac$
$= 3 \cdot 5 \cdot ab + 3 \cdot 7a - 3 \cdot ac$
$= 3a \cdot (5b + 7 - c)$
3a ist der gemeinsame Faktor.

2 $12xy + 4xz + 8vx$
$= 3 \cdot 4xy + 4xz + 2 \cdot 4vx$
$= 4x \cdot (3y + z + 2v)$
Der gemeinsame Faktor ist 4x.

3 $4ab^2 - 144a^2b$
$= 4 \cdot abb - 4 \cdot 36aab$
$= 4ab \cdot (b - 36a)$
4ab ist der gemeinsame Faktor.

a) $\frac{1}{2}ax + 3x - 7xy$ b) $a^2bc - ab^2 + 3{,}2abc$ c) $6mn + 4km + 8m$
d) $2{,}5s^2f - 1{,}5s^2t + 12s^2$ e) $-35rs + 21r - 49rs^2$ f) $1{,}2gh + 0{,}3g - 1{,}5gk$
g) $\frac{2}{3}d^2 - 1\frac{1}{3}cd + d$ h) $0{,}8k^2l^2 - 1{,}6kl^2 + mkl^2$ i) $1{,}9x^3y - 4{,}6x^2y^2 + x^2y^3$

20 Hier stimmt doch was nicht. Finde die Fehler, erkläre und verbessere sie im Heft.

a)
$2x - 4y + 8r - 2$
$= 2 \cdot (x - 2y + 4r)$

b)
$(3x - 2) \cdot (x + 4)$
$= 3x^2 + 12x - 2x + 8$
$= 3x^2 + 14x + 8$

c)
$8 \cdot \left(b + \frac{3}{4}a\right) - (b + 3)$
$= 8b + 6a - b + 3$
$= 6a + 7b + 3$

d)
$-8x^2y + 4xy - 12xy^2$
$= -4xy\,(2x - 1 + 3y^2)$
$= -4xy\,(2x - 3y^2 + 1)$

21 Übertrage ins Heft und ergänze so, dass die Rechnung stimmt.

a) $2 \cdot \left(\square + \frac{2}{5}v\right) = \frac{1}{12}u + 0{,}8v$ b) $3{,}5ab + 14a^2b = \square \cdot \left(\frac{1}{2} + 2a\right)$
c) $\square : 5 + 2r + 3 = 27r + 3$ d) $81p - 15q = \square \cdot (\square p - 5q)$
e) $\square \cdot \frac{4}{3}q + \frac{2}{9} = 12q + \square$ f) $\square + 2{,}5x^2 - x = x \cdot (4x^2 + 2{,}5x - \square)$

Entdecken

Übertrage das Muster mindestens zweimal in dein Heft.

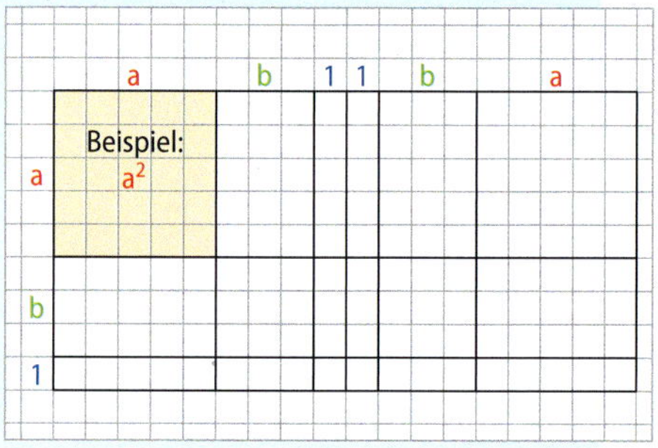

- Beschrifte im ersten Muster die einzelnen Flächeninhalte mit einem Term.
- Markiere im zweiten Muster die Flächeninhalte farbig, die durch folgende Terme gegeben sind:

1 $a \cdot (a + b)$ **2** $(a + b) \cdot (a + b)$

3 $(b + 1) \cdot (b + a)$ **4** $b \cdot (1 + b + a)$

- Stelle die Terme **1** bis **4** durch gleichwertige Terme dar, indem du die einzelnen Rechtecksflächen verwendest, in die sich die Flächen zerlegen lassen.
- Beschreibe, wie man Produkte von Termen zerlegen kann. Überprüfe an Beispielen.

Verstehen

Mithilfe des Distributivgesetzes kann man auch Summen ausmultiplizieren bzw. ausklammern.

Es wird „jeder mit jedem“ multipliziert.

Merke

Werden Summen miteinander multipliziert, dann muss man jeden Summanden der ersten Summe mit jedem Summanden der zweiten Summe multiplizieren. Die entstandenen Produkte werden dann mit ihren Vorzeichen addiert.

1 Direktes Ausmultiplizieren oder **2 Multiplikationstabelle**

$(x + 5) \cdot (y + 12)$

$= x \cdot y + 12 \cdot x + 5 \cdot y + 5 \cdot 12$

·	y	12
x	x · y	12x
5	5y	5 · 12

Es folgt:

$(x + 5) \cdot (y + 12)$
$= xy + 12x + 5y + 5 \cdot 12$
$= xy + 12x + 5y + 60$

Erklärvideo

Mediencode 61238-23

Beispiele

Erinnere dich:
$x \cdot x = x^2$,
aber
$x + x = 2x$

I. Erkläre das Ausmultiplizieren von Summen mithilfe einer Multiplikationstabelle aus dem Merkekasten.

Lösung:
Jeder Summand der ersten Klammer muss mit jedem Summanden der zweiten Klammer multipliziert werden. Dieses kann man durch die Darstellung der einzelnen Summanden in die Spalten bzw. Zeilen einer Multiplikationstabelle erreichen, indem in jeder Zelle das Produkt der einzelnen Summanden steht. Das Vorgehen entspricht der Bestimmung einzelner Flächeninhalte beim direkten Ausmultiplizieren im Merkkasten.

II. Berechne mithilfe einer Multiplikationstabelle: $(2a - 3b) \cdot (12 - 6a)$

Lösung:

$\cdot$	**12**	**−6a**
2a	$24a$	$-12a^2$
−3b	$-36b$	$18ab$

$(2a - 3b) \cdot (12 - 6a)$

$= 24a - 12a^2 - 36b + 18ab$ — Ergebnisse aus der Multiplikationstabelle übernehmen

$= -12a^2 + 24a + 18ab - 36b$ — Terme vereinfachen und ordnen

Nachgefragt

- Vervollständige die Sätze und gib ein Beispiel an.
  1 Steht bei einem Produkt vor einer Klammer ein Plus-Zeichen, dann kann man …
  2 Steht bei einem Produkt vor einer Klammer ein Minus-Zeichen, dann muss man …

Aufgaben

1 Erkläre das Vorgehen zur Multiplikation von Summen anhand der Beispiele.

1 $(7x + 2y) \cdot (3 + 5z)$

$\cdot$	**3**	**5z**
7x	$21x$	$35xz$
2y	$6y$	$10yz$

Es folgt: $(7x + 2y) \cdot (3 + 5z)$
$= 21x + 35xz + 6y + 10yz$

2 $(2 - 7b) \cdot (a - 3)$

$\cdot$	**a**	**−3**
2	$2a$	-6
−7b	$-7ab$	$21b$

Es folgt: $(2 - 7b) \cdot (a - 3)$
$= 2a - 6 - 7ab + 21b$

2 Vervollständige die Multiplikationstabelle und gib den Term ohne Klammern an.

1 $(x + 2) \cdot (3 + z)$

$\cdot$	**3**	**z**
x		
2		

2 $(0{,}2 - d) \cdot (d + 0{,}3)$

$\cdot$	**d**	**0,3**
0,2		
−d		

3 $(a - 9) \cdot (r - 2)$

$\cdot$	**r**	**−2**
a		
−9		

Geogebra
Mediencode 61238-24

3 Berechne das Produkt durch direktes Ausmultiplizieren und mithilfe einer Multiplikationstabelle. Vergleiche anschließend die Rechenwege miteinander.

a) $(x + 2) \cdot (x + 3)$ **b)** $(r + s) \cdot (r + 1)$ **c)** $(k - 2) \cdot (s + 3)$
d) $(-2a + 5) \cdot (1{,}2y - 0{,}4)$ **e)** $(5 - x) \cdot (3x + 4{,}5)$ **f)** $(0{,}5x - 2) \cdot (2 - x)$

4 **a)** Der Flächeninhalt der Figur wurde auf zwei Arten (jeweils ohne Einheiten) berechnet. Erkläre das Vorgehen.

1 $A = 6 \cdot 12 + 6 \cdot 6 + 2 \cdot 12 + 2 \cdot 6 = 144$
2 $A = (12 + 6) \cdot (6 + 2) = 18 \cdot 8 = 144$

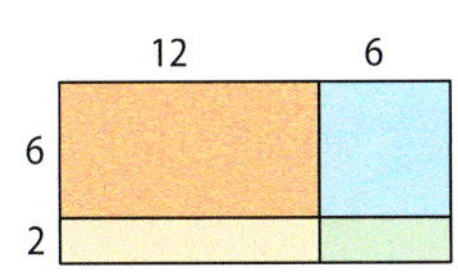

b) Bestimme analog zu a) den Flächeninhalt auf zwei verschiedene Arten.

1
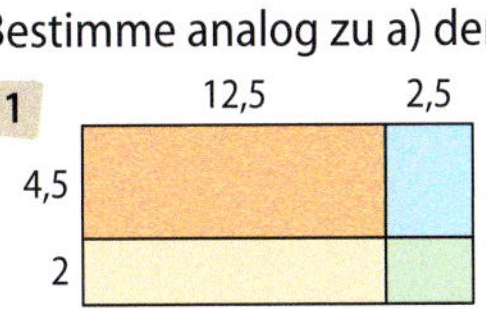

2
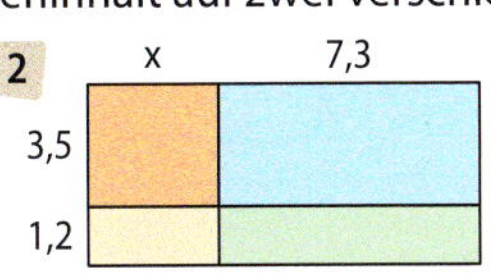

3
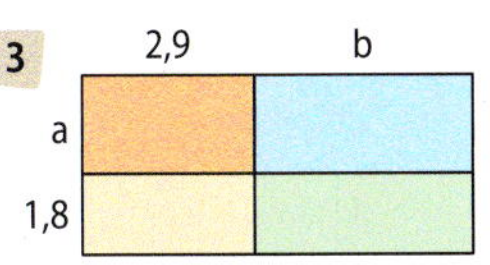

c) Erstelle wie in Aufgabe b) eine rechteckige Figur. Lass eine Partnerin oder einen Partner den Flächeninhalt auf verschiedene Arten berechnen.

Alles klar?

5 Multipliziere aus und vereinfache so weit wie möglich. Erkläre dein Vorgehen.

a) $(-2x + 7) \cdot (x - y)$ **b)** $\left(0{,}4k - \frac{2}{3}\right) \cdot (-m + 8)$ **c)** $(-3{,}2a + 0{,}5b) \cdot (a - 2b)$

6 Nachgefragt: Eine Multiplikationstabelle kann man auf zwei verschiedene Arten anordnen.

a) Überprüfe an dem Beispiel, dass beide Anordnungen zum selben Ergebnis führen.
$(x + 4) \cdot (y - 3)$:

1

$\cdot$	y	-3
x		
4		

2

$\cdot$	x	4
y		
-3		

b) Begründe mithilfe eines Rechengesetzes, dass die Anordnung in der Multiplikationstabelle auf beide Arten möglich ist.

---

7 In den Multiplikationstabellen zur Multiplikation von Summen fehlen Werte.

1

$\cdot$		5
x	x^2	
		15

2

$\cdot$	$3a$	
	$6a$	
$5b$		$5b^2$

3

$\cdot$	$4k$	
	$16k^2$	
	$2kl$	l^2

4

$\cdot$	$2x$	
	$7x^2$	
$\frac{1}{4}y$		$2y^2$

5

$\cdot$		-6
$-x$	$4x^2$	
		$6y$

6

$\cdot$	$-\frac{2}{5}x$	$\frac{3}{4}z$
	$-\frac{2}{5}xy$	
		$-3z^2$

a) Übertrage die Tabellen in dein Heft und vervollständige sie.

b) Gib die ursprünglichen Aufgaben, die zur Multiplikationstabelle passen, an. Vereinfache die Ergebnisse aus den Multiplikationstabellen so weit wie möglich.

8 Multipliziere aus und vereinfache so weit wie möglich. Wähle hierfür ein Vorgehen deiner Wahl.

a) $(x + 5) \cdot (x - 4)$ **b)** $(x + y) \cdot (y - 2x)$ **c)** $(6 - x) \cdot (6 - y)$
d) $(x + 3) \cdot (x + 5)$ **e)** $(z + 2) \cdot (z - 10)$ **f)** $(v - 3) \cdot (3 + v)$
g) $(y - 5) \cdot (y - 3)$ **h)** $(-c + 3) \cdot (3 + c)$ **i)** $(4 + 3r) \cdot (-r + 3)$
j) $(a + 3) \cdot (2b + 5)$ **k)** $\left(\frac{1}{2}u - \frac{1}{5}v\right) \cdot \left(\frac{3}{2}v + \frac{5}{7}u\right)$ **l)** $(0{,}2a^2 + 1{,}2a) \cdot (0{,}5a - 3)$
m) $(5{,}5x + 2{,}6) \cdot (4x - 1{,}2y)$ **n)** $(x - 1{,}3y) \cdot (-1{,}3x + y)$ **o)** $\left(\frac{1}{2}x^2 - 4x\right) \cdot \left(\frac{1}{5}x - y\right)$

9 Überprüfe die Rechnungen und finde die Fehler in den Termumformungen. Korrigiere sie anschließend.

1
$(3 - x) \cdot (2 + 4y)$
$= 6 - 2x + 12y + 4xy$

2
$(7x + y) \cdot (x + 0{,}5)$
$= 7x^2 + 3{,}5 + xy + y$

3
$(a + z) \cdot (a - 2z)$
$= a^2 - 2z^2 + az$

4
$(x + 4) \cdot (x + 4)$
$= x^2 + 16$

10 Du kannst mit der Multiplikationstabelle auch einfache Multiplikationsaufgaben schnell berechnen.

Beispiele: $24 \cdot 75$

·	70	5
20	1400	100
4	280	20

$24 \cdot 75 = 1400 + 100 + 2800 + 20$
$= 1800$

a) Erkläre das Vorgehen im Beispiel und beschreibe den Vorteil.
b) Rechne auf gleiche Weise: **1** $15 \cdot 47$ **2** $44 \cdot 32$ **3** $37 \cdot 63$ **4** $109 \cdot 84$
c) Finde eigene Multiplikationsaufgaben, die du auf diese Weise löst. Probiere es auch mit dreistelligen Zahlen aus.
d) Julia sagt: „Ich rechne schneller: $27 \cdot 46 = 20 \cdot 40 + 7 \cdot 6 = 800 + 42 = 842$."
Erkläre den Fehler, den Julia macht.

11 Du kannst auch einen Summenterm als gemeinsamen Faktor ausklammern.

Beispiel: $27c \cdot (a + b) - 17 \cdot (a + b) = (a + b) \cdot (27c - 17)$
$(a + b)$ ist der gemeinsame Faktor.

a) $3x \cdot (x + y) + 7y \cdot (x + y)$
b) $7p \cdot (a - b) + 3q \cdot (a - b)$
c) $144a \cdot (36b + 25c) - (-25c - 36b) \cdot 81b$
d) $x \cdot (y - z) - y + z$

12 Man kann Summenterme durch mehrfaches Ausklammern faktorisieren.

Beispiel: $30 + 6y - 20x - 4xy = 3 \cdot 10 + 3 \cdot 2y + (-2)x \cdot 10 + (-2)x \cdot 2y$
$= 3 \cdot (10 + 2y) \quad + (-2)x \cdot (10 + 2y)$
$= (3 - 2x) \cdot (10 + 2y)$

Faktorisiere wie im Beispiel.
a) $35 + 21b + 10a + 6ab$
b) $2 - f + 2e - ef$
c) $6vw - 9w - 12v + 18$
d) $60xy + 25x + 108y + 45$
e) $x^2 - 4x + bx - 4b$
f) $13a + 169ab - 1 - 13b$

Erinnere dich:
Faktorisieren (Ausklammern) *bedeutet, dass eine Summe in ein Produkt verwandelt wird und daher* ***nur noch aus Faktoren besteht.***

13 In der konstruktiven Kunst werden Bilder oft aus farbigen Rechtecken zusammengesetzt – ihre Flächen lassen sich mathematisch bestimmen.
a) Stelle für den Flächeninhalt der Rechtecke jeweils zwei Terme auf.

1
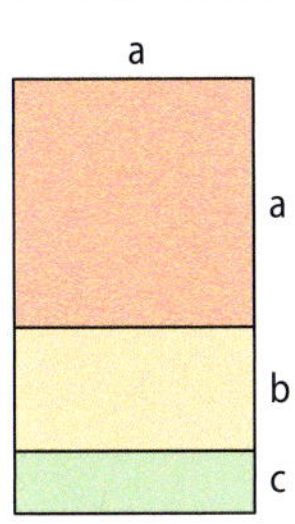

2
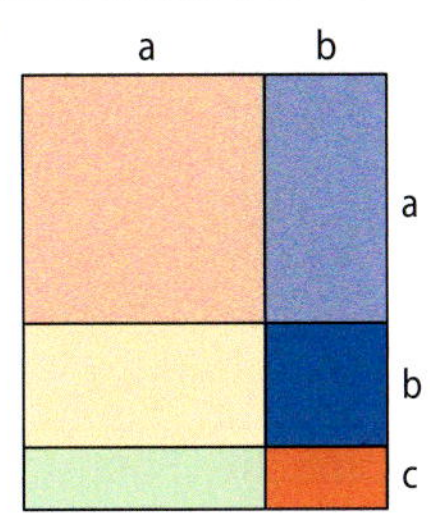

b) Bestimme jeweils einen Term für den Flächeninhalt des großen Quadrats und der rot markierten Flächen. Stelle eine Formel auf, in der beide Terme vorkommen.
c) Überlege dir eigene „Kunstwerke" mit Rechtecksflächen und lass einen Partner den zugehörigen Term aufstellen.

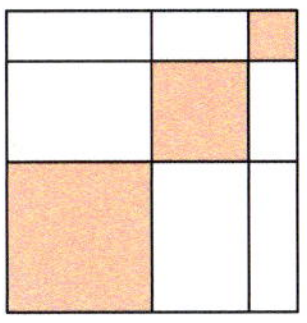

Entdecken

Untersuche, wie zwei gleiche Klammerterme miteinander multipliziert werden.

- Betrachte den Term $(a + b) \cdot (a + b)$.
  Multipliziere ihn anschaulich, indem du die Flächeninhalte der einzelnen Rechtecke addierst, und rechnerisch mit einer Multiplikationstabelle aus.

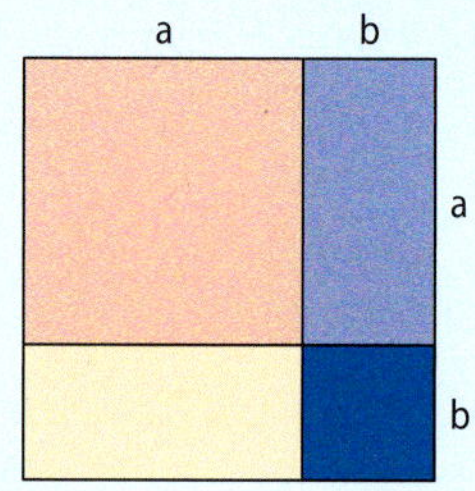

·	a	b
a		
b		

- Untersuche den Term $(a - b) \cdot (a - b)$.
  Vervollständige dazu die Abbildung im Heft und überprüfe rechnerisch mit einer Multiplikationstabelle.

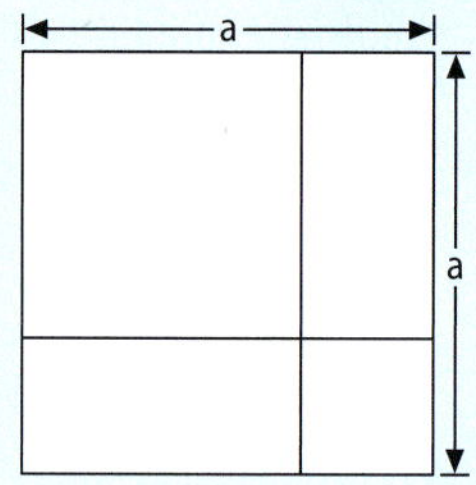

·	a	−b
a		
−b		

Verstehen

Die verschiedenen Fälle der Multiplikation der gleichen Terme mit Summe bzw. Differenz fasst man als **binomische Formeln** zusammen.

Die binomischen Formeln lassen sich in beide Richtungen anwenden: ausmultiplizieren bzw. zusammenfassen.

Erklärvideo

Mediencode 61238-25

Merke

Die binomischen Formeln erhält man, indem man beide Summen ausmultipliziert und zusammenfasst.

	binomische Formel	:	Quadrat 1. Summand		doppeltes Produkt beider Summanden		Quadrat 2. Summand
1.	$(a + b)^2$	=	a^2	+	$2ab$	+	b^2
2.	$(a - b)^2$	=	a^2	−	$2ab$	+	b^2
3.	$(a + b) \cdot (a - b)$	=	a^2			−	b^2

Beispiele

I. Löse die Klammern auf und vereinfache den Term. Benenne zudem die binomische Formel.

a) $(x + 3)^2$

b) $(3x + y) \cdot (3x - y)$

Lösung:

a) 1. binomische Formel:
$(x + 3)^2 = x^2 + 2 \cdot x \cdot 3 + 3^2$
$= x^2 + 6x + 9$

b) 3. binomische Formel:
$(3x + y) \cdot (3x - y) = (3x)^2 - y^2$
$= 9x^2 - y^2$

Tipp: Betrachte die quadrierten Summanden und prüfe, ob sich das doppelte Produkt beider Summanden ergibt.

II. Wende die binomischen Formeln an und schreibe mit Klammern.

a) $4x^2 - 2ax + \frac{1}{4}a^2$

b) $1 - 169r^2$

Lösung:

a) $4x^2 - 2ax + \frac{1}{4}a^2$
$= (2x)^2 - 2ax + \left(\frac{1}{2}a\right)^2 = \left(2x - \frac{1}{2}a\right)^2$

b) $1 - 169r^2$
$= (1)^2 - (13r)^2 = (1 + 13r) \cdot (1 - 13r)$

Nachgefragt

- Erläutere, worin sich die 1. und die 2. binomische Formel unterscheiden.
- Erkläre anschaulich, wieso der „mittlere Teil" der 3. binomischen Formel entfällt.

Aufgaben

1 Überprüfe mithilfe von Multiplikationstabellen die Richtigkeit der binomischen Formeln.

2 Übertrage die Tabelle in dein Heft und ergänze die Quadratzahlen bis 20. Lerne die Quadratzahlen auswendig. Lasse dich von einem Partner oder einer Partnerin abfragen.

Zahl	1	2	3	...	18	19	20
Quadratzahl				...			

3 Wende die binomischen Formeln an.

a) $(x + 5)^2$ **b)** $(4 + y)^2$ **c)** $(x - 1)^2$ **d)** $\left(x + \frac{1}{4}\right)^2$

e) $\left(y + \frac{2}{3}\right)^2$ **f)** $(x + 1{,}5)^2$ **g)** $(7 - x)^2$ **h)** $\left(\frac{1}{5} - y\right)^2$

i) $\left(\frac{4}{9} + x\right)^2$ **j)** $\left(x + \frac{1}{4}z\right)^2$ **k)** $(x - 2y)^2$ **l)** $(5x - 2z)^2$

Geogebra

Mediencode 61238-26

4 Nutze die 3. binomische Formel zum Vereinfachen.

a) $(x + 2) \cdot (x - 2)$ **b)** $(x - 3) \cdot (3 + x)$ **c)** $(y - 4) \cdot (y + 4)$

d) $(6 - x) \cdot (6 + x)$ **e)** $\left(y + \frac{2}{5}\right) \cdot \left(y - \frac{2}{5}\right)$ **f)** $\left(\frac{4}{9} - x\right) \cdot \left(\frac{4}{9} + x\right)$

g) $(y - 7) \cdot (7 + y)$ **h)** $(3 - x) \cdot (3 + x)$ **i)** $(y - 2x) \cdot (y + 2x)$

5 Löse die Klammern auf und vereinfache so weit wie möglich.

a) $(a + 3)^2$ **b)** $(b - 6)^2$ **c)** $(7 - x) \cdot (7 + x)$

d) $(2x - 4)^2$ **e)** $\left(\frac{1}{2}y + 2{,}5\right) \cdot \left(\frac{1}{2}y - 2{,}5\right)$ **f)** $(3{,}5 + 5z)^2$

g) $(7r - 2{,}3)^2$ **h)** $\left(\frac{2}{3}v + t\right)^2$ **i)** $(a + 1{,}9b) \cdot (a - 1{,}9b)$

j) $(11r - 4s) \cdot (11r + 4s)$ **k)** $\left(0{,}6v + \frac{5}{6}w\right)^2$ **l)** $\left(\frac{m}{3} - 8\right) \cdot \left(\frac{m}{3} + 8\right)$

m) $(2{,}5x - 3y) \cdot (3y + 2{,}5x)$ **n)** $(y - 0)^2 \cdot (0 - y)$ **o)** $\left(\frac{35}{36} - \frac{17}{36}\right)^2$

Hilfreich:
$a - b = -b + a$
$a - b = -(b - a)$

Alles klar?

6 Ordne äquivalente Terme einander zu. Überprüfe an einem Beispiel die Gleichwertigkeit.

1 $x \cdot (4 + x)$ 2 $(x - 2)^2$ A $x^2 - 4$ B $x^2 + 4x + 4$

3 $(2 - x) \cdot (2 + x)$ 4 $(x - 2^2) \cdot (x + 2^2)$ C $x^2 - 4x + 4$ D $x^2 + 4x$

5 $(2 + x)^2$ 6 $(x + 2) \cdot (x - 2)$ E $-x^2 + 4$ F $x^2 - 16$

7 Nachgefragt: Erkläre mithilfe der Zeichnung die Gültigkeit der 3. binomischen Formel anschaulich.

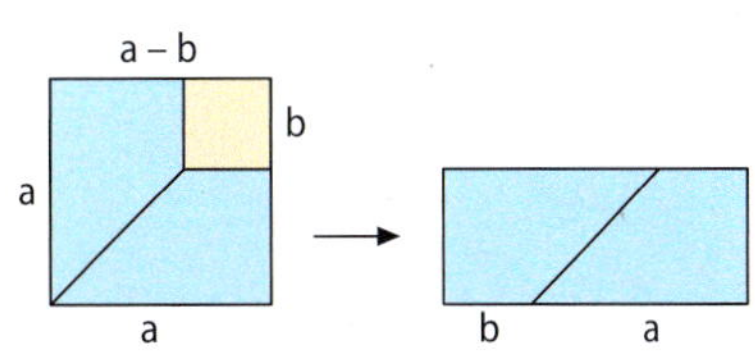

8 Löse zuerst die binomische Formel auf und vereinfache dann so weit wie möglich.

a) $4 \cdot (a + 3)^2$ **b)** $3 \cdot (x - 2y)^2$ **c)** $2 \cdot (2 - x) \cdot (2 + x)$

d) $x \cdot \left(x + \frac{1}{3}\right)^2$ **e)** $k \cdot (2m + 9)^2$ **f)** $\frac{1}{3} \cdot (3a - b)^2$

g) $-2 \cdot (-x - 5)^2$ **h)** $-y \cdot (y + 2)^2$ **i)** $2x \cdot (4 - x)^2$

j) $(2y - 11) \cdot (2y + 11) \cdot y$ **k)** $t \cdot (5t - 0)^2$ **l)** $5 \cdot (y - 6)^2$

9

Minuend – Subtrahend = Differenz

Mathematik und Sprache: Fachsprache verwenden

a) Gib an, welche binomische Formel hier beschrieben wird.

b) Beschreibe ebenso die beiden anderen binomischen Formeln in Worten.

Das Quadrat einer Differenz ergibt als Ergebnis die Differenz aus dem Quadrat des Minuenden und dem doppelten Produkt aus Minuend und Subtrahend addiert zum Quadrat des Subtrahenden.

10 Ergänze die Gleichungen, indem du die binomische Formel rückwärts anwendest.

a) $a^2 + 2ab + b^2 = (a + \square)^2$ **b)** $m^2 + 2mn + n^2 = (\square + \square)^2$

c) $x^2 + 4x + 4 = (\square + \square)^2$ **d)** $a^2 - 6a + 9 = (\square - \square)^2$

e) $4x^2 + 4xy + y^2 = (\square + \square)^2$ **f)** $4y^2 - 20y + 25 = (\square + \square)^2$

11 Schreibe mithilfe der binomischen Formeln als Klammerausdruck.

a) $x^2 + 22x + 121$ **b)** $a^2 - 26a + 169$ **c)** $25 - y^2$

d) $1 + 2x + x^2$ **e)** $\frac{1}{4}t^2 - st + s^2$ **f)** $4a^2 - 36a + 81$

g) $36k^2 - 144m^2$ **h)** $0{,}64a^2 + 6{,}4a + 16$ **i)** $\frac{4}{9}x^2 - \frac{4}{15}x + \frac{1}{25}$

j) $0{,}09 + 0{,}6x + x^2$ **k)** $y^2 - 4 \cdot \frac{1}{5} + \frac{4}{25}$ **l)** $0{,}04x^2 - 2{,}25y^2$

12 Ergänze die Lücke so, dass du eine binomische Formel anwenden kannst.
Schreibe anschließend den Term als gleichwertigen Klammerausdruck.

a) $x^2 + 6x + \square$ **b)** $x^2 - 16x + \square$ **c)** $x^2 - 22x + \square$ **d)** $x^2 - x + \square$

e) $x^2 + 0{,}6x + \square$ **f)** $x^2 + 3x + \square$ **g)** $x^2 - \square x + 49$ **h)** $x^2 + \square x + 2{,}25$

i) $x^2 - \square x + \frac{4}{9}$ **j)** $x^2 - 2 \cdot \frac{1}{3}x + \square$ **k)** $x^2 - \square x + 9$ **l)** $\square x^2 - \frac{1}{8}x + \frac{1}{64}$

13 Übertrage in dein Heft und ergänze die Lücken.

a) $(x + \square)^2 = \square + \square + 64$ **b)** $(y - \square)^2 = \square - 5y + \square$

c) $(2a + \square)^2 = \square + 2a + \square$ **d)** $(\square - 12)^2 = \square - 6m + \square$

e) $(3x - \square) \cdot (3x + \square) = \square - 0{,}25$ **f)** $\left(\square - \frac{2}{5}\right)^2 = 2\frac{1}{4}r^2 - \square + \square$

14 Beim Faktorisieren einiger Summen kann man zunächst einen gemeinsamen Faktor aller Summanden ausklammern und anschließend die binomischen Formeln anwenden.

Beispiel: $3x^2 + 24x + 48 = 3 \cdot (x^2 + 8x + 16) = 3 \cdot (x + 4)^2$

Faktorisiere wie im Beispiel.

a) $4x^2 + 48x + 144$ **b)** $3y^2 - 30y + 75$ **c)** $2{,}5x^2 - 20x + 40$

d) $10x^2 + 30x + 22{,}5$ **e)** $250x^2 - 100xy + 10y^2$ **f)** $\frac{7}{4}x^2 - \frac{14}{10}xy + \frac{7}{25}y^2$

Weiterdenken

Quadratische Terme kann man so **quadratisch ergänzen**, dass man sie mithilfe der **binomischen Formeln vereinfachen** kann.

1 Terme der Form $x^2 + px$	
$x^2 + 6x$	Das + zeigt an, dass es sich um die 1. binomische Formel handelt.
$x^2 + 6x$	Vergleich mit 1. BF: $(a + b)^2 = a^2 + 2ab + b^2$
	$a^2 = x^2 \Rightarrow \underline{a = x}$
	$2ab = 6x \Rightarrow 2b = 6 \Rightarrow \underline{b = 3}$
$\underbrace{x^2 + 6x + 3^2}_{(x+3)^2} - \underbrace{3^2}_{9}$	**Quadratische Ergänzung** von $+ b^2 - b^2 = 0$
	1. binomische Formel mit $\underline{a = x}$ und $\underline{b = 3}$; Rest zusammenfassen.

2 Terme der Form $x^2 + px + q$	
$x^2 - 8x + 6$	Das – zeigt an, dass es sich um die 2. binomische Formel handelt.
$x^2 - 8x + 6$	Vergleich mit 2. BF: $(a - b)^2 = a^2 - 2ab + b^2$
	$a^2 = x^2 \Rightarrow \underline{a = x}$
	$2ab = 8x \Rightarrow 2b = 8 \Rightarrow \underline{b = 4}$
$\underbrace{x^2 - 8x + 4^2}_{(x-4)^2} \underbrace{- 4^2 + 6}_{-10}$	**Quadratische Ergänzung** von $+ b^2 - b^2 = 0$
	2. binomische Formel mit $\underline{a = x}$ und $\underline{b = 4}$; Rest zusammenfassen.

3 Terme der Form $nx^2 + \ldots$	
$3x^2 + 12x - 7$	Steht ein Faktor **n** vor x^2 (hier: **3**), so wird dieser ausgeklammert.
$3(x^2 + 4x) - 7$	Allerdings nur bei den Termen nx^2 und px.
$3(\underbrace{x^2 + 4x + 2^2}_{3(x+2)^2} - 2^2) - 7$	**Quadratische Ergänzung** von $+ b^2 - b^2 = 0$
$3(x + 2)^2 - 12 - 7$	1. binomische Formel, Rest zusammenfassen.

Die nahrhafte Null: Das Hinzufügen von $+ b^2 - b^2$ ändert nichts am Termwert, aber hilft dabei, einen Teil zu einer binomischen Formel zusammenzufassen.

15 Hier wurde quadratisch ergänzt. Übertrage und vervollständige die Rechenwege im Heft.

a) $x^2 - 10x \Rightarrow$ Es handelt sich um die $\square$. binomische Formel.
a entspricht x. b entspricht $\square$.
Quadratische Ergänzung: $\underbrace{x^2 - 10x + \square}_{(x - \square)^2} - \square$
$(x - \square)^2 - \square$

b) $x^2 + 6x + 1 \Rightarrow$ $\square$.
Quadratische Ergänzung: $\underbrace{x^2 + 6x + \square}_{(\square\square\square)^2} - \square + 1$
$(\square\square\square)^2 - \square$

c) $2x^2 + 8x - 5 \Rightarrow$ $\square$.
Zunächst muss der Faktor vor x^2 ausgeklammert werden, also die $\square$
$\Rightarrow \square(x^2 + \square x) - \square$
Quadratische Ergänzung innerhalb der Klammer: $\square(\underbrace{x^2 + \square x + \square}_{(x + \square)^2} - \square) - \square$
Restliche Terme verrechnen: $2 \cdot (-\square) - \square = \bigcirc \Rightarrow 2 \cdot (\square\square\square)^2 - \bigcirc$

d) In welchen Schritten unterscheidet sich das Vorgehen bei Teilaufgabe c) vom Vorgehen bei den anderen beiden Teilaufgaben? Welche Schritte sind identisch? Erkläre.

*Eine weitere Möglichkeit, eine Summe in ein Produkt umzuformen, ist das **Faktorisieren nach Vieta**.*

Arbeitsblatt
Mediencode 61238-27

16 Führe eine quadratische Ergänzung für die gegebenen Terme durch.

a) $x^2 + 12x$ **b)** $x^2 - 8x$ **c)** $x^2 - 0{,}2x$
d) $x^2 + 8x + 6$ **e)** $x^2 - 6x - 4$ **f)** $x^2 - 5x + 9$
g) $8x^2 + 48x + 16$ **h)** $3x^2 - 27x + 12$ **i)** $-4x^2 + 12x - 24$
j) $5x^2 - 4x + 6$ **k)** $-x^2 + \frac{1}{2}x - 4$ **l)** $-2{,}5x^2 + 12{,}5x + 1$

17 Zeige, dass sich der gefärbte Flächeninhalt A durch den angegebenen Term darstellen lässt.

a)

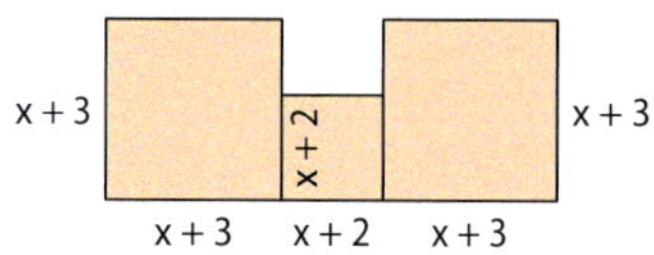

$A = 3x^2 + 16x + 22$

b)

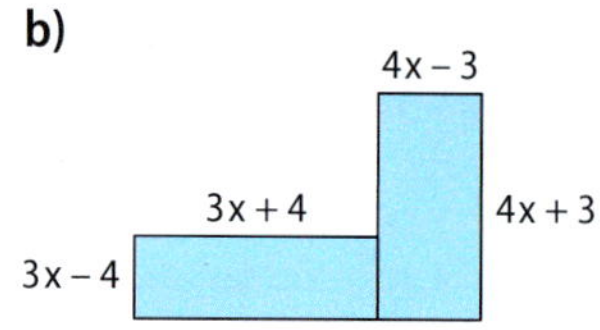

$A = (5x - 5) \cdot (5x + 5)$

c)

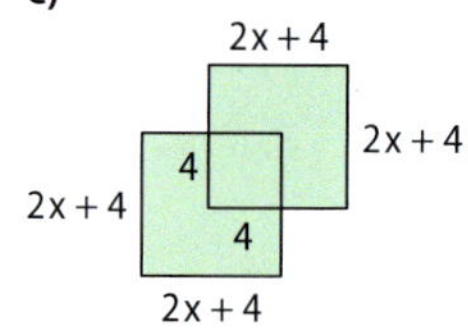

$A = 8 \cdot (x^2 + 4x + 2)$

18 Alex hat sich überlegt, wie man die binomische Formeln nutzen kann, um scheinbar komplizierte Potenzrechnungen zu vereinfachen:

$(42)^2 = (40 + 2)^2 = 40^2 + 2 \cdot 40 \cdot 2 + 2^2 = 1600 + 160 + 4 = 1764$

$(28)^2 = (30 - 2)^2 = 30^2 - 2 \cdot 30 \cdot 2 + 2^2 = 900 - 120 + 4 = 784$

$98 \cdot 102 = (100 - 2) \cdot (100 + 2) = 100^2 - 2^2 = 10\,000 - 4 = 9996$

Erkläre, wie er vorgegangen ist.

19 Berechne mithilfe der binomischen Formeln.

a) $(22)^2$ **b)** $(37)^2$ **c)** $(53)^2$ **d)** $103 \cdot 97$ **e)** $(82)^2$ **f)** $(25)^2$
g) $13 \cdot 17$ **h)** $(61)^2$ **i)** $58 \cdot 62$ **j)** $(35)^2$ **k)** $(59)^2$ **l)** $96 \cdot 104$

20 Mia ist etwas aufgefallen:

$(8{,}5)^2 = (8 + 0{,}5)^2 = \ldots$
$= 72{,}25$

und

$(6{,}5)^2 = (6 + 0{,}5)^2 = \ldots$
$= 42{,}25$

a) Erkläre, wie Mia die 1. binomische Formel genutzt hat, um diese Rechnungen einfacher durchzuführen. Gib dabei den Rechenweg an der Stelle von … so ausführlich wie möglich an.

b) Denk dir selbst ähnliche Beispiele aus und lasse sie von deinem Partner lösen.

21 Vereinfache so weit wie möglich.

a) $(a + b)^2 + (a - b)^2$ **b)** $(x + y)^2 + (x + y) \cdot (x - y)$
c) $(3c + 4)^2 + (4 - c)^2$ **d)** $(2m + n)^2 + (m - 2n)^2 + (2m + n) \cdot (2m - n)$

22 Stelle einen Term auf und vereinfache ihn.

a) Von einer Zahl wird 5 subtrahiert und das Ergebnis quadriert. Dann wird das Doppelte der Ausgangszahl subtrahiert.

b) Eine Zahl wird verdoppelt und 3 addiert und das Ergebnis quadriert. Dann wird vom Ergebnis 9 subtrahiert und das ganze Ergebnis wieder quadriert.

23 Ein quadratischer Platz mit der Seitenlänge a wird an jeder Seite um 3 m verbreitert.

a) Stelle einen Term für den neuen Flächeninhalt auf.

b) Berechne die Differenz zum alten Flächeninhalt in Abhängigkeit von a.

c) Berechne die prozentuale Zunahme des Flächeninhalts für $a = 10\,m$.

Verwende in b) eine binomische Formel.

24 Ein quadratisches Eckgrundstück muss an zwei benachbarten Seiten einen 1 m breiten Streifen für einen Fahrradweg abgeben. Dadurch verringert sich die Größe um $49\,m^2$. Ermittle die neue Grundstücksgröße.

25 Nicht nur für Summenterme mit der Potenz 2 lassen sich Formeln aufstellen – auch für $(a + b)^3$ lässt sich eine solche Formel herleiten. Versuche es einmal selbst, indem du $(a + b)^3 = (a + b) \cdot (a + b) \cdot (a + b)$ ausmultiplizierst und dann so weit wie möglich zusammenfasst.

Vertiefung

$(a + b)^n$ mit höheren Potenzen berechnen – Pascalsches Dreieck

Wie du in Aufgabe 25 gesehen hast, werden solche Berechnungen für Potenzen, die größer sind als 2, ganz schnell unhandlich.

n = 0	1
n = 1	1 1
n = 2	1 2 1
n = 3	1 3 3 1
n = 4	1 4 6 4 1
n = 5	1 5 10 10 5 1
n = 6	1 6 15 20 15 6 1
n = 7	1 7 21 35 35 21 7 1
	…

Im Pascalschen Dreieck nach Blaise Pascal (1623 – 1662) sind die **Koeffizienten** (das sind die Zahlfaktoren in den einzelnen Termen) für die Vereinfachung von Summentermen mit beliebiger Potenz gegeben.

- Erkläre, welcher Logik der Aufbau des Pascalschen Dreiecks folgt.
- Ergänze eine weitere Zeile des Pascalschen Dreiecks.

Für $n = 1$ beginnen wir in der 2. Zeile des Dreiecks.
Wir lesen ab: **1 1**
$n = 1$, $(a + b)^1 = \mathbf{1}a + \mathbf{1}b$
Für $n = 2$ gehen wir eine Zeile weiter.
Wir lesen ab: **1 2 1**
$n = 2$, $(a + b)^2 = \mathbf{1}a^2 + \mathbf{2}ab + \mathbf{1}b^2$
Das ist die 1. binomische Formel, die wir bereits kennen.

- Lies die Koeffizienten für $n = 3$ aus dem Pascalschen Dreieck ab. Berechne dann wie in Aufgabe 25 $(a + b)^3$, vereinfache so weit wie möglich und überprüfe, ob du die Koeffizienten in deinem Ergebnis wieder findest.
- Versuche, mit deinen bisherigen Erkenntnissen vorherzusagen, wie die Formel für $n = 4$ lautet.
- Überlege dir, wie du deine Vermutung durch zweifache Anwendung der 1. binomischen Formel überprüfen kannst. Überprüfe die Vermutung dann.

Wir wollen nun testen, ob sich das Pascalsche Dreieck auch für $(a - b)^n$ mit höheren Potenzen eignet.

- Überlege dir im Hinblick auf deine Kenntnisse über die 2. binomische Formel, welche Schwierigkeit es bei der Vorhersage der Koeffizienten von $(a - b)^n$ geben könnte.
- Berechne $(a - b)^2$, $(a - b)^3$ und $(a - b)^4$, vereinfache so weit wie möglich und versuche wieder, die Koeffizienten des Dreiecks in deinem Ergebnis zu finden.
- Versuche, aus deinen Ergebnissen eine allgemeingültige Regel für die Vorzeichen der Koeffizienten abzuleiten und damit das Ergebnis von $(a - b)^5$ vorherzusagen.

2.4 Gleichungen umformen und lösen

Entdecken

- Erkläre die Umformungen zwischen den einzelnen Waagenbildern.

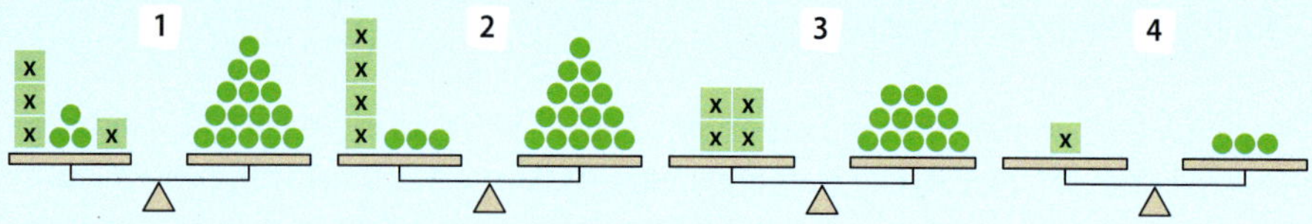

Verstehen

Du kennst verschiedene Möglichkeiten, um Gleichungen zu lösen.

Werden rationale Zahlen eingesetzt, schreibt man $D = \mathbb{Q}$ oder $x \in \mathbb{Q}$.

Merke

Aus der Definitionsmenge stammen alle Zahlen, die man in eine Gleichung einsetzen kann. Die Lösungsmenge umfasst die Zahlen aus der Definitionsmenge, die die Gleichung erfüllen.

Du kannst eine Gleichung durch **Äquivalenzumformungen** schrittweise vereinfachen. Dabei bleibt die Lösungsmenge bei jedem Schritt gleich.

*Äquivalenzumformungen können auch durch **Äquivalenzpfeile** gekennzeichnet werden:*
$x + 3 = 8$
$\Leftrightarrow x = 5$

Erklärvideo
Mediencode 61238-28

Äquivalenzumformung

Beispiel: ($D = \mathbb{Q}$)

1 Umformungspfeile oder 2 Kurzform

- Man **addiert** auf beiden Seiten der Gleichung die **gleiche Zahl** oder den **gleichen Term**.

$x - 4 = 1 \quad (+4)$
$x = 5$
$L = \{5\}$

oder

$x - 4 = 1 \quad | + 4$
$x = 5$
$L = \{5\}$

- Man **subtrahiert** auf beiden Seiten der Gleichung die **gleiche Zahl** oder den **gleichen Term**.

$x + 6 = 2 \quad (-6)$
$x = -4$
$L = \{-4\}$

oder

$x + 6 = 2 \quad | - 6$
$x = -4$
$L = \{-4\}$

- Man **multipliziert** auf beiden Seiten der Gleichung die **gleiche Zahl** (die nicht Null sein darf).

$\frac{1}{5}x = 2 \quad (\cdot 5)$
$x = 10$
$L = \{10\}$

oder

$\frac{1}{5}x = 2 \quad | \cdot 5$
$x = 10$
$L = \{10\}$

- Man **dividiert** auf beiden Seiten der Gleichung durch die **gleiche Zahl** (die nicht Null sein darf).

$4x = 22 \quad (:4)$
$x = 5{,}5$
$L = \{5{,}5\}$

oder

$4x = 22 \quad | : 4$
$x = 5{,}5$
$L = \{5{,}5\}$

Beispiel

I. Bestimme die Lösungsmenge folgender Gleichungen.

a) $3x + 8 = -2;\ x \in \mathbb{Z}$ **b)** $8x + 3 = 4x + 33;\ D = \mathbb{Q}$

Eine Probe ist sinnvoll.

Lösung:

a)
$3x + 8 = -2 \quad (-8)$
$3x = -10 \quad (:3)$
$x = -\frac{10}{3}$
$-\frac{10}{3} \notin \mathbb{Z};\ L = \{\}$

Es gibt keine ganze Zahl, welche die Gleichung löst.

b)
$8x + 3 = 4x + 33 \quad (-4x)$
$4x + 3 = 33 \quad (-3)$
$4x = 30 \quad (:4)$
$x = 7{,}5$

Probe: $8 \cdot 7{,}5 + 3 = 4 \cdot 7{,}5 + 33$
$63 = 63$ ✓
$7{,}5 \in \mathbb{Q};\ L = \{7{,}5\}$

$\in$ bedeutet: „ist Element von"
$\notin$ bedeutet: „ist kein Element von"

Weiterdenken

Bei komplizierteren Gleichungen kann eine feste **Reihenfolge** bei der Umformung helfen.

$5 - (6x - 3) + 2x = -3x + 18 - x - 10$		**K**lammern auflösen
$5 - 6x + 3 + 2x = -8x + 28 - x - 10$		**V**ereinfachen (jede Seite einzeln)
$8 - 4x = 18 - 9x$	$\mid -8; +9x$	**O**rdnen (gleichartige Terme auf eine Seite)
$5x = 10$	$\mid :5$	**E**liminieren (links darf nur noch x stehen)
$x = 2$		
$5 - (6 \cdot 2 - 3) + 2 \cdot 2 = (-3) \cdot 2 + 18 - 2 - 10$		**P**robe (Lösung einsetzen und beide Seiten
$0 = 0$ ✓		vergleichen)
$L = \{2\}$		**L**ösungsmenge angeben

Beispiel

II. Bestimme die Lösungsmenge der folgenden Gleichung im Bereich $D = \mathbb{Z}$.

Lösung:

$3(2x - 5) + 4(x + 2) = -2(x - 20) + 1$		**K**
$6x - 15 + 4x + 8 = -2 + 40 + 1$		**V**
$10x - 7 = -2x + 41$	$\mid +2x; +7$	**O**
$12x = 48$	$\mid :12$	**E**
$x = 4$		
$3(2 \cdot 4 - 5) + 4(4 + 2) = -2(4 - 20) + 1$		
$33 = 33$ ✓		**P**
$L = \{4\}$		**L**

Nachgefragt

- Marie hat einen Tipp: „Wenn Äquivalenzumformungen nicht klappen, dann versuche ich systematisches Probieren.“ Erkläre Maries Tipp.
- Erkläre, für welche rationalen Zahlen $-x = x$ gilt.
- Sven behauptet: „Ich muss nicht jedes Mal alle Schritte K-V-O-E-P-L durchführen“. Erkläre, ob er Recht hat und überlege dir Gleichungen, bei denen man auf einen oder mehrere Schritte verzichten kann. Gibt es Schritte, die immer durchgeführt werden müssen?

Aufgaben

1 Erkläre die Umformungen zwischen den einzelnen Waagenbildern.

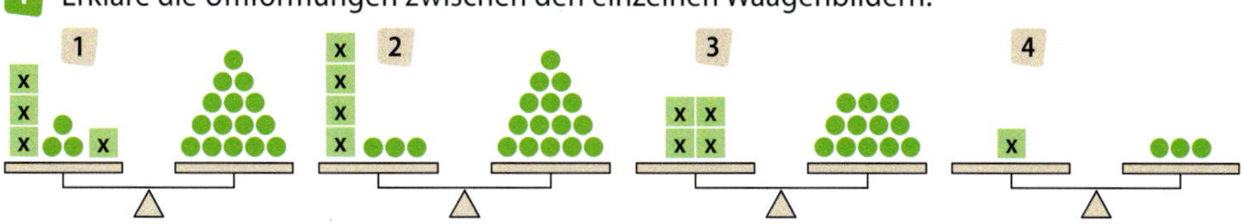

2 Notiere jeweils eine Gleichung und löse.

a) b) c) d)

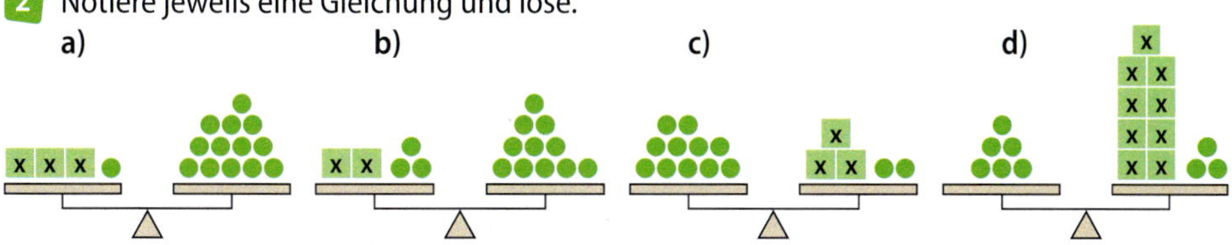

Klammern auflösen
Vereinfachen
Ordnen
Eliminieren
Probe
Lösungsmenge

3 Übertrage die Umformungen in dein Heft und ergänze bei jedem Schritt die Äquivalenzumformung ▢ und dahinter den passenden Buchstaben ● K, V, O oder E.
Ergänze auch die Probe und die Lösungsmenge in $\mathbb{Q}$.

a)
$$\begin{aligned} 5x + 9 &= 27 &&\mid -9;\ ● \\ 5x &= 18 &&\mid :\ ▢;\ ● \\ x &= 3{,}6 \end{aligned}$$
Probe: $5 \cdot 3{,}6 + 9 =$ ▢
$3{,}6 \in \mathbb{Q}$, $L = \{3{,}6\}$

b)
$$\begin{aligned} a \cdot (a + 4) &= a^2 + 7a + 24 &&\mid ● \\ a^2 + 4a &= a^2 + 7a + 24 &&\mid -▢;\ ● \\ 4a &= 7a + 24 &&\mid ▢;\ ● \\ -3a &= 24 &&\mid ▢;\ ● \\ a &= -8 \end{aligned}$$
Probe: ▢
$-8 \in \mathbb{Q}$; $L =$ ▢

c)
$$\begin{aligned} (x - 5) \cdot (x + 5) &= (x - 7)^2 + 2 &&\mid ● \\ x^2 - 25 &= x^2 - 14x + 51 &&\mid ▢;\ ● \\ -25 &= -14x + 51 &&\mid ▢;\ ● \\ 76 &= 14x &&\mid ▢;\ ● \\ \tfrac{38}{7} &= x \end{aligned}$$
Probe: ▢
$\frac{38}{7} \in \mathbb{Q}$; $L =$ ▢

4 Übertrage in dein Heft. Ergänze die fehlenden Lösungsschritte und die Lösungsmenge in $\mathbb{Q}$.

a)
$$\begin{aligned} 3x - 5 \cdot (x + 10) - 2 \cdot (2 - x) + 3x &= 43 \\ 3x - ▢ - ▢ - ▢ + ▢ + 3x &= 43 \\ 3x - ▢ &= 43 \\ 3x &= ▢ \\ x &= ▢ \end{aligned}$$

b)
$$\begin{aligned} 2x \cdot (5x + 3) - x \cdot (x - 3) &= (7 - 3x)^2 \\ ▢ + 6x - ▢ + ▢ &= ▢ - ▢x + ▢x^2 \\ ▢x^2 + ▢x &= ▢x^2 - ▢x + ▢ \\ ▢x &= -▢x + ▢ \\ ▢x &= ▢ \\ x &= ▢ \end{aligned}$$

Lösungen zu 5:
$L = \{-7{,}25\}$; $L = \{1\}$;
$L = \{-2\}$; $L = \{0{,}5\}$;
$L = \{1{,}5\}$; $L = \{5{,}45\}$;
$L = \{-7{,}2\}$; $L = \{8\}$;
$L = \mathbb{Q}$; $L = \{9{,}5\}$;
$L = \{\ \}$; $L = \mathbb{Q}$

5 Bestimme die Lösungsmenge in $\mathbb{Q}$. Vergiss die Probe nicht.

a) $-3{,}2 - 5x + 11 = 5{,}3$
b) $11 + r + 2 \cdot (r - 5{,}5) = 24$
c) $3x + 5 = 15{,}9 + x$
d) $2\frac{1}{3}y + 2 - \frac{1}{3}y = 5$
e) $7 \cdot (x - 2) = 52{,}5$
f) $-2 + 4x = x + 4 \cdot (x + 1{,}3)$
g) $x - 7 = -0{,}5 \cdot (14 - 2x)$
h) $-(x + 3{,}8) = -(x - 3{,}8)$
i) $-2y - 4 = \frac{1}{2} \cdot (8 + 4y)$
j) $(2x + 3) : 4 = \frac{3}{2}x + 8$
k) $2{,}8y - \frac{7}{8} = 0{,}125 + y + \frac{4}{5}$
l) $4r + 5 - r = r + 3 + 2 \cdot (r + 1)$

Alles klar?

6 Ermittle die Lösung der Gleichung in $\mathbb{Q}$. Mache auch die Probe.

a) $-2y - 4 = \frac{1}{2} \cdot (8 + 4y)$
b) $(2x + 4) : 4 = \frac{3}{2}x + 8$
c) $2{,}8y - \frac{7}{8} = 0{,}125 + y + \frac{4}{5}$
d) $4r + 5 - r = r + 3 + 2 \cdot (r + 1)$

7 Nachgefragt: Erkläre und begründe an selbstgewählten Beispielen, warum die Multiplikation mit und die Division durch null keine Äquivalenzumformungen sind.

8 Bestimme zu den folgenden Gleichungen jeweils die Lösungsmenge.

Verwende die binomischen Formeln.

Wenn nichts anderes angegeben ist, lösen wir die Gleichung im Bereich der rationalen Zahlen: $D \in \mathbb{Q}$.

a) $(x + 3)^2 = (x - 5)^2$ **b)** $(x - 2) \cdot (x + 2) = (x + 4)^2$
c) $(y - 6)^2 = y \cdot (y - 12) + 36$ **d)** $(3x + 5)^2 = 9x^2 - 17$
e) $(3x + 1{,}5)^2 = x \cdot (9x - 4{,}5)$ **f)** $(2 - 8y)^2 = (-2 + 4y) \cdot 16y$
g) $(2 + x)^2 = x^2 - 2$ **h)** $4x^2 - 8x = (2x - 8)^2$
i) $(4 - 3x)^2 = 3x - 25 + 9x^2$ **j)** $(x + 3)^2 = 3 + x^2$
k) $(a - 1)^2 = 1 + (a - 1)^2$ **l)** $(4{,}5 + 0{,}25x)^2 = \left(\frac{x}{4}\right)^2 + 3x$

9 Thomas und Sabine haben eine Gleichung gelöst und zwei verschiedene Lösungen erhalten. Suche die Fehler, bestimme die richtige Lösungsmenge und begründe.

Thomas

$4x \cdot (x + 2) + 9$	$= (2x + 3)^2$	
$4x^2 + 8x + 9$	$= 4x^2 + 12x + 9$	$\mid -4x^2$
$8x + 9$	$= 12x + 9$	$\mid -9$
$8x$	$= 12x$	$\mid :x$
8	$= 12$	falsch
L	$= \{\}$	

Sabine

$4x \cdot (x + 2) + 9$	$= (2x + 3)^2$	
$4x^2 + 8x + 9$	$= 4x^2 + 12x + 9$	$\mid -4x^2$
$8x + 9$	$= 12x + 9$	$\mid -9$
$8x$	$= 12x$	$\mid \cdot 0$
0	$= 0$	wahr

Jedes $x \in \mathbb{Q}$ löst die Gleichung: $L = \mathbb{Q}$

10 Löse die Gleichungen im angegebenen Zahlenbereich. Kontrolliere die Lösungen.

Nutze zur Probe Taschenrechner, Internet oder eine App.

a) $8 - (3y + 5) = y + 23;\ y \in \mathbb{Z}$ **b)** $212 - 2s = 2 \cdot (6 - s) + 200;\ s \in \mathbb{N}$
c) $a + 2a + 1 = 2 \cdot (a + 1);\ a \in \mathbb{N}$ **d)** $12 + r = 3r + 8 - 2 \cdot (r + 4);\ r \in \mathbb{Q}$
e) $(x - 2)^2 = x^2 + 4;\ x \in \mathbb{Z}$ **f)** $(2 - 5x)^2 - 24x = (4x - 7) \cdot (4x + 7) + 9x^2;\ x \in \mathbb{Q}$
g) $\frac{1}{2} \cdot (6e - 7) = 12;\ e \in \mathbb{N}$ **h)** $-0{,}2 \cdot (8f + 7) = 8 - (0{,}6f - 0{,}6);\ f \in \mathbb{Z}$
i) $3g - 7 = g - 1 + 2 \cdot (g + 4);\ g \in \mathbb{Q}$ **j)** $-8{,}5 + 3h + 2{,}4 = 3 \cdot (2 + h) - 5;\ h \in \mathbb{N}$

11 Erfinde durch Äquivalenzumformungen eine „schwierige" Gleichung und lasse sie von einem Partner lösen.
Beispiel: $x = -2 \longrightarrow 2x = -4 \longrightarrow 2x - 5x = -4 - 5x$
a) $x = 3$ **b)** $x = -6$ **c)** $x = 0{,}8$
d) $x = -\frac{3}{8}$ **e)** $x = -4{,}7$ **f)** $x = 5\frac{2}{3}$

12 Ermittle die gesuchte Zahl.

Gib, wenn möglich, mehrere Lösungen an.

a) Addiert man zum Fünffachen einer ganzen Zahl das Sechsfache ihrer Gegenzahl, so erhält man 10.
b) Addiert man zu einer natürlichen Zahl das Vierfache ihres Vorgängers, erhält man 41.
c) Multipliziert man eine ganze Zahl mit 3 und addiert 18, so erhält man die Gegenzahl des Sechsfachen der Differenz aus der Zahl und 6.

13 Betrachte die Gleichung $5x + a = 75$. $D = \mathbb{Q}$.
x ist die Variable, aus der sich die Lösungsmenge ergibt, der Parameter a ist eine natürliche Zahl.
a) Bestimme die Lösungsmenge für **1** $a = 5$ **2** $a = -20$ **3** $a = 10x$.
b) Wähle a so, dass **1** $L = \{11\}$ **2** $L = \{-3\}$ ist.
c) Ermittle, für welche a sich nur negative (nur positive) Lösungen ergeben.

14 In der angegebenen Gleichung fehlt eine Zahl.
$9 \cdot x - 13 + \square \cdot x = 7 - x \quad D = \mathbb{Q}$.

a) Bestimme die fehlende Zahl so, dass sich als Lösungsmenge ergibt:
1 $L = \{1\}$ **2** $L = \{5\}$ **3** $L = \{100\}$

b) Vervollständige Jacobs Aussage so, dass sie mathematisch richtig ist.

c) Ist es möglich, die fehlende Zahl so zu bestimmen, dass die Gleichung unendlich viele Lösungen besitzt? Begründe.

Lösungen zu 15:
$L = \{\ \}$; $L = \{0\}$;
$L = \{-314{,}7\}$; $L = \left\{-3\frac{1}{2}\right\}$;
$L = \{-3{,}15\}$; $L = \{-1\}$;
$L = \{0\}$; $L = \left\{\frac{1}{2}\right\}$;
$L = \{440\}$; $L = \mathbb{Q}$

15 Bestimme die Lösungsmenge ($D = \mathbb{Q}$).

a) $7{,}4 - (x + 2)^2 = (4 + x) \cdot (4 - x)$
b) $-(2x + 3)^2 = \left(\frac{2}{5}x + 1\right) \cdot (5 - 10x)$
c) $\frac{2}{9}x \cdot \left(3x + \frac{1}{4}\right) = \left(1\frac{2}{3}x - 2\right) \cdot \frac{2}{5}x$
d) $(1{,}7 + b)^2 = b^2 + 2{,}89 + 17b \cdot 0{,}2$
e) $(x + 0{,}5)^2 - 2 \cdot (3x + 4) = (2x + 2{,}5) \cdot (0{,}5x - 3)$
f) $(4y - 1)^2 - (5y + 2)^2 + 106y = (6 + 3y) \cdot (6 - 3y)$
g) $(x - 4) \cdot (x - 4) + 3{,}7 = (2x + 1) \cdot (0{,}5x - 4{,}25)$
h) $\left(\frac{1}{3}x + 2{,}5\right)^2 - 17{,}1 \cdot (x^2 - 2{,}7) = (-17x + 1{,}5) \cdot x$

Hinweis:
$\sqrt{(x + 1)^2} = |x + 1|$

16 Manchmal führen Äquivalenzumformungen nicht zu einem Ergebnis ($x \in \mathbb{Q}$).

Beispiel:
$$(x + 1)^2 = 9$$
$$\Leftrightarrow x^2 + 2x + 1 = 9 \quad | -9$$
$$\Leftrightarrow x^2 + 2x - 8 = 0$$
Ein quadratischer Term bleibt bestehen.

a) Löse die Gleichung aus dem Beispiel durch systematisches Probieren.

Findest du mehr als eine Lösung?

b) Nutze zur Lösung dieser Gleichung ein Tabellenkalkulationsprogramm.

c) Ermittle die Lösungsmengen der Gleichungen.
1 $(x + 2)^2 = 4$
2 $4x \cdot (x + 7) = -40$
3 $3x \cdot (x + 3) = 54$
4 $(x - 3) \cdot (2x - 4) = (x - 5)^2 + 3$

Weiterdenken

Werden zwei Terme mit einem Ungleichheitszeichen $<$; $>$; $\leq$; $\geq$ miteinander verbunden, so erhält man eine **Ungleichung**. Die Lösungsmenge erhält man ähnlich wie bei Gleichungen durch **1** systematisches Probieren oder **2** Äquivalenzumformungen.

Beispiel: $5x + 2 < 12$; $x \in \mathbb{Q}$

1 Systematisches Probieren:

x = 0:	$5 \cdot 0 + 2 = 2$	wahr
x = 1:	$5 \cdot 1 + 2 = 7$	wahr
x = 2:	$5 \cdot 2 + 2 = 12$	falsch

also $x < 2$

2 Äquivalenzumformung:
$$5x + 2 < 12 \quad | -2$$
$$5x < 10 \quad | :5$$
$$x < 2$$

$L = \{x \in \mathbb{Q}$ mit $x < 2\}$: alle rationalen Zahlen kleiner 2

Die **Lösungsmenge** einer Ungleichung kann angegeben werden in …
- **aufzählender Form**, z. B.: $L = \{\ldots; -3; -2; -1; 0; 1\}$
- **beschreibender Form**, z. B.: $L = \{x \in \mathbb{Q}$ mit $x < 2\}$
- **darstellender Form**, z. B.:

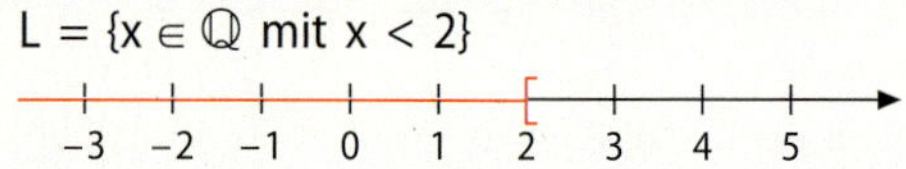

17 Beschreibe das Vorgehen zur Bestimmung der Lösungsmenge der Ungleichung.

a) $3 + x \leq 8;\ D = \mathbb{Q}$
$3 + x \leq 8 \quad | -3$
$x \leq 5$
$L = \{x \in \mathbb{Q} \text{ mit } x \leq 5\}$

b) $x - 8 > 5;\ D = \mathbb{Q}$
$x - 8 > 5 \quad | +8$
$x > 13$
$L = \{x \in \mathbb{Q} \text{ mit } x > 13\}$

c) $-2x \geq -6;\ D = \mathbb{N}$
$-2x \geq -6 \quad | : (-2)$
$x \leq 3$
$L = \{1;\ 2;\ 3\}$

Kannst du aus der Umformung bei c) eine allgemeine Regel ableiten?

Weiterdenken

Werden beide Seiten einer Ungleichung mit der gleichen **negativen Zahl multipliziert (dividiert)**, so **dreht** sich das **Ungleichheitszeichen um** („Inversionsgesetz").

Begründung am Beispiel: $-3x < 18;\ x \in \mathbb{Z}$ Bei $x = -6$ ist $-3 \cdot (-6) = 18$.

Für $x > -6$, also $-5;\ -4;\ \dots$ ist $-3x < 18$. Für $x < -6$, also $-7;\ -8;\ \dots$ ist $-3x > 18$. Folglich hat sich das Ungleichheitszeichen umgedreht.

18 Gib jeweils die Äquivalenzumformung an und setze das richtige Ungleichheitszeichen ein. Begründe deine Wahl.

a) $3 \geq 8$
$3 \cdot 2$ ■ $8 \cdot 2$

b) $3 \leq 8$
$3 \cdot (-2)$ ■ $8 \cdot (-2)$

c) $-4 < 3$
$-4 : 2$ ■ $3 : 2$

d) $-4 < 3$
$-4 : (-2)$ ■ $3 : (-2)$

e) $2x \leq 14$
x ■ 7

f) $-3x \geq 21$
x ■ -7

g) $32 < 4x$
8 ■ x

h) $-12 > -3x$
4 ■ x

19 Löse die Ungleichungen durch Äquivalenzumformungen in $D = \mathbb{Q}$. Gib die Lösungsmenge jeweils auf verschiedene Arten an.

a) $x + 5 \geq 17$ **b)** $3x \leq 12$ **c)** $x : 15 \geq 7$ **d)** $x - 37 > -100$

e) $4x > \frac{4}{9}$ **f)** $\frac{2}{3}x < \frac{4}{9}$ **g)** $37 - x \geq 22$ **h)** $18 \cdot x \leq 9$

Lösungen zu 19:
$L = \{x \in \mathbb{Q} \text{ mit } x > -63\}$;
$L = \left\{x \in \mathbb{Q} \text{ mit } x > \frac{1}{9}\right\}$;
$L = \{x \in \mathbb{Q} \text{ mit } x \leq 15\}$;
$L = \{x \in \mathbb{Q} \text{ mit } x \leq 4\}$;
$L = \left\{x \in \mathbb{Q} \text{ mit } x \leq \frac{1}{2}\right\}$;
$L = \{x \in \mathbb{Q} \text{ mit } x \geq 105\}$;
$L = \{x \in \mathbb{Q} \text{ mit } x \geq 12\}$;
$L = \left\{x \in \mathbb{Q} \text{ mit } x < \frac{2}{3}\right\}$

20 Löse jede Ungleichung für **1** $D = \mathbb{Z}$ und **2** $D = \mathbb{Q}$.

a) $6x + 3 \geq 12$ **b)** $-22 - 4{,}5x \leq -13$ **c)** $x : 3 + 2 < 24$

d) $-13 - 3 > -2{,}5x - 16$ **e)** $-2\frac{3}{5} + 1\frac{1}{10}x > 12\frac{4}{5}$ **f)** $-\frac{x}{7} + 12{,}5 > 2{,}52$

Auch bei Ungleichungen kannst du mit einer App die Probe machen.

21 Bestimme, wie lange ein Auto mindestens zum Durchfahren einer verkehrsberuhigten Straße von 2,2 km Länge braucht, wenn die zulässige Höchstgeschwindigkeit $30\,\frac{\text{km}}{\text{h}}$ beträgt.

Geschwindigkeit $= \frac{\text{Strecke}}{\text{Zeit}}$

22 Bestimme die Lösungsmengen der Ungleichungen in Abhängigkeit von a, b und c. Es gilt: $a,\ b,\ c > 0$.

a) $2x + a > 3x + b$ **b)** $ax - 1 < b + 2$ **c)** $ax + c > -2bx$

23 Untersuche, unter welchen Bedingungen für a und b die Lösungen der Ungleichung $a + ax < b$ ($a, b \in \mathbb{N};\ a \neq 0$) natürliche Zahlen sind. Nenne drei mögliche Wertepaare für a und b.

Entdecken

Auch im Nenner können bei Termen Variablen auftauchen. Setze die Werte auf den Zahlenkärtchen in die Terme ein.

- Welche Zahlen darf man einsetzen, welche nicht? Begründe.
- Gib an, für welche Zahlen der Wert des Terms am größten (kleinsten) ist.
- Erstelle selbst Terme mit Variablen im Nenner und probiere aus.

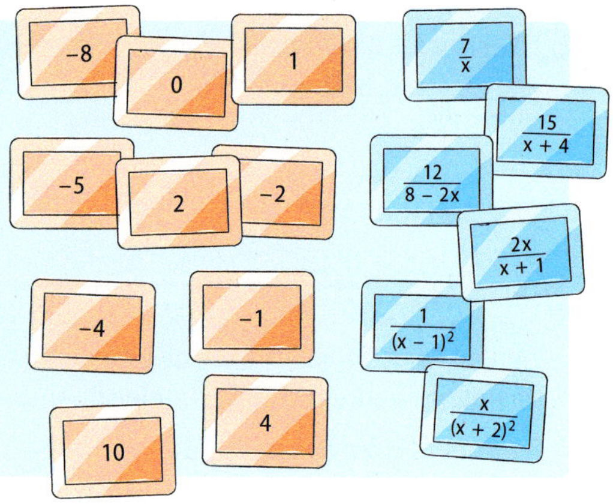

Verstehen

In vielen Anwendungen der Mathematik werden Gleichungen verwendet, um einen Zusammenhang zwischen Größen zu beschreiben, z. B. ergibt sich die Geschwindigkeit v als $v = \frac{s}{t}$ (s: zurückgelegte Strecke; t: dafür benötigte Zeit).

Erklärvideo
Mediencode 61238-29

Merke

Gleichungen der Form $\frac{T_1}{T_2} = \frac{T_3}{T_4}$ mit $T_2, T_4 \neq 0$ nennt man **Verhältnisgleichungen.**

In der **Definitionsmenge** D der Gleichung werden alle Zahlen aufgeführt, die man in die Gleichung einsetzen darf. Der Nenner darf dabei niemals null werden.

Beispiel:

$\frac{2x + 1}{x - 3} = 7$ Der Nenner wird 0 für $x = 3$.

$D = \mathbb{Q}\setminus\{3\}$. Sprich: „Alle rationalen Zahlen ohne 3"

Man kann Verhältnisgleichungen lösen, indem man auf beiden Seiten Zähler und Nenner „**über Kreuz multipliziert**".

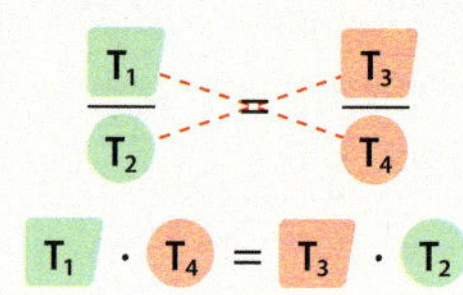

Beispiel

Bestimme für $\frac{5}{x + 3} = -\frac{1}{x - 1}$ die Definitionsmenge in $\mathbb{Q}$. Löse die Gleichung.

Lösung:

Tipp: *Ordne Vorzeichen dem Zähler oder Nenner zu.*

Definitionsmenge bestimmen	$\frac{5}{x+3} = -\frac{1}{x-1}$ $D = \mathbb{Q}\setminus\{-3; 1\}$ Die Nenner werden null für $x = -3$ und $x = 1$.
über Kreuz multiplizieren	$\frac{5}{x+3} = \frac{-1}{x-1}$ $\mid \cdot (x + 3)$ $\mid \cdot (x - 1)$
Gleichung lösen	$5 \cdot (x - 1) = -1 \cdot (x + 3)$ $5x - 5 = -x - 3$ $\mid +x; +5$ $6x = 2$ $\mid :6$ $x = \frac{1}{3}$
Probe durchführen	$\frac{5}{\frac{1}{3} + 3} = \frac{3}{2}$ und $-\frac{1}{\frac{1}{3} - 1} = \frac{3}{2}$
Lösungsmenge bestimmen	$\frac{1}{3} \in D$; $L = \left\{\frac{1}{3}\right\}$

Nachgefragt

- Mia behauptet, dass man in den Term $\frac{1}{x^2 + 1}$ jede rationale Zahl einsetzen kann. Stimmt das? Begründe.

Aufgaben

1
1. $\frac{10}{x} = \square$ $\square = 10; 5; 1; -2; -20$
2. $\frac{2}{x+1} = \square$ $\square = 6; 2; -1; -3; -8$
3. $\frac{8}{x-3} = \square$ $\square = 2; \frac{1}{2}; \frac{1}{8}; 0; -4$
4. $\frac{x}{2+x} = \square$ $\square = 2; \frac{1}{3}; \frac{1}{5}; 0; -3$
5. $\frac{2x}{x-1} = \square$ $\square = 4; \frac{4}{5}; 0; -\frac{1}{4}; -2$
6. $\frac{3x}{(x-2)^2} = \square$ $\square = 3; \frac{2}{3}; 0; -\frac{1}{3}; -\frac{3}{8}$

a) Bestimme D für die Bruchgleichung im Bereich der rationalen Zahlen.
b) Setze in das Kästchen der Reihe nach die angegebenen Werte ein. Probiere aus, für welche x du eine Lösung erhältst.

Nicht bei jedem Wert gibt es eine Lösung.
Beachte:
$10 = \frac{10}{1}$; $5 = \frac{5}{1}$; …

2 Löse die Gleichung im Bereich der ganzen Zahlen. Bestimme zunächst D. Manche Gleichungen haben keine Lösung.

a) $\frac{1}{3x} = \frac{1}{9}$ b) $\frac{1}{x} = \frac{1}{2x}$ c) $3 - x = \frac{12 - x^2}{x}$
d) $\frac{x-1}{x-2} = \frac{x-3}{x-2}$ e) $\frac{7}{x+4} = -\frac{4}{x-1}$ f) $\frac{1}{2x} - \frac{1}{18} = \frac{3}{6x}$

3 Bestimme die Definitionsmenge in $\mathbb{Q}$ und gib die Lösungsmenge an.

a) $\frac{1}{x} = 5$ b) $\frac{3}{x} = -2$ c) $\frac{15}{x} = 3$ d) $-\frac{6}{x} = -4$ e) $2\frac{5}{x+3} = -5$
f) $\frac{8}{5-x} = 8$ g) $\frac{132}{-x-8} = -44$ h) $\frac{1}{12x - 54} = \frac{1}{6}$ i) $\frac{78}{1+3x} = 13$ j) $\frac{7}{5 - \frac{1}{4}x} = \frac{2}{3}$

Lösungen zu 3:
$L = \{-22\}$; $L = \{-8\}$; $L = \{-5\}$; $L = \{-1{,}5\}$; $L = \left\{\frac{1}{5}\right\}$; $L = \{1{,}5\}$; $L = \left\{\frac{5}{3}\right\}$; $L = \{4\}$; $L = \{5\}$; $L = \{5\}$

4 Carmen und Koko lösen eine Gleichung auf zwei verschiedene Arten.

Carmen

$\frac{5}{x+3} = \frac{2}{x-3}$ $D = \mathbb{Q} \setminus \{-3; 3\}$

$\frac{x+3}{5} = \frac{x-3}{2}$

$2 \cdot (x+3) = 5 \cdot (x-3)$
$2x + 6 = 5x - 15$
$-3x = -21$
$x = 7$

Probe: $\frac{5}{10} = \frac{2}{4}$ ✓ $7 \in D$, $L = \{7\}$

Koko

$\frac{5}{x+3} = \frac{2}{x-3}$ $D = \mathbb{Q} \setminus \{-3; 3\}$

$5 \cdot (x-3) = 2 \cdot (x+3)$
$5x - 15 = 2x + 6$
$3x - 15 = 6$
$3x = 21$
$x = 7$

Probe: $\frac{5}{10} = \frac{2}{4}$ ✓ $7 \in D$, $L = \{7\}$

a) Beschreibe die einzelnen Umformungsschritte und vergleiche die Rechenwege.
b) Löse die Gleichung auf beide Arten in $\mathbb{Q}$ und bestimme den Definitionsbereich D.

1. $\frac{1}{x-5} = \frac{4}{3+x}$
2. $\frac{4}{3x} = \frac{5}{2x+2}$
3. $\frac{7}{\frac{1}{2}x - 4} = \frac{6}{x - 1{,}4}$
4. $\frac{2}{x} = \frac{5}{x+3}$
5. $\frac{4}{x-2} = 2$
6. $\frac{3}{x} = \frac{2}{x-2}$

Definitionsbereich = Definitionsmenge

5 Bestimme D im Bereich der rationalen Zahlen. Gib die Lösungsmenge an.

a) $\frac{4}{x+5} = 1$ b) $\frac{3}{x} = \frac{5}{x-1}$ c) $\frac{4}{5x} = \frac{3}{6+x}$ d) $\frac{3}{x+1} = \frac{9}{x+2}$
e) $\frac{4}{5x} - \frac{7}{10x} = 2$ f) $\frac{1}{x+2} = \frac{4}{2x-6}$ g) $\frac{x-3}{2x} = \frac{3}{5}$ h) $\frac{3}{x+1} = \frac{3}{x-2}$

Aufgaben

1 In jeder Streichholzschachtel sind gleich viele Streichhölzer. Einzelne Streichhölzer liegen aber auch neben den Schachteln.

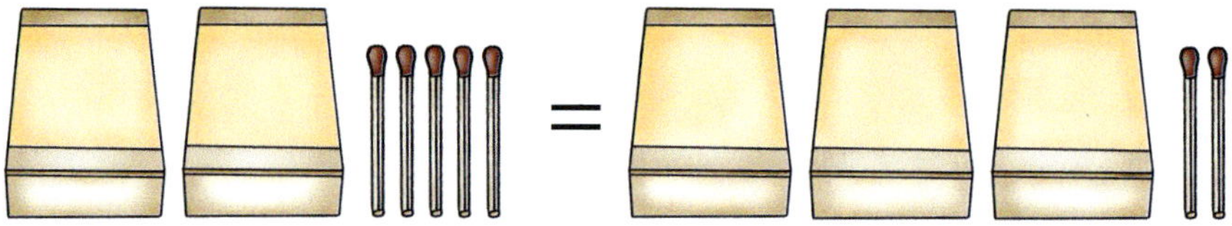

a) Gib eine sinnvolle Definitionsmenge an.
b) Stelle eine Gleichung auf und löse sie.
c) Bei der Darstellung einer anderen Gleichung liegen auf der linken Seite drei Schachteln und fünf Streichhölzer, auf der rechten Seite zwei Schachteln und zwei Streichhölzer. Stelle die Gleichung auf und löse sie. Beschreibe, was du feststellst.
d) Zeichne für einen Partner eine eigene Aufgabe mit Schachteln und Streichhölzern auf. Löse sie zunächst selbst, um zu überprüfen, dass sich eine Lösungsmenge ungleich der leeren Menge ergibt.

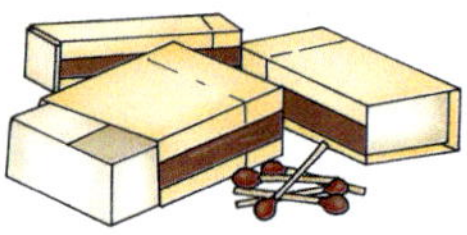

Setze für die Anzahl an Gymnastikbällen die Variable x.

2 Für den Gymnastikkurs an der Volkshochschule werden insgesamt 17 Bälle – Gymnastik- und Hüpfbälle – im Wert von 335 € angeschafft. Dabei kostet ein Gymnastikball 15 € und ein Hüpfball 25 €.
a) Ermittle mithilfe einer Gleichung, wie viele Bälle jeder Art gekauft werden.
b) Eric hat die Aufgabe etwas anders gelöst. Erkläre seinen Lösungsweg.

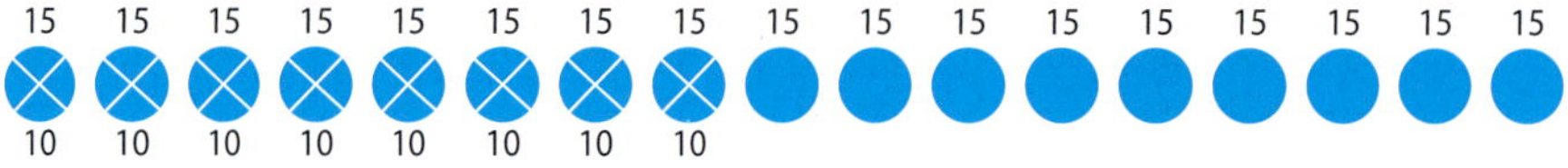

3 Bauer Heinrich hat am Ortsrand eine rechteckige Weidekoppel für Pferde, deren Länge der 2,5-fachen Breite entspricht. Er kann diese um 416 m^2 vergrößern, da sein Kollege Schäfer Max einen Teil seines Grundbesitzes veräußert. Mit dem Kauf vergrößert sich die Länge der bisherigen Weidekoppel um 9 m und die Breite um 4 m.

a) Berechne den Flächeninhalt der bisherigen Weidekoppel.
b) Ermittle den prozentualen Anteil der zugekauften Fläche an der bisherigen Fläche.

4 Mischungsverhältnisse begegnen uns oft im Alltag. Löse in $D = \mathbb{Q}$.
a) Naima mischt Limo und Cola im Verhältnis 4 : 7. Sie hat 1,5 ℓ Cola mehr als Limo. Berechne, wie viel Liter Spezi Naima erhält.
b) Max mischt Sirup mit Mineralwasser. Zu 0,5 ℓ Sirup gibt er x ℓ Wasser. Zu 1,8 ℓ Sirup müsste er (x + 6,5) ℓ Wasser geben.
1 Ermittle die Menge Wasser, die Max bei 0,5 ℓ Sirup hinzu gibt.
2 Bestimme das Verhältnis von Sirup zu Wasser.

5 Henrike hat einen Handyvertrag für 12,99 € inklusive 8 GB Datenvolumen High-Speed-Internet pro Monat (29 Tage). Hätte sie diese Flatrate nicht, müsste sie 0,24 € pro MB zahlen. Gib an, wie viel MB Henrike pro Tag dann höchstens verbrauchen dürfte, wenn die 12,99 € trotzdem für **1** 1 Monat **2** 6 Wochen reichen sollen.

Weiterdenken

In vielen Anwendungen der Mathematik werden **Formeln** verwendet, um einen Zusammenhang zwischen Größen zu beschreiben. Eine Formel enthält **verschiedene Variablen** für Größen, von denen **eine zu berechnen** ist. Oft ist es deshalb hilfreich, die Formel so umzustellen, dass **die Variable für die gesuchte Größe alleine auf einer Seite steht.**

Formeln sind **Gleichungen**, bei ihrer Umformung gelten die bekannten Regeln.

Beispiel:
Der Flächeninhalt eines Parallelogramms berechnet sich als Produkt aus Grundseite und zugehöriger Höhe: $A = a \cdot h_a$. Stelle die Formel um:
1 nach der Grundseite a **2** nach der zugehörigen Höhe h_a

Lösung:

1
$A = a \cdot h_a \quad | : h_a$
$a = \frac{A}{h_a};\ h_a \neq 0$

2
$A = a \cdot h_a \quad | : a$
$h_a = \frac{A}{a};\ a \neq 0$

Bei Umformungen behandelt man die Variablen wie Zahlen und ersetzt sie später durch die gegebenen Werte.

6
1 $A = \frac{g \cdot h}{2}$ **2** $u = 2a + 2b$ **3** $u = a + b + c + d$
4 $\alpha + \beta + \gamma + \delta = 360°$ **5** $U = R \cdot I$ **6** $A = \frac{1}{2} \cdot (a + c) \cdot h$
7 $p = m \cdot v$ **8** $V = a \cdot b \cdot c$ **9** $\frac{1}{f} = \frac{1}{g} + \frac{1}{b}$

Eliminiere jeweils alle Variablen, nach denen du nicht umformst.

a) Informiere dich und gib an, was durch die Formeln jeweils beschrieben werden kann.
b) Stelle die Formeln nach jeder vorkommenden Variablen um.
c) Finde noch drei weitere Formeln und stelle sie nach den Variablen um. Erkläre, wofür die Formeln verwendet werden.

7 Welcher Sachverhalt, welche Skizze und welche Formel gehören zusammen? Ordne zu und löse die Sachaufgabe.

Sachverhalt	Skizze	Formel
I Ein Holzbalken hat ein Volumen von $0{,}54\,m^3$. Er ist 18 m lang und 20 cm breit. Berechne die Höhe des Balkens.	**1** 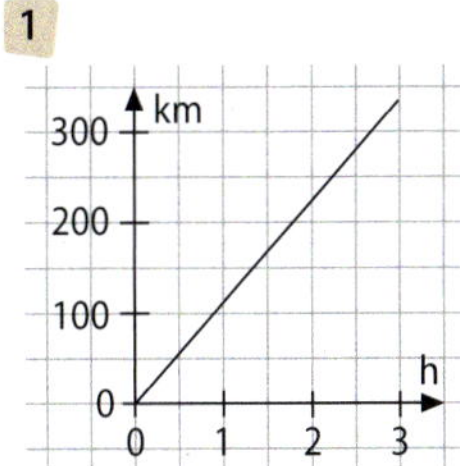	**A** $A = \frac{1}{2} \cdot (a + c) \cdot h$
II Herr Tauer legt mit seinem Auto 280 km bei einer Durchschnittsgeschwindigkeit von $112\,\frac{km}{h}$ zurück. Ermittle seine Fahrdauer.	**2** 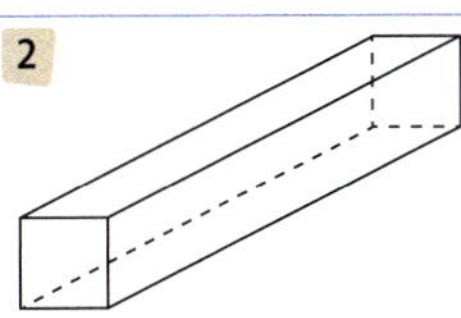	**B** $V = a \cdot b \cdot c$
III Ein trapezförmiger Acker ist auf den parallelen Seiten 150 m und 80 m lang. Er hat eine Fläche von 69 a. Bestimme die Breite des Ackers.	**3** 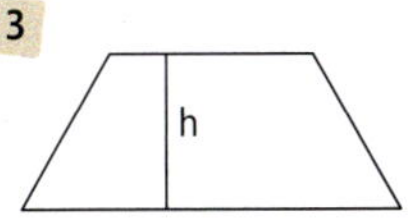	**C** $v = \frac{s}{t}$

2 Trainingsrunde: Differenziert

Die folgenden Aufgaben behandeln alle Themen, die du in diesem Kapitel kennengelernt hast. Auf dieser Seite sind die Aufgaben in zwei Spalten unterteilt. Die **grünen** Aufgaben auf der linken Seite sind etwas einfacher als die **blauen** auf der rechten Seite. Entscheide bei jeder Aufgabe selbst, welche Seite du dir zutraust!

1 a) Setze die Figuren um zwei weitere Schritte fort.
b) Bestimme die Anzahl der Punkte der Figuren.
c) Bestimme einen Term, mit dessen Hilfe man die Punktzahl der n-ten Figur berechnen kann.

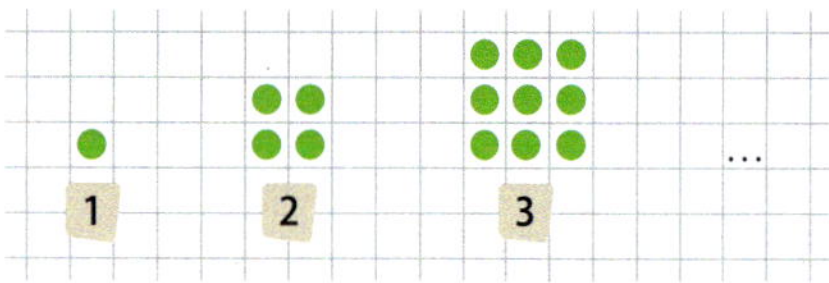

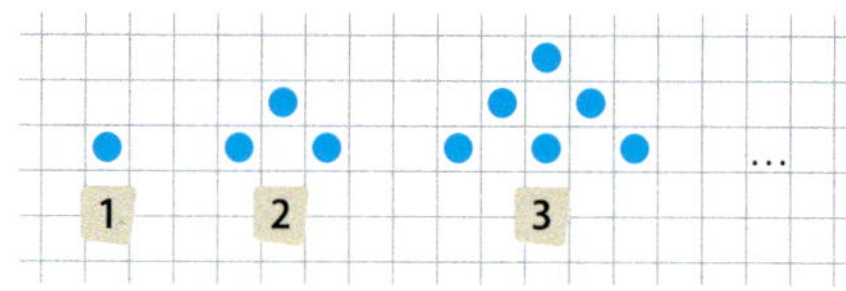

2 Vereinfache die Terme so weit wie möglich.

a) $-4ab - 3s + 7ab - ab + 8a$
b) $35x - 53y + 81xy - 30x$
c) $9a^2b - 5ab + 8ab - 12ab^2$
d) $-15cd + 7c - 23dc - 7c$

a) $\frac{5}{8}a^2 + \frac{3}{5}b^2 - \frac{3}{8}a^2 - \frac{1}{5}b^2 + d - 4d$
b) $\frac{3}{4}z + \frac{2}{5}w - \frac{7}{10}z - w + \frac{1}{2} - \frac{1}{2}z - \frac{11}{10}w + \frac{w}{5} + \frac{13}{10}$
c) $\frac{2}{3}cs + \frac{5}{3}s - \frac{1}{3}sc - \frac{4}{5}c - \frac{5}{6}cs + \frac{1}{6}s + \frac{8}{10}c$
d) $-8{,}2a - 3{,}4ab + 0{,}4x - 9{,}1a + ab + 6{,}2b + 7{,}6a + 0{,}9a$

3 Löse die Klammern auf und fasse so weit wie möglich zusammen.

a) $2 \cdot (3a + 1) - 20$
b) $5 \cdot (x - 7) - 4x + 4$
c) $2 \cdot (a - 3) + 3 \cdot (4 - a)$
d) $5 \cdot (3b - 1) + 5 \cdot (1 - 3b)$
e) $4z - (3 - z) \cdot 9z$

a) $0{,}8 \cdot (15a - 25b) - 7a + 11b$
b) $2 \cdot (0{,}5x - 1{,}5y) + 7 \cdot (6x + 8y)$
c) $\frac{1}{3}a \cdot (9a - 12x) + 5x - 4a^2$
d) $(-3) \cdot (2a - 4) - a^2 + 2 - 4a \cdot (-a)$
e) $ab \cdot (a - b) - b \cdot (-ab - a^2) - b^2 \cdot (a + b)$

4 Finde den gemeinsamen Faktor. Klammere ihn aus und vereinfache.

a) $21x + 35y - 14z$
b) $\frac{1}{4}a^2 - \frac{3}{4}a + \frac{3}{2}a^3$
c) $6x^2 + 36x - 18x^4$
d) $8a^2b - 12ab^2 + 24ab + 20a^2b^2$

a) $39a^2bc^2 - 78a^2bc + 51abc^2$
b) $0{,}8a^3b^2 + 4a^2b^3 - 3{,}2a^2b^2$
c) $39p^2q - 65p^2q^3 + 13p^3q^2 - 26p^4q$
d) $8xyz^2 - 12x^2y^2z^3 + 28xy^2z^2 - 52xy^2z^3$

5 Übertrage in dein Heft und ergänze so, dass eine wahre Aussage entsteht.

a) $(\square - 1)^2 = 121m^2 - 22m + 1$
b) $(13 - \square)^2 = -52x + 4x^2$
c) $(10 - \square)^2 = 1$

a) $(21z + 13) \cdot (\square - 13) = 441z^2 - \square$
b) $4 \cdot (2{,}5 - \square) \cdot (2{,}5 + \square) = \square - 4$
c) $(2k + \square)^2 = \square + \square k + 81$

6 Löse die Klammern mithilfe der binomischen Formeln auf.

a) $(-3x + 4)^2$
b) $(1 + 3z) \cdot (1 - 3z)$
b) $(2x + 0{,}5)^2$
d) $\left(6a + \frac{2}{a}\right)^2$; $a \neq 0$

a) $(x - 2)^2$ und $(2 - x)^2$
b) $(5s - 3t)^2$ und $(3t - 5s)^2$
Erkläre deine Beobachtung.

7 Vereinfache mithilfe der binomischen Formeln.

a) $1a^2 + 20ab + 100b^2$
b) $r^2 - 22rs + 121s^2$
c) $1{,}44c^2 - 6{,}25d^2$

a) $16a^2 + 80ab + 100b^2$
b) $16x^2 + y^2 - 8xy$
c) $-68s^2 - 340st - 425s^2$

8 Martina hat in der Hausaufgabe Gleichungen gelöst. Überprüfe Martinas Arbeit und gib die Umformungen an, die sie gemacht hat. Notiere jeweils einen Tipp für Martina, wie sie gemachte Fehler vermeiden kann.

$0{,}6x + 20 = -0{,}4x - 14$
$0{,}6x = -0{,}4x + 6$
$0{,}6x = 6$
$\frac{6}{10}x = 6$
$x = \frac{36}{10}$

$(-2)\cdot\left(y - \frac{7}{8}\right) = -\frac{3}{4} - \frac{1}{2}y$
$-2y - \frac{14}{8} = -\frac{3}{4} - \frac{1}{2}y$
$-2y = \frac{11}{8} - \frac{1}{2}y$
$-1{,}5y = \frac{11}{8}$
$y = \frac{11}{12}$

9 Bestimme die Lösungsmenge in $\mathbb{Q}$.

a) $4a + 14 - a = 26$
b) $14b + 20 = 8b + 2$
c) $\frac{1}{3} \cdot (c + 8c + 66) = 85$
d) $1{,}5 \cdot (2 + 4d) = (1 + 3) + 1$

a) $a \cdot (1 + 8) = 3 \cdot (a + 3)$
b) $12 + b = 3b + 8 - 2 \cdot (b + 4)$
c) $(c - 4)^2 = (c + 3)^2$
d) $(d + 4)^2 = (d + 2) \cdot (d + 8)$

10 **a)** Bestimme den Definitionsbereich der Gleichung im Bereich der rationalen Zahlen.
b) Finde jeweils durch Überlegen die Lösungsmenge und erkläre dein Vorgehen.

1 $\frac{6}{x} + 1 = 1$ **2** $\frac{6}{x} + 1 = 2$
3 $\frac{6}{x} + 1 = 6$ **4** $\frac{6}{x} + 1 = 0$

1 $\frac{x}{x} + 2 = 0$ **2** $\frac{3x^2 - 108}{x} = 0$
3 $\frac{x^2 + 1}{x^2 - 9} = 0$ **4** $x \cdot \left(1 - \frac{4}{x}\right) = 0$

11 Finde bei jeder Formel heraus, was sie bedeutet. Löse die Formel zu jeder der Größen auf.

$p = \frac{F}{A}$	$v = \frac{s}{t}$	$p\% = \frac{W}{G}$
p: Druck	v: Geschwindigkeit	p %: Prozentsatz

$g = \frac{F}{m}$	$D = \frac{F}{s}$	$B = \frac{F}{I \cdot \ell}$
g: Ortsfaktor	D: Federhärte	B: Flussdichte

12 Gib die Definitionsmenge der Verhältnisgleichungen an und löse sie.

a) $\frac{2}{3x - 1} = \frac{4}{6x + 3}$
b) $\frac{x + 1{,}5}{x - 1{,}5} = \frac{x + 2}{x - 2}$

a) $\frac{1{,}5}{x - 7} = \frac{1{,}2}{2{,}4x + 9}$
b) $\frac{x + 2}{x - 3} = \frac{x - 4}{x + 1}$

13 Bestimme alle natürlichen Zahlen, die die gesuchte Bedingung erfüllen.

Wenn man zu einer Zahl 12 addiert und diese Summe verdoppelt, erhält man 32.

Wenn man zu einer zweistelligen Zahl die Hälfte addiert, so erhält man eine Zahl, die größer als 130 ist.

1 Stell dir vor, du baust die Türme auf einem Tisch auf. Als sichtbar gelten alle von außen erkennbaren Flächen.

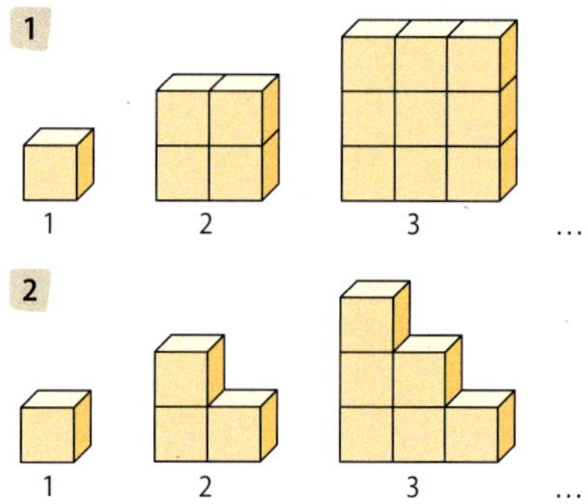

a) Übertrage in dein Heft und setze um mindestens zwei Schritte weiter fort.

b) Bestimme jeweils für jeden Schritt, wie viele Flächen der Würfel sichtbar sind. Stelle einen Term auf und beschreibe in Worten.

c) Bestimme die Anzahl der sichtbaren Flächen nach 8 (10, 12) Schritten.

2 Übertrage und vervollständige die Mauern im Heft.

a) Addition

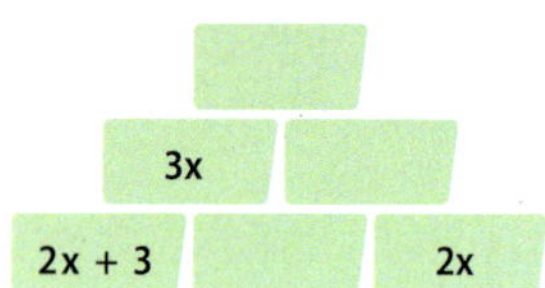

b) Multiplikation

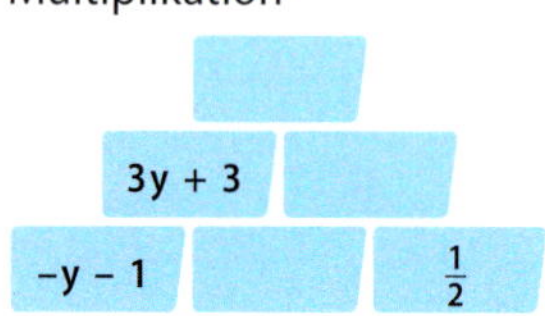

3 Multipliziere die Klammern aus. Nutze hierfür die binomischen Formeln und benenne die Formeln, die du anwendest.

a) $(4 - x) \cdot (4 + x) \cdot \frac{2}{5}$ b) $4 \cdot \left(\frac{1}{2}x + 6y\right)^2$

c) $\left(\frac{1}{4}a - 4b\right)^2$ d) $\frac{7}{2} \cdot \left(\frac{1}{8} - \frac{3}{2}x\right) \cdot \left(\frac{3}{2}x + \frac{1}{8}\right)$

4 Faktorisiere – Forme in ein Produkt um.

a) $1a^2 + 20ab + 100b^2$ b) $r^2 - 22rs + 121s^2$

c) $1{,}44c^2 - 6{,}25d^2$ d) $16a^2 + 80ab + 100b^2$

e) $16x^2 + y^2 - 8xy$ f) $-64s^2 - 240st - 225t^2$

5 Vereinfache die Terme so weit wie möglich.

a) $-4ab - 3s + 7ab - ab + 8a$

b) $\frac{5}{8}a^2 + \frac{3}{5}b^2 - \frac{3}{8}a^2 - \frac{1}{5}b^2 + d - 4d$

c) $\frac{3}{4}z + \frac{2}{5}w - \frac{7}{10}z - w + \frac{1}{2} - \frac{1}{2}z - \frac{11}{10}w + \frac{w}{5} + \frac{13}{10}$

d) $(0{,}7a - 2{,}3b) - (2{,}3a + 0{,}7b)$

e) $(-44s - 13t + 29) + (-28 + 22s + 11t)$

f) $(23p + 3q - 1) - (2q + 22p - 1)$

g) $17 - 9s - (18s + 14) - 14t + (-14t + 8s) + 27$

6 Übertrage die Gleichung in dein Heft und ergänze die Lücken. Finde mehrere Möglichkeiten, wenn es sie gibt.

a) $3p + 2 - \square : 3 = 8p + 2$

b) $1{,}8y + \square = -1{,}9y$

c) $(q + 5) : \square = \square\, q - 1$

d) $27r + 126s = \square \cdot (3r + \square s)$

e) $\square \cdot \left(\square + \frac{2}{3}y\right) = \square + \frac{4}{9}y$

7 Ordne jeder Ungleichung eine passende Lösungsmenge zu.

$100x + 2 > 99x + 1$	$L = \{\,\}$	$L = \mathbb{N}$
$(x + 4)^2 > (x + 3)^2$	$L = \mathbb{N}$	$L = \{\,\}$
$x - 9 < x - 10$		

8 Familie Kiwani möchte ihr rechteckiges Grundstück rundum mit Ausnahme der Zugänge zum Haus und zur Garage mit einer Buchshecke umzäunen (siehe Abbildung).

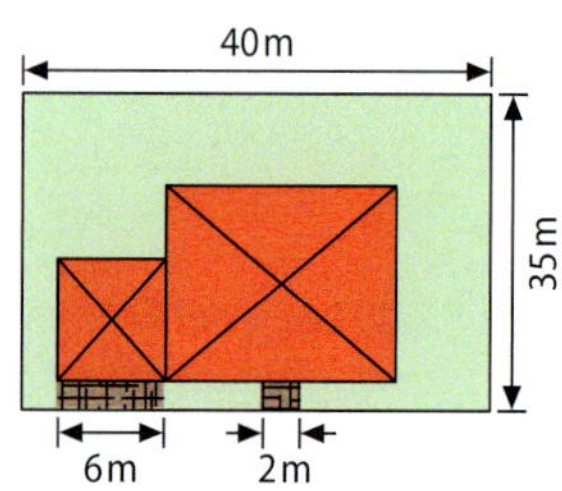

Angebot A: 6,80 € pro Pflanze (40 – 60 cm hoch); 3 Pflanzen pro m

Angebot B: 5,10 € pro Pflanze (40 – 60 cm hoch); 4 Pflanzen pro m

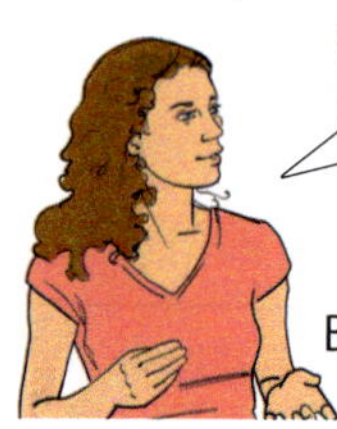

Obwohl die Einzelpflanze teurer ist, ist Angebot A für uns günstiger als Angebot B.

Begründe, ob Frau Kiwani Recht hat.

9 Ordne den Gleichungen den passenden Text zu und bestimme anschließend die Lösungsmengen.

1 Addiert man zum Doppelten einer Zahl 4, erhält man die Zahl vermindert um 8.

2 Das Dreifache einer Zahl vermindert um 12 ergibt die doppelte Differenz der Zahl und 2.

3 Subtrahiert man den fünften Teil einer Zahl mit 2 und addiert das doppelte der Zahl, erhält man 16.

4 Multipliziert man den Nachfolger einer Zahl mit 12, erhält man das Vierfache der Zahl vermindert um 16.

5 Addiert man den Vorgänger einer Zahl mit 8, erhält man das Doppelte der Zahl.

6 Das negative Dreifache einer Zahl multipliziert mit 4 ergibt den fünften Teil der Zahl vermehrt um 16.

a $3 \cdot x - 12 = 2 \cdot (x - 2)$

b $\frac{1}{5} \cdot x - 2 + 2x = 16$

c $12 \cdot (x + 1) = 4x - 16$

d $2 \cdot x + 4 = x - 8$

e $(x - 1) + 8 = 2 \cdot x$

f $(-3 \cdot x) \cdot 4 = \frac{1}{5} \cdot x + 16$

10 Zerlege so weit wie möglich in Faktoren. Nutze die binomischen Formeln.

a) $a^2 - 100$
b) $9 + 4s + s^2 + 2s$
c) $-225b^2 + b$
d) $\frac{9}{16}q^2 - \frac{3pq}{2} + p^2$
e) $3x + 1{,}5x^2 + 0{,}5x^4$
f) $\frac{1}{4}x^2 - 2{,}5xy + \frac{9}{16}q^2$

11 Beschreibe, wie man durch geschicktes Vorgehen die Gleichung $(x - 2) \cdot (3x - 9) = 0$ relativ schnell lösen kann.

12 Vier gleichschenklige Dreiecke mit einer Basis von je 12 cm ergeben zusammen ein Parallelogramm mit 86 cm Umfang. Legt man sie anders zusammen, erhält man wieder ein gleichschenkliges Dreieck. Bestimme den Umfang des großen Dreiecks.

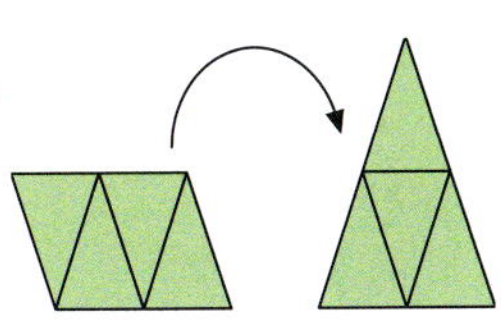

13 Ermittle die Lösung der Gleichung in $\mathbb{Q}$.

a) $(2x - 5)^2 = 4x^2$
b) $(3y - 1)^2 = 9y^2 + 7$
c) $16x^2 = (4x - 6)^2$
d) $(3y + 4)^2 = 9y^2 + 28$
e) $4x^2 = (2x + 5)^2 + 15$
f) $(2x - 2)^2 = (2x + 2) \cdot (2x - 2)$
g) $2 \cdot (-2x - 2)^2 = 8x^2 - 40$
h) $4 \cdot (2 - 2x)^2 = 16x^2 + 32$
i) $(5 - y)^2 = y^2 - 15$
j) $(1 - 2x)^2 = 4x^2 - 7$
k) $(3 - 3y)^2 = 9y^2 - 45$
l) $25x^2 + 39 = (5x + 3)^2$

14 Bestimme die Lösungsmenge.

a) $3x - \frac{2}{3} \cdot \left(\frac{3}{2}x + 4{,}8\right) = x + 5{,}8;\ x \in \mathbb{N}$
b) $z + 11{,}8 = 2{,}4z - 1{,}3 \cdot (z + 3);\ z \in \mathbb{Q}$
c) $7x - 5 + x^2 = 5 - x \cdot (-x + 5);\ x \in \mathbb{N}$
d) $(2p + 0{,}4) : \frac{4}{5} = 6{,}5 + p;\ p \in \mathbb{Z}$
e) $46 - 8p = 5 \cdot (3 - p) + 112;\ p \in \mathbb{Z}$
f) $4r^2 + 8r + 2 = (2r + 2)^2 - 2;\ r \in \mathbb{N}$

15 Gegeben sind Rechtecke mit der Länge x cm und der Breite (x − 6) cm sowie ein Quadrat mit der Seitenlänge 3 cm.

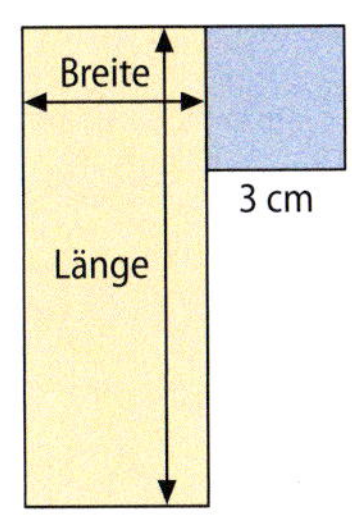

a) Zeichne das Rechteck für x = 10 cm in dein Heft und füge das Quadrat an.
b) Zeichne ein Quadrat in dein Heft, das denselben Flächeninhalt hat wie die beiden Figuren in a) zusammen.
c) Bestimme in Abhängigkeit von x die Seitenlänge eines Quadrats, dessen Flächeninhalt so groß ist wie der Flächeninhalt der gegebenen Figuren.

16 Vereinfache so weit wie möglich. Bestimme die Definitionsmenge.

a) $\frac{24}{18x - 12}$
b) $\frac{3 - 6x}{2 - 4x}$
c) $\frac{6x - 4x^2}{2x + 8}$

17 Bestimme die gesuchte Zahl.

a) Wenn ich die Summe aus 11 und 5 quadriere, erhalte ich die Differenz aus einer Zahl und 44.
b) Der Quotient einer rationalen Zahl und der Differenz aus dieser Zahl und 4 ergibt $\frac{3}{5}$.
c) Das Produkt aus einer ganzen Zahl und ihrem Nachfolger ergibt die Summe aus dem Quadrat der Zahl und ihrem doppelten Nachfolger.

18 a) Gib fünf aufeinander folgende natürliche Zahlen an, die addiert folgenden Summenwert ergeben.

1 425 **2** 12 345
3 17 500 **4** 524 765
5 1 026 720

b) Martha meint: „Wenn n die vorgegebene Zahl ist, dann erhält man die kleinste der fünf Zahlen durch $\frac{1}{5}n - 2$." Hat sie Recht? Überprüfe die Aussage und begründe deine Antwort.

c) Erkläre mit der Formel aus b), dass sich solche fünf Zahlen nur dann finden lassen, falls n durch 5 teilbar ist.

19 Ergänze. Eine Lücke kann ein Rechenzeichen, ein Vorzeichen oder ein Term wie z. B. 3; 2x; a^2 sein.

a) $(4x \square \square)^2 = \square - 8xy + \square$

b) $(\square - 9b)^2 = \square - 144ab + \square$

c) $(3m + \square)^2 = \square \square 3m + \frac{1}{4}$

d) $(\square \square \square)^2 = \square + 6cd + 9d^2$

e) $(\square - 6b)^2 = \square - 84b \square \square$

f) $(\square + \square)^2 = 9d^2 \square \square + 9f^2$

20 a) In einem Viereck mit dem Umfang 15 cm sind die benachbarten Seiten a und b gleich lang. Die Seiten c und d sind ebenfalls gleich lang, aber jeweils 2 cm länger als a und b. Bestimme die Länge der Seiten. Zeichne das Viereck und benenne es.

b) In einem Viereck sind die gegenüberliegenden Winkel α und γ gleich groß, β ist doppelt so groß wie α und δ ist um 10° größer als γ. Gib an, welche Art von Viereck vorliegt. Skizziere es und bestimme die Winkelmaße.

21 Bestimme die Definitionsmenge im Bereich der rationalen Zahlen. Gib die Lösungsmenge an.

a) $\frac{6}{x+4} = 1$ b) $\frac{1}{3 \cdot (x+1)} = \frac{1}{6}$

c) $\frac{1}{3x-2} = -5$ d) $\frac{4}{x-1} = \frac{5}{x}$

e) $\frac{7}{x} = \frac{10}{x}$ f) $\frac{1}{x-3} = \frac{1}{2x+1}$

g) $\frac{1}{x-3} = \frac{1}{2x+1}$ h) $\frac{3}{x+1{,}5} = \frac{2}{x-3}$

i) $\frac{x+2{,}5}{x-3} = \frac{x+3}{x-2{,}5}$ j) $\frac{x-5}{x+5} = \frac{x-2{,}5}{x+3{,}5}$

22 Der Umfang eines Dreiecks ABC ist um 17 cm länger als die Länge der Seite a. Die Seite b besitzt die dreifache Länge der Seite a und die Seite c hat eine Länge von 8 cm. Berechne den Umfang des Dreiecks ABC.

23 a) Stelle die Formel $\rho = \frac{m}{V}$ nach allen Größen um. ρ (sprich: „rho") bezeichnet man als Dichte.

b) Vervollständige folgende Tabelle. Vergleiche die Dichte mit den Werten in deiner Physik-Formelsammlung (oder recherchiere im Internet).

	Gold	Blei
Masse m	2 g	50 g
Volumen V	740 mm^3	
Dichte ρ		11,34 $\frac{g}{cm^3}$
	Beton	**Luft**
Masse m	6,9 t	1 kg
Volumen V	3 m^3	
Dichte ρ		1,29 $\frac{kg}{m^3}$

c) Ermittle die Masse der Luft in deinem Klassenraum (einem Pkw). Erläutere, wie du vorgegangen bist und welche Annahmen du gemacht hast.

24 Berechne die fehlenden Größen. Stelle dazu die Formel $Z = K \cdot p\,\%$ nach jeder Größe um. Du kannst auch ein Tabellenkalkulationsprogramm nutzen.

K	500 €	733 €		12 250 €	
Z		21,99 €	61 €		60 €
p %	2,5 %		4 %	4 %	1,2 %

25 a) Gib je zwei verschiedene Terme für die Oberfläche und das Volumen des Körpers an.

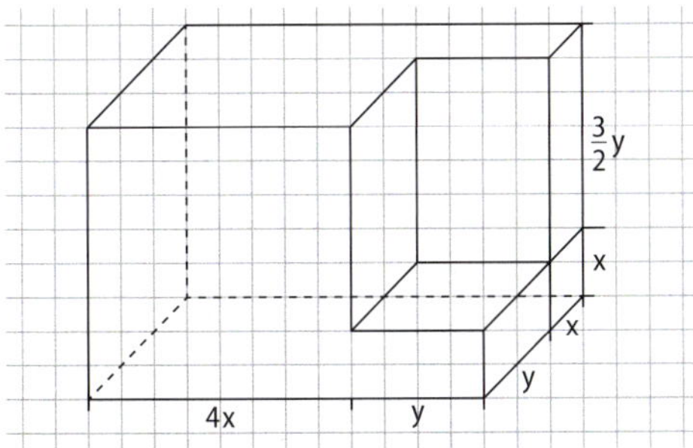

b) Überprüfe die Gleichwertigkeit der Terme …
1 mithilfe von Zahlenbeispielen.
2 durch Umformen des Terms.

26 Faktorisiere mithilfe der quadratischen Ergänzung.

a) $x^2 + 16x$
b) $3x^2 + 18x + 5$
c) $x^2 - 14x$
d) $x^2 - 5x + 5$
e) $7x^2 - 14x + 3$
f) $5x^2 - 20x + 11$
g) $-3x^2 + 3x - \frac{11}{4}$
h) $x^2 + 2x - 8$

27 Um die Höhe von Tönen zu messen, verwendet man die Größe „Frequenz“. Die Frequenz einer Schwingung ist die Anzahl der Schwingungen, die ein Gegenstand, z. B. eine Gitarrensaite, in einer bestimmten Zeiteinheit macht. Frequenzen werden in der Einheit 1 Hz (Hertz) gemessen. 1 Hz bedeutet, dass eine Schwingung pro Sekunde vorliegt.

Es gilt die Gleichung $f = \frac{n}{t}$, wobei gilt:
f: Frequenz
n: Anzahl der Schwingungen
t: Zeit für n Schwingungen

Für ein und dieselbe Frequenz sind n und t direkt proportional, also quotientengleich. Hört man beispielsweise den sogenannten „Kammerton a“, eine Art Grundton, so schwingt eine Gitarrensaite dabei 440-mal pro Sekunde hin und her.

a) Berechne für den Kammerton a, in welcher Zeit die Saite 1 Schwingung (100 Schwingungen) ausführt.

b) Berechne die Anzahl der Schwingungen, die die Saite in einer Minute beim Kammerton a ausführt.

28 Eine als Bauland ausgewiesene Fläche besteht aus 11 gleich großen Grundstücken und einem Grundstück, das 40 m^2 kleiner ist als die anderen. Das kleinere Grundstück nimmt 8,0 % der gesamten Fläche ein. Berechne die Größe der Grundstückflächen.

29 a) Betrachte die folgenden Quadratzahlen.

$11^2 = (10 + 1)^2 = 100 + 20 + 1$
$12^2 = (10 + 2)^2 = 100 + 40 + 4$
$13^2 = (10 + 3)^2 = 100 + 60 + 9$
$14^2 = \ldots$

1 Setze die Reihe der Quadratzahlen um mindestens drei Schritte fort. Gib an, welche Gesetzmäßigkeiten du erkennst.
2 Gib allgemein einen Term für $(10 + n)^2$ an, wenn man für n natürliche Zahlen einsetzt.
3 Erkläre, wie ein Term für $(10 - n)^2$ aussieht.

b) Beschreibe, wie man Quadratzahlen der Form $(20 + n)^2$ und $(30 + n)^2$ berechnen kann. Überprüfe zunächst an Beispielen.

c) Überlege, wie man allgemein einen Term $(a + n)^2$ berechnen kann, wenn a ein Vielfaches von 10 ist. Beschreibe in Worten. Erkläre den Zusammenhang mit einer Verknüpfungstabelle.

d) Berechne folgende Terme ohne Taschenrechner, indem du die bisherigen Zusammenhänge nutzt.

1 18^2 **2** 24^2 **3** 26^2
4 35^2 **5** 41^2 **6** 44^2
7 57^2 **8** 61^2 **9** 73^2

30 Bestimme die rationale Zahl.

a) Wenn ich das Produkt aus der Summe einer Zahl und 2 mit der Differenz der Zahl und 2 bilde, erhalte ich 221.

b) Addiert man zum Zähler von $\frac{2}{5}$ eine Zahl und zieht dieselbe Zahl vom Nenner ab, so erhält man 6.

c) Wenn ich 7 von einer Zahl subtrahiere, dann erhalte ich das gleiche, wie wenn ich die Summe von 5 und der Zahl halbiere.

31 Zeige durch Umformung, dass man mit dem Term $100x + (25 - x)^2$ die Quadratzahlen über 25, also $(25 + x)^2$, berechnen kann.

2 Am Ziel

Aufgaben zur Einzelarbeit

Das kann ich!	Das kann ich fast!	Das kann ich noch nicht!

1 **Teste dich!** Bearbeite dazu die folgenden Aufgaben und bewerte die Lösungen mit einem Smiley.

2 Hinweise zum Nacharbeiten findest du auf der folgenden Seite, die Lösungen findest du im Anhang.

1

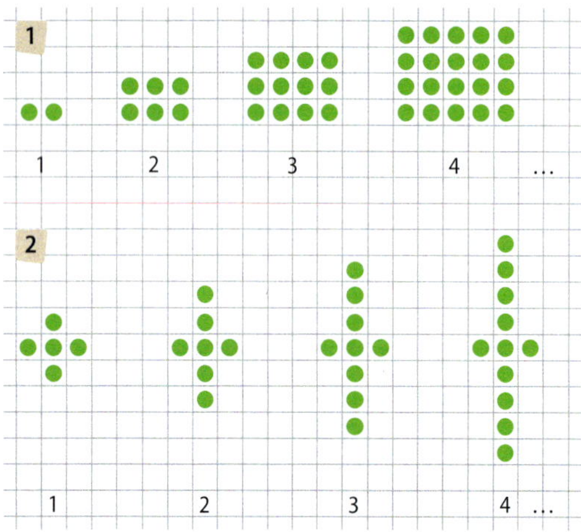

a) Erstelle eine Tabelle für die Anzahl der Punkte der ersten acht Schritte.

b) Beschreibe die Anzahl der Punkte für den n-ten Schritt mit einem Term.

2 Vereinfache so weit wie möglich.

a) $3x + 2{,}8y - 4 + 5{,}4y$

b) $2{,}5x + 12y - x^2 - 3y$

c) $\frac{2}{5} \cdot (x + 3y)$

d) $(1{,}2y - 4{,}5x) : 1{,}5$

e) $(-4) \cdot \left(-\frac{2}{3}y - 3{,}5 + \frac{1}{2}x\right)$

f) $(7ab - 3b) \cdot 2{,}3$

g) $(x - 6y + 1) \cdot (2x - 3)$

h) $(2x + 4) \cdot (4x + 2)$

3 Ergänze so, dass die Rechnung stimmt.

a) ☐ $+ 1 - \frac{1}{3}s = 1 + 3s$

b) $2 \cdot \left(☐ + \frac{2}{7}v\right) = \frac{2}{9}u +$ ☐ v

c) $(28 + 5t) :$ ☐ $=$ ☐ $- 1{,}25t$

4 Berechne das Produkt und vereinfache. Du kannst auch eine Verknüpfungstabelle nutzen.

a) $(x - 3) \cdot (x + 1)$

b) $(a - b) \cdot (a - 2)$

c) $(-3x + 2) \cdot (x - 4)$

d) $(2{,}5y + 7) \cdot (x - y)$

e) $(1{,}2s - 0{,}5) \cdot (1{,}2s - t)$

f) $(-0{,}9a + b) \cdot (a - 6)$

5 Ermittle einen gemeinsamen Faktor. Klammere ihn aus und schreibe als Produkt.

a) $7x^2 + 21x$

b) $12ab - 36a^2 + 18ab^2$

c) $15x^3 + 12x^2y$

d) $0{,}4klm + 2k^2lm - 1{,}6kl$

e) $0{,}8x^2 + 0{,}4ax - 0{,}2x$

f) $-t^4 - 1{,}2t^2 - 4{,}8t^3s$

6 Multipliziere die Klammern aus. Nutze die binomischen Formeln.

a) $(x - 1{,}5)^2$

b) $(8x + 2y) \cdot (8x - 2y)$

c) $3 \cdot (3 + h)^2$

d) $(2x + 6)^2$

e) $-(9y - 5x)^2$

f) $\frac{3}{4} \cdot (0{,}5a - 0{,}25b)^2$

7 Schreibe als binomische Formel.

a) $a^2 - 4ab + 4b^2$

b) $9 + 16z^2 + 24z$

c) $6{,}25 - 4y^2$

d) $-1 - 4r - 4r^2$

e) $1{,}44x^2 - 0{,}64a^2$

f) $289y^2 - 4$

8 Wenn man ein Quadrat an beiden Seiten um jeweils 5 cm verkürzt, entsteht ein neues Quadrat mit der Gesamtfläche $64\,cm^2$. Bestimme die Seitenlänge des ursprünglichen Quadrats.

9 Gib jeweils die Lösungsmenge an.

a) $12x - 1 = 2 \cdot (5x + 8)$ $\quad D = \mathbb{N}$

b) $-2{,}5 + 4x = 4 - (x - 2{,}5 + 4x)$ $\quad D = \mathbb{Z}$

c) $4(x - 3) - 2(5 - x) = 3x + 5$ $\quad D = \mathbb{Z}$

d) $3(4x - 5) + 8 = 2(6x + 1) - 7$ $\quad D = \mathbb{Z}$

e) $2(x + 4) - 3(2x - 1) = 5x + 7$ $\quad D = \mathbb{Q}$

f) $\frac{3x - 2}{4} + 2 = \frac{x + 7}{2}$ $\quad D = \mathbb{N}$

g) $9x - 4 = 2(3x + 2)$ $\quad D = \mathbb{Z}$

h) $5(2x - 3) + 7 = -3(4x - 1) - 5$ $\quad D = \mathbb{Z}$

i) $6(x + 1) - 2(3x - 5) = 7(x + 2) - 12$ $\quad D = \mathbb{N}$

j) $(x - 2)^2 - 16 = (x + 3)^2 - 8(x + 2) + 7$ $\quad D = \mathbb{Z}$

k) $\frac{-2(x - 4)^2 - 4x}{2} = -(x + 2)^2 + 22$ $\quad D = \mathbb{Q}$

l) $(x + 3) \cdot (x - 3) + \frac{2x - 5}{2}$
$= 2(x + 4)^2 + \frac{3}{2} - x^2$ $\quad D = \mathbb{N}$

m) $-z \cdot (2 - z) \le (2 - z)^2$ $\quad D = \mathbb{Q}$

n) $(2x + 3)^2 > 4x \cdot (x + 6)$ $\quad D = \mathbb{Q}$

10 Durch Verkürzen bzw. Verlängern der Seiten um x m hat ein rechteckiges Grundstück G_1 eine Breite von $(17 + x)$ m und eine Länge von $(39 - x)$ m. Das Grundstück G_2, das auch einen rechteckigen Zuschnitt besitzt, ist $(22 + x)$ m breit und $(28 - x)$ m lang.

a) Gib eine sinnvolle Definitionsmenge für x an.

b) Beurteile Annas Aussage.

11 Ioana und Raphael unterhalten sich über ihr Alter. Ioana sagt: „Wenn du zu meinem Alter das Doppelte der Summe aus meinem Alter und sieben addierst, erhältst du mein vierfaches Alter vermehrt um 1."
Berechne Ioanas Alter mithilfe einer Gleichung.

12 Gegeben ist die Formel $A_O = 2ab + 2ac + 2bc$.

a) Gib an, um welche Formel es sich handeln könnte.

b) Löse die Formel durch Ausklammern nach allen Variablen a, b und c auf.

Aufgaben für Lernpartner

1 Bearbeite diese Aufgaben zuerst alleine.

2 Suche dir einen Partner oder eine Partnerin und arbeitet zusammen weiter. Erklärt euch gegenseitig eure Lösungen und hört einander aufmerksam und gewissenhaft zu.

3 Korrigiere gegebenenfalls deine Antworten und benutze dazu eine andere Farbe.

Sind folgende Behauptungen **richtig** oder **falsch**? Begründe.

A Mithilfe von Termen und Variablen lassen sich mathematische Zusammenhänge beschreiben.

B Wenn in einer Summe ein Faktor ausgeklammert wird, muss er in mindestens einem Summanden der Summe vorkommen.

C Ausklammern und Vereinfachen sind entgegengesetzte Operationen.

D $(x + y)^2 = x^2 + y^2$

E Bei einer Äquivalenzumformung darf sich die Lösungsmenge einer Gleichung nur ein bisschen ändern.

F Eine Formel umzustellen bedeutet, einfach zwei Variablen miteinander zu vertauschen.

G Im Definitionsbereich einer Gleichung werden all die Zahlen aufgeführt, die man grundsätzlich in eine Gleichung einsetzen kann.

H $(a + b) \cdot (a - b) = a^2 + b^2$

I Es ist oftmals günstig, Terme zuerst zu vereinfachen, bevor man mit ihnen weiterrechnet.

J Die binomischen Formeln sind ein Sonderfall der Multiplikation von Summen.

K Die quadratische Ergänzung verändert die Lösungsmenge der Gleichung.

Ich kann …	Aufgabe	Hilfe	Bewertung
Terme aufstellen und beschreiben.	1, A	S. 48	
Terme vereinfachen und umformen.	2, 3, 4, 5, 6, B, C, I	S. 51, 52, 54	
mit binomischen Formeln arbeiten.	6, 7, 8, 9, D, H, J, K	S. 58, 61	
Gleichungen und Ungleichungen durch Äquivalenzumformungen lösen.	9, 10, 11, 12, E, F, G, J	S. 64, 68, 70	

Seite 48

Terme aufstellen und vereinfachen

Terme lassen sich anhand der bekannten Rechenregeln **vereinfachen**. Dadurch entstehen zueinander **äquivalente** Terme.

Zusammenfassung gleichartiger Summanden:
$2x - 3y - 6x + 3y$
$= (2 - 6) \cdot x + (-3 + 3) \cdot y = -4x$

Seite 54

Terme umformen

Werden Summen miteinander multipliziert, dann muss man jeden Summanden der ersten Summe mit jedem Summanden der zweiten Summe multiplizieren. Die entstandenen Produkte werden dann mit ihren Vorzeichen addiert.

·	y	+12
x	x · y	12x
+5	5y	5 · 12

Es folgt: $(x + 5) \cdot (y + 12)$
$= xy + 12x + 5y + 60$

Seite 58

Binomische Formeln

1. binomische Formel:
$(a + b)^2 = a^2 + 2ab + b^2$

2. binomische Formel:
$(a - b)^2 = a^2 - 2ab + b^2$

3. binomische Formel:
$(a + b) \cdot (a - b) = a^2 - b^2$

Ausmultiplizieren
$(3 + a)^2 = 9 + 6a + a^2$

Zusammenfassen
$y^2 - 4y + 4 = (y - 2)^2$

Quadratische Ergänzung
$x^2 + 6x + 7 = (x + 3)^2 - 2$

Seite 64

Gleichungen lösen

Gleichungen und Ungleichungen lassen sich durch **Äquivalenzumformungen** lösen. Dabei ändert sich die **Lösungsmenge** nicht.

1 Löse gegebenfalls **Klammern** auf.
2 **Vereinfache** Terme auf jeder Seite.
3 **Ordne** durch Äquivalenzumformungen alle Terme mit Variablen auf eine Seite, alle Zahlen ohne Variablen auf die andere.
4 **Eliminiere** den Faktor vor der Variablen.
5 Mache die **Probe**.
6 Gib die **Lösungsmenge** an.

Beispiel: Löse in $D = \mathbb{Q}$.

1 $63 - 2 \cdot (25b - 6) = -10 - 5(b - 2)$
2 $63 - 50b + 12 = -10 - 5b + 10$
3 $75 - 50b = -5b \quad | + 50b$
$75 = 45b \quad | : 45$
4 $b = \frac{75}{45} = \frac{5}{3} = 1\frac{2}{3}$
5 Probe: $63 - 50 \cdot 1\frac{2}{3} + 12 = -8\frac{1}{3}$
$-5 \cdot 1\frac{2}{3} = -8\frac{1}{3}$
6 $1\frac{2}{3} \in \mathbb{Q}$; $L = \left\{1\frac{2}{3}\right\}$

Seite 70

Verhältnisgleichungen lösen

In Termen und Gleichungen können **Variablen** auch im **Nenner eines Bruches** stehen. Dabei dürfen keine Zahlen in den Term eingesetzt werden, bei denen der **Nenner Null** wird. Die **Definitionsmenge D** enthält die Zahlen, für die der Term definiert ist.
Zur Lösung multipliziert man die **Gleichung mit einem gemeinsamen Nenner aller Brüche**, sodass ohne Brüche weitergerechnet werden kann.

Beispiel: Löse in $D = \mathbb{Q}$.

$\frac{3}{(x - 2)} = \frac{2}{(x + 4)} \qquad D = \mathbb{Q} \setminus \{-4; 2\}$

$\frac{3}{(x - 2)} = \frac{2}{(x + 4)} \qquad | \cdot (x - 2) \cdot (x + 4)$

$3 \cdot (x + 4) = 2 \cdot (x - 2)$

…

Einstieg

Die Entfernungen auf Straßenschildern werden in Deutschland in Kilometern angegeben. In den USA sind die Angaben in Meilen, dabei gilt:

1 Meile $\approx$ 1,61 Kilometer

- Die Entfernung zwischen Berlin und Cottbus beträgt ca. 100 km (Luftlinie). Überprüfe an der Karte (Maßstab 1 : 2 000 000). Gib die Entfernung in Meilen an.
- Übertrage und vervollständige die Tabelle in deinem Heft.
- Stelle die Zuordnung *Länge in km* $\mapsto$ *Länge in Meilen* graphisch dar. Beschreibe den Verlauf des Graphen.

Entfernung zwischen …	in Kilometern	in Meilen
Berlin – Cottbus	100	
Rathenow – Frankfurt a. d. Oder	140	
Schwedt – Senftenberg		
Schwedt – Brandenburg		

3

Lineare Funktionen

Ausblick

Am Ende dieses Kapitels hast du gelernt, …

… bei Zuordnungen zu entscheiden, ob es sich um eine **Funktion** handelt.

… **lineare Funktionen** graphisch, tabellarisch und mit Worten darzustellen.

… **Steigungen, y-Achsenschnittpunkte** und **Nullstellen** anzugeben.

… **Funktionsgleichungen** graphisch und rechnerisch zu ermitteln.

… reale Situationen mit Hilfe linearer Funktionen zu **modellieren**.

Vorwissen

Zuordnungen erkennen

Bei einer **Zuordnung** werden Größen zueinander in Beziehung gesetzt. Oft ist es hilfreich, zugeordnete Größen in einer Tabelle oder als Graph in einem Koordinatensystem darzustellen.
Bei einer **Zuordnung** wird jeder **Ausgangsgröße** eine andere **Größe** zugeordnet. Ein Paar zusammengehörender Größen bezeichnet man auch als **Wertepaar**.

Beispiel:
Anzahl Brötchen ↦ Preis in €

Anzahl an Brötchen	1	2	3	...
Preis in €	0,60	1,20	1,80	...

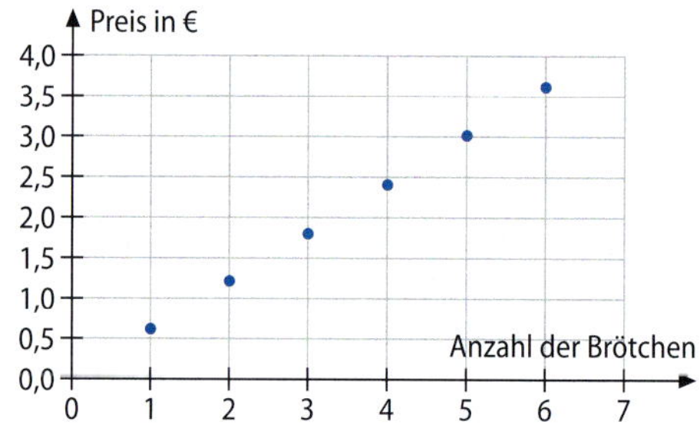

Direkt und indirekt proportionale Zuordnungen feststellen

Erklärvideo
Mediencode 61238-30

Eine Zuordnung heißt **direkt proportional**, wenn zum Doppelten (zum Dreifachen, …, zur Hälfte, …) der Ausgangsgröße das Doppelte (das Dreifache, …, die Hälfte, …) der zugeordneten Größe gehört.

Der Quotient aus zugeordneter Größe und Ausgangsgröße ist stets gleich.

Beispiele:
1 Zuordnung:
Anzahl Eiskugeln ↦ Preis in €

Anzahl Eiskugeln	1	2	3	5
Preis in €	1,90	3,80	5,70	7,60

$\frac{\text{zugeordnete Größe}}{\text{Ausgangsgröße}} = \frac{1{,}90\,€}{1\text{ Kugel}} = \frac{3{,}80\,€}{2\text{ Kugeln}}$

Statt direkt proportional sagt man auch proportional und statt indirekt proportional sagt man auch antiproportional.

Eine Zuordnung heißt **indirekt proportional**, wenn zum Doppelten (zum Dreifachen, …, zur Hälfte, …) der Ausgangsgröße die Hälfte (ein Drittel, …, das Doppelte, …) der zugeordneten Größe gehört.

Das Produkt aus zugeordneter Größe und Ausgangsgröße ist stets gleich.

2 Zuordnung:
Anzahl Pferde ↦ Hafervorrat in Tagen

Anzahl Pferde	1	2	4	5
Hafervorrat in Tagen	40	20	10	8

Gesamtgröße: $1 \cdot 40 = 2 \cdot 20 = \ldots = 40$

Direkt und indirekt proportionale Zuordnungen darstellen

Erklärvideo
Mediencode 61238-31

Bei einer direkt proportionalen Zuordnung liegen die Punkte alle auf einer Geraden, die durch den Koordinatenursprung geht (**Ursprungsgerade**). Wenn eine direkt proportionale Zuordnung vorliegt, wird zum Zeichnen der Geraden neben dem Ursprung nur ein weiterer Punkt benötigt.

Bei einer indirekt proportionalen Zuordnung liegen alle Punkte auf einer Kurve (**Hyperbel**). Für große x- bzw. y-Werte nähert sie sich den Koordinatenachsen an, schneidet sie jedoch nicht.

Beispiele:
1
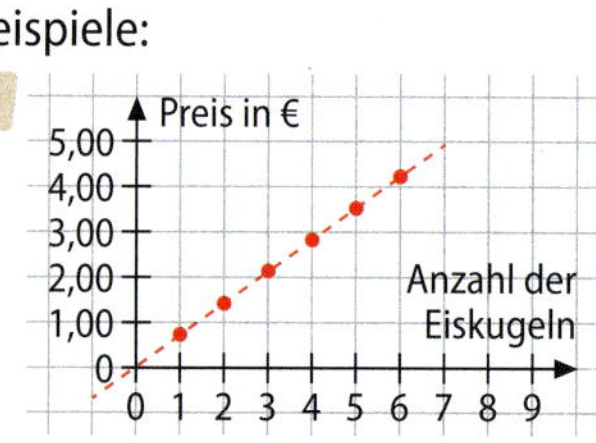

2
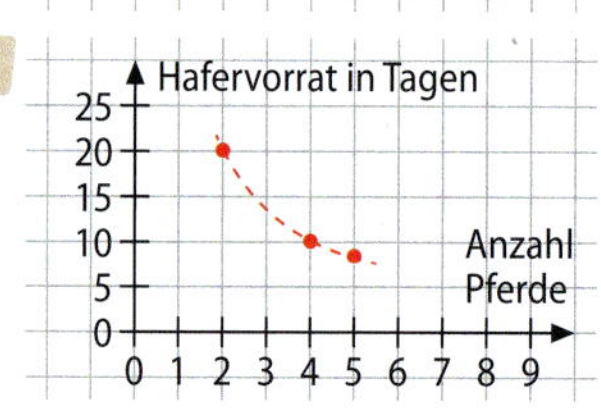

Vorwissentest

🙂 Das kann ich!	😐 Das kann ich fast!	🙁 Das kann ich noch nicht!

Teste dich! Schau dir dazu zunächst die bereits bekannten Inhalte auf der linken Seite an. Bearbeite die Aufgaben und bewerte deine Lösungen. Die Ergebnisse findest du im Anhang.

1 Gib an, welche Größen einander zugeordnet sind.

a)

b)

c)

2 Caro hat in einem Album eine Graphik gefunden, die ihre Mutter angefertigt hatte.

a) Gib die Zuordnung an, die durch den Graphen dargestellt wird.

b) Entnimm dem Graphen die eingezeichneten fünf Wertepaare.

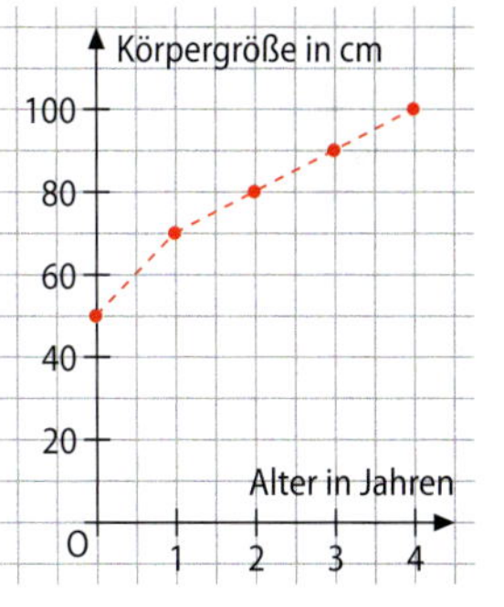

3 Entscheide, ob die Zuordnungen direkt oder indirekt proportional sind. Begründe deine Entscheidung.

a) *Anzahl der Teilnehmenden bei einem Ausflug* ↦ *Preis pro Person*

b) *Geschwindigkeit eines Pkws* ↦ *Fahrzeit in h*

c) *Anzahl der Zuckerpäckchen* ↦ *Gesamtpreis in €*

d) *Schrittlänge in cm* ↦ *Anzahl der Schritte für eine Strecke*

4 Überprüfe rechnerisch, ob die angegebenen Zuordnungen direkt oder indirekt proportional sind.

a)

x	0,5	2,5	4
y	16	3,2	2

b)

x	3	$\frac{25}{3}$	9,3
y	$\frac{9}{2}$	$\frac{25}{2}$	13,95

c)

x	2	0,5	7,2
y	14,4	3,6	51,84

5 Stelle den Sachverhalt in einer Tabelle dar und zeichne den Graphen der indirekt proportionalen Zuordnung. Bestimme die Gesamtgröße.

a) Für den Bau eines Spielplatzes benötigen vier Beschäftigte 12 Tage, acht Beschäftigte benötigen 6 Tage und drei Beschäftigte benötigen 16 Tage.

b) Wenn 18 Personen an einem Bustrip teilnehmen, zahlt jede Person 60 €, wenn 20 Personen teilnehmen, nur 54 € und bei 30 Personen sind es 36 €.

Ich kann …	Aufgabe	Bewertung
Zuordnungen erkennen.	1, 2	🙂 😐 🙁
direkt und indirekt proportionale Zuordnungen unterscheiden.	3, 4	🙂 😐 🙁
direkt und indirekt proportionale Zuordnungen darstellen.	5	🙂 😐 🙁

Die Klasse 8c plant ihre Klassenfahrt an den Scharmützelsee.

Für die Planung ihrer Klassenfahrt haben sich die Schülerinnen und Schüler in Arbeitsgruppen aufgeteilt. Jede Gruppe hat einen Teil der Fahrt zu organisieren.

Grundlegende Informationen:
- Die Klasse besteht aus 28 Schülerinnen und Schüler.
- Es fahren eine Lehrerin und ein Lehrer mit.
- Die Klasse fährt in einer Woche von Montag bis Freitag auf Klassenfahrt.
- Der Scharmützelsee ist etwa 165 km von der Schule entfernt.

Gruppe: Wohnen

Es gibt am Scharmützelsee verschiedene Übernachtungsmöglichkeiten, wie beispielsweise eine Jugendherberge oder ein Hotel.

Die Klasse plant folgende Mahlzeiten in der Unterkunft: viermal Frühstück, zweimal Mittagessen, viermal Abendessen.
Das Ganze soll natürlich möglichst günstig sein.

- Suche im Internet nach mindestens zwei Übernachtungsmöglichkeiten am Scharmützelsee. Ermittle jeweils die Gesamtkosten für Unterkunft und Mahlzeiten.

Gruppe: Busfahrten

Für die Fahrt zum Scharmützelsee soll ein Bus gemietet werden. Die Schülerinnen und Schüler haben für die Hin- und Rückfahrt folgende Angebote eingeholt.

1. Bei dem Busunternehmen Fairtour muss eine Pauschale von 380,00 € und für jeden Kilometer 45 Cent gezahlt werden.
2. Das Busunternehmen Sonnenschein nimmt eine Pauschale von 150,00 € und berechnet für jeden Kilometer 60 Cent.
3. Das Busunternehmen Junge Genereration nimmt keine Pauschale und berechnet pro Kilometer 77 Cent.

- Begründe, für welches Busunternehmen sie sich entscheiden sollten, wenn sie die 330 km so kostengünstig wie möglich fahren möchten.

Medien & Werkzeuge

Kosten der Klassenfahrt

Stelle die Kosten jeweils übersichtlich dar, damit du sie in der Klasse präsentieren kannst.

- Gestalte dazu ein Poster oder nutze ein Präsentationsprogramm.
- Überlege zunächst, wie du die Kosten darstellen möchtest (Tabelle, Diagramm, …)
- Nenne Vorteile, die die Nutzung eines Tabellenkalkulationsprogramms mit sich bringt.

Gruppe: Fahrradtour

Die Schülerinnen und Schüler planen an einem Tag eine Fahrradtour. Es gibt zwei Möglichkeiten zur Ausleihe:

1. Es wird eine Pauschale von 4,00 € pro Fahrrad bezahlt und pro Viertelstunde Ausleihe kommen 1,10 € dazu.
2. Es ist eine Pauschale von 2,00 € pro Fahrrad fällig und pro halbe Stunde kommt eine Gebühr in Höhe von 3,00 € hinzu.

- Begründe, warum sich die Gruppe für ihre geplante zweistündige Fahrradtour für die zweite Ausleihe entscheiden sollte.

Gruppe: Sommerrodelbahn

Die Klasse plant als eine Aktivität Fahrten auf einer Sommerrodelbahn. Es gibt folgende Angebote:

1. Einzelfahrt 2,50 €
2. sechs Fahrten 12,00 €
3. Rodelbahn eine halbe Stunde buchen für 300,00 €

Die Klasse ist sich uneinig, welches Angebot besser ist.

- Gib eine Empfehlung, wenn die Hälfte der Klasse 3 Fahrten und die andere Hälfte 5 Fahrten machen möchte.

Gruppe: Geländespiel

Während der Klassenfahrt soll ein Geländespiel durchgeführt werden. Die Klasse wird in zwei Gruppen im Verhältnis 1 : 3 eingeteilt. Alle Personen der größeren Gruppe verteilen sich im Gelände und geben jeweils im Abstand von 5 Minuten ein lautes Geräusch von sich. Sobald sie von Personen der kleineren Gruppe entdeckt werden, müssen sie bei der Suche mithelfen. Im Durchschnitt wird eine Person innerhalb von 4 Minuten gefunden.

- Bestimme, wann das Spiel *voraussichtlich* endet, wenn es um 9:30 Uhr beginnt.

3.1 Zuordnungen und Funktionen

Entdecken

- Ordne jeweils innerhalb eines Kastens jedem Tier sein Futter zu.
- Beschreibe die Unterschiede bei den Zuordnungen.

Verstehen

Du hast bereits verschiedene Zuordnungen kennen gelernt. Mit Zuordnungen, bei denen man eindeutige Wertepaare hat, lassen sich Zusammenhänge besonders gut beschreiben.

Merke

Ist eine Zuordnung **eindeutig**, so nennt man sie eine **Funktion**. Dabei wird **jedem x-Wert** (Argument) **genau ein y-Wert** (Funktionswert) zugeordnet.
Beachte jedoch: Demselben y-Wert (Funktionswert) dürfen durchaus verschiedene x-Werte (Argumente) zugeordnet sein.

Definitionsbereich = Definitionsmenge

Definitionsbereich D: Menge aller Argumente x, z. B. $D = \mathbb{Q}$
Wertebereich W: Menge aller Funktionswerte y, z. B. $W = \mathbb{Z}$

Eine Funktion lässt sich auf verschiedene Arten darstellen:

1 verbale Beschreibung **2** Funktionsgleichung **3** Wertetabelle
4 Graph **5** Pfeildiagramm **6** geordnete Paare

Für **Funktionsgleichungen** wie $y = \frac{1}{2}x$ gibt es auch zwei **andere Schreibweisen**:
$\mathbf{f(x) = \frac{1}{2}x}$ (sprich: „f von x gleich …") und $\mathbf{f\colon x \mapsto \frac{1}{2}x}$.
Die Schreibweisen mit f machen deutlich, dass x die Variable der Funktion f ist und dass einem x-Wert genau ein y-Wert zugeordnet wird. y (abhängige Variable) hängt also von x (unabhängige Variable) ab, es gilt: $f(x) = y$.

Die Schreibweise mit dem Pfeil $\mapsto$ macht zusätzlich deutlich, dass es sich bei Funktionen um Zuordnungen handelt.

Beispiele

I. Die verbale Beschreibung einer Zuordnung lautet: „Jeder rationalen Zahl wird ihre Hälfte zugeordnet." Stelle die Funktion auf verschiedene Arten dar.

Lösung:

Funktionsgleichung: $y = \frac{1}{2}x$

Wertetabelle:

x	−2	−1	0	1	2	3
y	−1	$-\frac{1}{2}$	0	$\frac{1}{2}$	1	$1\frac{1}{2}$

Graph:

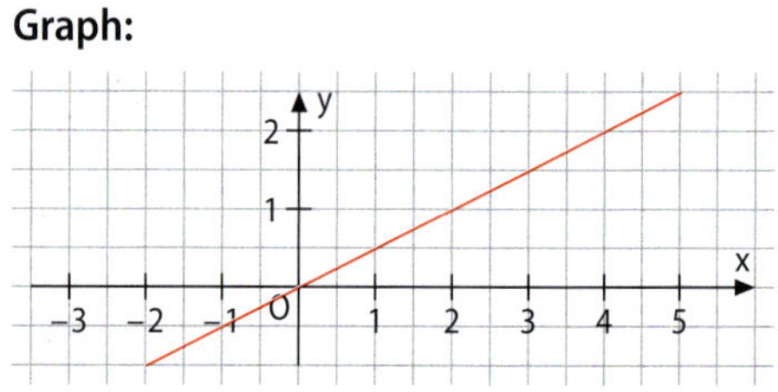

geordnete Paare:
{(−4; −2), (−2,5; −1,25), (1,5; 0,75) …}

Pfeildiagramm:

−3 → −1,5
−2 → −1
⋮ ⋮
4 → 2
5 → 2,5
x y

II. Gib den Definitions- und Wertebereich der Funktionen an.

a) *natürliche Zahl* $\mapsto$ *Quadratzahl* **b)** *ganze Zahl* $\mapsto$ *Vorgänger*

Lösung

a) $D = \mathbb{N}$ und $W = \mathbb{N}$ **b)** $D = \mathbb{Z}$ und $W = \mathbb{Z}$

Nachgefragt

- „Jede Funktion ist eine Zuordnung." „Jede Zuordnung ist eine Funktion." Entscheide, ob die Aussagen wahr sind. Begründe deine Entscheidung.
- Entscheide, welche der drei Zuordnungen in „Entdecken" Funktionen sind. Begründe.
- Erläutere, ob die Zuordnung *Rechteck* $\mapsto$ *Flächeninhalt* eine Funktion ist.

Aufgaben

1 Untersuche, ob die folgenden Beschreibungen Funktionen darstellen. Gib in dem Fall die abhängige und die unabhängige Variable an.

a) Jedem Schüler deiner Schule wird seine Klassenlehrkraft zugeordnet.
b) Jeder Klassenlehrerin werden die Schülerinnen zugeordnet, die sie unterrichtet.
c) Der Fahrstrecke mit dem Zug wird die dafür benötigte Zeit zugeordnet.
d) Jedem Schlüssel wird das passende Schloss zugeordnet.

2 Betrachte die folgenden beiden Zuordnungen. Begründe, welche davon eine Funktion ist.

1

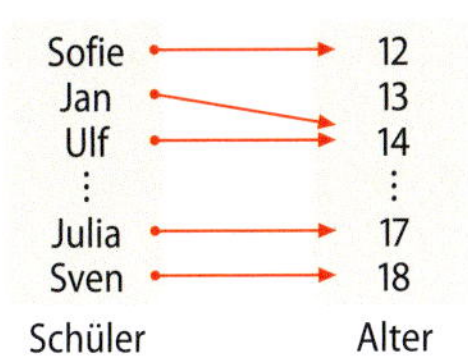

2

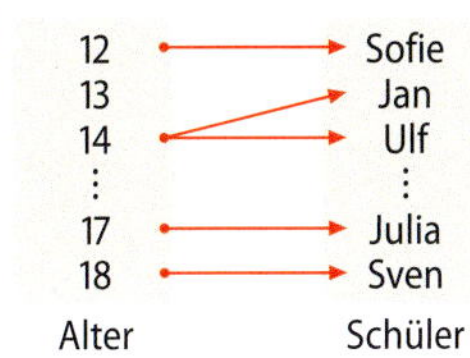

3 Entscheide, ob der Graph einer Funktion gegeben ist. Begründe deine Entscheidung.

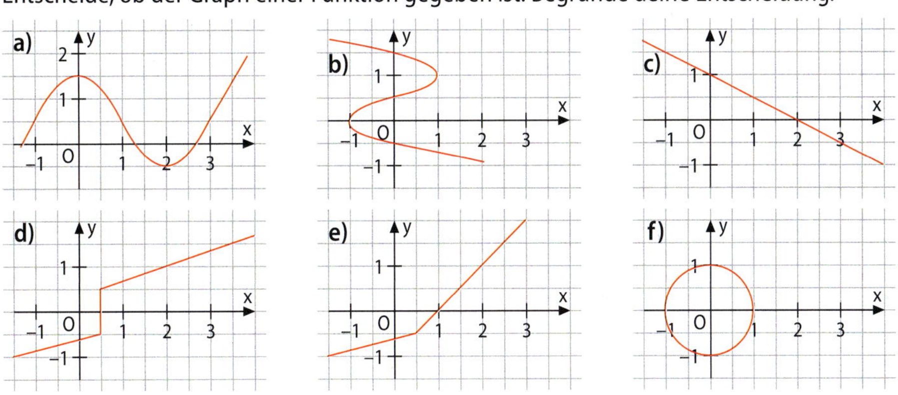

4 Untersuche, ob durch die Wertetabellen Funktionen gegeben sind.
Gib für die Funktionen mindestens eine weitere zugehörige Darstellung an.

a)

x	−1	0	1	2	3
y	1	0	1	4	9

b)

x	4	2	0	−2	−3
y	−4	−2	0	2	3

c)

x	1	3	8	−5	−2
y	6	2	1	0	8

d)

x	9	4	1	4	9
y	−3	−2	−1	2	3

5 Gegeben sind folgende Sachzusammenhänge.

1 Innerhalb eines Jahres wird am Tag zur selben Uhrzeit die Temperatur in Oulu (Finnland) gemessen.

2 Während einer 90 Minuten langen Ballonfahrt wird eine maximale Höhe von 2980 m erreicht.

3 Die Decke eines Wohnzimmers mit einer Fläche von 42 m^2 wird zweimal gestrichen. Es werden Farbeimer gekauft, die jeweils für eine Fläche von 25 m^2 reichen.

Gib jeweils die Zuordnung an und bestimme den Definitions- und Wertebereich.

Alles klar?

6 **1** Jeder natürlichen Zahl wird ihr Fünffaches vermehrt um 1 zugeordnet.

2 *Umfang eines gleichseitigen Dreiecks* $\mapsto$ *Seitenlänge*

3

x	1	2	3	4	5
y	1	4	9	16	25

4 {(−2; 4), (−1; 2), (0; 0), (1; 1), (2; 4), …}

a) Gib den Definitions- und Wertebereich an.

b) Stelle die Funktionen auf verschiedene Arten dar.

c) Nachgefragt: Begründe, dass die Zuordnungen Funktionen sind.

Weiterdenken

Direkt proportionale und indirekt proportionale Zuordnungen sind Funktionen.

7 Begründe unter Verwendung geeigneter Beispiele die Aussage aus dem Weiterdenkenkasten.

Nutze für die Lösung der Aufgabe auch GeoGebra.

8 Entscheide, ob die Zuordnung direkt proportional ist und gib die abhängige und die unabhängige Variable an.

a)

x	−3	−2,5	2	4,5
y	1,5	1,25	−1	2,25

b)

x	8	−1,5	2	2,5	−4
y	20	−3,75	5	6,25	−10

c)

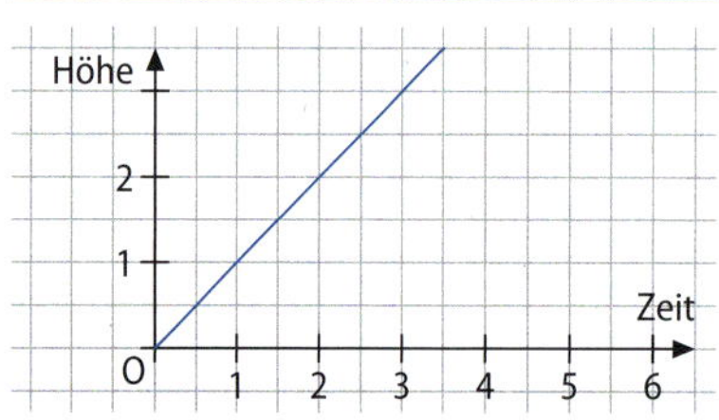

d)

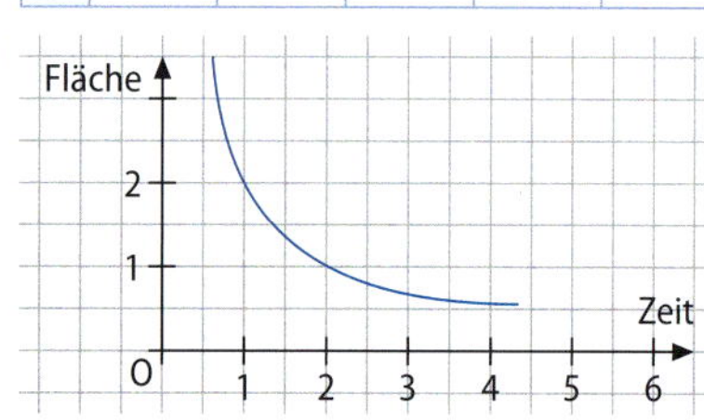

e) Das Schulteam Fotografie möchte online Bilderrahmen kaufen. Ein Bilderrahmen kostet 19,75 €. Pro Rahmen gibt es einen Rabatt von 20 %.

f) Jonas hat gemessen, dass aus dem Gartenschlauch durchschnittlich 15 Liter Wasser pro Minute fließen.

g) Auf dem Markt werden Äpfel kiloweise verkauft. Pro Kilo zahlt man 5 €, 10 Kilo bekommt man für 45 €.

h) $y = -3x$

9 Überprüfe Leilas Aussage. Begründe deine Antwort.

Eine Funktion liegt vor, wenn jede beliebige Gerade, die senkrecht zur x-Achse liegt, den Graphen einer Zuordnung in nur einem Punkt schneidet.

10 **a)** Ordne die Aussagen den Graphen zu. Begründe deine Antwort.

1 Es gibt Mengenrabatt.

2 Eine Grundgebühr fällt an.

3 Die Zuordnung ist direkt proportional.

b) Begründe, dass es sich bei allen Abbildungen um den Graphen einer Funktion handelt.

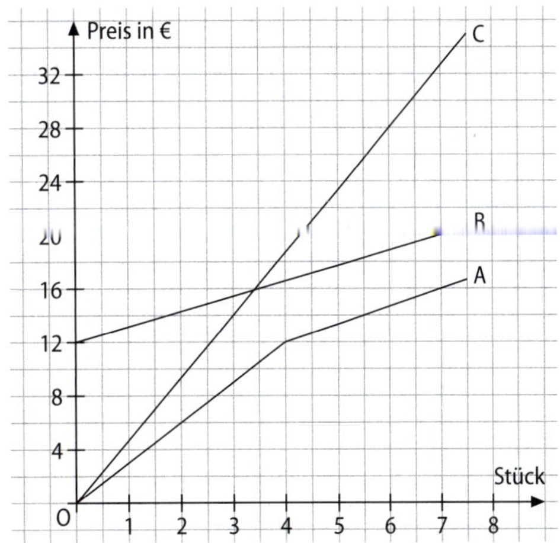

Eine Grundgebühr wird unabhängig vom Verbrauch oder einer Nutzung bezahlt.

11 Die Abbildung stellt dar, wie sich die Preise in einem Parkhaus staffeln.

a) Beschreibe die dargestellte Situation.

b) Erläutere, wie die Abbildung verändert werden muss, sodass es sich bei diesem Sachverhalt um eine Funktion handelt.

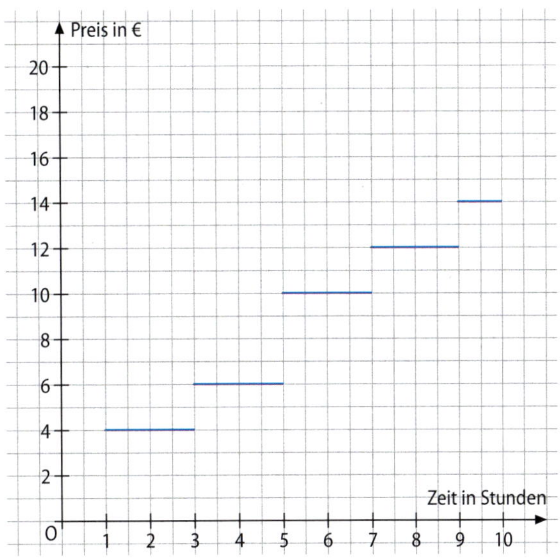

12 Ein erwachsener Adler fängt in drei Wochen etwa 27 Kleintiere, ein junger Adler in einer Woche etwa 6 Kleintiere.

a) Gib für die Aufgabe die abhängige und unabhängige Variable an.

b) Ermittle, wie viele Kleintiere zwei erwachsene und ein junger Adler in vier Wochen fangen.

c) Begründe, dass du für deine Rechnung die Eindeutigkeit der Zuordnung nutzt.

Entdecken

Maurice und Miguel unternehmen im Fläming eine Fahrradtour. Folgende Schilder sind dabei zu sehen:

- Informiere dich, was die Angaben auf den Schildern bedeuten.
- Erläutere, woran du bei den Schildern erkennen kannst, ob eine positive (bergauf) oder eine negative Steigung (bergab) vorliegt.
- Recherchiere, welche Steigungen mit dem Fahrrad zu bewältigen sind.

Verstehen

Du hast direkt proportionale Zuordnungen kennengelernt. Wir untersuchen sie jetzt als Funktionen.

Erklärvideo
Mediencode 61238-32

Merke

Besteht ein direkt proportionaler Zusammenhang zwischen einer Ausgangsgröße und einer zugeordneten Größe, dann liegt eine direkt proportionale Funktion mit der Gleichung $y = m \cdot x$ mit $m \neq 0$ vor; m wird als Proportionalitätsfaktor der Zuordnung bezeichnet.

+1 +1 +1

Tag	0	1	2	3
Anzahl	0	4	8	12

+4 +4 +4

$m = \frac{4}{1} = \frac{8}{2} = \frac{12}{3} = 4$

Funktionsgleichung: $y = 4 \cdot x$

m gibt somit an, wie sich die zugeordnete Zahl („Funktionswert") ändert, wenn sich die Ausgangszahl („Argument") um 1 erhöht.

Am Graph der direkt proportionalen Funktion kann man m ebenfalls bestimmen:

Wenn man am Graph um 1 Einheit nach rechts geht, und dann um m Einheiten nach oben, dann erhält man wieder einen Punkt des Graphen.

Man bezeichnet m als Steigung oder Anstieg oder Änderungsrate der Funktion. Ein rechtwinkliges Dreieck am Graphen nennt man **Steigungsdreieck**.

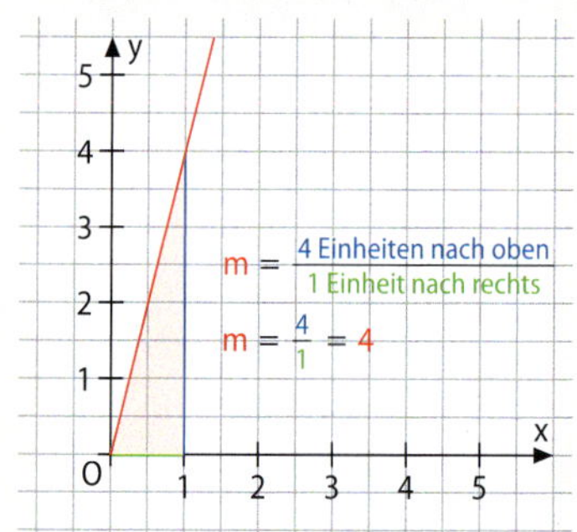

Tipp: Starte mit der Steigung vom Ursprung aus.

Beispiel

Gegeben sind die Funktionen f, g, h und k mit den folgenden Gleichungen sowie die zugehörigen Graphen.

1 $f(x) = 2x$ **2** $g(x) = \frac{1}{2}x$ **3** $h(x) = 3x$ **4** $k(x) = 0{,}8x$

a) Gib jeweils die Steigung m an.

b) Ordne Graph und Funktionsgleichung begründet zu.

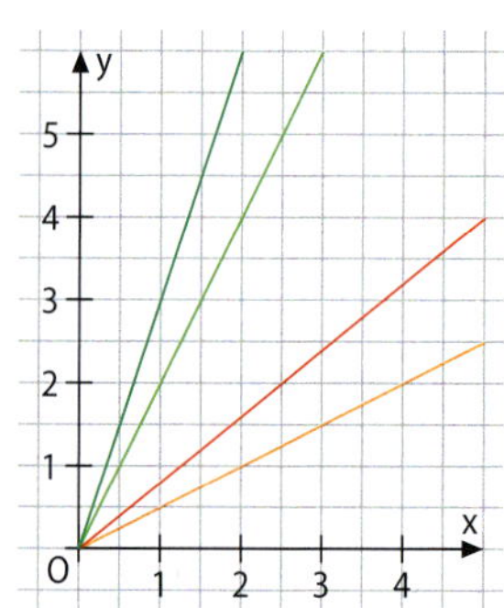

Lösung:

1 $m = 2$ **2** $m = \frac{1}{2}$ **3** $m = 3$ **4** $m = 0{,}8$

Wenn man jeweils 1 Einheit nach rechts geht, geht man m Einheiten nach oben.

4 $0{,}8 = \frac{4}{5}$
Bei Brüchen gibt der Zähler die Einheiten nach oben und der Nenner die Einheiten nach rechts an.

Nachgefragt

- Auf dem Graphen einer direkt proportionalen Funktion liegen Punkte, die jeweils zu den Koordinatenachsen den gleichen Abstand haben. Begründe, dass die Steigung dieser Funktion 1 ist.

Aufgaben

1 Bestimme mithilfe des Steigungsdreiecks die Steigung m der Geraden.

a)

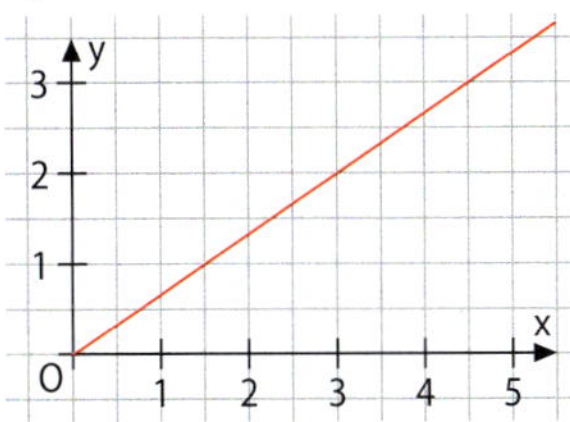

b)

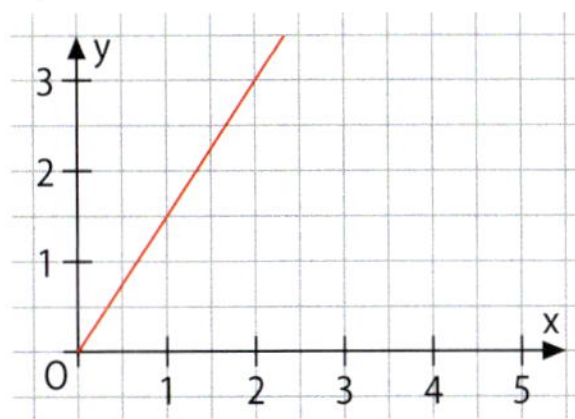

c)

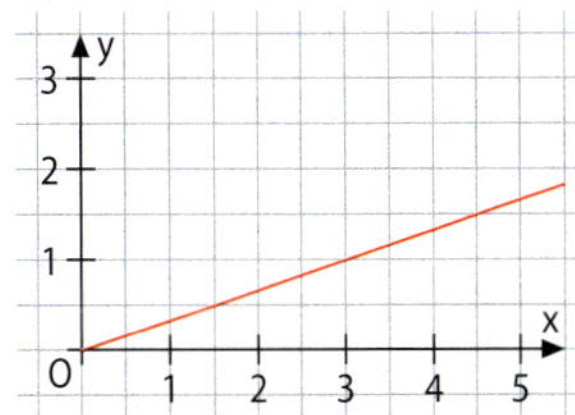

2 **Argumentieren und Begründen**

Die Abbildung zeigt den Graphen der Funktion mit $y = \frac{1}{4}x$. Dabei sind verschiedene Steigungsdreiecke eingezeichnet. Begründe die Aussage: „Bei der Steigung $m = \frac{1}{4}$ ist es einfacher, statt 1 Einheit nach rechts und $\frac{1}{4}$ Einheit nach oben lieber 4 Einheiten nach rechts und 1 Einheit nach oben zu gehen, um den Graph zu zeichnen."

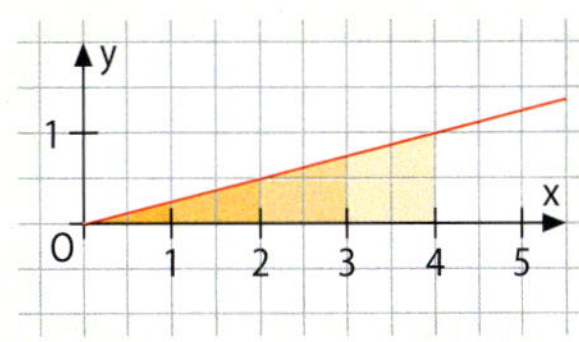

Idee:
Nutze bekannte Eigenschaften direkt proportionaler Zuordnungen (Quotientengleichheit, Beschreibung).

3 Zeichne den Funktionsgraphen mithilfe eines Steigungsdreiecks in ein Koordinatensystem.

a) $y = 5 \cdot x$ **b)** $y = \frac{1}{5} \cdot x$ **c)** $y = 0{,}6 \cdot x$ **d)** $y = x$ **e)** $y = 6 \cdot x$ **f)** $y = 0{,}75 \cdot x$

Tipp:
Brüche machen das Zeichnen einfacher.
$m = 0{,}6 = \frac{6}{10} = \frac{3}{5}$

4 Vervollständige die Wertetabelle der gegebenen Funktionsgleichung.

Beispiel: Gegeben ist die Funktion f mit $f(x) = 3 \cdot x$.

1 Berechne für $x = 2$ den zugeordneten y-Wert. Setze 2 für x ein: $f(2) = 3 \cdot 2 = 6$.

2 Berechne für $y = 9$ den zugehörigen x-Wert. Setze 9 für $f(x) = y$ ein: $9 = 3 \cdot x$. Damit ist $x = 3$.

Ist x gegeben, so kannst du y berechnen.
Ist y gegeben, so kannst du x berechnen.

a) $y = 0{,}4 \cdot x$

x	0	1		5		8
y	0		1,6		4	

b) $f(x) = 3 \cdot x$

x	0	1		5		8
f(x)	0		9		30	

Alles klar?

5 Es sind verschiedene Steigungen m gegeben.

a) Zeichne jeweils eine Ursprungsgerade mit der Steigung m in ein Koordinatensystem.

b) Gib die zugehörige Funktionsgleichung an.

c) Berechne jeweils für $x = 3$ den zugeordneten Funktionswert und für $y = 24$ den zugehörigen x-Wert.

1 $m = 1$ **2** $m = 2$ **3** $m = 0{,}8$ **4** $m = \frac{3}{4}$ **5** $m = 1{,}5$

6 Nachgefragt: Begründe für direkt proportionale Funktionen mit $m > 0$: Je größer m, desto steiler ist der Graph der Funktion.

Weiterdenken

Bisher haben wir direkt proportionale Funktionen mit positiver Steigung betrachtet.
Im Folgenden unterscheiden wir:

1 **$m > 0$**
Beispiel:
$y = 2x$

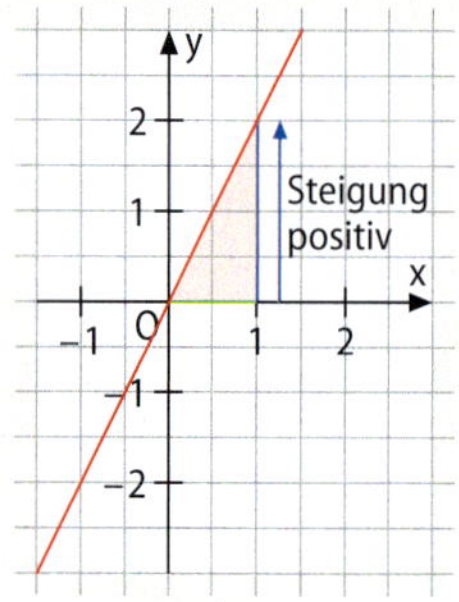

Vorgehen beim Steigungsdreieck:

$$m = \frac{\text{Einheiten nach oben}}{\text{Einheiten nach rechts}}$$

2 **$m < 0$**
Beispiel:
$y = -2x$

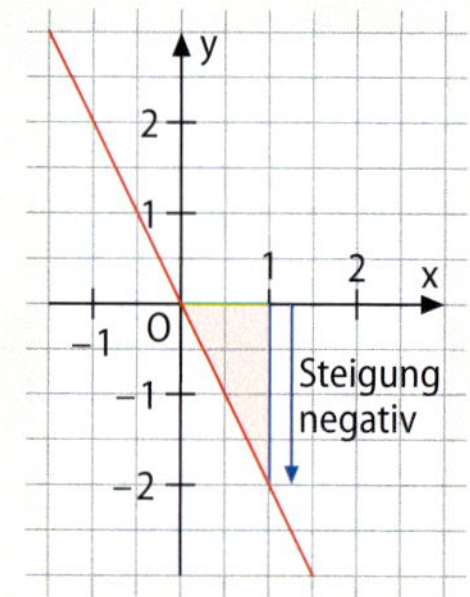

Vorgehen beim Steigungsdreieck:

$$m = \frac{\text{Einheiten nach unten}}{\text{Einheiten nach rechts}}$$

7 Untersuche, ob die Steigung der Funktion positiv oder negativ ist.

a) Der Graph der Funktion f verläuft durch den Koordinatenursprung und geht durch den Punkt $P(1\,|\,1)$.

b) Der Graph der Funktion g verläuft durch den II. und IV. Quadranten.

c) Der Graph der Funktion h verläuft durch die Punkte $A(x_A\,|\,y_A)$ und $B(x_B\,|\,y_B)$. Für die Koordinaten dieser Punkte gilt: $x_A > x_B$ und $y_A > y_B$.

8 Bestimme mithilfe des Steigungsdreiecks die Steigung. Gib eine Funktionsgleichung an.

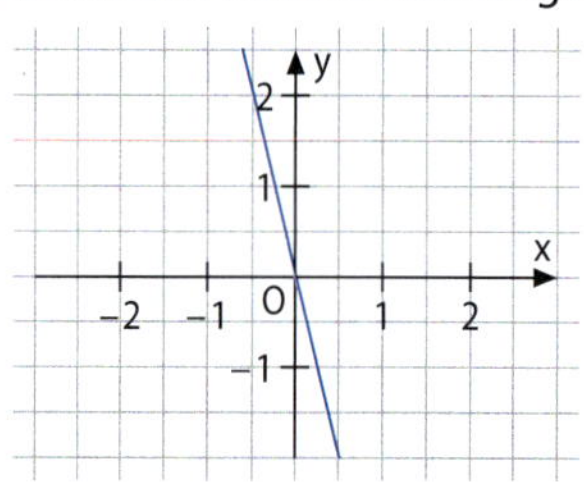

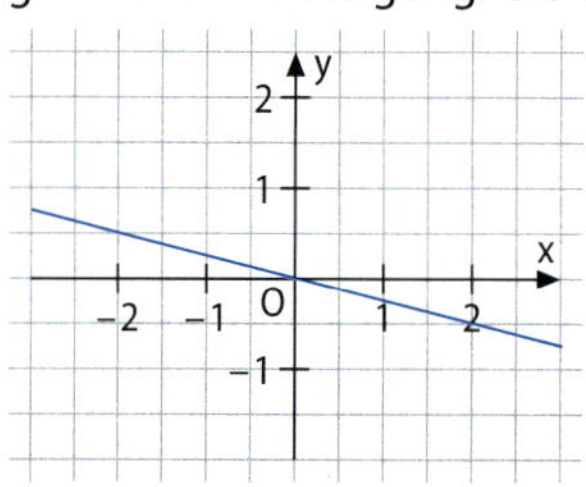

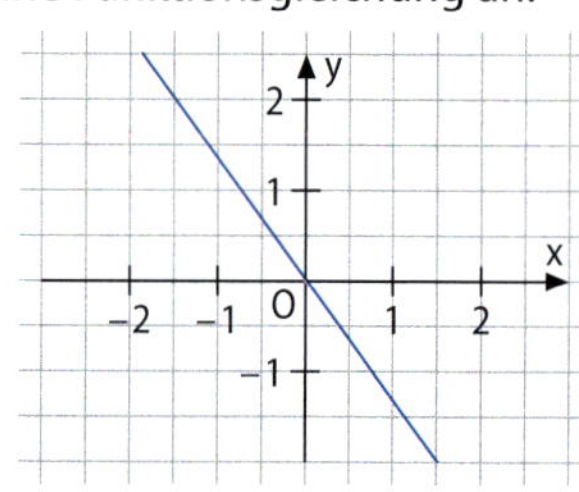

9 **Mathematik und Sprache: Fachsprache zuordnen**

Beurteile, ob es sich in den Aussagen um positive oder negative Steigungen handelt.

„Puh, geht das hier steil runter."

„Bis Weihnachten werden die Tage immer kürzer."

„Benzin wird immer teurer."

„Ganz schön anstrengender Anstieg."

„Das Becken füllt sich langsam mit Wasser."

10 Zeichne den Graphen der Funktion mithilfe eines Steigungsdreiecks in ein Koordinatensystem.

a) $y = -5 \cdot x$ **b)** $f(x) = -\frac{1}{5} \cdot x$ **c)** $y = -0{,}6 \cdot x$

d) $f\colon x \mapsto -x$ **e)** $f\colon x \mapsto -6 \cdot x$ **f)** $f(x) = -\frac{3}{4} \cdot x$

11 Gegeben sind Funktionen f, g, h und k mit

1 $f(x) = -2x$ **2** $g(x) = 0{,}3x$ **3** $h(x) = x$ **4** $k(x) = -\frac{2}{5}x.$

a) Berechne die Funktionswerte an den Stellen −4; 0,5 und $\frac{5}{2}$.

b) Ermittle zu den Funktionswerten −0,5; 1 und 6,3 die zugehörigen Argumente.

12 Auf dem Graphen der angegebenen Funktionen f, g, h und k liegen die Punkte $A(2{,}5 \mid y_A)$, $B(x_B \mid 8)$, $C(x_C \mid -2{,}5)$ und $D(0{,}01 \mid y_D)$.

1 $f(x) = 0{,}1x$ **2** $g(x) = -2{,}5x$ **3** $h(x) = 5{,}2x$ **4** $k(x) = -4{,}8x$

Berechne die fehlenden Koordinaten.

13 Der Graph der Funktion f ist eine Ursprungsgerade und geht durch den Punkt $P(-1{,}5 \mid 3{,}6)$. Entscheide, ob die folgenden Aussagen wahr sind. Begründe deine Entscheidung.

1 Die Steigung der Funktion f ist positiv.

2 Der Punkt $Q(1{,}5 \mid -3{,}6)$ liegt auf dem Graphen von f.

3 Der Graph der Funktion $g(x) = -10x$ ist für einen beliebigen x-Wert näher an der y-Achse als der Graph von f.

14 Der Punkt $A(-6 \mid -1)$ liegt auf dem Graphen der Funktion f mit $f(x) = mx$. Julia, Anna und Pavel ermitteln auf verschiedenen Wegen eine Funktionsgleichung. Beurteile ihre Lösungswege.

Julia

Im Koordinatensystem zeichne ich den Punkt A ein. Dann zeichne ich eine Gerade durch den Punkt A und den Koordinatenursprung. Wenn ich vom Koordinatenursprung 6 Einheiten nach links gehe und danach eine Einheit nach unten, kann ich die Steigung ablesen. Die Funktion f hat die Gleichung $y = -\frac{1}{6}x$.

Für x und y setzen ich die Koordinaten des Punkts A in die Gleichung $y = m \cdot x$ *ein und stelle die Gleichung nach m um. Dann setze ich den Wert für m in die Gleichung ein und erhalte* $y = \frac{1}{6}x$.

Anna

Da der Graph von f durch den Koordinatenursprung verläuft, dividiere ich die y-Koordinate durch die x-Koordinate. Damit berechne ich die Steigung $m = \frac{1}{6}$ *und die Funktion f hat somit die Gleichung* $y = \frac{1}{6}x$.

Pavel

15 Überprüfe ohne zu zeichnen, ob die Gerade, die durch die Punkte A und B verläuft, der Graph einer direkt proportionalen Funktion ist.

a) $A(-5 \mid -4)$, $B(5 \mid 4)$ **b)** $A(-3 \mid 2)$, $B(6 \mid 4)$ **c)** $A(-2 \mid 1)$, $B(4 \mid -2)$ **d)** $A(-1 \mid 5)$, $B(4 \mid 8)$

16 Die Wertetabelle gehört zu einer direkt proportionalen Funktion. Bestimme eine Funktionsgleichung.

a)

x	0	4	−2	20
y	0	−3	1,5	−15

b)

x	0	2	−2	1,5
f(x)	0	24	−24	18

Entdecken

Mithilfe eines Computerprogramms kann man den Einfluss einer Variablen n auf den Verlauf des Graphen der Funktion $f(x) = mx + n$ untersuchen. Dazu kann man einen Schieberegler verwenden.

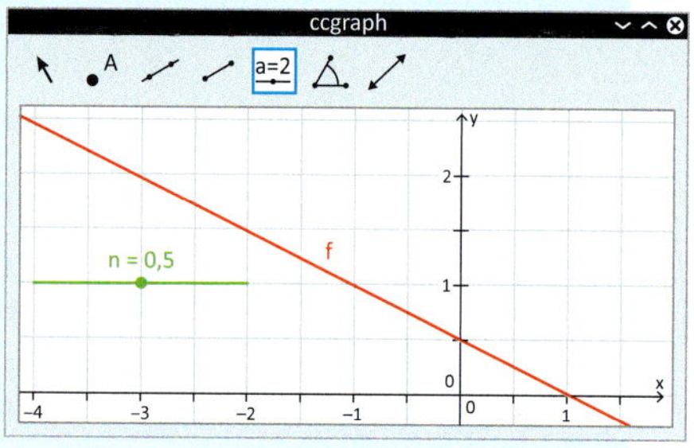

- Erstelle zunächst einen Schieberegler.
- Beschreibe den Verlauf des zugehörigen Funktionsgraphen. Nutze für den Schieberegler einen Bereich von −5 bis 5.

a) $f(x) = 0{,}5x + n$ **b)** $f(x) = -0{,}5x + n$ **c)** $f(x) = -\frac{2}{5}x + n$ **d)** $f(x) = mx + n$

Verstehen

Wir betrachten nun Funktionen, deren Graph eine Gerade ist, die aber nicht durch den Ursprung verlaufen.

Merke

Eine Funktion mit der Funktionsgleichung $\mathbf{f(x) = m \cdot x + n}$ heißt **lineare Funktion.** Ihr Graph ist eine Gerade.

- Die Zahl m ist die Steigung der Funktion: Für $m > 0$ steigt die Gerade (positive Steigung). Für $m < 0$ fällt die Gerade (negative Steigung).
- Die Zahl n heißt y-Achsenabschnitt (absolutes Glied). Sie gibt die y-Koordinate des Schnittpunkts der Geraden mit der y-Achse an.

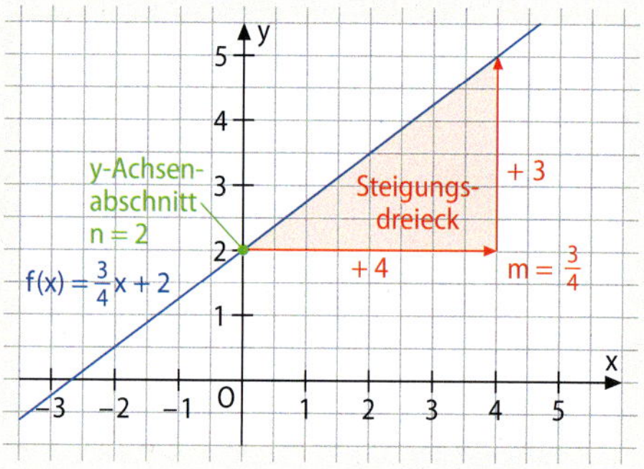

Erklärvideo

Mediencode 61238-33

Beispiele

I. Zeichne den Graphen der Funktion $f(x) = \frac{1}{4}x - 2$.

Eine Gerade ist durch zwei Punkte eindeutig festgelegt.

Lösungsmöglichkeit:

Der erste Punkt ergibt sich aus dem y-Achsenschnittpunkt: A(0 | −2).

Zeichnet man von A ausgehend das zur Steigung $\frac{1}{4}$ gehörige Steigungsdreieck, erhält man den zweiten Punkt: B(4 | −1).

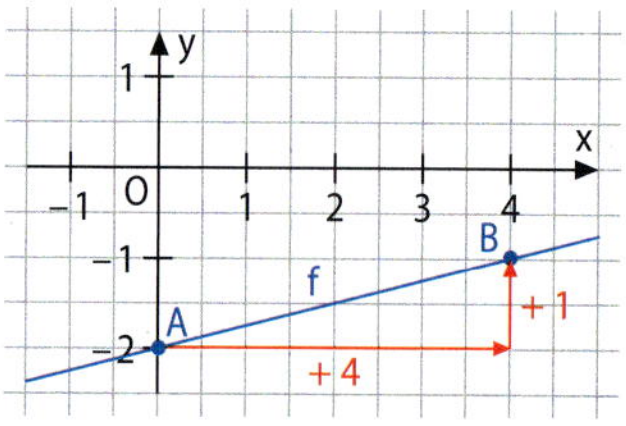

II. Beschreibe die Lage des Graphen der linearen Funktion.

a) $y = -3 \cdot x + 5$ **b)** $f(x) = \frac{3}{8} \cdot x - 2$

Lösung:

a) $m = -3$ Die Steigung ist negativ, die Gerade fällt.
$n = 5$ Die Gerade schneidet die y-Achse im Punkt $P_y(0 | 5)$.

b) $m = \frac{3}{8}$ Die Steigung ist positiv, die Gerade steigt.
$n = -2$ Die Gerade schneidet die y-Achse im Punkt $P_y(0 | -2)$.

Nachgefragt

- Leon sagt zu Lina: „Der Graph der Funktion $y = f(x) = mx + n$ hat den Schnittpunkt mit der y-Achse $P(n \mid 0)$." Stimmt das? Begründe.
- Beschreibe die Lage einer linearen Funktion im Koordinatensystem, wenn die Steigung $m = 0$ ist.
- Beschreibe die Lage der Graphen zweier linearer Funktionen mit gleicher Steigung und verschiedenen y-Achsenabschnitten zueinander.

Aufgaben

1 Beschreibe die Lage des Graphen der Funktion.

a) $y = -\frac{2}{5} \cdot x - 1$ b) $f(x) = 4 \cdot x + 2$ c) $y = \frac{7}{11} \cdot x - 18$

2 Ordne den Graphen die richtige Funktionsgleichung zu. Bestimme dazu den y-Achsenabschnitt und die Steigung.

1 $y = 2{,}5x + 1$
2 $f(x) = -2x - 2$
3 $f{:}\ x \mapsto -x + 5$
4 $y = x + 2$
5 $f(x) = 2x + 1$
6 $y = x + 5$
7 $f{:}\ x \mapsto 2x - 2$
8 $y = -3x - 1$

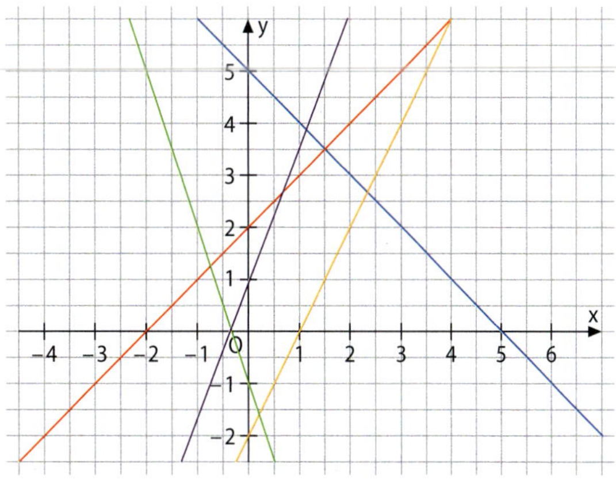

Erklärvideo
Mediencode 61238-34

Kontrolle: Addiere die Nummern der übrig gebliebenen Funktionsgleichungen. Du erhältst 13.

3 Gegeben sind die linearen Funktionen y_1, y_2, y_3 und y_4 mit folgenden Eigenschaften:

	y_1	y_2	y_3	y_4
Steigung m	3	−2	−0,5	$\frac{1}{3}$
y-Achsenabschnitt n	1	5	−2	−1

a) Zeichne die Graphen der Funktionen y_1, y_2, y_3, und y_4 in ein Koordinatensystem ein.
b) Gib jeweils eine zugehörige Funktionsgleichung an.
c) Vervollständige die Sätze zu einer wahren Aussage, indem du „steiler" bzw. „flacher" einsetzt.
1 Der Graph der Funktion y_1 ist … als der Graph von y_4.
2 Der Graph der Funktion y_2 ist … als der Graph von y_3.

Erklärvideo
Mediencode 61238-35

4 Bestimme eine Gleichung zum abgebildeten Graphen der linearen Funktion.

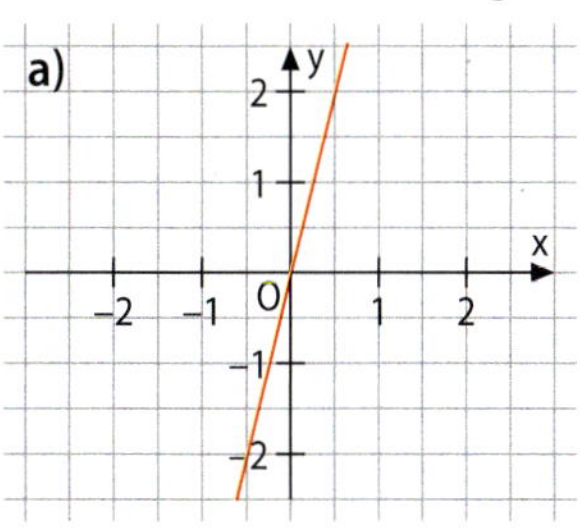

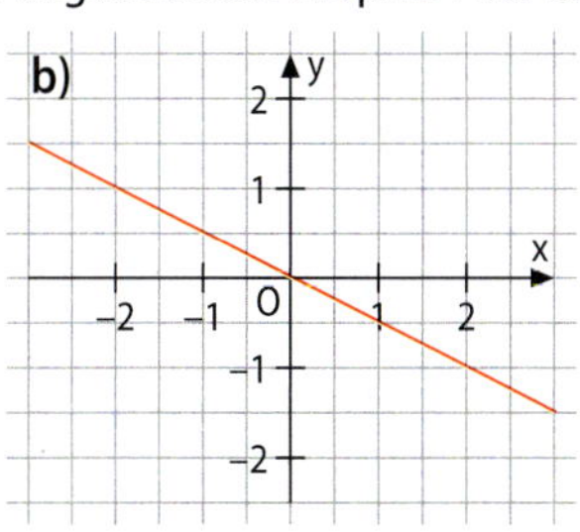

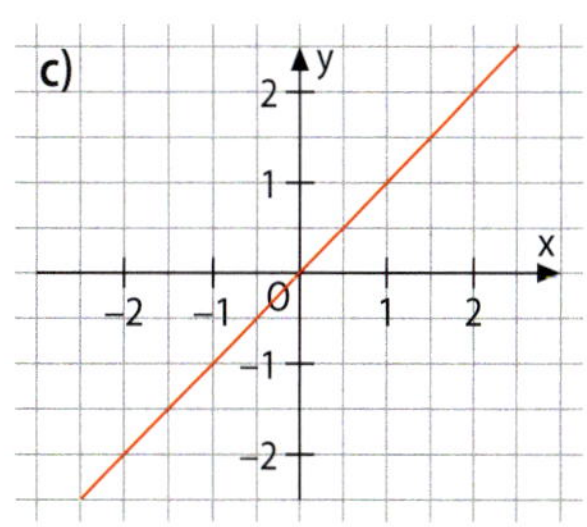

Alles klar?

Mehr Übungen:

Geogebra
Mediencode 61238-36

5 Gegeben sind vier Graphen linearer Funktionen.

a) Gib jeweils eine zugehörige Gleichung der Funktion an.

b) **Nachgefragt:** Formuliere zu den Graphen der linearen Funktionen **1** und **2** folgende Aussagen in der Form: Wenn …, dann …

1

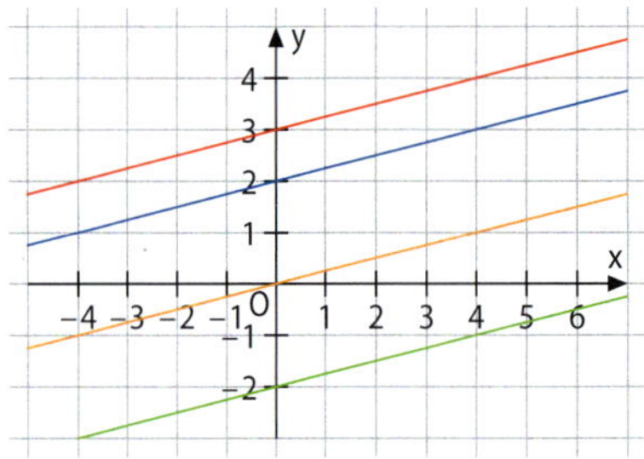

2

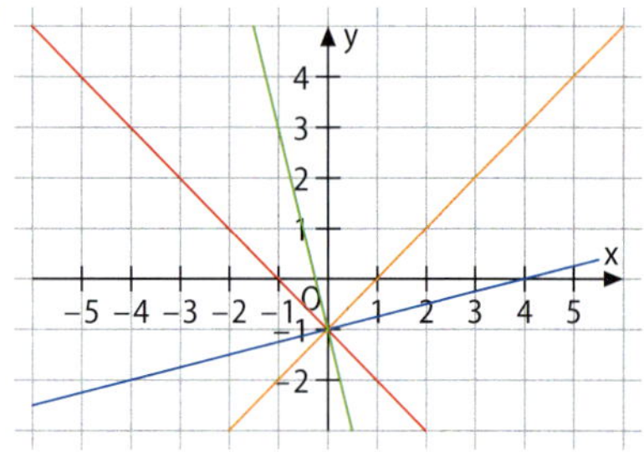

Kontrolliere die Funktionsgleichungen, indem du die zugehörigen Graphen mithilfe eines Computerprogramms erzeugst.

6 Gegeben ist die Funktion mit der Gleichung $f(x) = \frac{1}{2}x + 3$. Gib eine Gleichung für eine weitere Funktion an, deren Graph …

a) flacher als der Graph von f verläuft.

b) parallel zur x-Achse verläuft und denselben y-Achsenabschnitt wie f hat.

c) steiler als der Graph von f verläuft.

d) parallel zum Graph von f ist.

e) die y-Achse an der gleichen Stelle schneidet, aber eine andere Steigung hat.

f) als Steigung den negativen Kehrwert der Steigung von f hat.

Arbeitsblatt
Mediencode 61238-37

7 Zeichne und beschreibe jeweils den Graphen der Funktion. Nutze Millimeterpapier.

a) $y_1 = 2x$ **b)** $y_2 = -\frac{2}{7}x$ **c)** $y_3 = 2x + 3$ **d)** $y_4 = 4x - 2$

e) $y_5 = -2x - 2$ **f)** $y_6 = -x + 1$ **g)** $y_7 = 0{,}4x + 2$ **h)** $y_8 = -1{,}2x - 1{,}5$

8 Gegeben ist die Funktion $f(x) = -4x - 4$.
Übertrage die Wertetabelle in dein Heft und vervollständige sie.

x	–3	–1		0,5		3,5
f(x)			–4		–12	

9 Gegeben ist die lineare Funktion f mit $f(x) = -2x + 2$.

a) Zeichne den Graphen von f in ein Koordinatensystem.

b) Der Graph einer Funktion g mit $g(x) = mx + 2$ steht orthogonal (= senkrecht) zum Graphen der Funktion f. Ermittle zeichnerisch einen Wert für m.

c) Entscheide, ob die folgende Aussage wahr ist. Begründe Deine Entscheidung. Es gibt unendlich viele lineare Funktionen, deren Graph orthogonal zum Graphen von f steht.

d) Betrachtet werden zueinander orthogonale Graphen zweier linearer Funktionen f und g. Es gilt: $f(x) = m_1x + n_1$; $g(x) = m_2x + n_2$.
Weise die Gleichung $m_1 \cdot m_2 = -1$ anhand von selbstgewählten Beispielen nach.

e) Zeige rechnerisch, dass die Graphen der Funktionen $y_1 = -0{,}8x$ und $y_2 = \frac{5}{4}x - \frac{4}{5}$ zueinander orthogonal sind.

10 Die abgebildete Mindmap stellte den Zusammenhang zwischen Graphen linearer Funktionen und ihren Eigenschaften dar. Diese ist fehlerhaft. Benenne die Fehler und erstelle eine neue Mindmap.

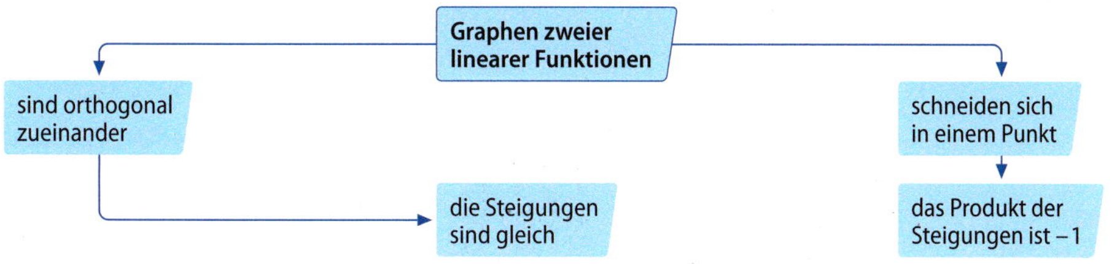

11 Der Graph der linearen Funktion f geht aus dem Graphen der Funktion g mit $g(x) = -1{,}5x - 0{,}5$ durch Verschiebung um

1 2 LE in positive y-Richtung — 2 0,5 LE in negative y-Richtung

3 4 LE in negative y-Richtung — 4 8,2 LE in positive y-Richtung

hervor. Gib eine Gleichung der Funktion f an. Beschreibe dein Vorgehen.

12 **a)** Begründe, wie sich der y-Achsenabschnitt der Gleichung einer linearen Funktion verändert, wenn ein Graph 1 nach rechts und 2 nach links verschoben wird. Unterscheide Funktionen mit positiver und negativer Steigung.

b) Bestimme mit einem Computerprogramm die Gleichung einer Funktion, wenn der Graph der Funktion 1 um 2 Einheiten nach rechts verschoben wird. 2 um 3 Einheiten nach links verschoben wird. Erkläre anschließend den Zusammenhang zwischen der Verschiebung des Graphen und der Änderung der Gleichung.

A $y = 2x$ B $y = 3x$ C $y = 1{,}5x$ D $y = -3x$ E $y = -1{,}5x$

c) Der Graph der linearen Funktion $y = 4x - 2$ wird parallel verschoben. Gib die neue Funktionsgleichung an und erkläre, wie du sie bestimmt hast. Überprüfe mit einem Computerprogramm. Der Graph wird verschoben um …

1 2 Einheiten nach rechts. — 2 3 Einheiten nach links.

13 Übersetze die mit Worten beschriebene Zuordnung in eine Funktionsgleichung und zeichne den zugehörenden Graphen. Begründe, dass es sich um eine lineare Funktion handelt.

1 Jeder Zahl wird ihre Hälfte vermindert um 1 zugeordnet.

2 Jeder Zahl wird der fünfte Teil vermehrt um 3 zugeordnet.

3 Jeder Zahl wird das negative Doppelte vermindert um 2 zugeordnet.

Umgang mit Sprache

Das Beschreiben von Graphen kann man üben:

Lege auf dem Geobrett ein Koordinatensystem fest (siehe die Beispiele rechts).

- Spanne Geraden mit verschiedenen … 1 Steigungen. 2 y-Achsenabschnitten. Lass eine Mitschülerin oder einen Mitschüler jeweils die Funktionsgleichung bestimmen.
- Gib deiner Mitschülerin oder deinem Mitschüler die Gerade durch zwei Punkte vor. Verändert nun einen dieser Punkte. Beschreibt die Veränderung des Graphen und der Funktionsgleichung.

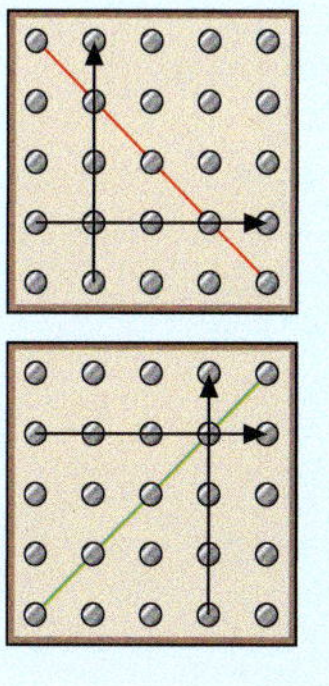

Entdecken

Für ein naturwissenschaftliches Schulprojekt haben Noah und Merle sich etwas Besonderes überlegt: Erst haben die beiden jeweils eine Kerze gegossen. Dann haben sie die Kerzen komplett abbrennen lassen und dabei die Zeit gestoppt. Anschließend stellen sie den Sachverhalt graphisch dar.

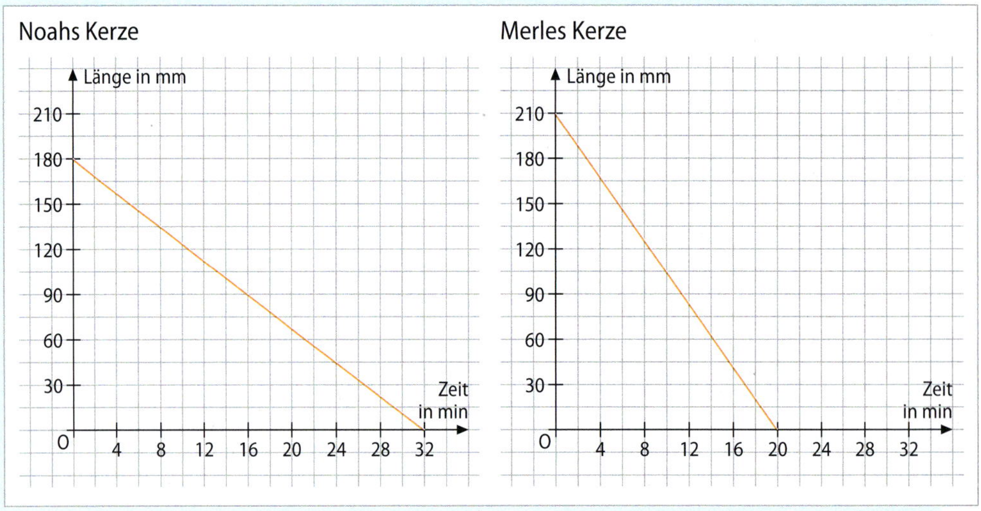

- Vergleiche mithilfe der Graphen beide Kerzen miteinander.
- Lies jeweils zwei Punkte des Graphen ab und erläutere ihre Bedeutung im Sachzusammenhang.
- Gib an, wie lange es dauerte, bis die Kerzen abgebrannt sind.
- Stelle zu jeder Kerze eine Funktionsgleichung auf. Gib hierbei an, welche Bedeutung die Parameter m (Steigung) und n (y-Achsenabschnitt) in dieser Sachsituation haben. Gib auch die abhängige und unabhängige Variable in Bezug auf die Sachsituation an.

Verstehen

Kennt man die Zusammenhänge zwischen dem Graphen und der Funktionsgleichung einer linearen Funktion, ist es häufig einfacher und genauer, gesuchte Funktionswerte zu berechnen und nicht abzulesen.

Merke

Sind vom Graphen einer linearen Funktion mit der Gleichung $y = mx + n$ zwei Punkte $P_1(x_1|y_1)$ und $P_2(x_2|y_2)$ bekannt, dann lässt sich die Steigung m mithilfe des Steigungsdreiecks berechnen:

$m = \frac{y_2 - y_1}{x_2 - x_1}$.

Der Term $\frac{y_2 - y_1}{x_2 - x_1}$ heißt **Änderungsrate.**

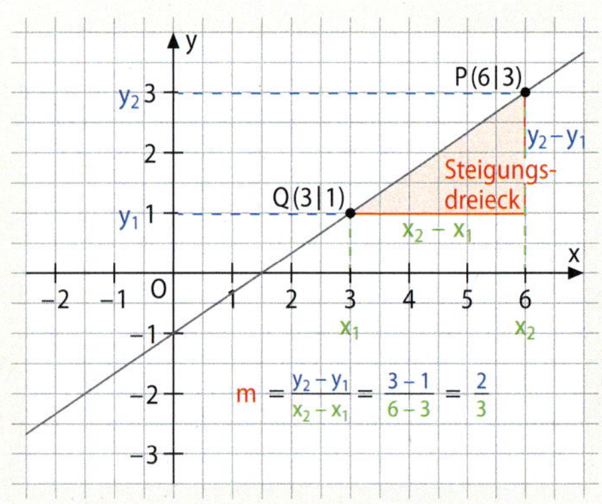

Beispiel

Gegeben sind lineare Funktionen, von denen jeweils zwei auf dem Graphen der Funktion liegende Punkte P_1 und P_2 bekannt sind. Berechne jeweils die Steigung m der linearen Funktion.

a) $P_1(-2|-4)$; $P_2(3|6)$

b) $P_1(-8|-2)$, $P_2(-1|-3)$

Lösung:

a) $m = \frac{6-(-4)}{3-(-2)} = \frac{6+4}{3+2} = \frac{10}{5} = 2$

b) $m = \frac{-3-(-2)}{-1-(-8)} = \frac{-3+2}{-1+8} = -\frac{1}{7}$

Nachgefragt

- Erläutere, wie man die Gleichung einer Geraden anhand eines bekannten Punktes P auf der Geraden und vorgegebener Steigung m ermitteln kann.
- Erkläre, bei welchen speziellen Geraden es ausreicht, die Steigung zu kennen, um die Funktionsgleichung angeben zu können.

Aufgaben

1 Berechne die Steigung der linearen Funktion, deren Graph durch P und Q verläuft.

a) $P(6|1)$ und $Q(8|4)$ **b)** $P(-2|3)$ und $Q(1|-5)$ **c)** $P(-1|-3)$ und $Q(-4|-3)$

2 Lies aus dem Koordinatensystem zwei Punkte jedes Graphen ab und berechne die Steigung m. Kontrolliere anschließend mit dem Steigungsdreieck.

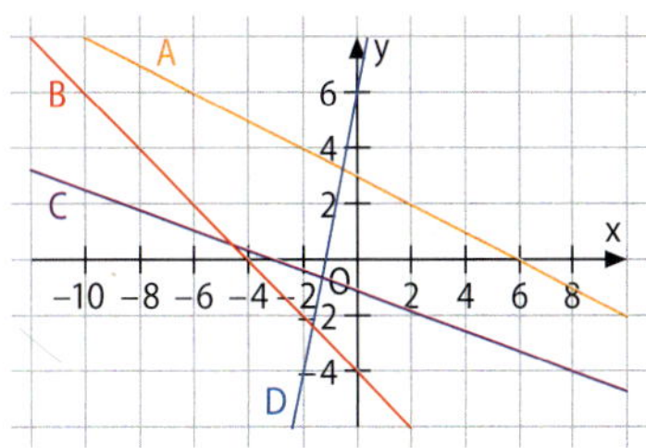

3 Berechne die Steigung der linearen Funktion, die durch die Punkte A und B gegeben ist. Kontrolliere deine Lösung mit einem Computerprogramm.

a) $A(1|2)$; $B(5|4)$ **b)** $A(-4|-3)$; $B(1|3)$ **c)** $A(2|-1)$; $B(-2|3)$

d) $A(-7{,}5|6)$; $B(-2{,}5|3)$ **e)** $A(-1|-1)$; $B(6|0)$ **f)** $A(-1{,}4|7)$; $B\left(-\frac{5}{2}\middle|-\frac{1}{2}\right)$

Alles klar?

4 Zeichne in ein Koordinatensystem (Einheit 1 cm) jeweils den Graphen der Funktion durch die Punkte U und V. Bestimme die Steigung und die zugehörige Funktionsgleichung.

a) $U(0|0)$; $V(2|1)$ **b)** $U(0|4)$; $V(1|5)$ **c)** $U(2|2)$; $V(6|2)$

d) $U(0|-1)$; $V(3|1)$ **e)** $U(0|-4)$; $V(-3|1)$ **f)** $U(0|-2{,}5)$; $V(-0{,}5|1{,}5)$

g) $U(0|-1)$; $V(2|10)$ **h)** $U(0|-1)$; $V(4|-1)$ **i)** $U(0|-1)$; $V(4|-2)$

Lösungen zu 4 (Steigungen):
-8; $-\frac{5}{3}$; $-0{,}25$; 0; 0; 0,5; $\frac{2}{3}$; 1; 5,5

5 Nachgefragt: Die Punkte $A(0{,}75|-2)$ und $B\left(-\frac{5}{4}\middle|-\frac{1}{2}\right)$ liegen auf dem Graphen einer linearen Funktion. Weise rechnerisch anhand der gegebenen Punkte nach, dass es für die Berechnung der Steigung egal ist, welcher der Punkte $P_1(x_1|y_1)$ und welcher $P_2(x_2|y_2)$ ist.

6 Der Graph einer linearen Funktion f verläuft durch die Punkte $A(-1|3)$ und B. Bestimme die Koordinaten des Punktes B so, dass gilt:

a) $m = 3$ **b)** $n = -1$ **c)** $f(x) = -x + 2$

d) f steht senkrecht zu $g(x) = -2x - 1$ **e)** f ist parallel zur x-Achse.

7 Mathematik und Sprache: Fachbegriffe verwenden

Erkläre die einzelnen Umformungsschritte in der Herleitung der Gleichung für die Änderungsrate. Benutze die nebenstehenden Begriffe.

$$y = mx + n$$
$$y_2 = mx_2 + n;\ y_1 = mx_1 + n$$
$$y_2 - y_1 = mx_2 + n - (mx_1 + n)$$
$$y_2 - y_1 = mx_2 - mx_1$$
$$y_2 - y_1 = m(x_2 - x_1)$$
$$m = \frac{y_2 - y_1}{x_2 - x_1}$$

allgemeine Funktionsgleichung | dividieren | Änderungsrate | Termumformungen | Quotient | ausklammern | Differenz | Steigungsdreieck

Weiterdenken

Ein besonderer Punkt des Graphen einer Funktion ist der Schnittpunkt mit der x-Achse.

Nullstelle x_0 = Schnittpunkt mit der x-Achse

y-Achsenabschnitt n = Schnittpunkt mit der y-Achse

Eine Stelle x_0 ist eine **Nullstelle** der Funktion f, wenn gilt $f(x_0) = 0$. Der Funktionswert an der Stelle x_0 ist null.
Die Zahl x_0 gibt die x-Koordinate des Schnittpunkts des Graphen von f mit der x-Achse an.

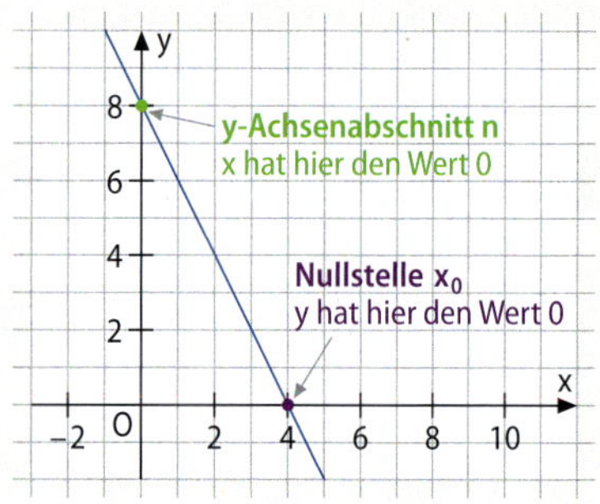

Beispiel: $f(x) = -2x + 8$

1 Setze $f(x) = y = 0$; $\quad 0 = -2x + 8 \quad | + 2x$

2 Löse nach x auf: $\quad 2x = 8 \quad | : 2$

$\quad x = 4$

Die Nullstelle der Funktion f ist $x_0 = 4$, denn $f(4) = 0$.

8 Berechne die Nullstelle der Funktionen.

a) $f(x) = \frac{3}{2}x + 2$ **b)** $y = -\frac{1}{4}x - 2$ **c)** $f(x) = -3x + 5$ **d)** $f: x \mapsto -2x - 1$

9 Überprüfe rechnerisch, ob x_0 Nullstelle der Funktion ist.

a) $f(x) = 0{,}5x - 6$; $x_0 = 3$ **b)** $g(x) = x$; $x_0 = 0$ **c)** $h(x) = -2 - 2x$; $x_0 = \frac{1}{3}$ **d)** $k(x) = \frac{x-1}{3}$; $x_0 = 1$

10 **a)** Gib eine Schrittfolge zur graphischen Bestimmung der Nullstelle der Funktion f mit $f(x) = 2x - 3$ an.

b) Ermittle die Nullstelle der linearen Funktion graphisch.

Überprüfe mit einem Computerprogramm.

1 $y = 0{,}2x - 4$ **2** $y = x - 1{,}75$ **3** $y + x = 2{,}2$ **4** $2x - 3y = 1{,}8$

11 Berechne die Nullstelle der Funktion. Überprüfe dein Ergebnis graphisch und mithilfe einer Punktprobe.

a) $f(x) = -\frac{1}{2}x + \frac{5}{2}$ **b)** $f(x) = 7x - \frac{9}{2}$ **c)** $f(x) = \frac{3}{4}x - 3$ **d)** $f(x) = -\frac{2}{5}x - \frac{7}{2}$

12 Die Abbildung zeigt die Graphen linearer Funktionen. Ermittle jeweils eine Gleichung der Funktion und bestimme die Nullstelle.

a)

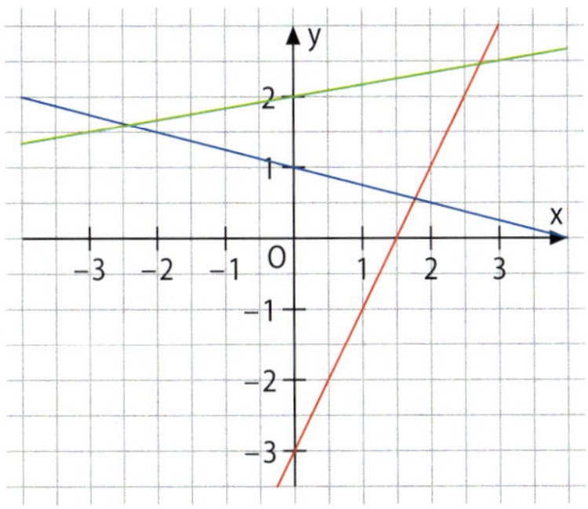

b)

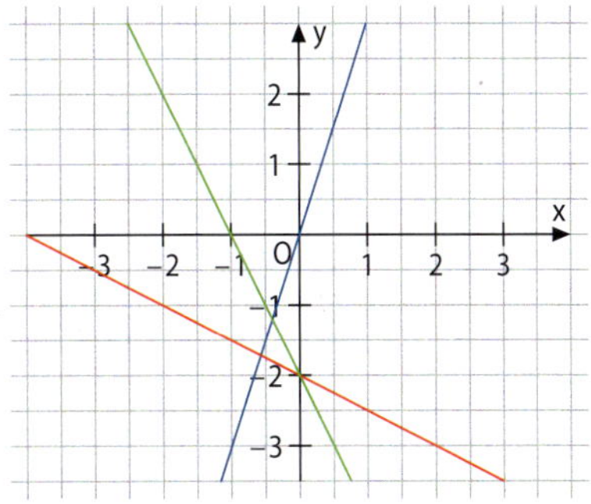

13 Gib mindestens zwei verschiedene Gleichungen einer linearen Funktion an, für die gilt:

a) $x_0 = 1$ b) Die Funktion hat keine Nullstelle. c) $x_0 = -4$ d) $x_0 = 0$

Methoden

Gleichung einer linearen Funktion durch zwei Punkte aufstellen

Der Graph einer linearen Funktion verläuft durch die Punkte $P\left(\frac{3}{4}\middle|-2\right)$ und $Q\left(-\frac{5}{4}\middle|-\frac{1}{2}\right)$. Ermittle rechnerisch eine Gleichung dieser Funktion.

Für jede lineare Funktion gilt die allgemeine Gleichung $y = mx + n$.

1 Steigung m berechnen.	$m = \frac{-\frac{1}{2} - (-2)}{-\frac{5}{4} - \frac{3}{4}} = -\frac{3}{4} \Rightarrow y = -\frac{3}{4}x + n$
2 Berechnung von n durch Einsetzen eines Punktes in die Gleichung.	Setze $P\left(\frac{3}{4}\middle|-2\right)$ ein: $-2 = -\frac{3}{4} \cdot \frac{3}{4} + n \Rightarrow n = -\frac{23}{16}$
3 Gleichung der Funktion aufstellen.	$y = -\frac{3}{4}x - \frac{23}{16}$

Du kannst durch die **Punktprobe** überprüfen, ob $Q\left(-\frac{5}{4}\middle|-\frac{1}{2}\right)$ auf dem Funktionsgraphen liegt und du somit richtig gerechnet hast.

$-\frac{1}{2} = -\frac{3}{4} \cdot \left(-\frac{5}{4}\right) - \frac{23}{16} = -\frac{8}{16} = -\frac{1}{2}$ ✓

Erklärvideo

Mediencode 61238-38

14 Auf dem Graphen einer linearen Funktion liegen die Punkte A und B. Bestimme eine Gleichung der Funktion. Überprüfe rechnerisch, ob $C\left(-\frac{1}{6}\middle|\frac{8}{5}\right)$ auf dem Graphen liegt.

a) A(−1 | −2); B(1 | 2) b) A(−4 | −3); B(1 | 3) c) A(−3 | 3,3); B(10 | −4,5)

15 Fabio hat in seiner Hausaufgabe die Gleichung einer linearen Funktion ermittelt, deren Graph durch die Punkte M(3 | −4) und N(−2 | −3) verläuft. Beurteile seinen Lösungsweg.

geg.: M(3 | −4); N(−2 | −3)
ges.: Gleichung $y = mx + n$

Lösung: $m = \frac{y_2 - y_1}{x_2 - x_1} = \frac{-4 - 3}{3 - 2} = -\frac{7}{1}$

$y = -7x + n$
$-2 = -7 \cdot (-3) + n$
$n = -23 \Rightarrow y = -7x - 23$

16 Tim hat Punktproben durchgeführt.

a) Erkläre das Vorgehen von Tim.

1

$f(x) = 1{,}5x - 8$ $P(12 | 10)$

$x = 12$; $f(12) = 1{,}5 \cdot 12 - 8 = 10$

$y = 10$

Der Punkt P gehört zum Graphen von f.

2

$f(x) = 1{,}5x - 8$ $Q(-4 | -8)$

$x = -4$; $f(-4) = 1{,}5 \cdot (-4) - 8 = -14$

$y = -14$

Der Punkt Q gehört nicht zum Graphen von f.

b) Überprüfe, welche der folgenden Punkte zum Graphen von f gehören.
P (0 | −8); Q (2 | 5); R (3 | −3,5); S (8 | 4); T (−8 | −4); U (0,5 | −7,25)

Quadranten

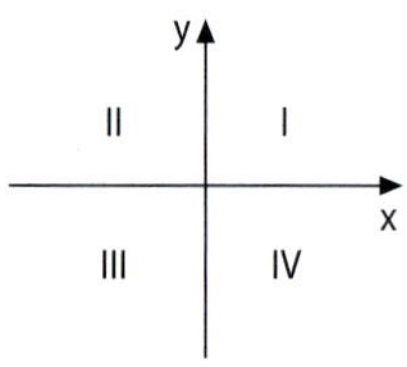

17 Der Graph einer linearen Funktion verläuft durch den Punkt P (3,5 | 0) und schließt mit den Koordinatenachsen im I. Quadranten ein Dreieck ein. Gib an, welche Steigung die Funktion haben muss, damit das Dreieck gleichschenklig ist.

18

Mathematik und Sprache: Fachbegriffe verwenden

Übertrage die drei Funktionsgraphen ins Heft und ordne die Begriffe an die richtigen Stellen im Koordinatensystem. Beschreibe anschließend die Graphen der Funktionen ausführlich mit den Fachbegriffen.

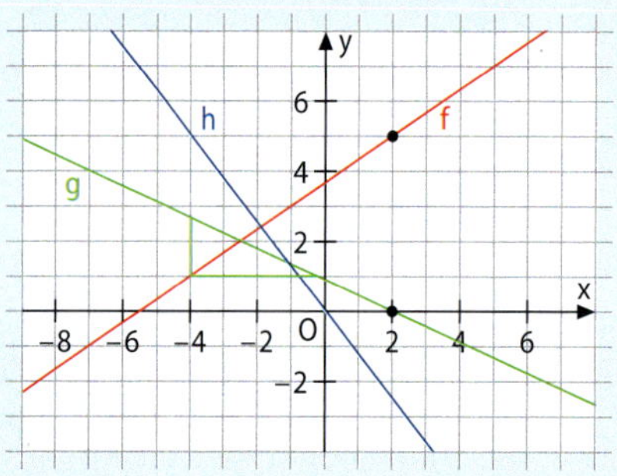

- Schnittpunkt mit der y-Achse (3-mal)
- direkt proportionale Funktion
- Nullstelle (3-mal)
- Steigungsdreieck
- positive Steigung
- Ursprung
- $P_2 (2 | 5)$
- Schnittpunkt mit der x-Achse (3-mal)
- flacher
- $P_1 (2 | 0)$
- negative Steigung (2-mal)

Wähle für die rechnerische Lösung jeweils zwei geeignete Punkte auf der Geraden.

19 Bestimme jeweils eine Gleichung der gegebenen linearen Funktionen graphisch und rechnerisch.

a)

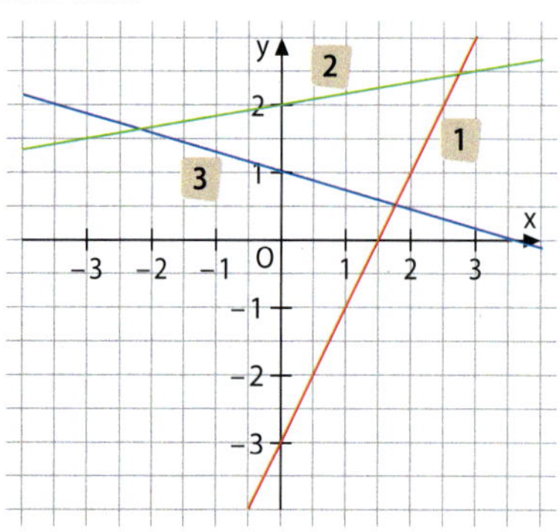

b)

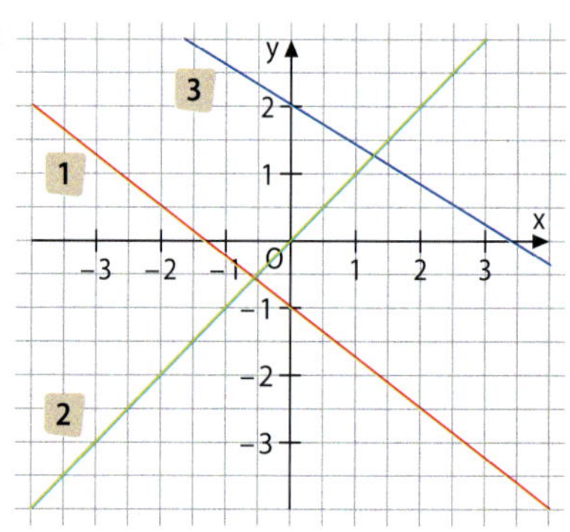

20 Ermittle die fehlenden Werte in der Tabelle.

	Funktionsgleichung	m	n	x_0	Punkte des Graphen
a)	$y = -2 \cdot x + 3$				A(−1 | y); B(x | −1)
b)		0,5			A(1 | 3); B(2 | y)
c)		0,75	−1		A(0 | y); B(x | 0)
d)			1		A(−3 | 4); B(2 | −1)
e)			$\frac{1}{2}$	$\frac{1}{3}$	A(1 | y); B(x | 5)

21 Gib die Gleichung einer linearen Funktion f an, deren Graph folgende Eigenschaften hat: Der Graph von f …

Kontrolliere mit einem geeigneten Computerprogramm.

a) geht durch P(3 | 2) und hat die Steigung $m = -5$.
b) geht durch den Punkt A(−4 | −2) und hat den y-Achsenabschnitt $n = 3$.
c) geht durch die Punkte B(−3 | −3) und C(1 | 5).
d) geht durch Q(2 | 5) und ist parallel zur Funktion f mit $f(x) = -\frac{1}{3}x + 1$.
e) hat die Nullstelle $x_0 = 2$ und den y-Achsenabschnitt $n = -3$.
f) geht durch D(0 | 3) und ist parallel zur 1. Winkelhalbierenden.

22 **a)** Bestimme eine Gleichung einer linearen Funktion für die gilt:
- die Steigung beträgt 0,25 und
- der Graph der Funktion geht durch den Punkt A(7 | 3).

b) Untersuche, ob der Punkt W(4 | 1) auf dem Graphen der Funktion $y = 0{,}5x - 1$ liegt.
c) Ermittle die fehlenden Koordinaten der Punkte S(−4 | y) und T(x | 12), die auf dem Graphen der Funktion $y = -2x - 2$ liegen.

23 Ordne jedem Kärtchen den Buchstaben der richtigen Funktionsgleichung zu.

1

x	−2	1	3
y	15	−3	−15

2 Jeder Zahl wird ihr um 3 vermindertes Sechsfaches zugeordnet.

3 Die lineare Funktion hat die Steigung −3.

4

x	−1	−3	−5
y	−3	3	9

5

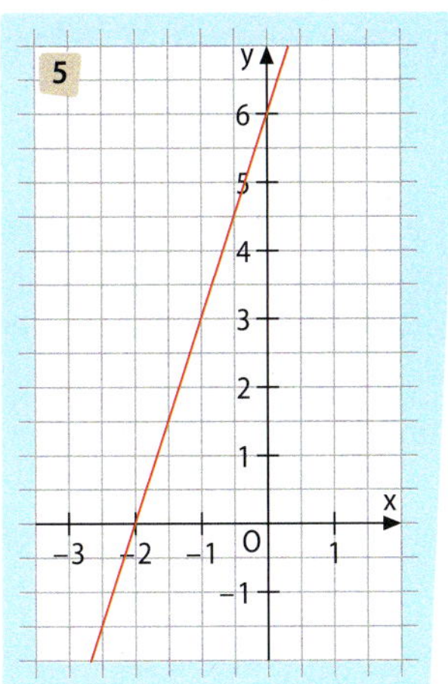

6

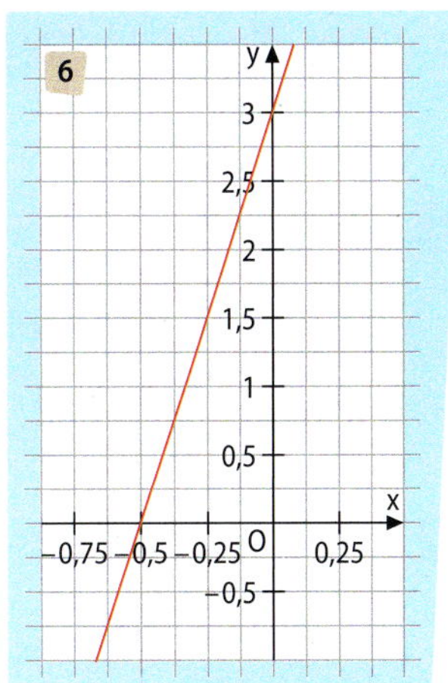

Lies deine Lösungsbuchstaben rückwärts. Du erhältst den Namen eines Mathematikers.

A $f(x) = -6x - 3$ **D** $f(x) = -6x + 3$ **E** $f(x) = 6x + 3$ **I** $f(x) = 6x - 3$
L $f(x) = -3x + 6$ **U** $f(x) = 3x + 6$ **N** $f(x) = 3x - 6$ **K** $f(x) = -3x - 6$

24 Auf dem Graphen einer linearen Funktion f(x) liegt der Punkt (0 | 2) und es gilt:
$f(1) + f(3) = 10$.
Bestimme die Nullstelle der Funktion f.

Aufgaben

Überlege dir zunächst, welche Größe fest ist (= n) und welche Größe sich ändert (= m).

1 Eine lineare Funktion kann auf verschiedene Arten dargestellt werden.

Darstellung

1 Text: Im kleinen Dörfchen Wilsa liegen seit dem Schneefall in der Nacht 30 cm Schnee. Es schneit weiter und stündlich kommen 1,5 cm Neuschnee dazu.

2 Wertetabelle:

+1 +4 +5

Zeit in Stunden	0	1	5	10
Schneehöhe in cm	30	31,5	37,5	45

+ 1,5 + 4 · 1,5 + 5 · 1,5

3 Funktionsgleichung:
$f(x) = 1{,}5 \cdot x + 30$

4 Graph:

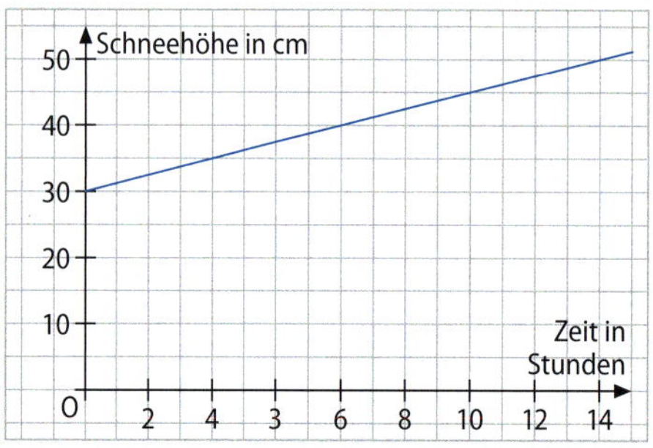

Bedeutung der einzelnen Elemente der Gleichung
$f(x) = m \cdot x + n$
x ist die Anzahl an Stunden
f(x) bzw. y ist die Schneehöhe nach x Stunden
m ist die Änderungsrate pro Stunde (= 1,5)
n ist der feste Anfangswert (= 30)
Somit ergibt sich
$f(x) = 1{,}5 \cdot x + 30$

Anwendung
Wenn ich berechnen möchte, wie hoch der Schnee nach 2 Stunden ist, setze ich $x = 2$ in die Gleichung ein:
$f(2) = 1{,}5 \cdot 2 + 30 = 33$
Nach 2 Stunden liegen 33 cm Schnee.

Ermittle aus dem folgenden Text eine passende Wertetabelle, eine Funktionsgleichung und einen Graphen. Erkläre die Variablen x und y der Funktionsgleichung im Sachverhalt.

Eine Leihwagenfirma berechnet als Pauschale 25,00 € und für jeden gefahrenen Kilometer 0,12 €.

2 Bestimme eine Funktionsgleichung und erläutere die Bedeutung der Variablen x und y im Sachverhalt. Begründe, dass es sich um eine lineare Funktion handelt.

a) Eine Schneiderin berechnet pro Stunde 38,00 € und einmalig für Knöpfe, Stoff und Garn 58,00 €.

b) Eine Kerze ist 20 cm hoch und brennt in jeder Stunde 2 cm ab.

3 Niclas möchte den Rollerführerschein machen. Dafür vergleicht er die Angebote verschiedener Fahrschulen.

	Fahrschule easy	**Hannas Fahrschule**	**Fahrschule Konrad**
Gebühr für Anmeldung und Prüfungen	447 €	378 €	492 €
Fahrstunde	35 €	40 €	30 €

a) Stelle zur Berechnung der Kosten für jede Fahrschule eine Funktionsgleichung auf.

b) Berechne die Kosten für jede Fahrschule, wenn Niclas 20 Fahrstunden benötigt.

c) Niclas hat die Fahrschule Konrad gewählt. Wie viele Fahrstunden kann er höchstens nehmen, wenn er dafür 1000 € gespart hat?

4 Ordne jeweils Funktionsgleichung, Graph, Wertetabelle und Text passend zu. Begründe.

Eine Regentonne, in der schon 10 cm Wasser stehen, füllt sich gleichmäßig bei starkem Regen um 2 cm die Stunde.

Ein Fahrradverleih nimmt eine Grundgebühr von 10,00 € und berechnet dann für jede 30 Minuten 2,00 € Leihgebühr.

Ein kaputter Spielautomat spuckt beim Gewinn direkt 10,00 € aus und dann jede 15 Minuten weitere 2,00 €.

Stunden	2	3	5	6
f (x)	26	34	50	58

Stunden	2	3	5	6
f (x)	18	22	30	34

Stunden	2	3	5	6
f (x)	14	16	20	22

$f(x) = 8 \cdot x + 10$

$f(x) = 2 \cdot x + 10$

$f(x) = 4 \cdot x + 10$

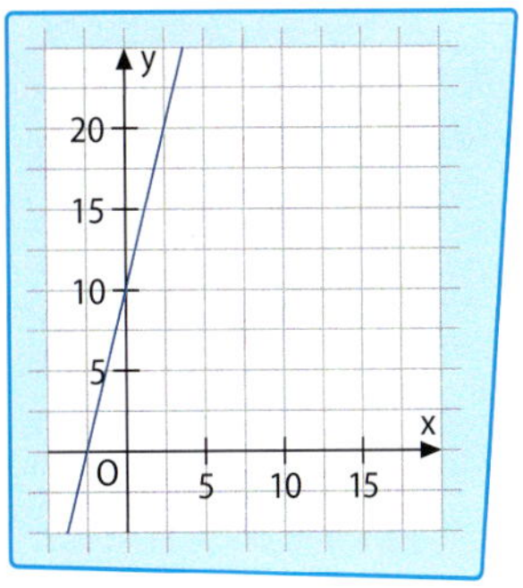

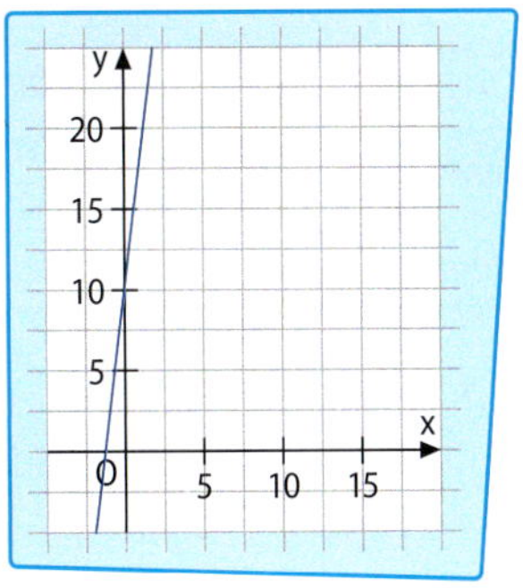

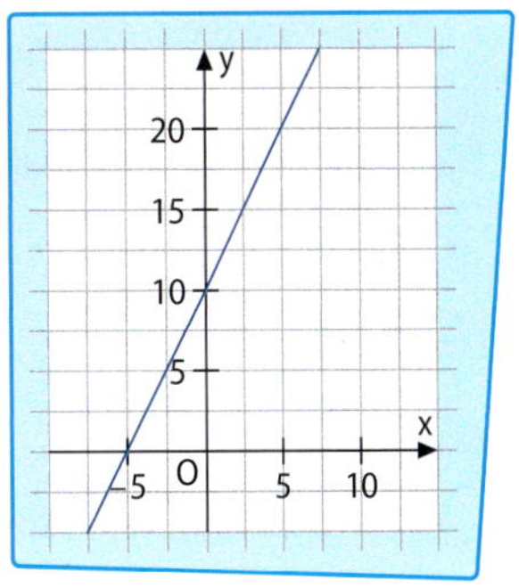

5 Ein Heißluftballon befindet sich in einer Höhe von 150 m. Er steigt um weitere 2 Meter pro Sekunde.

a) Gib eine Gleichung der linearen Funktion im Sachzusammenhang an. Erkläre die Bedeutung der verwendeten Variablen.

b) Berechne, wie hoch der Heißluftballon nach 1 Minute ist.

c) Gib an, nach welcher Zeit der Heißluftballon eine Höhe von 200 m erreicht.

d) Begründe, dass es keinen Sinn ergibt, zu berechnen, welche Höhe der Heißluftballon nach einer Stunde hat.

e) Stelle die Situation graphisch dar.

6 Die Fahrt mit einer Rolltreppe kann mit der Funktionsgleichung $y = -0{,}4x + 6{,}6$ beschrieben werden. x bezeichnet die Fahrzeit in Sekunden und y die Höhe in Metern.

a) Pia fährt mit der Rolltreppe. Berechne ihre Höhe nach 10 Sekunden.

b) Berechne, nach wie vielen Sekunden Pia eine Höhe von 3,5 m erreicht.

7 Ein Schwimmbad soll am Ende der Saison entleert werden. Insgesamt sind 900 000 ℓ Wasser im Becken. Die Abflusspumpe schafft es, in einer Stunde 5200 ℓ Wasser abzulassen.

a) Gib eine Funktionsgleichung an.

b) Berechne, wie lange es dauert, bis das Becken leer ist.

c) Gib an, wie viel Wasser nach 48 Stunden noch im Becken ist.

d) Ermittle, wie lange es dauert, bis noch 250 000 ℓ Wasser im Becken sind.

Methoden

Schrittweises Lösen von Sachaufgaben mithilfe von Gleichungen

Du kennst bereits die Methode zum schrittweisen Lösen von Sachaufgaben. Sie kann dir auch beim Aufstellen einer Gleichung helfen.

Beispiel: *Sina fährt mit ihren Eltern in den Urlaub. Sie haben ein Wohnmobil gemietet, damit sie unabhängiger sind und sich viele Orte ansehen können. Für das Wohnmobil müssen ihre Eltern eine Grundgebühr von 120,00 € bezahlen. Hinzu kommen 0,60 € für jeden gefahrenen Kilometer. Nach dem Urlaub rechnen sie aus, dass sie insgesamt 2400 km gefahren sind. Berechne den Preis, den sie für das Wohnmobil bezahlen müssen.*

Gegeben:	Grundgebühr in €: $n = 120$; Preis pro km in €: $m = 0{,}60$; gefahrene km: $x = 2400$
Gesucht:	Preis: $f(x)$
Rechnung:	Gleichung aufstellen: $f(x) = 0{,}6x + 120$ Einsetzen und lösen: $f(x) = 0{,}6 \cdot 2400 + 120$ $f(x) = 1560$
Antwort:	Sie müssen 1560 € bezahlen.

Stelle die wichtigsten Informationen übersichtlich dar.

Notiere, was berechnet werden muss.

Stelle die Rechnung übersichtlich dar. Verwende eine Skizze, wenn nötig.

Überlege, ob das Ergebnis möglich ist und notiere dann die Antwort.

8 Ein LKW hat vier Tonnen Fracht geladen, die nun entladen werden sollen. Der Gabelstapler schafft pro Minute 150 kg.

a) Gib eine Funktionsgleichung an. Interpretiere die Parameter für diese Situation.

b) Berechne, wie viel Fracht nach 15 Minuten noch auf dem LKW sind.

c) Gib an, wie lange es dauert, bis der LKW leer ist.

d) Eigentlich war für das Abladen nur eine Zeit von 15 Minuten angesetzt. Berechne, wie viel Fracht pro Minute dafür hätte entladen werden müssen.

9 Fahri und Mike suchen sich einen neuen Mobilfunkvertrag für ihr Smartphone aus. Sie können aus drei Verträgen wählen. Bei jedem der Verträge sind 2 GB monatlich kostenlos enthalten.

I. Tarif	Grundgebühr: 20,00 € im Monat.	Jeweils 2 GB kosten 4,00 €
II. Tarif	Grundgebühr: 22,00 € im Monat.	Jeweils 2 GB kosten 3,00 €
III. Tarif	Grundgebühr: 24,00 € im Monat.	Jeweils 2 GB kosten 2,00 €

Fahri verbraucht durchschnittlich 5 GB im Monat und Mike 7 GB im Monat.
Gib begründet an, für welchen Tarif sie sich entscheiden sollten.

10 Eine Sanduhr enthält 180 mm³ Sand. Die Verengung in der Mitte ist so groß, dass genau 0,3 mm³ Sand pro Sekunde durchrieseln.

a) Gib eine Funktionsgleichung für diesen Sachverhalt an.

b) Berechne, in welcher Zeit die Hälfte des Sandes durchgelaufen ist.

c) Gib an, wie lange es dauert bis die Sanduhr einmal durchgelaufen ist.

d) Ermittle, wie viel Sand nach 3 Minuten durch die Sanduhr gerieselt ist.

11 Im Haushalt lassen sich oftmals Kosten für Wasser, Strom, Gas usw. mithilfe von linearen Funktionen beschreiben.
Die graphischen Darstellungen zeigen die Wasserkosten in Abhängigkeit vom Verbrauch.

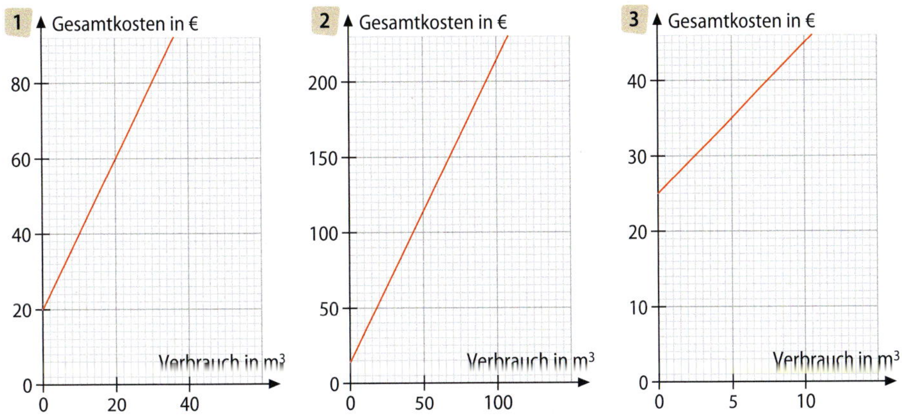

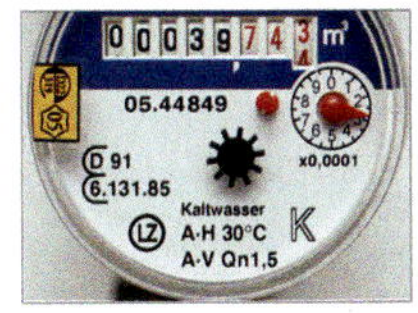

Hinweis:
$1\,m^3 = 1000\,dm^3$
$1\,dm^3 = 1\,\ell$

a) Gib den Preis für die Grundgebühr an.
b) Bestimme die Kosten für $1\,m^3$ Wasser so genau wie möglich.
c) Gib die zugehörige Funktionsgleichung an. Erkläre die Bedeutung der Parameter.
d) Bestimme die Kosten für einen Verbrauch von $70\,m^3$ ($120\,m^3$, $165\,m^3$) rechnerisch.

12 Im abgebildeten Koordinatensystem sind die Graphen dreier Tarife (rot, grün, blau) für verschiedene Campingplätze dargestellt. Die Kosten des Aufenthalts sind abhängig von der Anzahl der Übernachtungen.

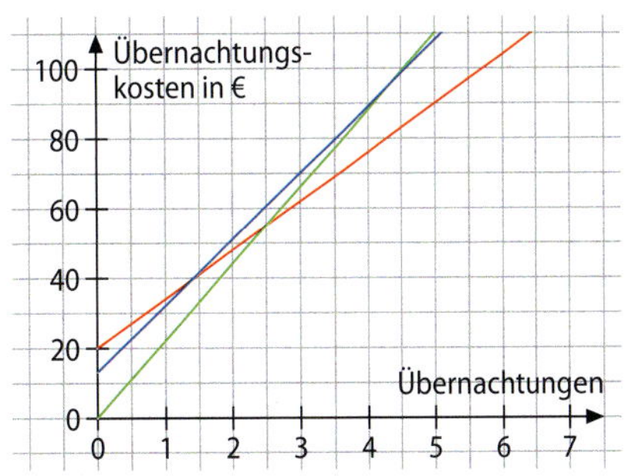

a) Gib die Grundgebühr G, d. h. die Kosten, die unabhängig von der Anzahl der Übernachtungen anfallen, für die drei Tarife an.
b) Bestimme die Kosten K pro Übernachtung, die zusätzlich zur Grundgebühr gezahlt werden müssen.
c) Ermittle für jeden Tarif die Gesamtkosten y in € in Abhängigkeit von der Anzahl der Übernachtungen x.
d) Berechne, welches Angebot bei vier Übernachtungen am preiswertesten ist.
e) Beschreibe, bei welcher Anzahl an Übernachtungen welcher Tarif am preiswertesten ist.

13 Biologen vermuten bei manchen Lurcharten einen Zusammenhang zwischen der Gesamtlänge des Lurches und der Schwanzlänge. Langjährige Beobachtungen führten zu folgender Wertetabelle.

Schwanzlänge in mm	60	90	140	80	180
Gesamtlänge in mm	400	625	1000	550	1300

a) Zeichne den Graphen, der den Zusammenhang darstellt, in ein Koordinatensystem mit beschrifteten und skalierten Achsen.
b) Weise rechnerisch mithilfe zweier Wertepaare nach, dass der Zusammenhang zwischen der Schwanzlänge und der Gesamtlänge durch eine lineare Funktion beschrieben werden kann und gib die Funktionsgleichung an.
c) Untersuche, ob andere Punkte der Tabelle die Funktionsgleichung erfüllen.

3 Trainingsrunde: Differenziert

Die folgenden Aufgaben behandeln alle Themen, die du in diesem Kapitel kennengelernt hast. Auf dieser Seite sind die Aufgaben in zwei Spalten unterteilt. Die **grünen** Aufgaben auf der linken Seite sind etwas einfacher als die **blauen** auf der rechten Seite. Entscheide bei jeder Aufgabe selbst, welche Seite du dir zutraust!

1 Auf einem Bauernhof kann man Heidelbeeren pflücken.

Pro Kilogramm Heidelbeeren zahlt man 7,95 €.

a) Vervollständige die Wertetabelle.

Masse	500 g		2,2 kg	
Preis		14,31 €		39,75 €

b) Entscheide, ob die Zuordnung eine direkt proportionale Funktion ist. Begründe deine Entscheidung.

a) Beschreibe unter Zuhilfenahme der Wertetabelle ein mögliches Angebot des Bauernhofs.

Masse	0,5 g	5,0 kg	5,5 kg	10,0 kg
Preis	4,00 €	40,00 €	39,00 €	75,00 €

b) Entscheide, ob die Zuordnung eine Funktion ist. Begründe deine Entscheidung.

2 Entscheide, ob die folgenden Zuordnungen Funktionen sind. Gib ggf. eine Funktionsgleichung an.

a)

x	y
−1	1
0	1
1	1

b)

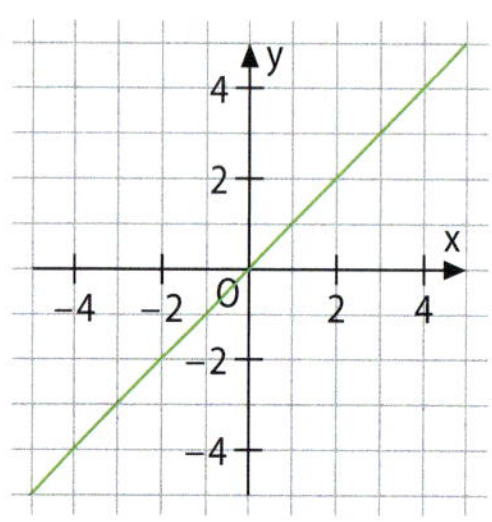

a)

x	y
−2	4
0	0
2	4

b)

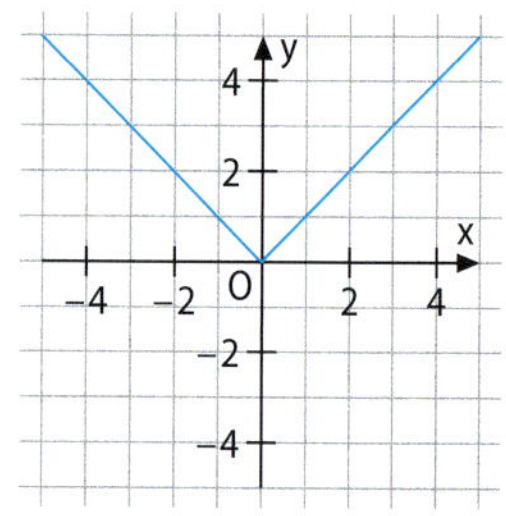

3 Gib jeweils die Steigung und den y-Achsenabschnitt an. Zeichne die Graphen der Funktionen.

a) $f(x) = -2x + 2{,}5$ b) $y = \frac{2}{3}x - \frac{3}{4}$

a) $f\colon x \mapsto 4{,}8 - 0{,}2x$ b) $3y - 4x = -12$

4

Ordne den abgebildeten Graphen I bis IV die zugehörige Funktionsgleichung zu.

$f(x) = 2x$ $g(x) = -x + 2{,}5$

$h(x) = \frac{1}{4}x - 2$ $k(x) = 2{,}5x - 5$

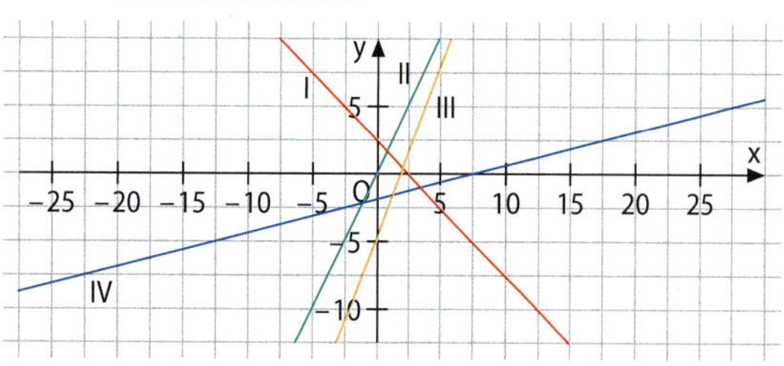

Ermittle zu den abgebildeten Graphen I bis IV die zugehörige Funktionsgleichung.

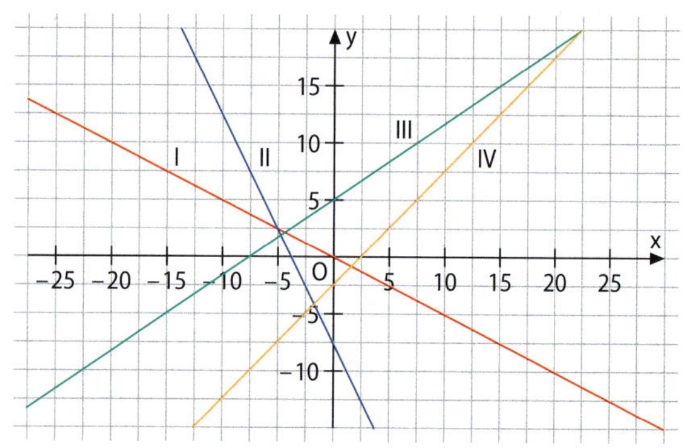

5

Berechne die Nullstelle folgender Funktionen.

a) $y = 2x + 5$ b) $f(x) = -0{,}15x - 6{,}33$

Die Nullstelle der folgenden Funktionen f mit $f(x) = mx - 2$ und g mit $g(x) = 3x + n$ ist jeweils $x_0 = -2$. Entscheide ohne Rechnung, ob gilt: $m > 0$ und $n > 0$. Begründe deine Entscheidung.

6 Gegeben ist die lineare Funktion f mit $f(x) = -\frac{2}{3}x + \frac{3}{2}$.

Überprüfe, ob Punkte $A(-3\,|\,-0{,}5)$, $B(6\,|\,-2{,}5)$ und $C\left(-\frac{3}{2}\,\middle|\,\frac{5}{2}\right)$ auf dem Graphen von f liegen.

Die Punkte $P\left(\frac{3}{2}\,\middle|\,y_P\right)$ und $Q(x_Q\,|\,2{,}3)$ liegen auf dem Graphen von f. Berechne die fehlenden Koordinaten.

7 Der Graph der Funktion f verläuft durch die Punkt R und S. Ermittle rechnerisch eine Gleichung der Funktion.

a) $R(0\,|\,0)$, $S(2\,|\,4)$
b) $R(-1\,|\,4)$, $S(0\,|\,-2)$

a) $R(-0{,}5\,|\,-4{,}9)$, $S(-8{,}5\,|\,-0{,}1)$
b) $R(1{,}2\,|\,-7{,}4)$, $S(-0{,}8\,|\,-16{,}4)$

8 Bestimme eine Gleichung der Funktion f, die folgende Bedingungen erfüllt.

a) Der Graph von f schneidet die y-Achse im Punkt $(0\,|\,-2)$ und hat die Steigung 4.
b) Der Graph von f verläuft parallel zur Geraden $y = x$ und schneidet die x-Achse im Punkt $(-2\,|\,0)$.

a) Der Graph von f steht im Punkt $(-2\,|\,4{,}5)$ senkrecht auf den Graphen der Funktion g mit $g(x) = -0{,}25x + 4$.
b) Der Graph von f geht aus dem Graphen von g mit $g(x) = 1{,}5x - 1{,}5$ durch Verschiebung in negative y-Richtung um 2 LE hervor.

9 Entscheide ohne Rechnung, ob die folgenden Aussagen wahr sind. Begründe deine Entscheidung.

a) Der Graph der Funktion $f(x) = 3x$ bildet mit den Koordinatenachsen im II. Quadranten ein Dreieck.
b) Die Geraden $y = 0{,}2x - 1$ und $y = 0{,}2x$ haben einen Abstand von 1 LE.

a) Die Graphen der Funktionen $f(x) = 0{,}5x + 1$ und $g(x) = -0{,}5x + 1$ bilden mit der x-Achse ein gleichschenkliges Dreieck.
b) Die y-Achse, die senkrechte Gerade $x = 1$ und zwei zueinander parallel verlaufende Graphen linearer Funktionen bilden ein Parallelogramm.

10 In Berlin gibt es verschiedene Fahrradverleih-Anbieter.

Familie Demir möchte sich zwei Fahrräder und einen Kindersitz ausleihen.

a) Berechne die Ausleihgebühr für 5 Tage bei beiden Anbietern.
b) Familie Demir möchte maximal 140 € ausgeben. Berechne die Dauer der Ausleihe für jeden Anbieter.

a) Gib für jeden Fahrradverleih Anbieter eine Gleichung zur Berechnung der Ausleihgebühr an.
b) Ermittle, ab wie vielen Tagen die Ausleihe bei BBB für Familie Demir günstiger ist.

11 Die Steigung lässt sich auch in Prozent ausdrücken. Hierbei wird m mit 100 multipliziert; eine Steigung von 0,5 entspricht also 50 %.

Das abgebildete Verkehrsschild steht an einer Straße. Gib die Steigung, die ein Rollstuhl überwinden muss, als Dezimalzahl an.

Die steilste Straße der Welt ist in Neuseeland. Diese nimmt auf 250 m in waagerechter Richtung etwa 88 m an Höhe zu. Berechne die Steigung der Straße in Prozent.

1 Gib an, ob die Zuordnung eindeutig ist.
Begründe mit Beispielen.

1. *Tag ↦ Höchsttemperatur in °C*
2. *Höchsttemperatur in °C ↦ Tag*
3. *Tankinhalt ↦ Kilometerleistung*
4. *Masse in g ↦ Preis in €*
5. *Person ↦ Körpergewicht in kg*
6. *Körpergewicht in kg ↦ Person*

2 Gib für die blauen und grünen Graphen jeweils eine Funktionsgleichung an.

a)

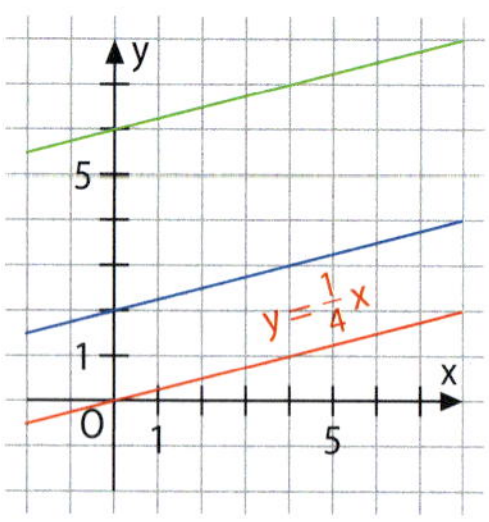

b)

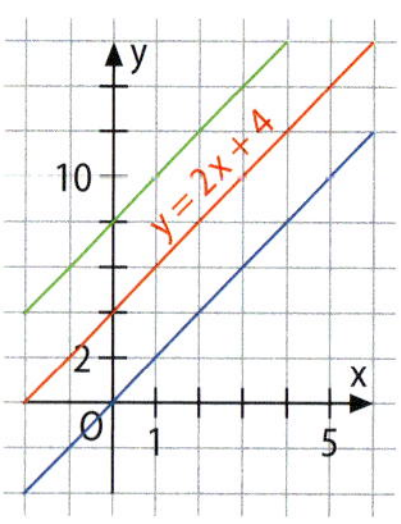

3

1

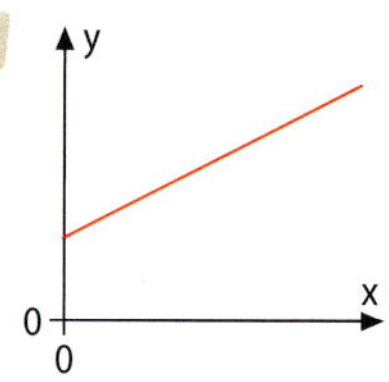

2

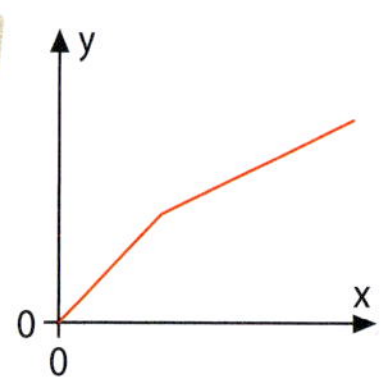

3

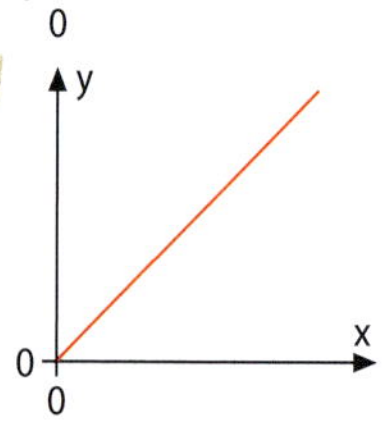

4

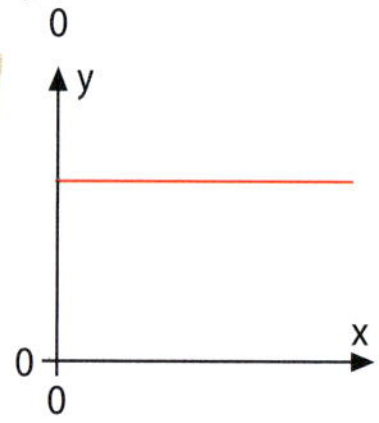

a) Entscheide, welcher Graph zu einer linearen Funktion gehört. Begründe deine Entscheidung.

b) Gib zu jedem Graphen einen passenden Sachverhalt an. Stelle ihn in deiner Klasse vor.

4 Zeichne den Graphen der Funktion.

a) $y = 2x + 1$ **b)** $y = x + 4$

c) $f(x) = 2 - 2{,}5x$ **d)** $f: x \mapsto \frac{2}{3}x - 1$

5 Gegeben ist die lineare Funktion f mit $y = -2x - 2$.

a) Zeichne den Graphen der Funktion. Gib die Steigung m und den y-Achsenabschnitt n an.

b) Berechne die Nullstelle.

c) Weise nach, dass der Punkt $P(-3\,|\,4)$ auf dem Graphen der Funktion liegt.

d) Bestimme den Funktionswert für $x = 3$.

e) Der Graph einer weiteren Funktion g soll parallel zum Graphen der Funktion f verlaufen. Gib eine Funktionsgleichung von g an.

f) Der Graph einer weiteren Funktion h soll senkrecht zum Graphen der Funktion f stehen und diesen im Punkt $R(1\,|\,y)$ schneiden. Ermittle die Funktionsgleichung von h.

g) Der Graph einer weiteren Funktion k soll den Graphen der Funktion f in $P(6\,|\,14)$ schneiden und durch den Punkt $Q(8\,|\,0)$ verlaufen. Ermittle die Funktionsgleichung von k.

6 Gegeben sind die Graphen der linearen Funktionen f, g und h.

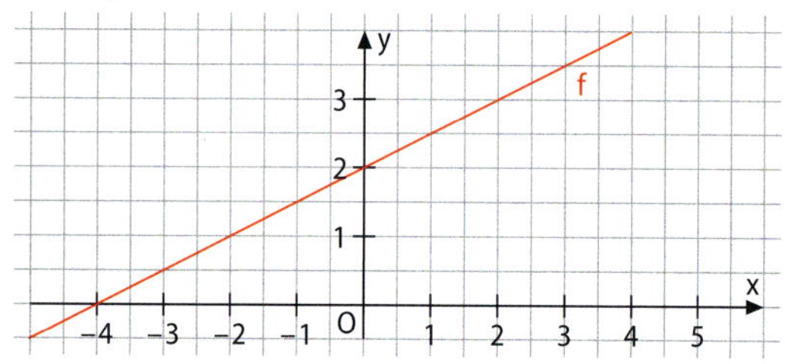

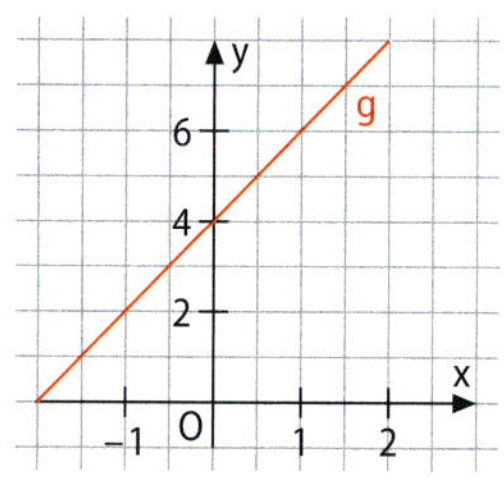

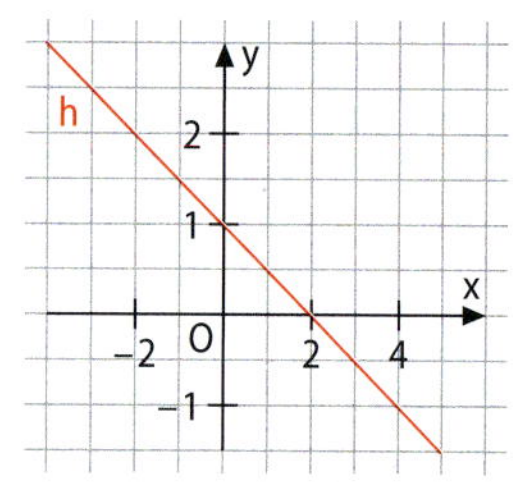

a) Bestimme jeweils eine Funktionsgleichung für f, g und h.

b) Berechne die Nullstellen der Funktionen.

c) Der Graph der Funktion k entsteht aus dem Graphen von f, g bzw. h, indem er …

1. entlang der y-Achse um eine Einheit nach unten verschoben wird.
2. entlang der y-Achse um drei Einheiten nach oben verschoben wird.
3. entlang der x-Achse um zwei Einheiten nach rechts verschoben wird.
4. entlang der x-Achse um eine Einheit nach links verschoben wird.
5. an der x-Achse gespiegelt wird.
6. an der y-Achse gespiegelt wird.

Zeichne jeweils den Graphen der Funktion k in ein Koordinatensystem und bestimme eine zugehörige Gleichung.

7 Die Graphen der linearen Funktionen f_1 und f_2 schneiden sich im Punkt $P(0|4)$.
Der Graph von f_1 hat die Steigung 2 und der Graph von f_2 die Steigung $-\frac{1}{2}$.

a) Gib die Funktionsgleichungen von f_1 und f_2 an.
b) Beschreibe die Lage der beiden Graphen zueinander.
c) Berechne die Nullstellen der Funktionen.

8 Herr Förster leiht sich für seinen Garten eine Heckenschere aus.

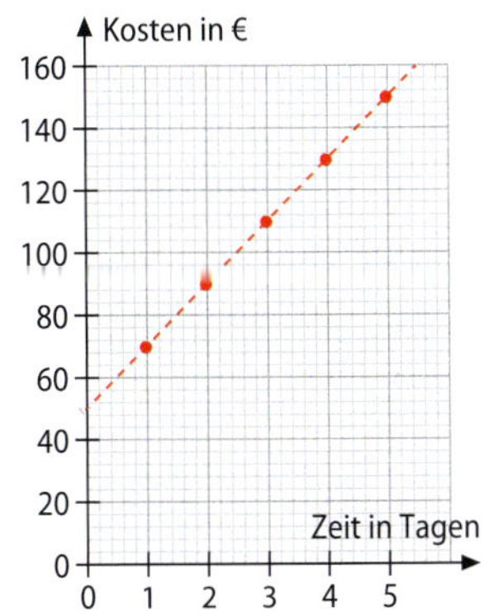

a) Beschreibe die Abbildung im Sachkontext.
b) Gib an, wie hoch die Grundgebühr ist.
c) Gib eine Funktionsgleichung an.
d) Bestimme die Kosten für eine Ausleihdauer von 8 Tagen.

9 Beim Beladen eines Lkws mit Sand darf ein zulässiges Gesamtgewicht nicht überschritten werden. Dieses setzt sich aus dem Leergewicht des Lkws zusammen sowie dem Gewicht der Ladung. Ein Lkw hat ein Leergewicht von 21,7 t. Man weiß aus Erfahrung, dass der Sand in einer Baggerschaufel etwa 1,5 t wiegt.

a) Gib an, welches Gewicht beim Beladen eines Lkws der Steigung m und welches einem festen Wert n entspricht. Begründe deine Angabe.
b) Gib eine Funktionsgleichung an, mit der man für jede Baggerschaufel Sand das Gesamtgewicht des Lkws bestimmen kann. Zeichne den zugehörigen Graphen.
c) Bestimme rechnerisch und graphisch, mit wie vielen Baggerschaufeln der Lkw beladen werden kann, bis ein Gesamtgewicht von 40 t (55 t) erreicht ist.

10 Die Graphen zeigen zwei Angebote für Mietwagen. Dabei werden neben einer Mietgebühr noch Abnutzungskosten pro gefahrenem Kilometer berechnet. Lies so genau wie möglich ab.

1

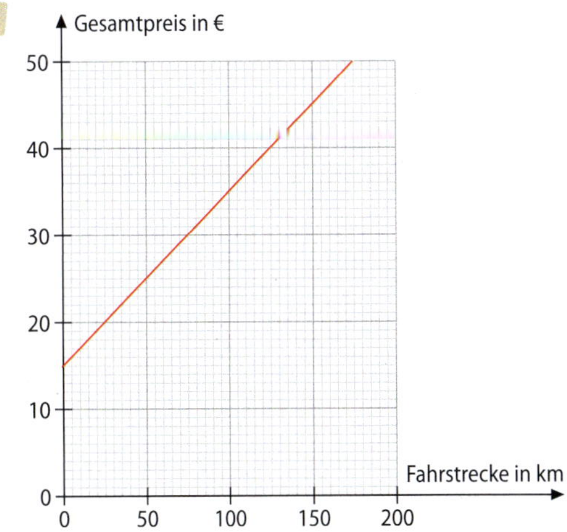

2

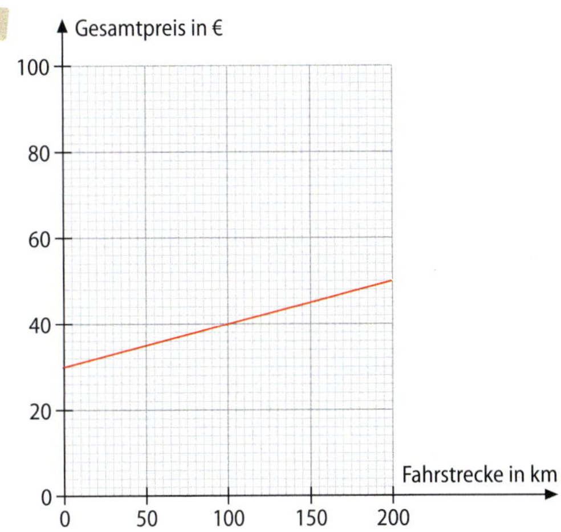

a) Ermittle die Gesamtkosten für eine Fahrstrecke von 50 km (100 km, 120 km, 175 km).
b) Gib an, wie viele Kilometer jemand gefahren ist, der 30 € (50 €) bezahlen muss.
c) Gib eine Funktionsgleichung an. Erkläre die Bedeutung der Parameter.
d) Beschreibe, für welche Fahrstrecken sich welches Angebot eignet.

11 Gib für das Schiff und das Segel Funktionsgleichungen an.
Beispiel: $f_1(x) = -x$ für $0 \leq x \leq 2$
Gib an, welche der benötigten Geraden keine Funktion ist.

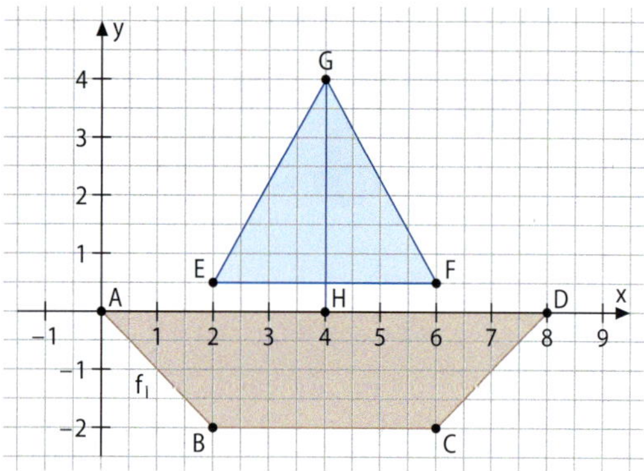

12 In einem Tierpark zeigt ein Schild am Eingang die geltenden Eintrittspreise.

Einzelpreise

Erwachsene	22,50 €
Kinder	11,00 €

Gruppen ab 20 Personen

Erwachsene	21,50 €
Kinder	10,00 €

Anzahl	1	5	10	15
Gesamtpreis bei … Kindern				
Gesamtpreis bei … Erwachsenen				

Anzahl	20	50
Gesamtpreis bei … Kindern		
Gesamtpreis bei … Erwachsenen		

a) Übertrage die Tabelle in dein Heft und ergänze sie.
b) Stelle den Sachverhalt für Schüler und Erwachsene jeweils graphisch dar. Beschreibe den Verlauf der Graphen.
c) Erläutere, ob die Zuordnungen
1 direkt proportional; 2 linear sind.
Begründe deine Antwort.
d) Gib mithilfe des Funktionsgraphen an, wie viel eine Gruppe aus 80 Kindern sowie 10 Erwachsenen bezahlen müsste.

13 Beschreibe durch lineare Funktionen.
a) Jeder Zahl wird ihr zehnter Teil zugeordnet.
b) Die Parallele zu f mit $f(x) = -2x + 5$ durch $K(3\,|\,-2)$.
c) Zum Doppelten einer Zahl wird 3 addiert.
d) Eine Gerade mit Nullstelle $-1{,}5$ und Steigung $\frac{2}{3}$.

14 Familie Kim baut ein neues Haus und hat den Handwerker Meier engagiert. Sein Angebot überzeugte: Pro Tag eine Anfahrtspauschale von 75,00 € und für jede Arbeitsstunde 44,00 €. Nun hat er vier Rechnungen geschickt. Entscheide, ob diese stimmen.

RECHNUNG 101
7 Arbeitsstunden
Material: 350,00 €
Gesamt: 733,00 €

RECHNUNG 102
6 Arbeitsstunden
Material: 488,00 €
Gesamt: 872,00 €

RECHNUNG 103
9 Arbeitsstunden
Material: 1050,00 €
Gesamt: 1565,00 €

RECHNUNG 104
8,5 Arbeitsstunden
Material: 858,30 €
Gesamt: 1307,30 €

15 Alle Punkte auf dem Graphen der Funktion f haben die gleiche y-Koordinate. Entscheide, ob die folgenden Aussagen wahr sind. Begründe deine Entscheidung.

1 Die Funktion f hat keine Nullstellen.

2 Die Funktion f hat genau eine Nullstelle.

3 Die Funktion f hat unendlich viele Nullstellen.

4 Es gilt: $m = 0$.

16 Auf dem Graphen einer linearen Funktion liegen die Punkte A und B. Bestimme eine Gleichung der Funktion. Überprüfe rechnerisch, ob $C\left(\frac{1}{7}\,\middle|\,-\frac{3}{7}\right)$ auf dem Graphen der Funktion liegt.
a) $A(-2\,|\,-9)$; $B(1\,|\,3)$
b) $A(-6\,|\,-4)$; $B(0\,|\,2)$
c) $A(1\,|\,-3)$; $B\left(\frac{5}{3}\,\middle|\,-5\right)$
d) $A(-1\,|\,-7{,}5)$; $B(2\,|\,0)$
e) $A\left(-3\,\middle|\,-\frac{6}{14}\right)$; $B\left(1\,\middle|\,-\frac{3}{7}\right)$
f) Ermittle jeweils rechnerisch die Nullstelle der Funktionen aus a) bis e).

17 Entscheide mithilfe einer Rechnung, ob die Aussage wahr ist.

a) Die Gerade durch die Punkte A(8|6) und B(12|9) verläuft parallel zur Geraden durch die Punkte C(2|8) und D(−2|5).

b) Die Punkte S(−1|−7), T(2|2) und V(3|6) sind Eckpunkte eines Dreiecks.

c) Die Graphen der Funktionen f und g mit $f(x) = -0{,}4x + 4$ und $g(x) = -2x + 20$ schneiden die x-Achse in einem Punkt.

18 Die linearen Funktionen $y_1 = 3x - 2$; $y_2 = -0{,}5x + 1$, $y_3 = 3x$ und $y_4 = -0{,}5x - 3$ bilden im Koordinatensystem ein Viereck.

a) Begründe, möglichst ohne die Graphen zu zeichnen, dass das entstehende Viereck ein Parallelogramm, aber kein Rechteck ist.

b) Zeichne die Geraden in ein Koordinatensystem ein und überprüfe deine Begründung aus a).

19 Gegeben ist die Funktion f durch $y = -\frac{5}{6}x - 2$.

a) Stelle diese Funktion f graphisch dar.

b) Das Spiegelbild von f an der x-Achse heißt g, das an der y-Achse h. Bestimme die Funktionsgleichungen von g und h und beschreibe die Lagebeziehung der beiden Graphen.

c) Der Graph einer linearen Funktion mit der Gleichung $y = mx + n$ wurde an der x-Achse (y-Achse) gespiegelt. Gib eine allgemeine Funktionsgleichung des gespiegelten Graphen an.

20 Katharina fährt um 10:00 Uhr mit dem Fahrrad von Strausberg zum 15 km entfernten Prötzel mit einer Durchschnittsgeschwindigkeit von etwa $12\,\frac{\text{km}}{\text{h}}$. Elias fährt erst um 10:15 Uhr mit seinem E-Scooter mit einer Durchschnittsgeschwindigkeit von etwa $18\,\frac{\text{km}}{\text{h}}$ los. Ermittle rechnerisch, um wie viel Uhr Elias Katharina eingeholt hat und wie viele Kilometer sie noch bis Prötzel fahren.

21

Nico und Florian arbeiten als Kurierfahrer in einer Logistikfirma und beziehen das gleiche monatliche Grundgehalt. Zurzeit müssen beide viele Überstunden leisten. Am Monatsende vergleichen beide ihre Gehaltsabrechnung. Der Bruttolohn von Nico beträgt 2700 €, der von Florian 2100 €. Nico hat im laufenden Monat 24 Überstunden gemacht, Florian dagegen nur 13 Überstunden. Berechne das Grundgehalt und die Überstundenpauschale.

22 Gegeben sind die Punkte A(−7|−1), B(−5|−0,6), C(−5,4|1,4).

a) Zeige rechnerisch, dass die Punkte A und B auf dem Graphen der Funktion f mit $f(x) = 0{,}2x + 0{,}4$ liegen.

b) Der Graph der Funktion g verläuft durch den Punkt B und steht senkrecht auf dem Graphen der Funktion f. Ermittle eine Gleichung der Funktion g.

c) Der Punkt D liegt sowohl auf einer Geraden mit der Gleichung $y = -5x - 36$, als auch auf einer Geraden mit der Steigung $m = \frac{1}{5}$, die durch Punkt C verläuft. Beurteile die folgende Aussage: Die Punkte A, B, C und D sind Eckpunkte eines Rechtecks.

d) Durch die Punkte A und C verläuft der Graph der Funktion m mit $m(x) = 1{,}5x + 9{,}5$. Der Graph der Funktion n durch die Punkte B und D hat die Steigung $-\frac{2}{3}$. Begründe, dass das Viereck ABCD sogar ein Quadrat ist.

e) Die Punkte A, B, $C^*(-4{,}6|-2{,}6)$ und D^* sind Eckpunkte eines weiteren Quadrats. Ermittle die Koordinaten des Punktes D^*.

Aufgaben zur Einzelarbeit

Das kann ich!	Das kann ich fast!	Das kann ich noch nicht!

1 **Teste dich!** Bearbeite dazu die folgenden Aufgaben und bewerte die Lösungen mit einem Smiley.

2 Hinweise zum Nacharbeiten findest du auf der folgenden Seite, die Lösungen findest du im Anhang.

1 Entscheide, ob es sich um Graphen von Funktionen handelt. Begründe deine Entscheidung.

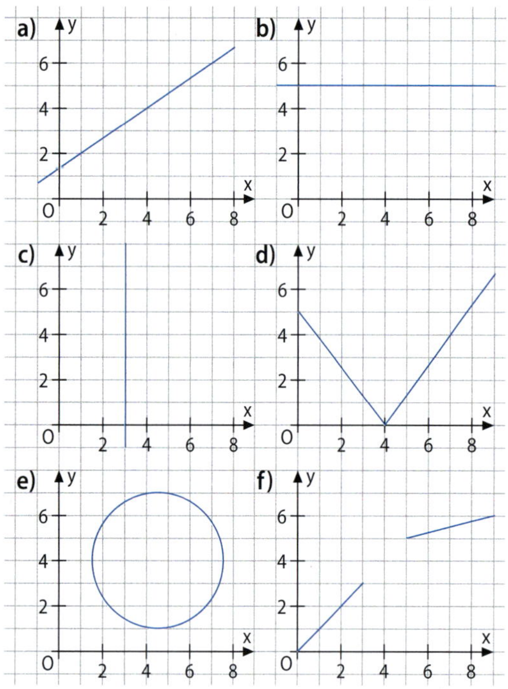

2 Gegeben ist die Funktion $y = -3{,}3x$. Übertrage die Tabelle in dein Heft und vervollständige sie.

x	−5	−1,4		
y			−21,78	−34,65

3 Gegeben ist die Funktion mit der Gleichung $y = \frac{3}{4}x + \frac{1}{2}$. Gib eine Funktion an, deren Graph
a) steiler verläuft.
b) parallel verläuft.
c) flacher verläuft.
d) das selbe n hat.

4 Zeichne jeweils den Graphen der Funktion und lies seine Nullstelle so genau wie möglich ab. Prüfe deine Ergebnisse rechnerisch.
1 $y = -x$
2 $f(x) = 5x + 3$
3 $y = \frac{3}{7}x - 2$
4 $f(x) = -4{,}2x + 2$

5 Untersuche, ob die drei Punkte $P(4|-4)$, $Q(-2|8)$ und $R(-6|16)$ auf einer Geraden liegen.

6 Gegeben ist eine lineare Funktion $f(x) = m \cdot x + n$. Berechne die fehlenden Koordinaten der Punkte.
a) $f(x) = x + 3{,}5$; $A(-5|f(-5))$; $B(x|3{,}8)$
b) $f(x) = -\frac{3}{8}x - 9$; $A(2|f(2))$; $B\left(x\middle|-\frac{4}{5}\right)$
c) $f(x) = 2{,}2x - \frac{1}{4}$; $A(-1|f(-1))$; $B(x|-1)$

7 Untersuche jeweils, ob der Punkt $A(-5|1)$ auf dem Graphen der gegebenen Funktion liegt.
a) $y = 3x - 14$
b) Der Graph der Funktion ist die Gerade mit der Steigung −2, die durch den Punkt $M(0|-9)$ verläuft.
c) Der Graph der Funktion geht durch die Punkte $P(-1|3)$ und $Q(5|2)$.

8 Gegeben ist die Funktion f durch $y = -4x + 6$.
a) Berechne die Nullstelle von f.
b) Gib mindestens drei Eigenschaften des Graphen von f an.
c) Parallel zum Graphen von f verläuft eine Gerade durch den Punkt $P(3|-3)$. Bestimme die Funktionsgleichung dieser Geraden.

9 Gegeben sind die Graphen von linearen Funktionen.

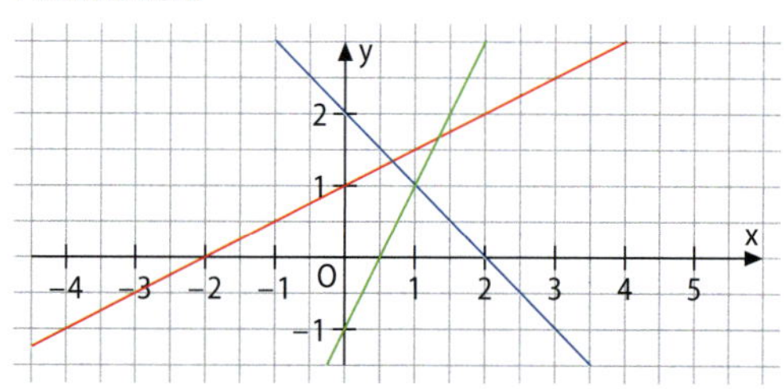

a) Bestimme die zugehörige Funktionsgleichung.
b) Berechne den Funktionswert an der Stelle
1 $x = 4$.
2 $x = -2$.
3 $x = -4$.

10 Bestimme die Gleichung einer linearen Funktion, die …

a) durch $A(-2|-1)$ und $B(3|2)$ verläuft.

b) durch $C(2|1)$ verläuft und die Steigung $m = -2$ hat.

c) durch $D(5|-1{,}5)$ verläuft und den y-Achsenabschnitt $n = 8$ hat.

d) durch $E(-2|-1)$ verläuft und direkt proportional ist.

e) durch $F(5|2)$ verläuft und parallel zur Geraden $y = -0{,}2x + 3$ verläuft.

f) auf ihrem Graph die Punkte $G(1|-1)$, $H\left(2\middle|\frac{1}{2}\right)$ und $K(-3|1)$ hat.

g) durch $L(2|3)$ und $M(17|3)$ verläuft.

11 Welcher Graph gehört zu welchem Sachverhalt? Ordne zu und begründe.

1 Reparaturdienst
Anfahrt: 45 €
Kosten je Stunde: 30 €

2 Gartengeräteverleih
Grundgebühr: 8 €
1. Stunde frei
jede weitere Stunde: 4 €

3 Aushilfe gesucht:
Stundenlohn: 15 €

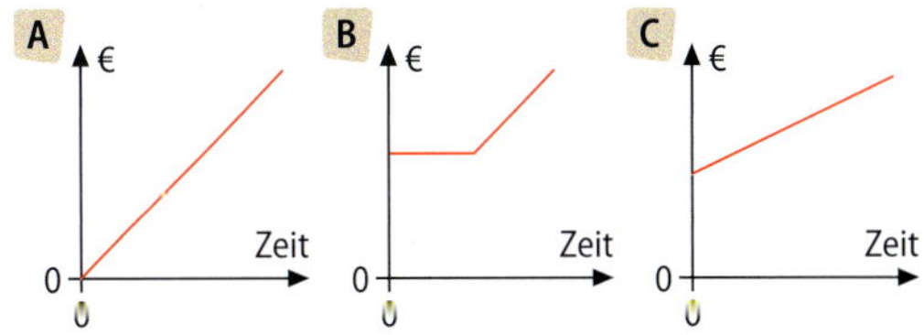

Aufgaben für Lernpartner

1 Bearbeite diese Aufgaben zuerst alleine.

2 Suche dir einen Partner oder eine Partnerin und arbeitet zusammen weiter. Erklärt euch gegenseitig eure Lösungen und hört einander aufmerksam und gewissenhaft zu.

3 Korrigiere gegebenenfalls deine Antworten und benutze dazu eine andere Farbe.

Sind folgende Behauptungen **richtig** oder **falsch**? Begründe.

A Bei einer Funktion wird jedem y-Wert immer genau ein x-Wert zugeordnet.

B Der Graph einer linearen Funktion kann immer mit zwei Punkten gezeichnet werden.

C Jede direkt proportionale Funktion ist auch eine lineare Funktion.

D Die Vorschrift $f(x) = 2x + 4$ bedeutet, dass der Graph der Funktion die y-Achse bei $y = 2$ schneidet.

E Ist die Steigung einer Ursprungsgeraden negativ, so verläuft die Gerade vom III. in den I. Quadranten.

F Wenn zwei lineare Funktionen die gleiche Steigung haben, stehen sie senkrecht zueinander.

G Es gibt lineare Funktionen, die keine Nullstelle haben.

H Bei einer linearen Funktion mit $y = m \cdot x + n$ darf weder m noch n ungleich null sein.

Ich kann …	Aufgabe	Hilfe	Bewertung
entscheiden, ob eine Funktion vorliegt und fehlende Werte berechnen.	1, 2, 6, 9, A	S. 88	☺ 😐 ☹
lineare Funktionen zeichnen und die Funktionsgleichung anhand des Graphen bestimmen.	3, 4, 9, B, D, E, F	S. 92, 96	☺ 😐 ☹
die Funktionsgleichung linearer Funktionen rechnerisch bestimmen.	8, 10, H	S. 100, 103	☺ 😐 ☹
Nullstellen bestimmen und überprüfen, ob Punkte auf dem Graphen einer linearen Funktion liegen.	4, 5, 7, 8, G	S. 102, 103	☺ 😐 ☹
mit linearen Funktionen Anwendungsaufgaben lösen.	11	S. 106	☺ 😐 ☹

Seite 88

Funktionen

Eine eindeutige Zuordnung heißt **Funktion**. Jedem Element aus dem **Definitionsbereich** wird ein Element aus dem **Wertebereich** zugeordnet. Funktionen kann man darstellen durch:

1 verbale Beschreibung
2 Wertetabelle
3 Gleichung $y = f(x)$
4 Graph
5 Pfeildiagramm
6 geordnete Paare

1 Jeder rationalen Zahl wird ihr Doppeltes vermehrt um 1 zugeordnet.

2

x	y
−1	−1
0	1
1	3

3 $y = f(x) = 2x + 1$

4

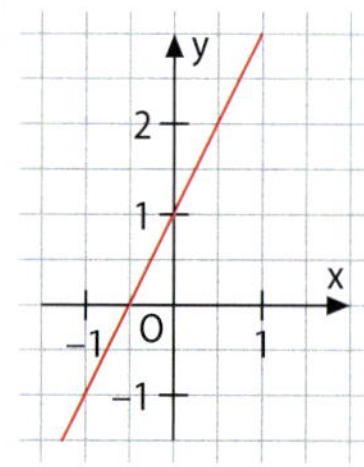

Seite 92

Steigung von Funktionen

Eine direkt proportionale Funktion hat die Funktionsgleichung $y = m \cdot x$. Dabei ist m der Proportionalitätsfaktor und somit die **Steigung** der Funktion.
Mithilfe eines **Steigungsdreiecks** lässt sich m ermitteln:

$$m = \frac{\text{Einheiten nach oben}}{\text{Einheiten nach rechts}}$$

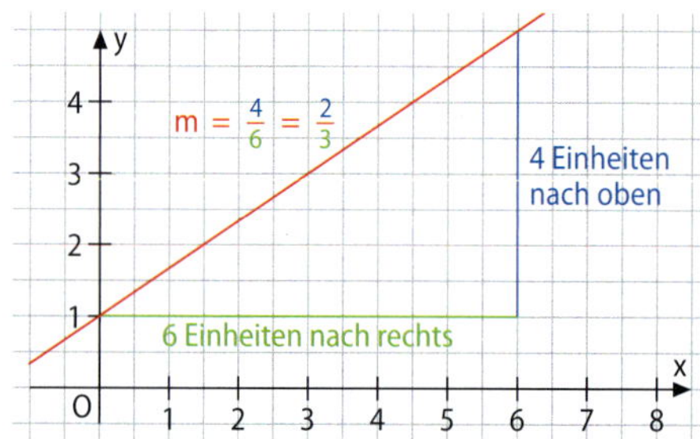

Seite 96

Lineare Funktionen darstellen

Eine Funktion mit der Funktionsgleichung $f(x) = m \cdot x + n$ heißt **lineare Funktion**. Ihr Graph ist eine Gerade. Die Zahl m heißt Steigung, die Zahl n heißt y-Achsenabschnitt. Das ist der Schnittpunkt des Graphen mit der y-Achse.

1 n als Punkt markieren.
2 Mit dem Steigungsdreieck einen zweiten Punkt markieren.
3 Die Gerade durch beide Punkte zeichnen.

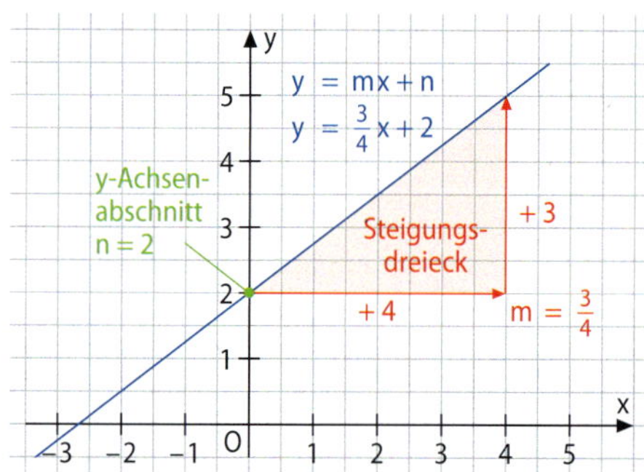

Seite 100, 103

Lineare Funktionen bestimmen

Die Steigung kann graphisch mithilfe des Steigungsdreiecks zwischen zwei Punkten A und B bestimmt werden.
Zur rechnerischen Ermittlung der Steigung einer Funktion, werden die Koordinaten der Punkte A und B in die Gleichung $m = \frac{y_2 - y_1}{x_2 - x_1}$ eingesetzt.

m sowie die Koordinaten des Punkts B **oder** A werden in die Gleichung $y_B = m \cdot x_B + n$ eingesetzt, um n zu berechnen.

Die Zahl x_0 ist Nullstelle der Funktion, wenn $y = 0$ gilt.

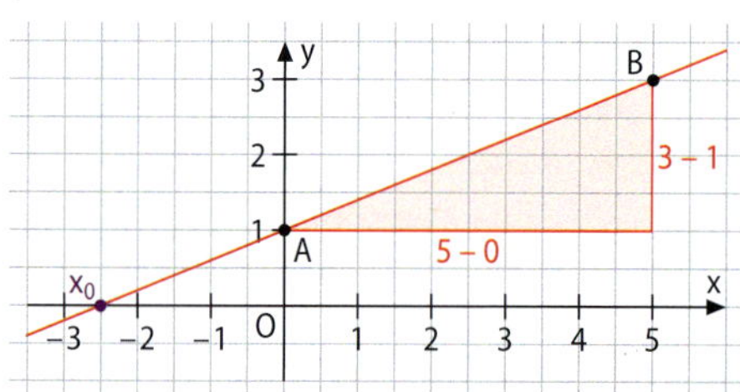

$n = 1 \qquad m = \frac{3-1}{5} = \frac{2}{5} = 0{,}4$

$3 = 0{,}4 \cdot 5 + n \Leftrightarrow n = 1$

Funktionsgleichung: $y = 0{,}4x + 1$

Nullstelle: $x_0 = -2{,}5$

Einstieg

- Informiere dich im Internet über Claudius Ptolemäus, Galileo Galilei und Nikolaus Kopernikus. Recherchiere über die Zeit, in der sie lebten.
- Erkläre, welche Vorstellungen sie von unserem Sonnensystem hatten.
- Informiere dich über die Durchmesser der Planeten. In welchem Verhältnis stehen sie zum Durchmesser der Sonne? Vergleiche.

Bei seinen astronomischen Beobachtungen, vor allem bei der Entdeckung der vier größten Jupitermonde und bei der Beobachtung der Phasen der Venus, fand Galilei wichtige Indizien für die Richtigkeit des kopernikanischen Weltbilds, das er im Jahr 1632 öffentlich verteidigte.

„Eppur' si muove" („Und sie bewegt sich doch.")
(Galileo Galilei)

Heute wissen wir, dass alle Planeten kugelähnliche Himmelskörper sind und das Licht der Sonne reflektieren. Die Planeten umlaufen die Sonne auf elliptischen Bahnen.

4 Maßstäbliches Vergrößern und Verkleinern

Ausblick

Am Ende dieses Kapitels hast du gelernt, …

… Figuren **maßstäblich** zu **vergrößern** und zu **verkleinern**.

… **ähnliche Figuren** zu erkennen sowie zugehörige **Seitenlängen** und **Winkelgrößen** zu **vergleichen**.

… **besondere Verhältnisse** an ähnlichen Figuren zu **nutzen**.

Vorwissen

Maßstäbe nutzen und Verhältnisse bestimmen

Ein **Verhältnis** ist ein **Quotient** zweier Größen. Verhältnisse zwischen Längen werden auch als **Maßstab** bezeichnet. Auf einer Karte bedeutet der Maßstab 1:1000 beispielsweise: 1 cm in der Karte entspricht 1000 cm in Wirklichkeit.

Beispiele:

$a = 3{,}2\,\text{cm};\ b = 8{,}0\,\text{cm}$

Verhältnis: $a:b = 3{,}2:8{,}0$ oder $\frac{a}{b} = \frac{32}{80}$

bzw. $a:b = 2:5$ oder $\frac{a}{b} = \frac{2}{5}$

Wird eine Strecke $\overline{AB}$ durch einen Punkt T in zwei Teilstrecken zerlegt, so spricht man von einer **Streckenteilung im Verhältnis $\overline{AT}:\overline{TB}$**.

Streckenverhältnis:

$\overline{AT}:\overline{TB} = 10:4$ bzw. $\overline{AT}:\overline{TB} = 5:2$

Dreiecke konstruieren

Erklärvideo

Mediencode 61238-39

Figuren sind zueinander **kongruent (deckungsgleich)**, wenn sie in Form und Größe übereinstimmen. Wird eine Figur durch eine **Achsenspiegelung**, **Punktspiegelung**, **Drehung** oder **Verschiebung** abgebildet, so ist die Bildfigur kongruent zur Originalfigur.

Unter einer Konstruktion versteht man in der Mathematik die Zeichnung von Figuren aus gegebenen Stücken. In der Regel sind als Konstruktionswerkzeuge nur Zirkel und Lineal zugelassen, das Geodreieck darf zum Winkelmessen benutzt werden.

Eine Konstruktion besteht aus drei Schritten:

1 Skizze
2 Zeichnung
3 Beschreibung

Damit ein Dreieck konstruierbar ist, muss die Summe der Innenwinkel 180° betragen (Innenwinkelsatz). Zudem werden drei Angaben benötigt, eine davon muss eine Seitenlänge sein. Ein Dreieck lässt sich dann eindeutig konstruieren, wenn einer der vier **Kongruenzsätze** erfüllt ist.

- Dreiecke sind genau dann kongruent zueinander, wenn sie in der Länge ihrer drei Seiten übereinstimmen.
  (Kongruenzsatz SSS)

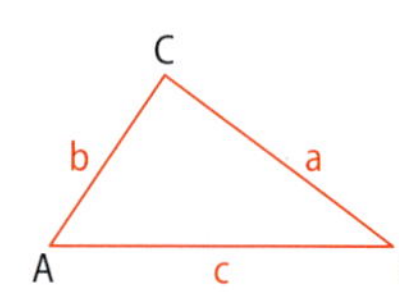

SSS

- Dreiecke sind genau dann kongruent zueinander, wenn sie in der Länge zweier Seiten und der Größe des eingeschlossenen Winkels übereinstimmen.
  (Kongruenzsatz SWS)

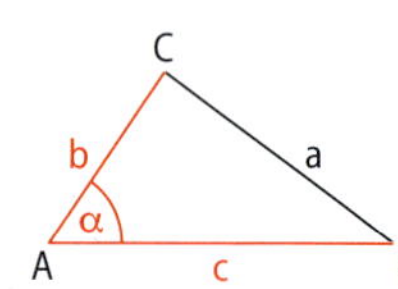

SWS

- Dreiecke sind genau dann kongruent zueinander, wenn sie in der Länge einer Seite und der Größe der beiden anliegenden Winkel übereinstimmen.
  (Kongruenzsatz WSW)

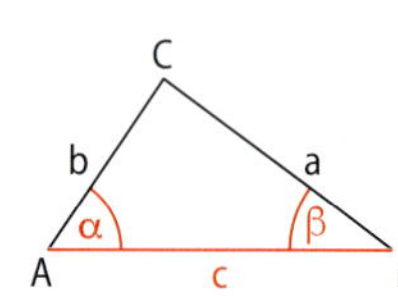

WSW

- Dreiecke sind genau dann kongruent zueinander, wenn sie in der Länge zweier Seiten und der Größe des Winkels, der der längeren Seite gegenüberliegt, übereinstimmen.
  (Kongruenzsatz SsW)

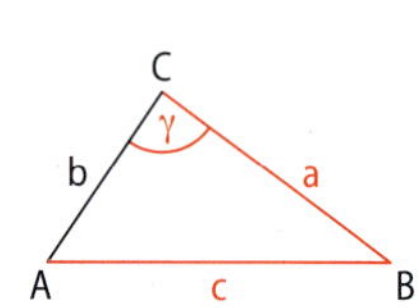

SsW

Vorwissentest

Das kann ich!	Das kann ich fast!	Das kann ich noch nicht!

Teste dich! Schau dir dazu zunächst die bereits bekannten Inhalte auf der linken Seite an. Bearbeite die Aufgaben und bewerte deine Lösungen. Die Ergebnisse findest du im Anhang.

1 Übertrage die Sätze ins Heft und ergänze die fehlenden Werte.

a) Bei einem Maßstab von 1:25 entsprechen 15 cm in der Karte …

b) Bei einem Maßstab von 1:1000 entsprechen 2 m im Original …

c) Bei einem Maßstab von 75:1 entsprechen 20 cm im Modell …

2 Familie Hurtig wandert gern durch die Mark Brandenburg. Dazu nutzt sie Wanderkarten im Maßstab 1:25 000.

a) In der Karte beträgt die Strecke von Storkow zum Großen Kölpiner See 7,5 cm. Berechne, wie viele Kilometer das in der Natur sind.

b) Am nächsten Wochenende möchte Familie Hurtig etwa 15 km von Bad Saarow aus wandern. Ermittle, in welcher Entfernung auf der Karte dann das Ziel liegt.

c) An einem 50 m entfernten Baum wollen die Wanderer Rast machen. Vater Hurtig schätzt die Höhe des Baumes auf 15 m. Sohn Paul meint, dass der Baum mindestens 25 m hoch sei. Ermittle mithilfe einer maßstabsgerechten Zeichnung ($\alpha = 15°$) die Höhe des Baumes. Berücksichtige als Augenhöhe 1,50 m.

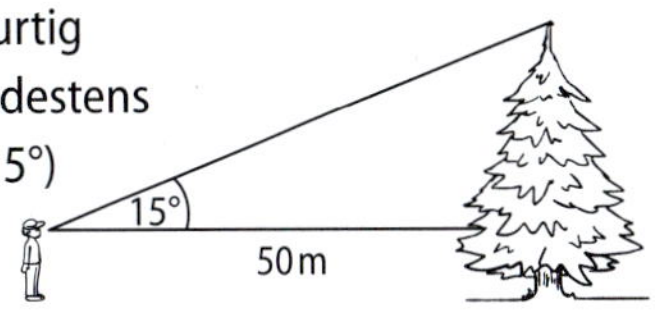

3 **a)** Bestimme jeweils das Verhältnis der Streckenteilung.

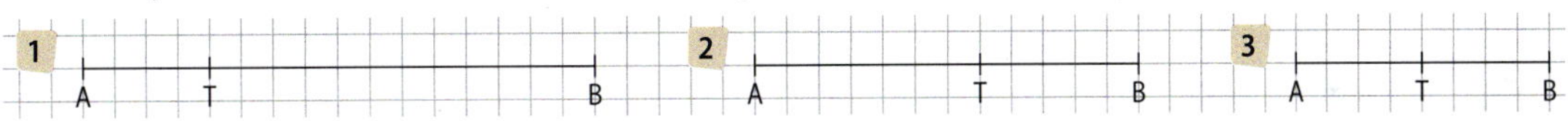

b) Teile eine 14 cm (21 cm; 18,9 cm) lange Strecke im Verhältnis 3:4. Erkläre dein Vorgehen.

c) In welche Verhältnisse lässt sich eine 24 cm lange Strecke leicht teilen? Zeichne einige Möglichkeiten.

4 Konstruiere das Dreieck ABC mit dem angegebenen Kongruenzsatz.

a) SSS: **1** $a = 5\,cm$; $b = 3\,cm$; $c = 2{,}5\,cm$
2 $a = 12{,}3\,cm$; $b = 5{,}5\,cm$; $c = 9{,}2\,cm$

b) SWS: **1** $a = 5\,cm$; $c = 4\,cm$; $\beta = 40°$
2 $a = 3{,}5\,cm$; $b = 4{,}5\,cm$; $\gamma = 110°$

c) WSW: **1** $b = 4\,cm$; $\alpha = 80°$; $\gamma = 40°$
2 $a = 4{,}5\,cm$; $\gamma = 110°$; $\beta = 25°$

d) SsW: **1** $c = 3{,}5\,cm$; $a = 3\,cm$; $\gamma = 60°$
2 $b = 6\,cm$; $c = 4{,}5\,cm$; $\beta = 60°$

5 Welche Dreiecke können nicht konstruiert werden? Überprüfe und begründe.

a) $c = 5\,cm$; $\alpha = 90°$; $\beta = 110°$

b) $a = 4\,cm$; $\beta = 95°$; $\gamma = 85°$

c) $b = 6\,cm$; $\alpha = 30°$; $\gamma = 80°$

d) $c = 5{,}5\,cm$; $a = 3\,cm$; $b = 4\,cm$

Ich kann …	Aufgabe	Bewertung
Maßstäbe nutzen und Verhältnisse bestimmen.	1, 2, 3	
Kongruenzsätze anwenden.	4, 5	

Das Verhältnis zwischen Planeten und Sonne

Seit jeher sind die Menschen vom nächtlichen Himmel fasziniert und beobachten die Sterne. Es gibt viele Milliarden kosmischer Objekte am Himmel, die von der Erde aus betrachtet scheinbar alle gleich weit entfernt sind. Tatsächlich stehen jedoch alle Himmelsobjekte in ganz unterschiedlicher Entfernung zueinander. Jupiter ist der größte Planet im Sonnensystem. Die Sonne ist nur 10-mal größer als er. Auch Saturn, Uranus und Neptun haben einen sehr großen Durchmesser. Die übrigen Planeten sind viel kleiner.

- Informiere dich über die Durchmesser der Planeten und ihren Abstand zur Sonne.
  Übertrage dazu die Tabelle in dein Heft und ergänze die fehlenden Werte.
- Bilde jeweils das Verhältnis *Abstand zur Sonne : Durchmesser des Planeten.*
  Untersuche, ob es Planeten gibt, die in diesem Verhältnis übereinstimmen.

Himmelskörper	Durchmesser in km	Abstand von der Sonne in 10^6 km
Sonne	1 390 000	
Merkur		58
Venus	12 100	
Erde		
Mars	6780	
Jupiter		778
Saturn	120 500	
Uranus		2880
Neptun		4500

Modell des Sonnensystems

In einem Klassenraum sollen Planetenmodelle maßstabsgerecht aufgehängt werden.

- Ermittle, wie weit die Planeten im Modell jeweils von der Sonne entfernt sein müssen, wenn der Klassenraum 20 m lang und 20 m breit ist und die Sonne mittig im Klassenraum platziert werden soll.
- Bestimme die Durchmesser, die für die Planetenmodelle gewählt werden.
- Begründe, weshalb man sich bei Modellen des Sonnensystems oft nicht für eine maßstabsgerechte Darstellung entscheidet.

Sonne und Mond

Am Himmel erscheint uns der Mond so groß wie die Sonne. Die Sonne ist zwar 400-mal größer, dafür aber auch 400-mal weiter entfernt als der Mond. Unser Mond kreist in einem durchschnittlichen Abstand von 384 400 km um die Erde. Der Monddurchmesser beträgt 3476 km. Das entspricht etwa einem Viertel des Erddurchmessers. Aus diesen Angaben lassen sich Durchmesser und Entfernung zu anderen Himmelskörpern berechnen.

- Bestimme, wie weit die Sonne von der Erde entfernt ist.

Riesiges Fernrohr

Die Archenhold-Sternwarte in Berlin ist die älteste und größte Volkssternwarte in Deutschland. Dort befindet sich das längste bewegliche Linsenfernrohr der Welt. Das 1896 gebaute Riesenfernrohr mit einer Brennweite von 21 m wird auch heute noch für besondere Beobachtungsabende eingesetzt.

- Informiere dich im Internet, wie das Riesenfernrohr entstand.
- Mithilfe von Sammellinsen kann man Bilder von Gegenständen abbilden. Wie entsteht das Bild in einem Linsenfernrohr? Erkläre.

Entdecken

Bei manchen Bildern fällt es schwer zu entscheiden, was vergrößert oder verkleinert wurde.

- Schätze, um welchen Faktor man die Pferde vergrößern muss, damit es in einem realistischen Verhältnis zur Tischgruppe steht.
- Angenommen, der Tisch habe eine normale Größe. Wie groß müsste ein Mensch sein, wenn er auf einem der Pferde reiten möchte?

Verstehen

Unter dem Verhältnis a : b (lies: a zu b) zweier Streckenlängen a und b versteht man bei gleichen Längeneinheiten den Quotienten ihrer Maßzahlen.

Merke

Verhältnisse werden in der **Verhältnisschreibweise** (mit natürlichen Zahlen) oder als **Bruch** angegeben: $a:b = \frac{a}{b}$

Verhältnisse zwischen Längen werden auch als **Maßstab** bezeichnet. Beim Maßstab werden Streckenlängen immer in derselben Maßeinheit angegeben.

vordere Zahl: Streckenlänge auf der Karte hintere Zahl: Streckenlänge in Wirklichkeit

1 : 25 000

Gesuchte Größen bei Verhältnissen kann man mit einer **Verhältnisgleichung** bestimmen.

Beispiele

I. Eine 13,5 m lange Dampflokomotive soll im Maßstab 1:120 als Modell angefertigt werden. Berechne die Länge des Modells.

Lösung:

1:120 bedeutet, dass 1 cm im Modell 120 cm in der Wirklichkeit entsprechen.

Alle Rechnungen in cm: 13,5 m = 1350 cm.

$\frac{1}{120} = \frac{x}{1350} \quad \Rightarrow \quad x = \frac{1}{120} \cdot 1350 \qquad \underline{\underline{x = 11{,}25 \approx 11{,}3}}$

Das Modell von der Dampflokomotive ist etwa 11,3 cm lang.

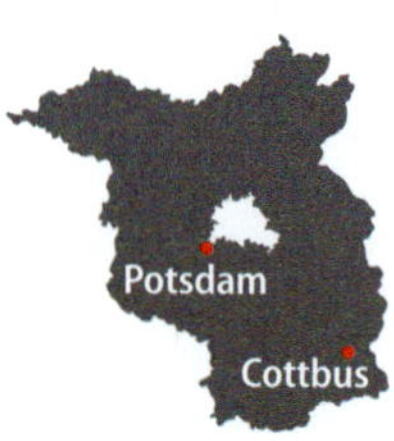

II. Die Entfernung zwischen Potsdam und Cottbus beträgt etwa 120 km (Luftlinie). Miss den Abstand in der Abbildung und bestimme damit den Maßstab der Karte.

Lösung:

Auf der Karte sind Potsdam und Cottbus etwa 1,2 cm voneinander entfernt.

Alle Rechnungen in cm: 120 km = 120 000 m = 12 000 000 cm

$\frac{1}{x} = \frac{1{,}2}{120\,000\,000} \quad \Rightarrow \quad \frac{x}{1} = \frac{120\,000\,000}{1{,}2} \qquad \underline{\underline{x = 10\,000\,000}}$

Antwort: Der Maßstab der Karte beträgt etwa 1:10 000 000.

Nachgefragt

- Erkläre, dass bei Bildern, die ein Mikroskop aufgenommen hat, niemals der Maßstab 1:200 stehen kann.
- Tim behauptet, dass das Cinemascope-Format für Kinofilme statt mit 21:9 auch mit 7:3 bezeichnet werden könnte. Beurteile Tims Aussage.

Aufgaben

1 Auf einer Karte sind Berlin und Hamburg 6,4 cm voneinander entfernt. Berechne, wie weit Berlin und Hamburg tatsächlich auseinander liegen, wenn die Karte einen Maßstab von 1:4 000 000 hat.

2 Zeichne im angegebenen Maßstab.
a) Ein Basketballfeld ist 28 m lang und 15 m breit (Maßstab 1:150).
b) Die Erde hat im Mittel einen Radius von 6370 km (Maßstab 1:250 000 000).
c) Das Haar eines Menschen ist etwa 0,06 mm dick. Der Längenzuwachs beträgt am Tag ca. 0,4 mm. (Maßstab 200:1).

Lösen von Verhältnisgleichungen: siehe S. 70 oder hier:

Erklärvideo
Mediencode 61238-40

3 Die berühmteste deutsche Dampflok ist die BR 01. Die Tabelle zeigt die Länge der Lok im Original und in verschiedenen gebräuchlichen Verkleinerungen bei Modellbahnen. Übertrage die Tabelle ins Heft und ergänze sie.

	Original	G	H0	TT	N	Z
Länge	23,94 m		27,5 cm		150 mm	
Maßstab		1:29		1:120		1:220

Runde sinnvoll.

4 Der Bildschirm eines Fernsehgeräts ist …
1 88,6 cm breit und 49,8 cm hoch. **2** 112,0 cm breit und 70,0 cm hoch.
a) In welchem Verhältnis stehen Breite und Höhe des Bildschirms zueinander?
b) Zeichne in einem geeigneten Maßstab und bestimme die Bildschirmdiagonale in Zoll durch Messen (1 Zoll = 1" = 2,54 cm).

5 Übertrage die Figuren im angegebenen Maßstab in dein Heft.

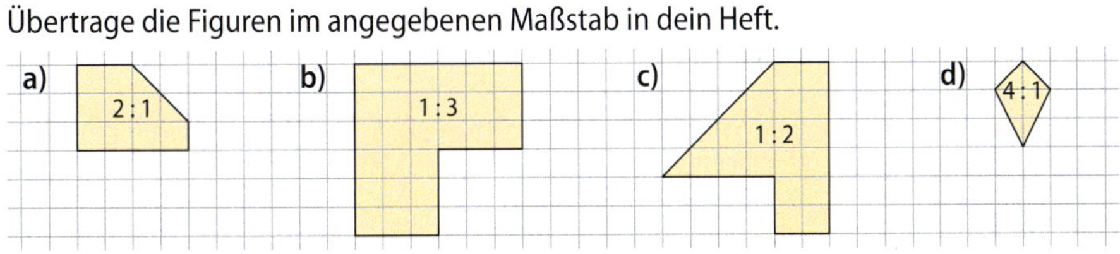

6 Die Architektin Baumann hat das Erdgeschoss des neuen Einfamilienhauses der Familie Fröhlich im Maßstab 1:200 gezeichnet.
a) Bestimme die tatsächliche Länge und Breite des Hauses an den Außenseiten.
b) Berechne die Grundfläche des Erdgeschosses.
c) Berechne die Fläche, die ein Besucher im Gästezimmer zur Verfügung hat.
d) Der Fußboden im Wohnzimmer soll mit 60 cm × 30 cm großen Fliesen ausgelegt werden. Bestimme die Anzahl der benötigten Fliesen.
e) Erläutere, wofür solche Pläne im Alltag wichtig sind. Entwickle drei eigene Aufgabenstellungen.

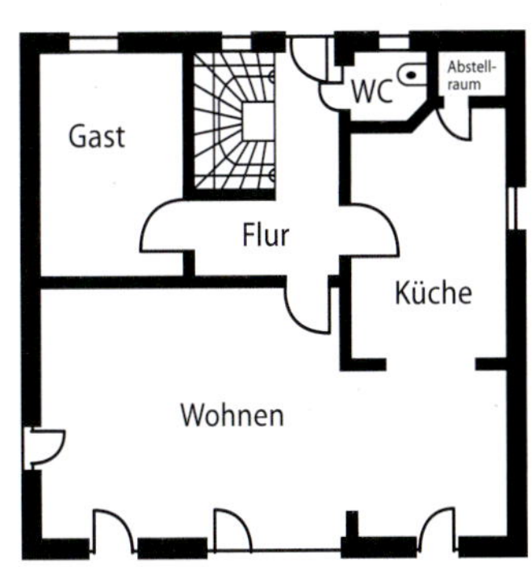

4.2 Zentrische Streckungen

Entdecken

Du brauchst:
- *15 cm hohe „Monster"-Figur aus Pappe*
- *Taschenlampe oder Handy-Lampe*
- *Maßband*

Achte darauf, dass die Lichtquelle die Figur so anleuchtet, dass der Schatten vollständig auf die Wand fällt.

Hast du schon einmal im Dunkeln mit einer Taschenlampe „Monster" erschaffen? Untersuche einmal, welche Effekte sich erzielen lassen.

- Führe eine Versuchsreihe in einem dunklen Raum durch. Vervollständige die Tabelle.
- Beschreibe, welche Zusammenhänge du zwischen Formen und Winkel bei der Originalfigur und beim Schattenbild erkennst.

Höhe des Schattenbildes	Das Schattenbild ist ☐-mal so groß wie das Pappmonster.	Abstand l (Lichtquelle – Monster)	Abstand b (Lichtquelle – Schattenbild)
60 cm	4		
90 cm			
120 cm			

Verstehen

Bei maßstäblichen Vergrößerungen und Verkleinerungen gibt der Maßstab darüber Auskunft, in welchem Verhältnis die Länge der Bildstrecke zur Länge der Originalstrecke steht.

|k| gibt die Art der Vergrößerung bzw. Verkleinerung an, das Vorzeichen von k die Richtung der Streckung von Z aus.

Eine Vergrößerung mit dem Faktor $k = 2$ ergibt den Maßstab 2 : 1. Eine Verkleinerung mit dem Faktor $k = \frac{1}{4}$ ergibt den Maßstab 1 : 4.

Erklärvideo
Mediencode 61238-41

Merke

Bei einer **zentrischen Streckung** (Z; k) mit **Streckungszentrum Z** und **Streckungsfaktor k** liegen zugehörige Original- und Bildpunkte auf einer Geraden durch Z.
Alle **Streckenlängen** werden mit dem Streckungsfaktor |k| multipliziert.

$|k| = \frac{\text{Länge der Bildstrecke}}{\text{Länge der Originalstrecke}}$

$|k| = 1$: Das Bild ist so groß wie das Original.
$|k| > 1$: Das Bild ist größer als das Original.
$0 < |k| < 1$: Das Bild ist kleiner als das Original.
$k < 0$: Das Bild wurde an Z gespiegelt und ggf. vergrößert oder verkleinert.

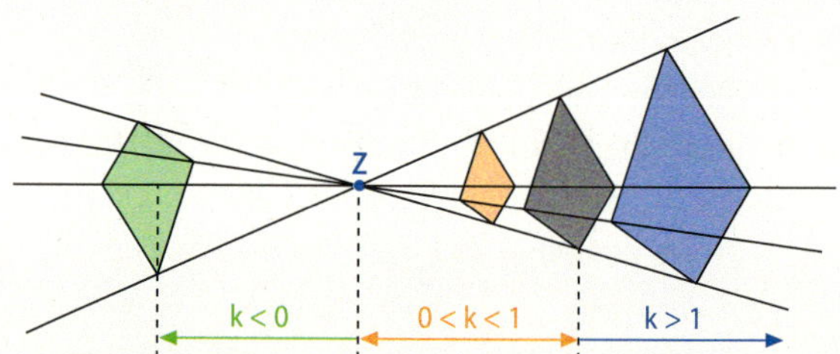

Die Größe von Winkeln und Formen bleiben bei der Originalfigur und der Bildfigur erhalten. Original- und Bildstrecken sind parallel zueinander.

Beispiele

Im Folgenden sind Originalfiguren grün und Bildfiguren rot gekennzeichnet, egal ob sie vergrößert oder verkleinert wurden.

I. Verkleinere ein Rechteck mit $a = 3{,}0\,\text{cm}$, $b = 1{,}8\,\text{cm}$ um den Streckungsfaktor $k = \frac{1}{3}$.

Lösung:

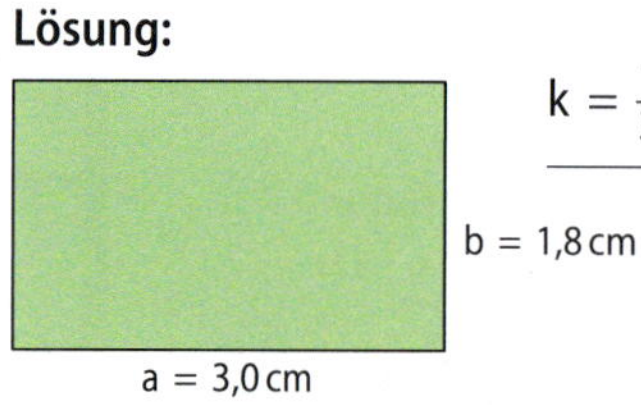

$\xrightarrow{k = \frac{1}{3}}$

$a' = k \cdot a$ $\qquad$ $b' = k \cdot b$

$a' = \frac{1}{3} \cdot 3\,\text{cm} = 1\,\text{cm}$ $\qquad$ $b' = \frac{1}{3} \cdot 1{,}8\,\text{cm} = 0{,}6\,\text{cm}$

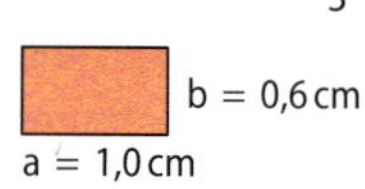

Der Maßstab von Bildfigur zur Originalfigur ist 1 : 3.

II. Ein beliebiges Dreieck ABC soll mit dem Streckungszentrum **Z** = A um den Faktor $k = 2$ gestreckt werden. Beschreibe dein Vorgehen.

Lösung:

1 Ausgangsfigur und Z zeichnen.

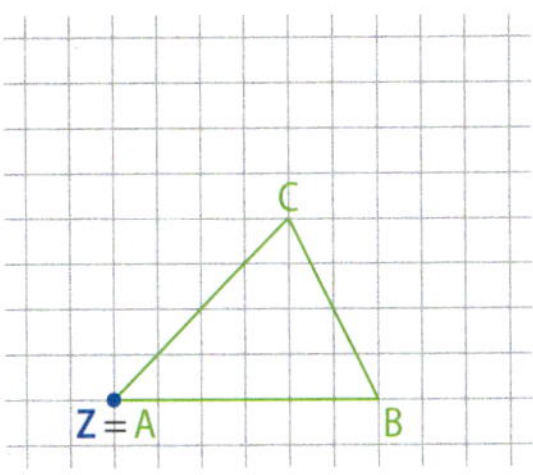

2 Strahlen durch Z einzeichnen.

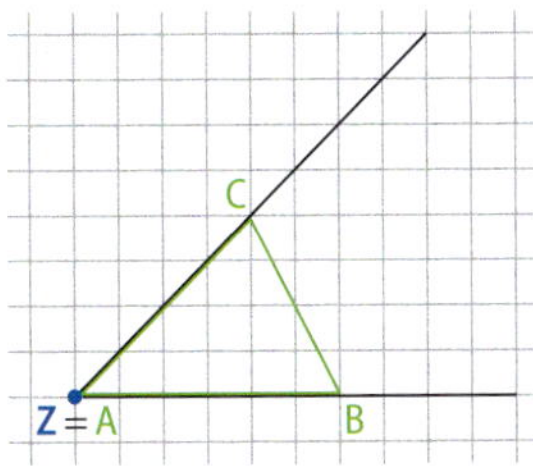

3 Länge der Bildstrecken abtragen.

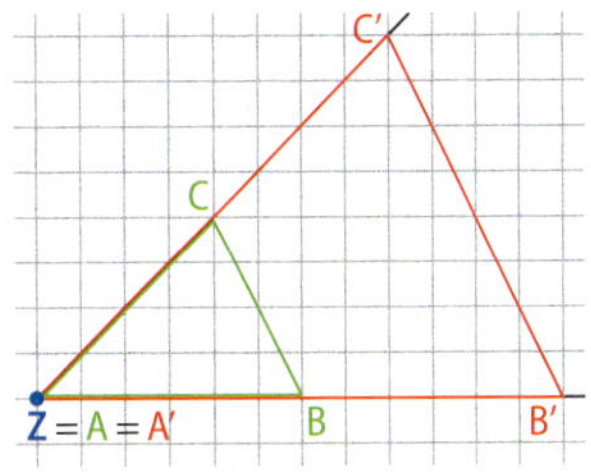

III. Die rote Figur ist durch zentrische Streckung aus der grünen Figur entstanden.

a) Bestimme das Streckungszentrum **Z**.

b) Bestimme den Streckungsfaktor k.

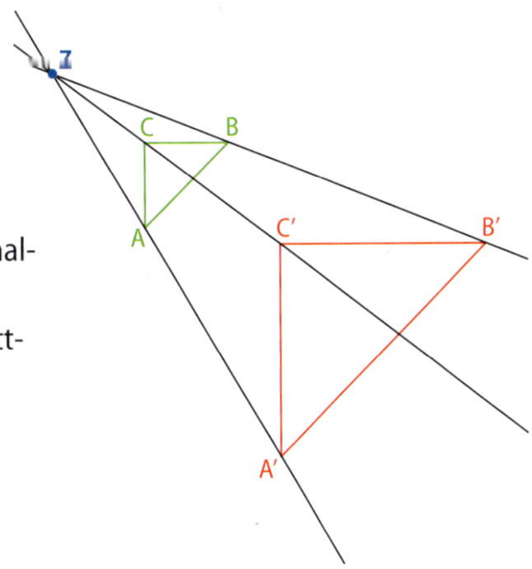

Lösung:

Die einander entsprechenden Strecken von Original- und Bildfigur verlaufen parallel zueinander.

a) Das Streckungszentrum Z ergibt sich als Schnittpunkt der Geraden, die durch entsprechende Original- und Bildpunkte verlaufen.

b) Messungen der Streckenlängen ergeben, dass jede Bildstrecke 2,5-mal so lang ist wie die Originalstrecke, somit ist $k = 2{,}5$.

Nachgefragt

- Begründe: Beim Streckungsfaktor $k = 1$ ist der Maßstab 1:1.
- Tom meint, dass das Streckungszentrum Z auch zwischen der Originalfigur und Bildfigur liegen darf. Was meinst du? Erkläre.
- Lea behauptet, dass man jedes beliebige Quadrat durch eine zentrische Streckung aus einem Quadrat mit $a = 1$ LE erzeugen kann. Stimmt das? Begründe.

Geogebra
Mediencode 61238-42

Aufgaben

1 Ein Quadrat hat die Seitenlänge $a = 12$ cm.

1 $k = 12$ **2** $k = 2{,}5$ **3** $k = \frac{1}{2}$ **4** $k = \frac{1}{4}$ **5** $k = 1$ **6** $k = 0{,}6$

a) Bestimme mithilfe des Streckungsfaktors k die Seitenlänge a' des Bildquadrates.

b) Bestimme den zugehörigen Maßstab als Verhältnis zweier natürlicher Zahlen.

c) Das Quadrat soll im Maßstab 3:1 (1:4; 6:1; 2:3; 4:3) vergrößert bzw. verkleinert werden. Bestimme jeweils den dazugehörigen Streckungsfaktor k.

2 Zeichne ein Rechteck mit den Seitenlängen $a = 3$ cm und $b = 4$ cm. Berechne die neuen Seitenlängen und zeichne das neue Rechteck bei einer zentrischen Streckung mit dem angegebenen Streckungsfaktor k.

a) $k = 1{,}5$ **b)** $k = 2{,}5$ **c)** $k = \frac{1}{2}$ **d)** $k = \frac{2}{3}$ **e)** $k = 1{,}2$ **f)** $k = 0{,}8$

3 Zeichne jeweils einen Kreis und verändere dessen Größe um den gegebenen Streckungsfaktor. Beschreibe dein Vorgehen.
a) $k = 1{,}5$ **b)** $k = 3$ **c)** $k = \frac{1}{2}$ **d)** $k = 0{,}4$ **e)** $k = 2{,}4$ **f)** $k = \frac{3}{5}$

4 Gegeben sind die Punkte $A(2\,|\,1)$, $B(0\,|\,0)$ und $C(-1\,|\,3)$ und der Bildpunkt $B'(3\,|\,3)$. Das Streckungszentrum sei $Z(1\,|\,1)$.
a) Zeichne die Punkte in ein Koordinatensystem und führe die zentrische Streckung durch.
b) Bestimme den Streckungsfaktor k.

Alles klar?

5 Übertrage das Koordinatensystem mit der Figur in dein Heft. Führe anschließend die zentrischen Streckungen mit den angegebenen Werten von Z und k durch.
a) $Z_1(1{,}5\,|\,4{,}5)$; $k_1 = 3$
b) $Z_2(2{,}5\,|\,0{,}5)$; $k_2 = 0{,}5$
c) $Z_3(4\,|\,3)$; $k_3 = 2$
d) **Nachgefragt:** Durch Überlappung der Originalfigur und der zentrisch gestreckten Figur aus c) ist eine weitere Figur entstanden. Begründe, warum diese Figur nicht durch zentrische Streckung aus der Originalfigur entstehen kann.

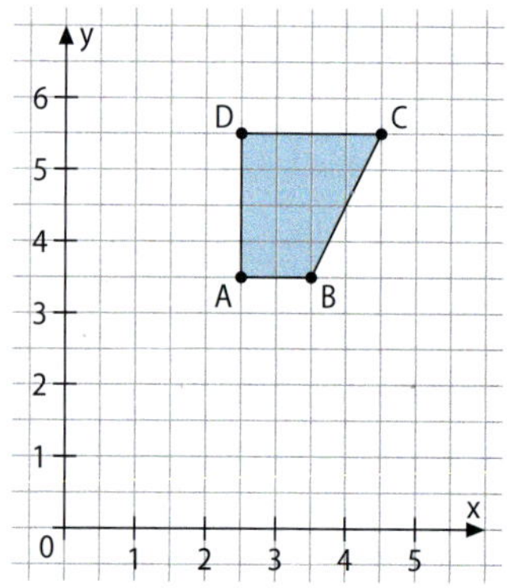

6 **Mathematik und Sprache: Fehler erkennen und beschreiben**
Begründe jeweils, dass die weiße Figur nicht durch eine zentrische Streckung aus der grünen Figur entstanden sein kann.

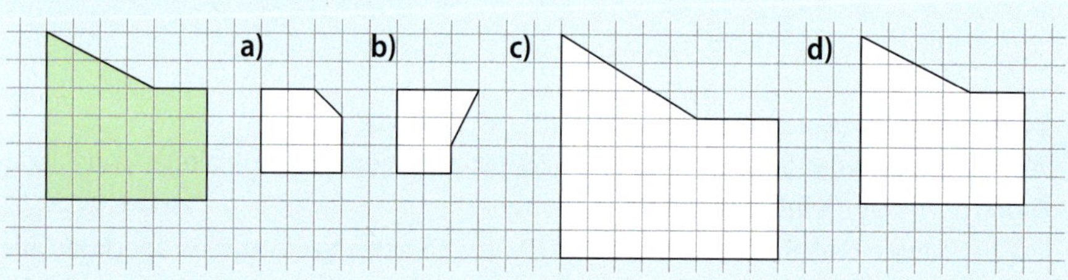

7 Zeichne ein Dreieck ABC mit $\alpha = 50°$, $\beta = 70°$ und $c = 4\,\text{cm}$. Lege das Streckungszentrum Z …
a) außerhalb des Dreiecks. **b)** innerhalb des Dreiecks.
c) auf eine Dreiecksseite. **d)** in eine Dreiecksecke.
Bilde anschließend das Dreieck ABC mit dem Streckungsfaktor $k = 2$ ab. Vergleiche die entstandenen Bilder.

8 Gegeben ist ein Fünfeck ABCDE mit $A(2\,|\,1)$, $B(5\,|\,1)$, $C(5\,|\,4)$, $D(3\,|\,5)$, $E(1\,|\,4)$. Das Streckungszentrum sei $Z(6\,|\,3)$.
a) Vergrößere das Fünfeck mit $k = 2$. **b)** Verkleinere das Fünfeck mit $k = \frac{1}{2}$.
c) Vergrößere das Fünfeck so, dass der Bildpunkt von A die Koordinaten $(0\,|\,0)$ besitzt. Bestimme den Streckungsfaktor k.

9 Der Punkt P soll durch zentrische Streckung mit Z als Streckungszentrum und dem Streckungsfaktor k abgebildet werden.
a) Übertrage die Abbildung in dein Heft. Untersuche, auf welche der Punkte A bis E sich P abbilden lässt. Bestimme jeweils k.
b) Begründe, dass es keine zentrische Streckung durch Z geben kann, die B auf E abbildet.

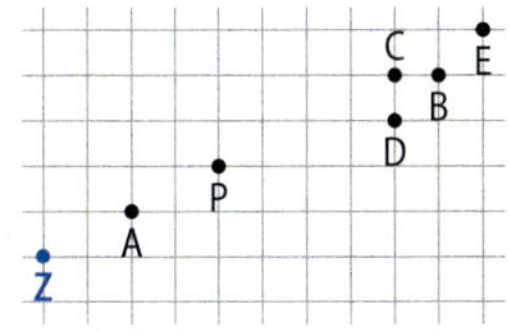

10 Bestimme jeweils die Koordinaten von Z sowie den Streckungsfaktor k.

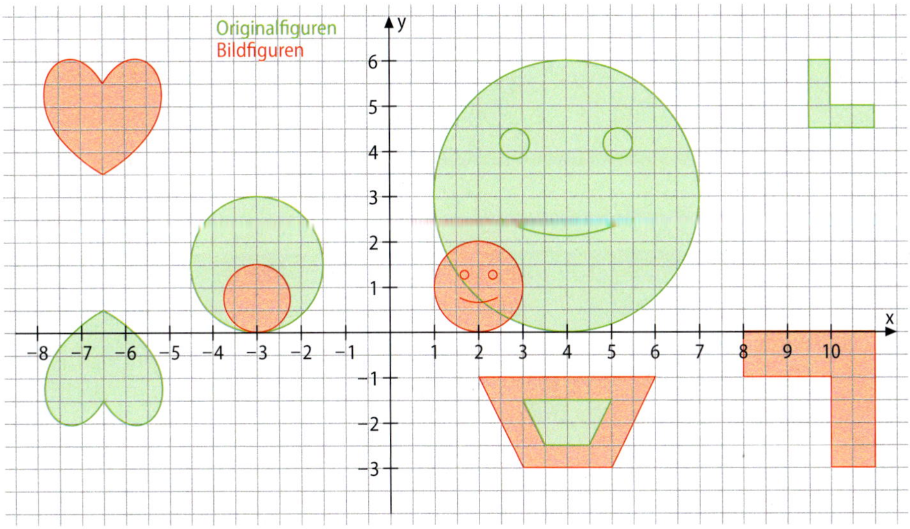

Lösungen zu 10:
(10|3); (−3|0); (1|0); (−6,5|2); (4|−2)
−2; −1; $\frac{1}{3}$; $\frac{1}{2}$; 2

Weiterdenken

Die zentrische Streckung hat folgende Eigenschaften:
- Der **Flächeninhalt** der Bildfigur ist das k^2-fache des Inhalts der Originalfläche: $A_{Bild} = k^2 \cdot A_{Original}$
- Der **Umfang** der Bildfigur ist das $|k|$-fache des Umfangs der Originalfigur: $u_{Bild} = |k| \cdot u_{Original}$

Beispiel Flächeninhalte:

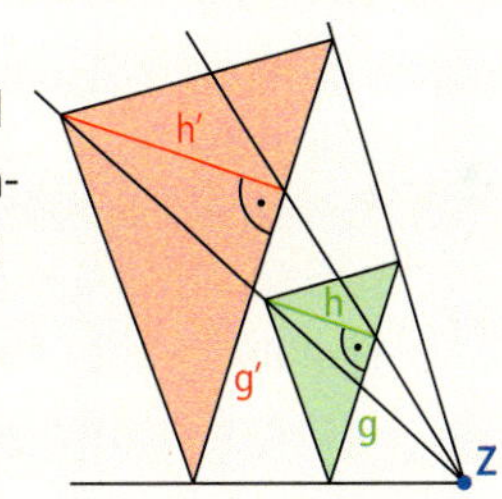

Für den Streckungsfaktor gilt demnach bei den Flächen:
$k^2 = \frac{A_{Bild}}{A_{Original}}$

11 **a)** Überprüfe den Zusammenhang zwischen den Flächeninhalten $A_{Original}$ und A_{Bild} durch Messen und Nachrechnen anhand der Abbildung im Kasten.
b) Begründe den Zusammenhang zwischen den Umfängen von Original- und Bildfigur.

Flächeninhalt eines Dreiecks:
$A_D = \frac{g \cdot h}{2}$

12 Berechne den Flächeninhalt A_{Bild} der Bildfigur bei zentrischer Streckung.
a) Trapez: $A = 15\,m^2$; $k = 4$
b) Fünfeck: $A = 10{,}3\,m^2$; $k = 1{,}5$
c) Quadrat: $a = 5\,cm$; $k = 0{,}4$
d) Rechteck: $a = 2\,cm$; $b = 3\,dm$; $k = -0{,}2$
e) Kreis: $r = \frac{1}{\pi}\,dm$; $k = 10$
f) Dreieck: $a = 10{,}2\,mm$; $h_a = 2{,}4\,cm$; $k = 2$

13 Bestimme jeweils den Umfang von Original- und Bildfigur.
a) Dreieck ABC mit $a = 4\,cm$; $b = 5\,cm$; $c = 3\,cm$; $k = 2{,}5$
b) Rechteck ABCD mit $a = 4{,}8\,cm$; $b = 3{,}9\,cm$; $k = 0{,}3$
c) Trapez ABCD mit $a \parallel c$ und $a = 6{,}8\,cm$; $b = d = 4{,}2\,cm$; $c = 1{,}4\,cm$; $k = 1{,}2$

14 Zeichne die Figuren ABCD und A'B'C'D'. Gib an, ob die Figur A'B'C'D' durch zentrische Streckung aus ABCD entstanden ist und nenne Streckungszentrum und Streckungsfaktor. Handelt es sich nicht um eine zentrische Streckung, so gib an, welche andere Abbildung es ist.

a) A(0|2), B(1|0), C(3|0), D(3|4)

1	2	3
A'(10|7)	A'(9|2)	A'(8|8)
B'(8,5|10)	B'(7|6)	B'(7|10)
C'(5,5|10)	C'(3|6)	C'(5|10)
D'(5,5|4)	D'(3|−2)	D'(5|6)

b) A(0|1), B(4|1), C(5|3), D(1|3)

1	2	3
A'(−1,5|−0,5)	A'(0|5)	A'(10|5)
B'(4,5|−0,5)	B'(4|5)	B'(6|5)
C'(6|2,5)	C'(5|3)	C'(5|3)
D'(0|2,5)	D'(1|3)	D'(9|3)

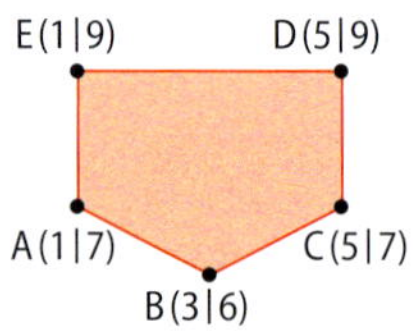

15 Zeichne die Figur aus der Randspalte in dein Heft und strecke sie anschließend zentrisch.

a) Z = B und k = −1. **b)** Z = E und k = 3. **c)** Z = D und k = $-\frac{1}{2}$.

d) Erläutere, wie man erkennen kann, dass …

1 … eine Streckung mit negativem Streckungsfaktor vorliegt.

2 … das Streckungszentrum ein Eckpunkt der Originalfigur ist.

16 **a)** Erläutere, wie die Abbildung durch zentrische Streckungen erzeugt wurde.

b) Führe eine weitere zentrische Streckung nach dem Muster von a) durch.

c) Konstruiere entsprechende Abbildungen mit einem Quadrat (Trapez, Parallelogramm) als Originalfigur.

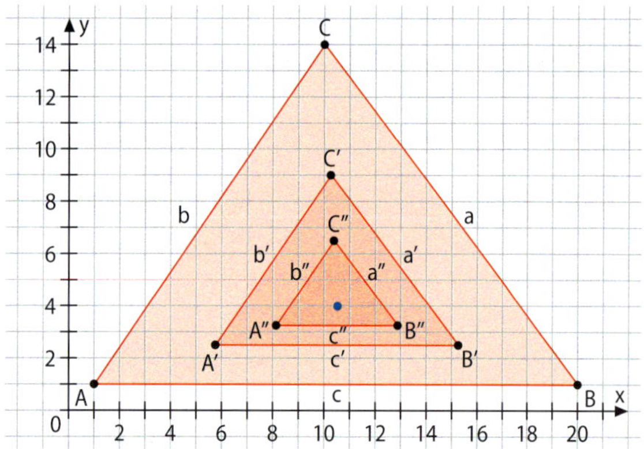

17

Argumentieren und Begründen

Beweise, dass folgendes bei einer zentrischen Streckung gilt:
Der Inhalt der Bildfläche ist das k^2-Fache des Inhalts der Originalfläche.

$A_{Bild} = k^2 \cdot A_{Original}$

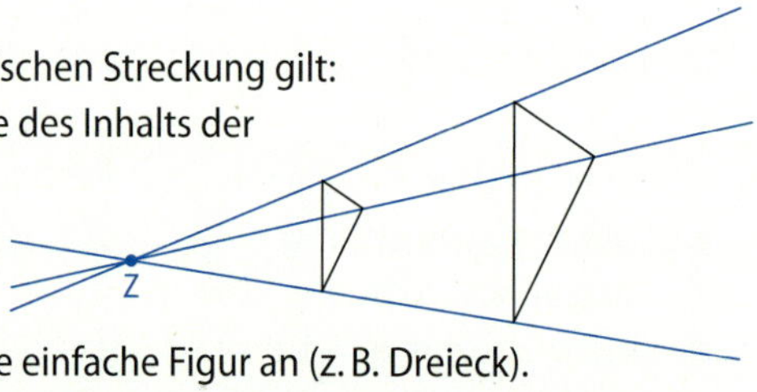

Ideen:

- Wende die Aussage auf eine konkrete einfache Figur an (z. B. Dreieck).
- Erstelle eine Beweisfigur. Zeichne dazu die Abbildung ab und beschrifte sinnvoll.
- Überlege, welche Größen du zur Flächenberechnung benötigst. Ergänze deine Beweisfigur entsprechend.
- Führe deine Überlegungen an dem konkreten Fall durch.
- Erweitere deine Überlegungen auf andere Figuren.
- Finde Argumente, weshalb du eine Verallgemeinerung vornehmen kannst.

18 Zeichne ein Dreieck ABC. Bilde es durch zentrische Streckung mit $Z = C$ und $k = -1{,}5$ ab. Zeige, dass die Seitenmittelpunkte von Dreieck ABC auf diejenigen von Dreieck A'B'C' abgebildet werden.

19 Zeige, dass sich bei einer zentrischen Streckung die Winkelgrößen nicht ändern. Fertige auch eine Beweisfigur an.

20 Konstruiere ein Dreieck mit $c = 7\,\text{cm}$ und $\alpha = \beta = 40°$.
Führe eine zentrische Streckung vom Eckpunkt A aus durch, so dass der Flächeninhalt des Bilddreiecks viermal so groß ist wie der des Originaldreiecks ABC.

21 Ein Dreieck mit $a = 4\,\text{cm}$, $b = 3\,\text{cm}$, $c = 5\,\text{cm}$ und $h_a = b$ wird zentrisch gestreckt.
Das Bilddreieck hat einen Flächeninhalt von $13{,}5\,\text{cm}^2$. Begründe, um welche Dreiecksart es sich handelt und ermittle, wie groß der Streckungsfaktor k sein muss.

Medien & Werkzeuge

Zentrisch strecken

Mit einer dynamischen Geometriesoftware lassen sich zentrische Streckungen durchführen.

Ein beliebiges Dreieck soll mithilfe einer dynamischen Geometriesoftware mit $k = 0{,}5$ gestreckt werden.

1 Lege ein Streckungszentrum Z fest.

2 Zeichne ein beliebiges Dreieck ABC und lege den Streckungsfaktor k fest.

3 Strecke das Dreieck ABC mit dem Befehl Menü 8: Abbildung – 5: Streckung.

4 Bestimme mit dem Befehl Menü 6: Messung – 2: Fläche den Flächeninhalt der Dreiecke. Berechne das Flächenverhältnis und vergleiche mit k.

5 Verändere mit einem Schieberegler die Größe des Streckungsfaktors und notiere für jeden Streckungsfaktor das Größenverhältnis zwischen den Flächeninhalten von Bild und Original. Stelle diese Daten graphisch dar.

Erstellt eigene Ausgangsfiguren und führt in Zweierteams gegenseitig verschiedene zentrische Streckungen durch.

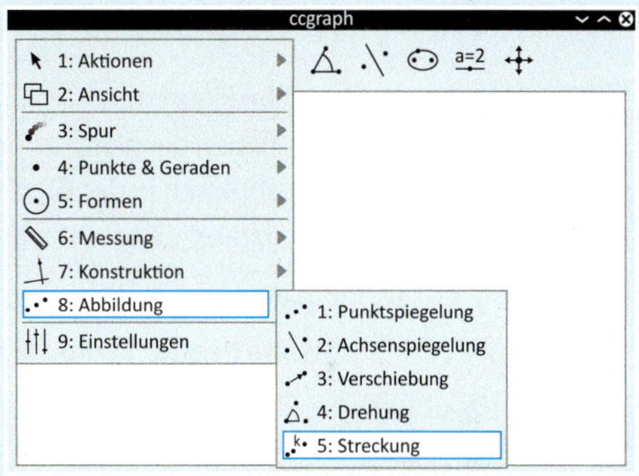

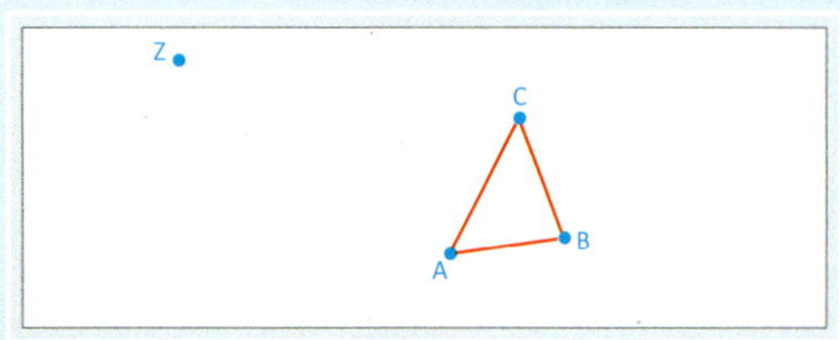

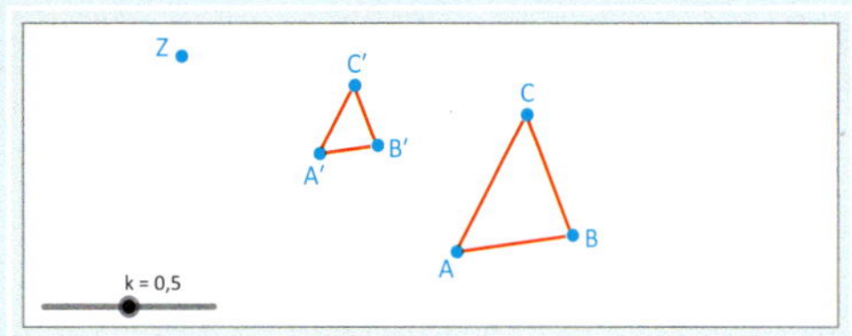

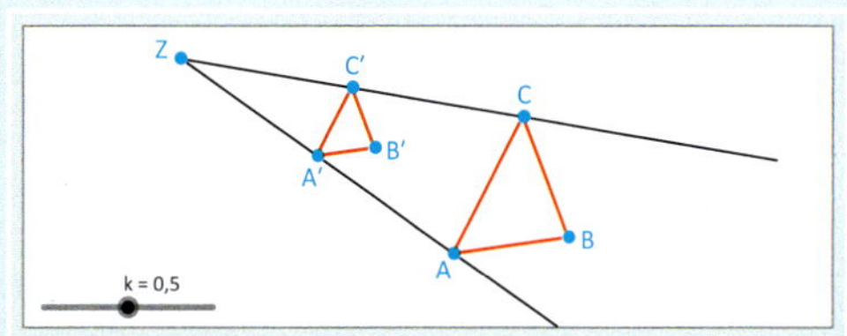

4.3 Ähnlichkeit

Entdecken

- Zeichne ein Quadrat ABCD mit der Seitenlänge a = 1 cm. Zeichne die Diagonalen ein. Verschiebe die einzelnen Seiten des Quadrates parallel so, dass neue Quadrate A'B'C'D', A"B"C"D" usw. entstehen, deren Eckpunkte auf den Diagonalen liegen.
- Ermittle die Verhältnisse entsprechender Seiten von je zwei Quadraten. Verfahre ebenso mit Dreiecken, die du in der Anordnung entdeckst.

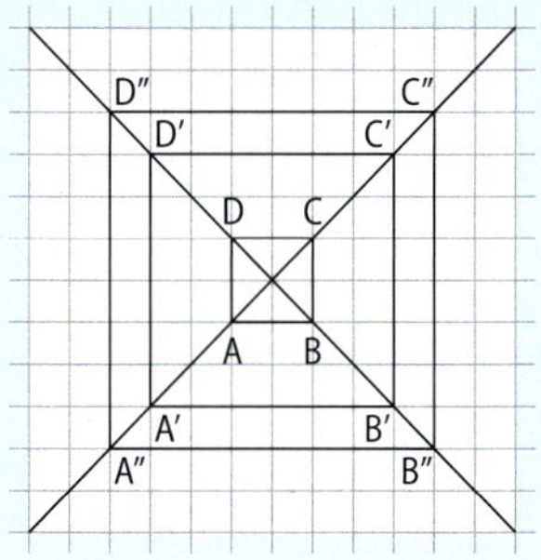

Verstehen

Zwei Figuren können durch maßstäbliches Vergrößern oder Verkleinern auseinander hervorgehen.

Merke

Eine Figur A heißt zu einer Figur B **ähnlich**, wenn B aus A durch eine **zentrische Streckung** erzeugt wurde. Diese kann auch mit mehreren Abbildungen (Spiegelungen, Drehungen oder Verschiebungen) verknüpft werden. Man schreibt: **A ~ B** (sprich: „A ist ähnlich zu B.")

Ähnliche Figuren …
- … haben die gleiche **Form**.
- … stimmen in der Größe der entsprechenden **Winkel** überein.
- … weisen das gleiche **Verhältnis entsprechender Seitenlängen** zueinander auf.

Wenn zwei Figuren **nicht** ähnlich zueinander sind, dann reicht es aus, **ein Verhältnis entsprechender Seiten** zu betrachten, das nicht übereinstimmt.

Erklärvideo

Mediencode 61238-43

Beispiel

Zeige, dass die Verhältnisse entsprechender Seitenlängen der beiden Figuren gleich sind und erläutere, warum die Figuren ähnlich sind.

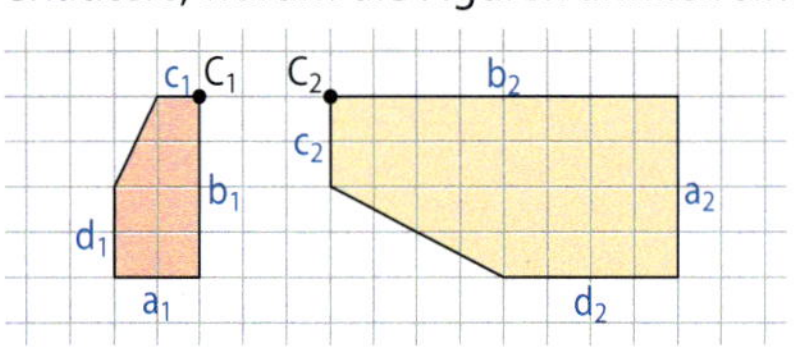

Lösung:

Es ist: $\frac{a_1}{b_1} = \frac{a_2}{b_2} = \frac{1}{2}$ $\quad \frac{c_1}{d_1} = \frac{c_2}{d_2} = \frac{1}{2}$ (weitere Vergleiche möglich)

Die rote Figur ist zur gelben Figur ähnlich.

Die Figuren stimmen im Verhältnis der entsprechenden Seitenlängen und in der Form überein. Entsprechende Winkel sind gleich groß. Daher gilt: rote Figur ~ gelbe Figur.

Die zentrische Streckung erkennt man, indem man sich am Punkt C_2 die rote Figur in die gelbe hineingeschoben und anschließend gestreckt denkt.

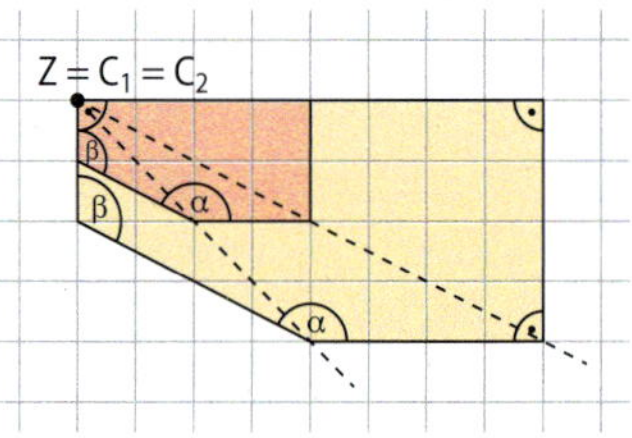

Nachgefragt

- Begründe: Quadrate sind immer zueinander ähnlich. Nenne weitere Figuren, auf die das zutrifft.
- Erkläre den Unterschied des Begriffs „ähnlich" zum Begriff „kongruent".

Aufgaben

Farbe und Material sind für die Ähnlichkeit in der Mathematik ohne Bedeutung.

1 Gib die Rechtecke an, die zueinander ähnlich sind. Begründe deine Entscheidung.

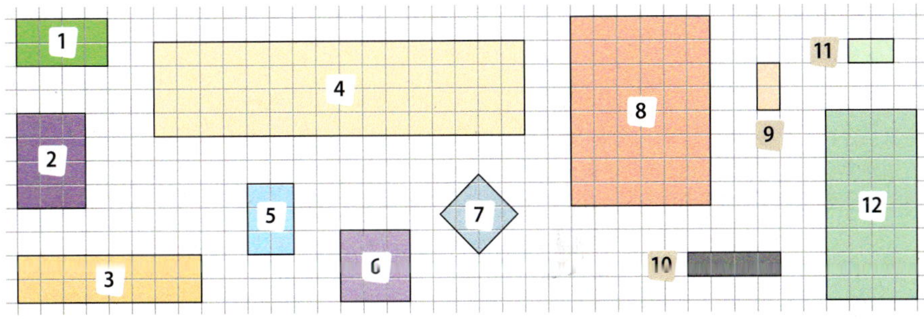

2 Übertrage die Figuren in dein Heft. Überprüfe auf verschiedene Arten, dass die Figuren zueinander ähnlich sind.

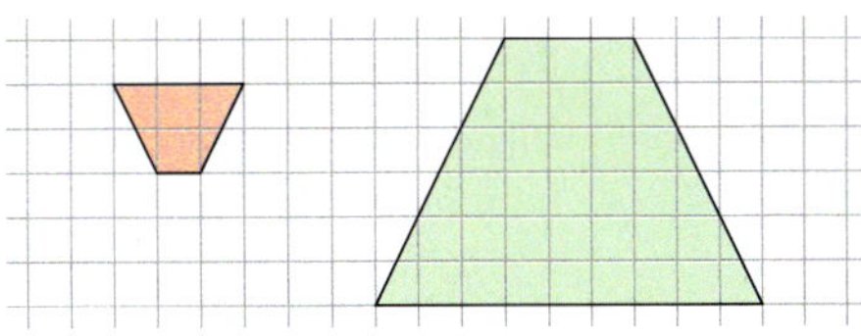

3 Zeichne die Figuren in ein Koordinatensystem. Überprüfe, ob die beiden Figuren ähnlich sind.

1. Figur 1: A (2 | 0), B (3 | 2), C (2 | 3), D (1 | 2)
   Figur 2: A′(6 | 2), B′(9 | 8), C′(6 | 11), D′(3 | 8)
2. Figur 1: A (1 | 1), B (4 | 1), C (5 | 2), D (4 | 3), E (1 | 3)
   Figur 2: A′(7 | 9,5), B′(7 | 5), C′(8,5 | 3,5), D′(10 | 5), E′(10 | 9,5)
3. Figur 1: A (2 | 4), B (3 | 1), C (4 | 1)
   Figur 2: A′(9 | −3,5), B′(9 | 1), C′(6 | 1)

Alles klar?

4 Überprüfe, ob die Dreiecke TRE und T′R′E′ zueinander ähnlich sein können. Begründe deine Entscheidung.

a) $\overline{TR} = 12\,cm$; $\overline{RE} = 15\,cm$; $u_{TRE} = 48\,cm$
   $\overline{T'R'} = 42\,cm$; $\overline{R'E'} = 52{,}5\,cm$; $u_{T'R'E'} = 168\,cm$

b) $u_{TRE} = 40\,cm$; $u_{T'R'E'} = 100\,cm$
   $A_{TRE} = 60\,cm^2$; $A_{T'R'E'} = 375\,cm^2$

c) $\overline{TR} = 4\,dm$; $A_{TRE} = 800\,cm^2$
   $\overline{T'R'} = 60\,cm$; $A_{T'R'E'} = 1600\,cm^2$

5 Zeichne ein Rechteck und trenne davon wie abgebildet ein Teilrechteck ab, das zum ursprünglichen Rechteck ähnlich ist. Bestimme jeweils die Seitenlänge x dieses Rechtecks.

a) a = 10 cm; b = 5 cm b) a = 6 cm; b = 2 cm
c) a = 120 mm; b = 80 mm d) a = 7,2 cm; b = 5,4 cm

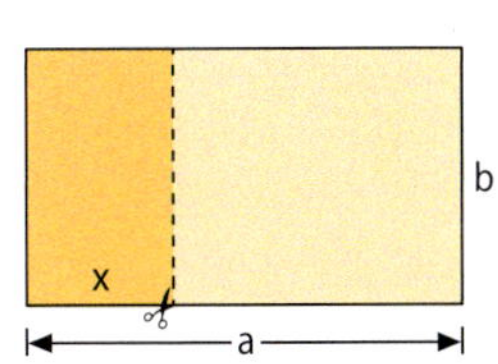

6 Bei einem gleichseitigen Dreieck seien $a = 4{,}0\,\text{cm}$ und $h = 3{,}5\,\text{cm}$.
Ermittle den Umfang und den Flächeninhalt eines ähnlichen Dreiecks mit dem Streckungsfaktor $k = 3$.

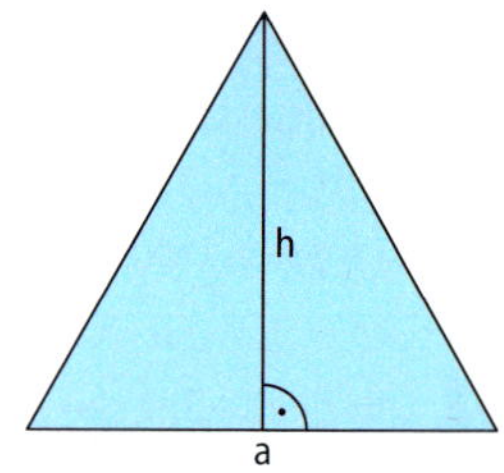

7

Mathematik und Sprache: Sprache im Alltag

Manche Begriffe in der Mathematik kennst du bereit aus deiner Alltagssprache. Beispiele sind: Strecke, Abstand, Punkt …
Auch das Wort „ähnlich" ist dir sicher schon vertraut gewesen.
In den Sprechblasen und Bildern findest du eine kleine Auswahl.

Du siehst deiner Mutter sehr ähnlich!

Ihr seid bestimmt Geschwister, so ähnlich wie ihr euch seht.

Ich habe die Aufgabe ganz ähnlich gelöst.

Das sieht dir ja ähnlich.

So ähnlich hat das auch schon Alina gesagt.

- Erläutere jeweils die Art der Ähnlichkeit, die du auf den Bildern und in den Aussagen erkennst.
- Findet in Gruppenarbeit eigene Beispiele. Macht Fotos von euren Beispielen und erläutert die Ähnlichkeit.

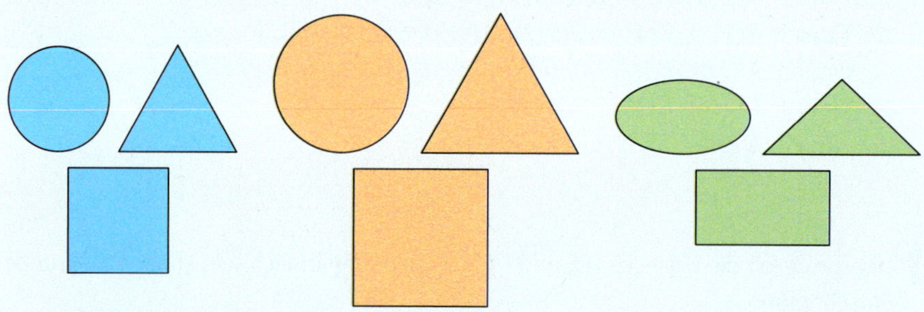

- Begründe, welche Figuren ähnlich zueinander sind.
- Erläutere, inwiefern es Anknüpfungspunkte an den alltäglichen Wortsinn vom Begriff der Ähnlichkeit gibt.
- Erläutere, inwiefern sich die mathematische Sprache von der alltäglichen unterscheidet.

Wenn du sehr genau gezeichnet und gemessen hast, sind die Seiten der orangenen Figur 0,75 cm, 1,25 cm und 1 cm lang.

8 **a)** Übertrage die beiden Figuren in dein Heft. Zeige, dass die Figuren ähnlich zueinander sind.
b) Ein Fünfeck mit $a = b = c = 5\,\text{cm}$, $d = 4\,\text{cm}$ und $e = 3\,\text{cm}$ soll zu den abgebildeten ähnlich sein. Gib an, unter welchen Bedingungen dies möglich ist.

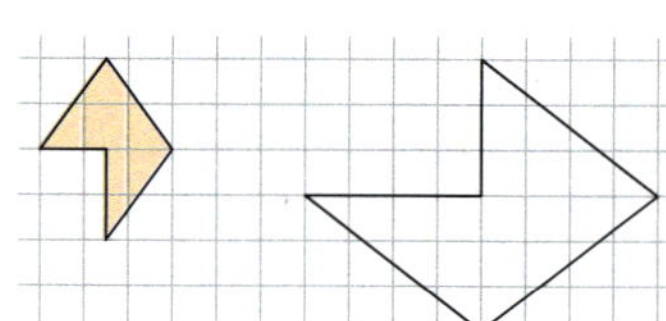

9 Zeichne ein Koordinatensystem (Einheit 1 cm) und trage die Punkte O (0 | 0), L (8 | 0), A (6,5 | 4), F (1,5 | 4), I (4 | 0) und U (4 | 4) sowie das Trapez OLAF und seinen Diagonalenschnittpunkt S ein.

a) Durch eine zentrische Streckung wird die Strecke $\overline{AF}$ auf die Strecke $\overline{OL}$ abgebildet. Weise graphisch und rechnerisch nach, dass das Streckungszentrum die Koordinaten $Z\left(4 \middle| 10\frac{2}{3}\right)$ besitzt. Ermittle auch den Streckungsfaktor k.

b) Ermittle die Streckenverhältnisse $\overline{OS}:\overline{SA}$ und $\overline{LS}:\overline{SF}$.

c) Begründe, dass **1** die Dreiecke OIS und AUS, **2** die Dreiecke SIL und SUF zueinander ähnlich sind.

d) Bestimme das Verhältnis, in dem der Punkt S die Trapezhöhe $\overline{IU}$ teilt.

e) Berechne die Längen der Strecken $\overline{IS}$ und $\overline{SU}$.

f) Bestimme den prozentualen Anteil der Trapezfläche an der Fläche des Dreiecks OLS.

Medien & Werkzeuge

Ähnliche Dreiecke mit dynamischer Geometriesoftware

Achsenspiegelung einer Figur am Beispiel eines Dreiecks

1 Zeichne ein Dreieck und eine Gerade als Spiegelachse.

2 Wähle in der Menüleiste über das Symbol den Befehl zur Achsenspiegelung (z. B. „Spiegle an Gerade."). Danach musst du nacheinander die Figur und die Gerade markieren.

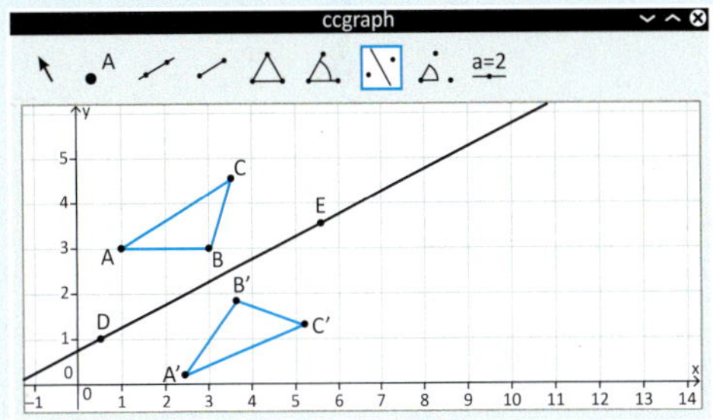

Drehung einer Figur am Beispiel eines Dreiecks

1 Erstelle mit a=2 einen Schieberegler für den Drehwinkel.

2 Zeichne die Figur. Wenn das Drehzentrum außerhalb der Figur liegt, wähle einen Punkt als Drehzentrum. Wähle in der Menüleiste über das Symbol den Befehl zur Drehung (z. B. „Drehe um Punkt.").
Danach musst du das zu drehende Objekt, das Drehzentrum D sowie den Schieberegler für den Drehwinkel markieren.
Mit Betätigung des Schiebereglers ändert sich der Drehwinkel.

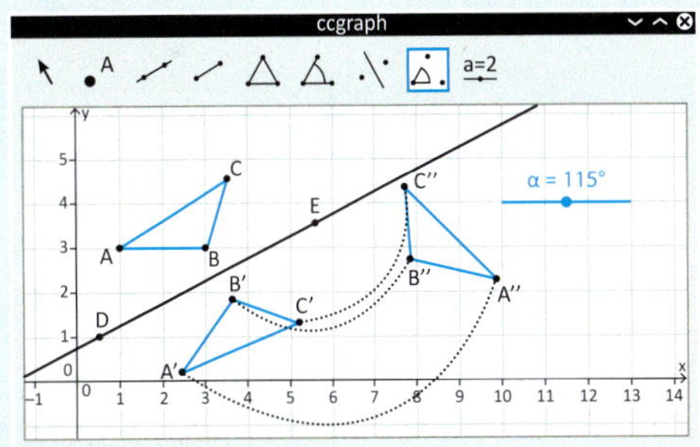

- Beschreibe ebenso die Verschiebung einer Figur.

Du kannst nun ein Dreieck gleichzeitig spiegeln, drehen, verschieben und zentrisch strecken.

- Zeichne mithilfe der Verknüpfung der verschiedenen Abbildungen ähnliche Dreiecke. Überprüfe die Eigenschaften ähnlicher Dreiecke.
- Zeichne ein Dreieck ABC und markiere die Mittelpunkte der Dreiecksseiten. Verbinde sie durch Strecken. Zeige durch Drehung und zentrischer Streckung, dass das entstandene Dreieck und das Ursprungsdreieck zueinander ähnlich sind. Notiere die entsprechenden Dreh- und Streckungszentren.
- Zeichne ein Trapez ABCD, wobei $a \parallel c$ gelten soll. Zeichne außerdem die Diagonalen ein, die sich in E schneiden sollen. Zeige mithilfe der Geometriesoftware, dass $\triangle ABE \sim \triangle ECD$ gilt. Verändere das Trapez so, dass auch $\triangle AED \sim \triangle EBC$ gilt. Notiere Eigenschaften dieses Trapezes.

Vertiefung

Ähnliche Figuren erzeugen

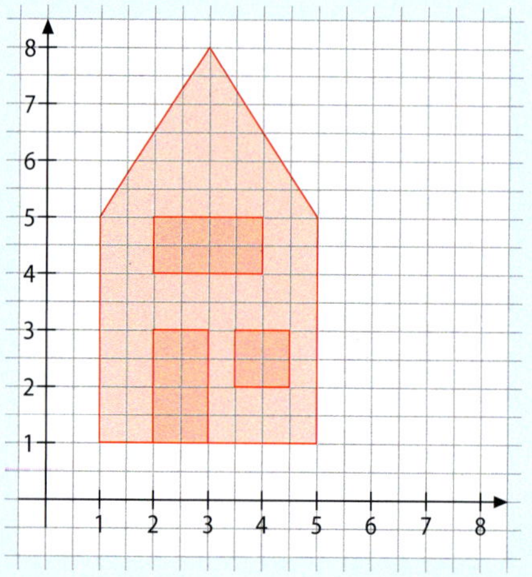

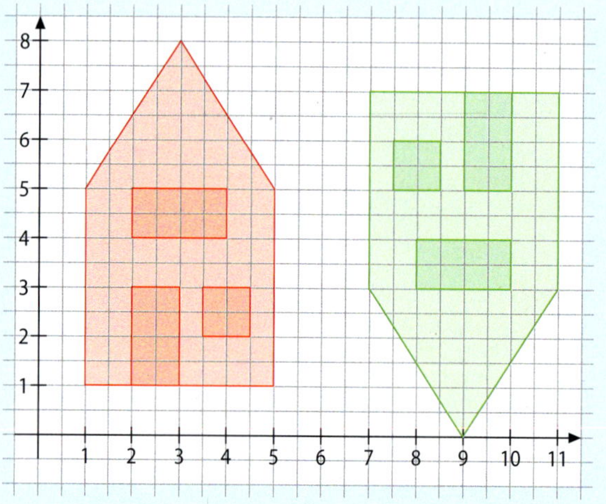

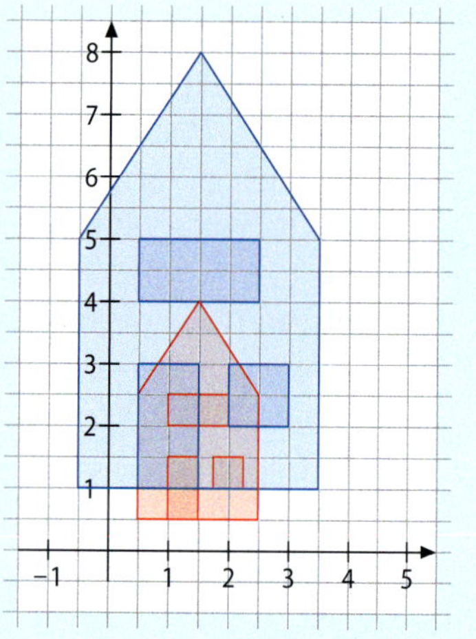

- Konstruiere ein solches Haus.
- Erzeuge die zentrische Streckung des Hauses, so wie es hier zu sehen ist.
- Ändere den Streckungsfaktor so, dass das Bildhaus halb so groß wie das Original ist.
- Ändere den Streckungsfaktor so, dass das Bildhaus auf dem Kopf steht.
- Wähle den Streckungsfaktor passend und verschiebe Z so, dass du ein „Doppelhaus“ erhältst.
- Erstellt eigene Ausgangsfiguren und führt in Zweierteams gegenseitig verschiedene zentrische Streckungen durch.

„Kopfgeometrie“

- Überlege dir eine Beschreibung einer zentrischen Streckung des Hauses in Worten.
- Lass deine Sitznachbarin oder deinen Sitznachbarn die Lage des Bildhauses – gemäß deiner Beschreibung – erläutern.
- Kontrolliert das Ergebnis, indem ihr die zentrische Streckung mithilfe des dynamischen Geometrieprogramms durchführt.

Weiterdenken

Du hast bereits die Kongruenzsätze kennengelernt. Sie zeigen an, wann zwei Dreiecke kongruent (= deckungsgleich) sind.
Die **Ähnlichkeitssätze** dagegen geben an, wann zwei Dreiecke ähnlich sind.

kongruent = gleiche Form, gleiche Größe

ähnlich = gleiche Form, beliebige Größe

Ähnlichkeitssatz www
Zwei Dreiecke sind zueinander ähnlich, wenn sie in den Maßen zweier Winkel übereinstimmen.
Beispiel: $\alpha = \alpha'$ und $\beta = \beta'$

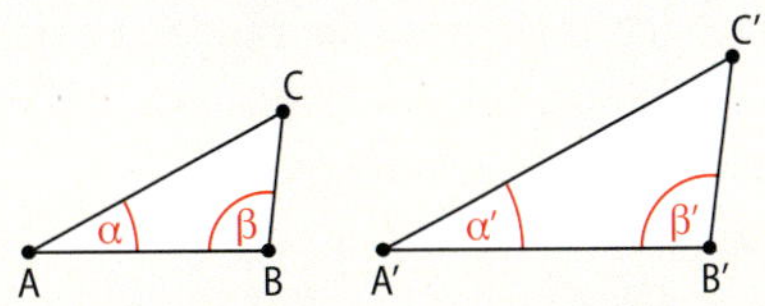

Ähnlichkeitssatz sss
Zwei Dreiecke sind zueinander ähnlich, wenn sie in den Verhältnissen entsprechender Seitenlängen übereinstimmen: $\frac{a}{a'} = \frac{b}{b'} = \frac{c}{c'}$

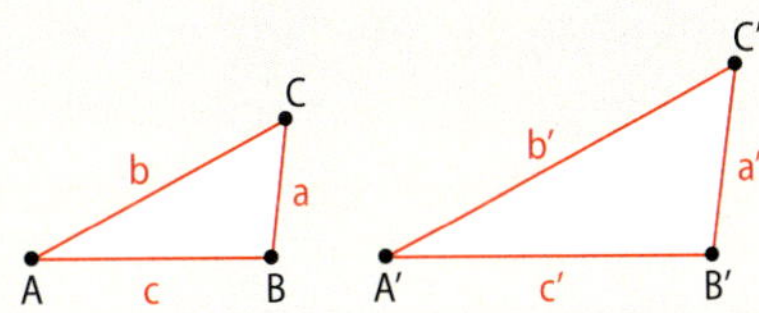

10 In einem Dreieck ABC sind zwei der Innenwinkel 30° und 65° groß.
Gegeben sind außerdem zwei Innenwinkel eines weiteren Dreiecks.
Prüfe auf Ähnlichkeit, ohne die Dreiecke zu zeichnen.
a) 65°; 85° **b)** 85°; 45° **c)** 30°; 95° **d)** 85°; 30°

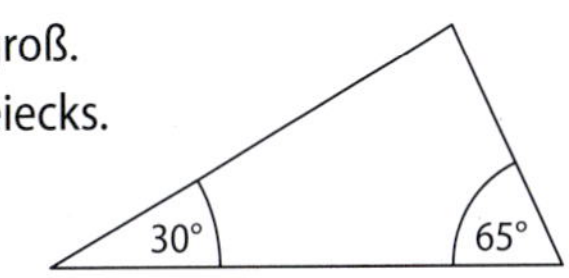

11 Übertrage die Figur in dein Heft. Zeichne dann dort jeweils eine zu ihr ähnliche Figur mit dem angegebenen Streckungsfaktor. Beschreibe dein Vorgehen.

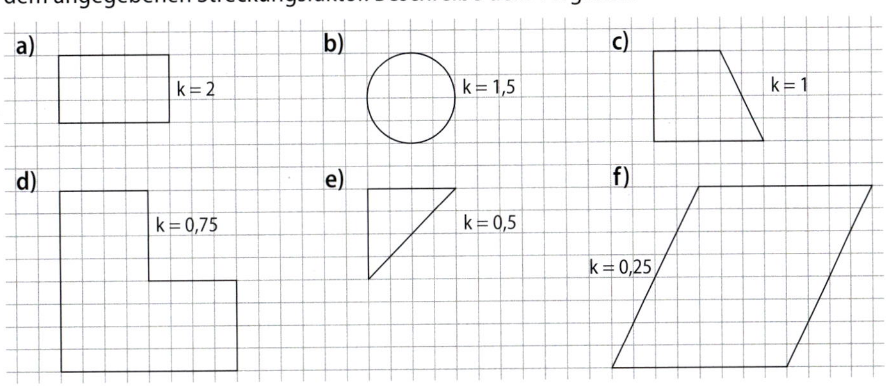

12 Konstruiere ein Dreieck ABC mit den gegebenen Maßen. Zeichne anschließend ein zweites Dreieck A'B'C' so, dass gilt: $\triangle ABC \sim \triangle A'B'C'$.
a) $a = 6\,cm$; $b = 4{,}5\,cm$; $\gamma = 80°$ $a' = 4\,cm$
b) $a = 5\,cm$; $b = 4\,cm$; $c = 7\,cm$ $a' = 3\,cm$
c) $b = 5{,}5\,cm$; $c = 5\,cm$; $\alpha = 80°$ $h_b = 6\,cm$

13 Überprüfe die Aussagen und korrigiere sie gegebenenfalls.

a) „Zwei gleichschenklige Dreiecke sind zueinander ähnlich, wenn sie in der Größe eines Winkels übereinstimmen."

b) „Zwei rechtwinklige Dreiecke sind zueinander ähnlich, wenn sie in einem ihrer spitzen Winkel übereinstimmen."

c) „Zwei beliebige Dreiecke sind ähnlich, wenn zwei ihrer Winkel übereinstimmen."

Erklärvideo
Mediencode 61238-44

Weiterdenken

Es gibt weitere Zusammenhänge bei ähnlichen Dreiecken:

Ähnlichkeitssatz sws
Zwei Dreiecke sind zueinander ähnlich, wenn sie in den Verhältnissen der Längen zweier Seiten und im Maß des von ihnen eingeschlossenen Winkels übereinstimmen.
Beispiel: $\frac{a}{c} = \frac{a'}{c'}$ und $\beta = \beta'$

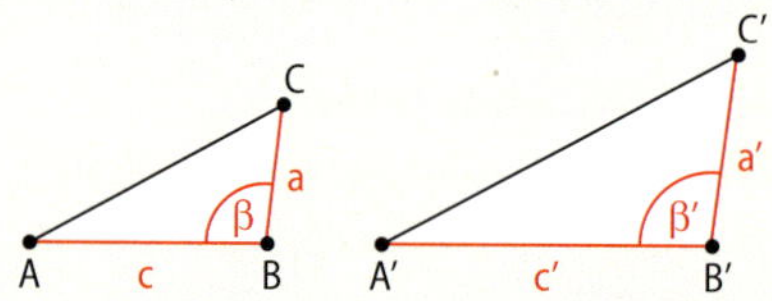

Ähnlichkeitssatz Ssw
Zwei Dreiecke sind zueinander ähnlich, wenn sie in den Verhältnissen der Längen zweier Seiten und im Maß des Winkels gegenüber der größeren Seite übereinstimmen.
Beispiel: $\frac{a}{b} = \frac{a'}{b'}$ und $\beta = \beta'$

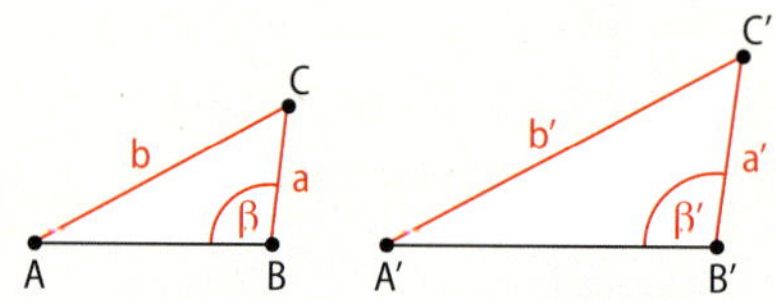

14 Überprüfe die Dreiecke ABC und A′B′C′ auf Ähnlichkeit.

a) $\alpha = 57°$; $b = 8\,cm$; $c = 12\,cm$ — $\alpha' = 57°$; $b' = 16\,cm$; $c' = 24\,cm$
b) $\alpha = 70°$; $\beta = 50°$; $c = 35\,mm$ — $\beta' = 50°$; $\gamma' = 80°$; $b' = 6{,}7\,cm$
c) $b = 6{,}4\,cm$; $c = 2{,}5\,cm$; $\beta = 34°$ — $b' = 24{,}32\,cm$; $c' = 9{,}5\,cm$; $\beta' = 34°$
d) $a = 58\,mm$; $c = 26\,mm$; $\gamma = 45°$ — $a' = 2{,}9\,cm$; $c' = 2{,}6\,cm$; $\gamma' = 45°$
e) $a = 2{,}6\,m$; $\alpha = \beta = 60°$ — $b' = 47\,mm$; $c' = 4{,}7\,cm$; $\gamma' = 60°$

Fertige eine Planskizze an.

15 Die Dreiecke ABC und A′B′C′ sind ähnlich. Berechne fehlende Seitenlängen.

a) $a = 5\,cm$; $b = 4{,}4\,cm$; $c = 5{,}6\,cm$ — $a' = 12{,}5\,cm$
b) $a = 25\,mm$; $b = 45\,mm$; $c = 55\,mm$ — $c' = 11\,mm$
c) $b = 45\,m$; $a' = 38\,mm$; $b' = 5\,cm$ — $c' = 0{,}65\,dm$

Lösungen zu Aufgabe 16: 2 cm; 3,5 cm; 3,75 cm; 4 cm

16 $\triangle ABC \sim \triangle A'B'C'$. Berechne die Längen der Strecken x und y für die Dreiecke.

a)

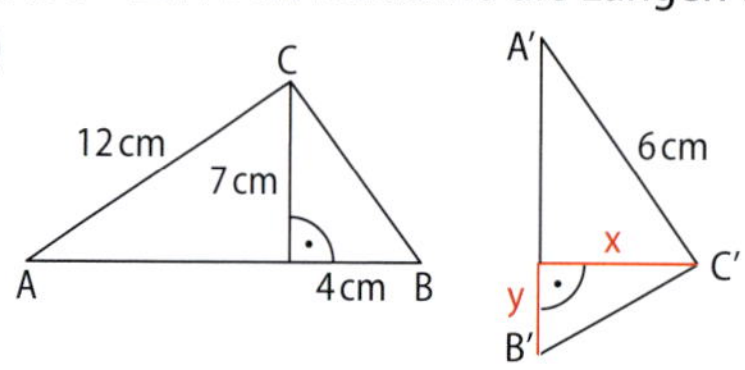

b)

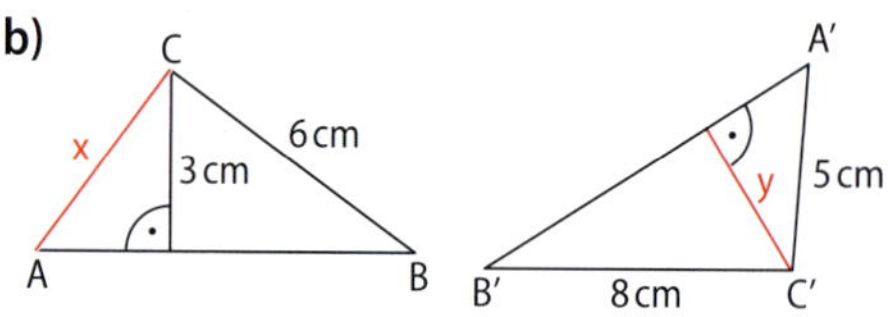

17 Zeichne ein Dreieck ABC mit dem Seitenverhältnis $a : b : c = 3 : 4 : 6$ und Umfang $u = 10{,}4\,cm$. Beschreibe dein Vorgehen.

18 Das Rechteck ABCD in der nebenstehenden Zeichnung ist $a = 6\,cm$ lang und $b = 5\,cm$ breit. Das Dreieck ABF nimmt 30 % der Rechtecksfläche ein. Untersuche, welchen Flächeninhalt das Dreieck AED besitzt.

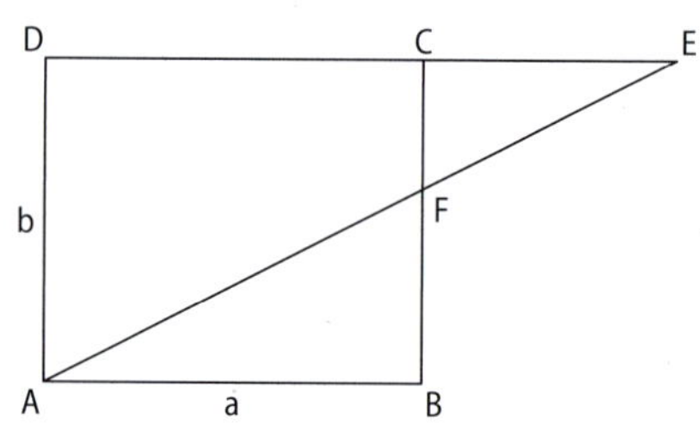

Vertiefung

Wir bauen einen Pantographen

In der Abbildung siehst du einen Pantographen. Das Wort lässt sich mit „Alleszeichner“ übersetzen. Wir wollen nun genauer untersuchen, was der Pantograph alles zeichnen kann. Dazu werden wir uns mit seiner Bauweise beschäftigen. Diese kannst du schon anhand der Abbildung erkennen.

- Beschreibe möglichst genau den Aufbau des abgebildeten Pantographen.
- Stelle eine Liste zusammen, welche Teile du zum Bau eines solchen Geräts benötigst.
- Erläutere, auf welche Besonderheiten des Geräts du beim Bau genau achten musst.
- Erkläre, wie eine vergrößerte (verkleinerte) Figur entsteht.

Ein digitaler Nachbau

Mit einem dynamischen Geometrieprogramm lassen sich solche historischen Zeichengeräte gut „nachbauen“. In der Abbildung siehst du einen digitalen Pantographen. Entsprechende Nachbauten kannst du im Internet finden oder du konstruierst eigenständig einen.

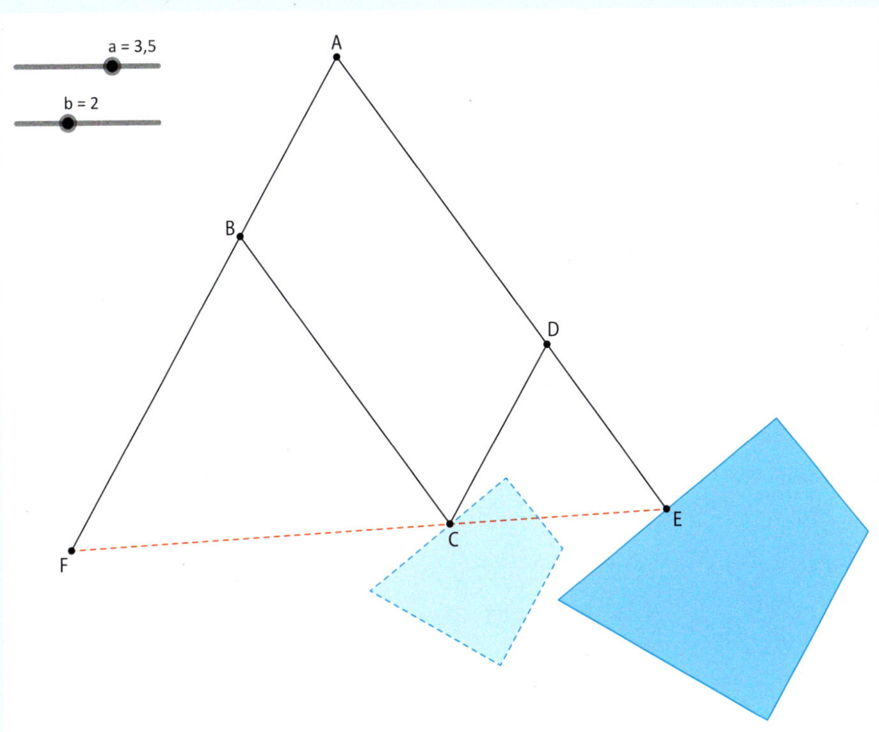

Hierzu ein paar Tipps:
- *Erstelle zuerst 2 Schieberegler.*
- *Das Viereck ABCD muss ein Parallelogramm sein.*
- *Die Punkte F, C und E müssen auf einer Geraden liegen.*

- Betrachte die Abbildung eines digitalen Pantographen und erläutere Gemeinsamkeiten und Unterschiede zu den realen Pantographen.
- Suche im Internet einen solchen Nachbau oder erstelle einen digitalen Pantographen.
- Verändere die Schieberegler, so dass sich ein anderes Viereck BCED ergibt.
- Füge unterschiedliche Bilder ein (z. B. Haus, Blume, Dreieck) und bewege C entlang der Umrisse.
- Beschreibe die Spur von E, die bei der Bewegung von C entsteht.
- Formuliere eine Idee, wie und wozu man einen Pantographen nutzen kann.

4.4 Besondere Verhältnisse ähnlicher Figuren

Entdecken

Manchmal verdecken viel kleinere Objekte die Sicht auf große, aber weit entfernte Dinge. Ihr könnt das selbst mit diesem Experiment ausprobieren.

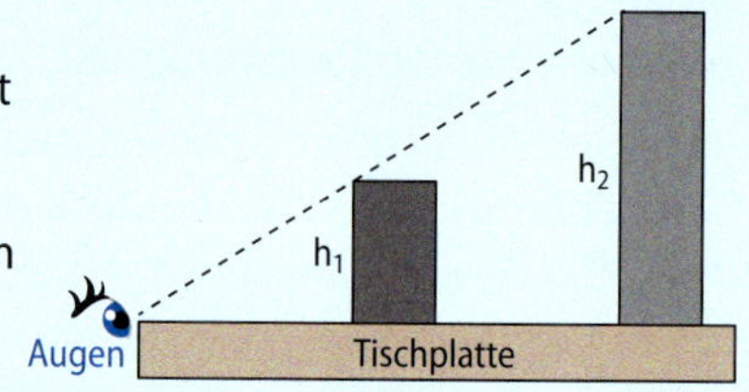

- Stelle ein großes und ein kleines Objekt auf einen Tisch. Sieh so über den Tisch, dass du noch die Kante, aber nicht die Tischplatte siehst.
- Verschiebe den kleinen Körper so, dass er den großen gerade so verdeckt.
- Übertrage die Tabelle in dein Heft und fülle sie aus. Fasse Besonderheiten zusammen.

kleiner Körper			großer Körper		
Höhe h_1	Abstand s_1	$h_1 : s_1$	Höhe h_2	Abstand s_2	$h_2 : s_2$
2 cm	6 cm	1 : 3	4 cm		

Verstehen

Bei ähnlichen Dreiecken ist das Verhältnis zugehöriger Seiten stets gleich. Diese Eigenschaft wird bei den sogenannten Strahlensätzen ausgenutzt.

*Je nach Lage der Parallelen zum Zentrum Z spricht man von einer **V**-Figur*

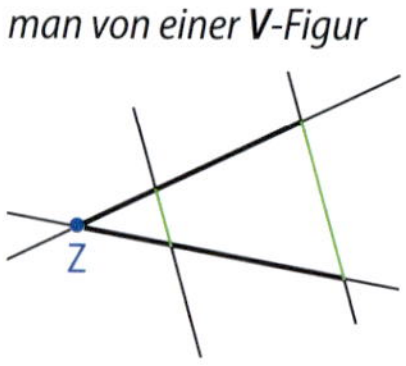

*oder einer **X**-Figur.*

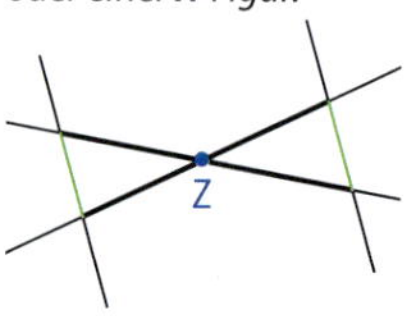

Beachte: Beim 2. Strahlensatz müssen die zugehörigen Abschnitte immer auf derselben Geraden in Z beginnen.

Merke

Werden zwei Strahlen mit gemeinsamem Anfangspunkt von zwei Parallelen geschnitten,

- so verhalten sich die Abschnitte auf dem einen Strahl zueinander wie die gleich liegenden Abschnitte auf dem anderen Strahl. (**1. Strahlensatz**)

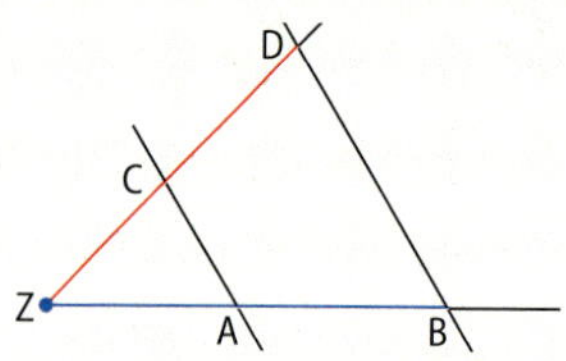

$\frac{\overline{ZA}}{\overline{ZB}} = \frac{\overline{ZC}}{\overline{ZD}}$

oder

$\frac{\overline{ZA}}{\overline{AB}} = \frac{\overline{ZC}}{\overline{CD}}$

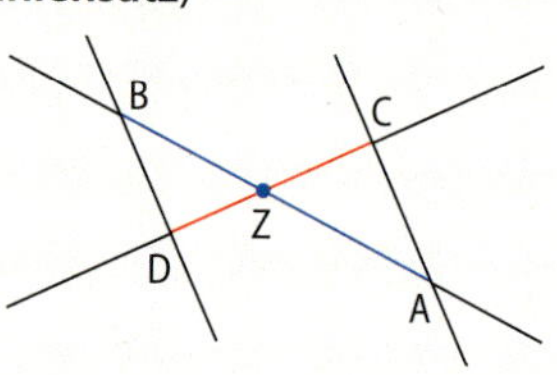

- so verhalten sich die parallelen Abschnitte zueinander wie die zugehörigen Abschnitte auf ein und demselben Strahl. (**2. Strahlensatz**)

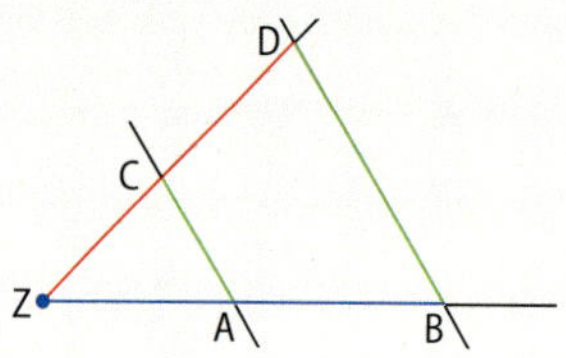

$\frac{\overline{ZA}}{\overline{ZB}} = \frac{\overline{AC}}{\overline{BD}}$

oder

$\frac{\overline{ZC}}{\overline{ZD}} = \frac{\overline{AC}}{\overline{BD}}$

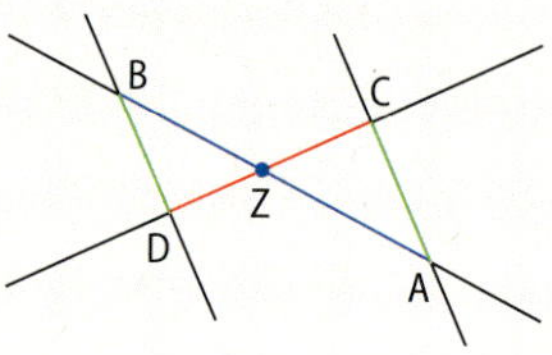

Beispiel

Berechne mithilfe der Strahlensätze die fehlenden Längen x und y.

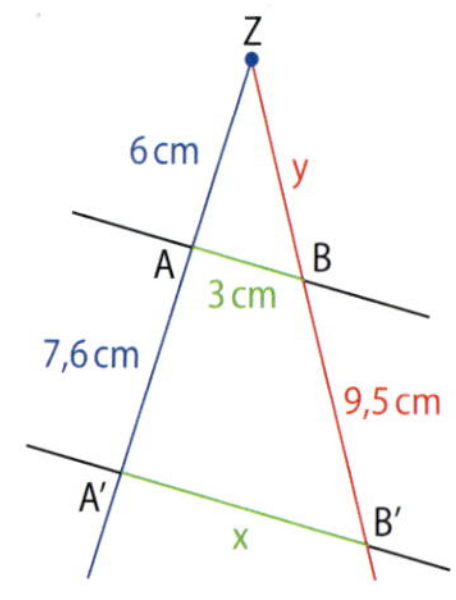

Lösungsmöglichkeit:

Berechnung von …

y mit dem 1. Strahlensatz:

$\frac{\overline{ZB}}{\overline{BB'}} = \frac{\overline{ZA}}{\overline{AA'}}$

$\frac{y}{9{,}5\,\text{cm}} = \frac{6\,\text{cm}}{7{,}6\,\text{cm}} \quad | \cdot 9{,}5\,\text{cm}$

$\underline{\underline{y = 7{,}5\,\text{cm}}}$

x mit dem 2. Strahlensatz

$\frac{\overline{A'B'}}{\overline{AB}} = \frac{\overline{ZA'}}{\overline{ZA}}$

$\frac{x}{3\,\text{cm}} = \frac{(6 + 7{,}6)\,\text{cm}}{6\,\text{cm}} \quad | \cdot 3\,\text{cm}$

$\underline{\underline{x = 6{,}8\,\text{cm}}}$

Erklärvideos

Mediencode 61238-45

Nachgefragt

- Erläutere den Zusammenhang zwischen einer zentrischen Streckung und den Strahlensätzen.
- Beschreibe ein Vorgehen, wie man mithilfe der Strahlensätze den Streckungsfaktor k bestimmen kann.

Aufgaben

1 Formuliere die Strahlensätze für die Figuren.

a)

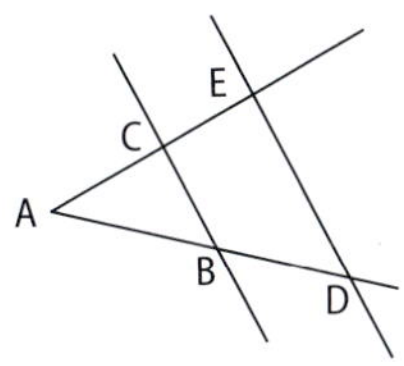

b)

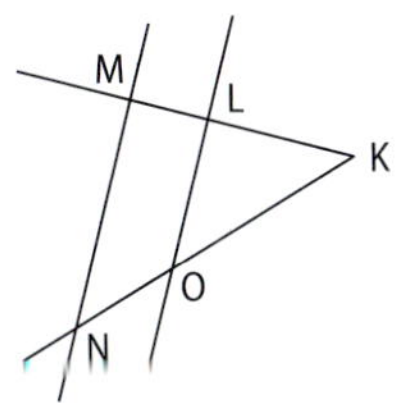

c)

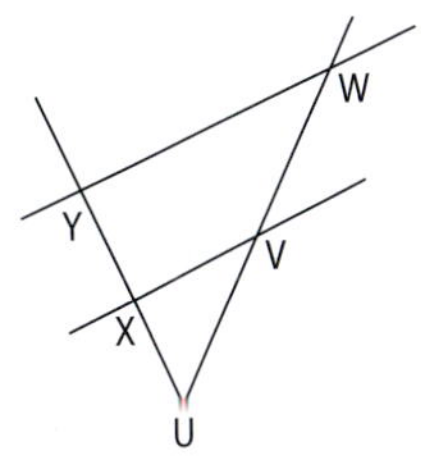

2 Überprüfe, ob die Strahlensätze richtig angewendet wurden (g ∥ h). Beschreibe Fehler und korrigiere sie.

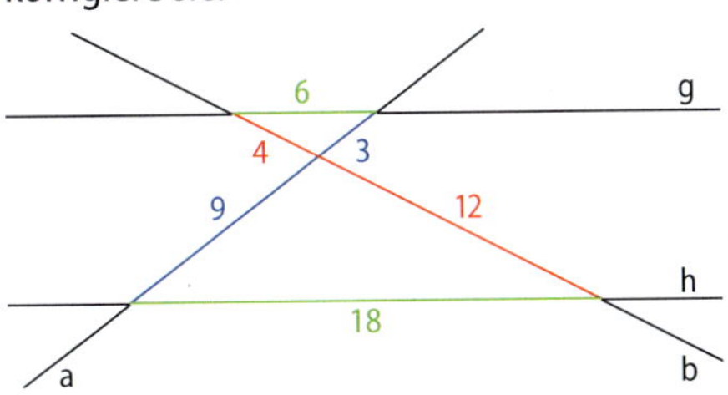

1 $\frac{3}{9} = \frac{18}{6}$

2 $\frac{4}{9} = \frac{6}{18}$

3 $\frac{6}{18} = \frac{4}{12}$

4 $\frac{3}{4} = \frac{9}{12}$

5 $\frac{6}{18} = \frac{9}{12}$

6 $\frac{4}{6} = \frac{9}{18}$

3 Bei Strahlensätzen müssen Verhältnisgleichungen gelöst werden. Bestimme die unbekannte Größe.

Lösen von Verhältnisgleichungen: siehe S. 70

a) $\frac{5}{9} = \frac{x}{27}$ b) $\frac{6}{y} = \frac{45}{135}$ c) $\frac{12{,}5}{36} = \frac{17{,}5}{x}$ d) $\frac{z}{17{,}5} = \frac{22{,}2}{8{,}4}$ e) $\frac{0{,}5}{x} = \frac{2{,}25}{6{,}3}$

4 Berechne die farbig markierten Längen mithilfe der Strahlensätze.

Es liegen jeweils „Strahlensatzfiguren" vor, d. h. die sich nicht schneidenden Geraden sind jeweils parallel.

Lösungen zu 4: 12; 24; 12; $14\frac{2}{3}$; 8; 10; 6; 16,5; 3,5; 6,8

a)

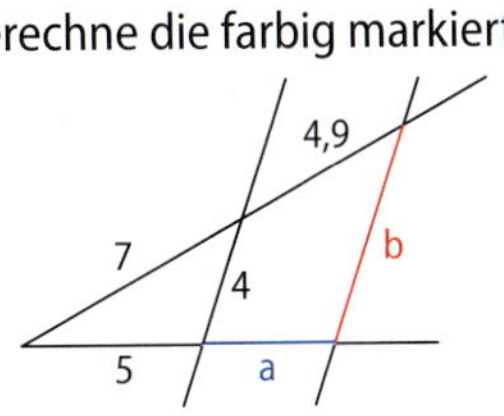

b)

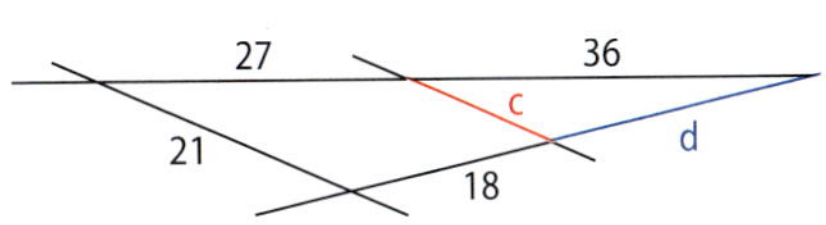

c)

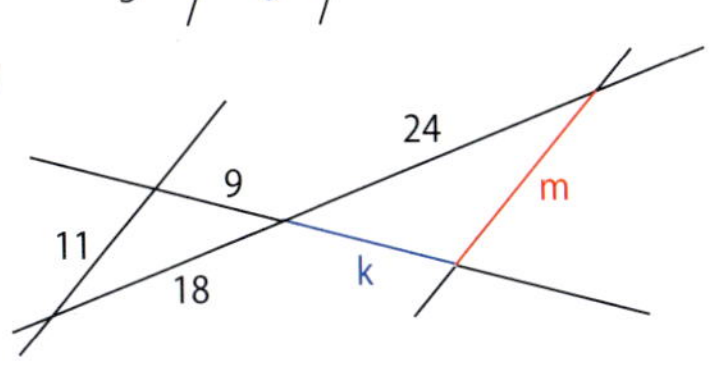

d)

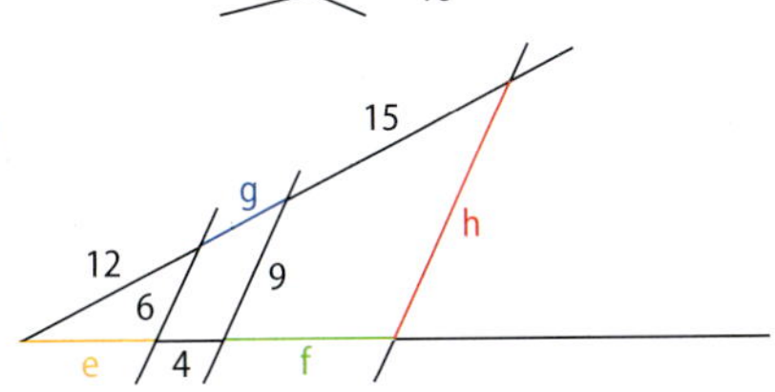

5 Finde möglichst viele Zusammenhänge mithilfe der Strahlensätze. Prüfe jeweils, ob es mehrere Lösungen gibt.

$\overline{AG} \parallel \overline{BH} \parallel \overline{CI}$

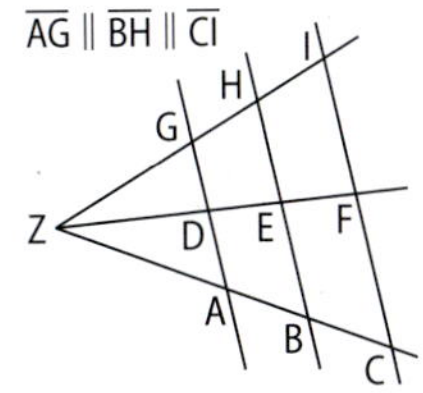

a) $\frac{\overline{ZA}}{\overline{ZB}} = \frac{\square}{\square}$ b) $\frac{\overline{ZG}}{\overline{ZI}} = \frac{\square}{\square}$ c) $\frac{\overline{ZE}}{\overline{ZF}} = \frac{\square}{\square}$ d) $\frac{\overline{ZE}}{\overline{ZH}} = \frac{\square}{\square}$ e) $\frac{\overline{ZE}}{\overline{EH}} = \frac{\square}{\square}$

f) $\frac{\overline{ZA}}{\overline{AG}} = \frac{\square}{\square}$ g) $\frac{\overline{ZI}}{\overline{ZC}} = \frac{\square}{\square}$ h) $\frac{\overline{DA}}{\overline{FC}} = \frac{\square}{\square}$ i) $\frac{\overline{HE}}{\overline{GD}} = \frac{\square}{\square}$ j) $\frac{\overline{DE}}{\overline{DF}} = \frac{\square}{\square}$

Alles klar?

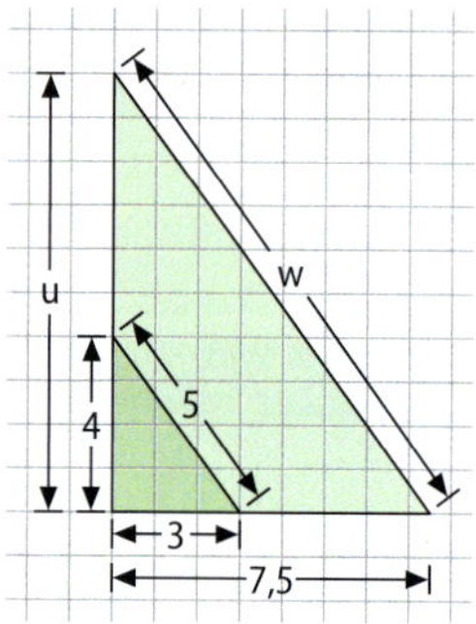

6 Betrachte die Strahlensatzfigur links in der Randspalte und bestimme die fehlenden Seitenlängen u und w.

7 a) Nachgefragt: Erläutere, warum es sich bei der folgenden Figur um eine Strahlensatzfigur handelt.
b) Gib die Strecken b und k in Abhängigkeit von x an.
c) Suche dir eine Partnerin oder einen Partner. Entwerft jeweils eine Sachsituation, die zu der abgebildeten Strahlensatzfigur passen könnte. Erläutert euch gegenseitig eure Gedanken.

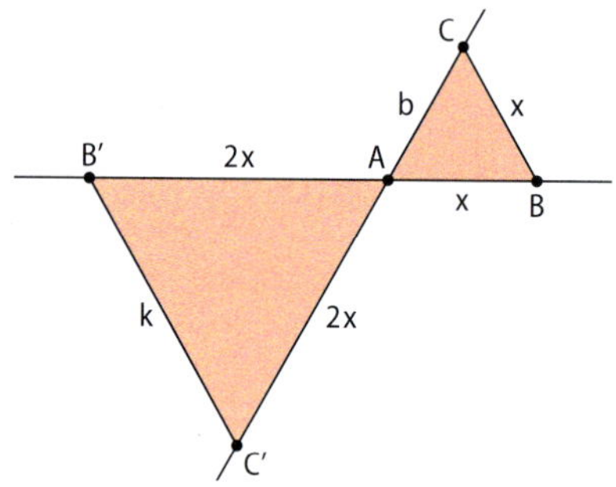

Geogebra
Mediencode 61238-46

8 In einen Dachstuhl muss eine Stütze eingebracht werden. Berechne, in welcher Entfernung zum Ende des Dachstuhls diese eingepasst werden muss.

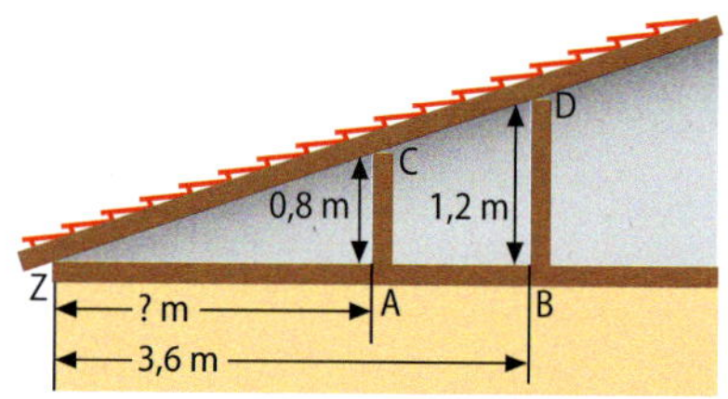

Projektidee:
Erstelle eine Präsentation zur Nutzung eines Försterdreiecks. Erläutere den mathematischen Hintergrund. Stellt euch eure Präsentationen gegenseitig vor.
Kriterien:
- *fachlich richtig*
- *verständlich*
- *Fachsprache*
- *übersichtlich und visuell*

9 Mithilfe eines Försterdreiecks werden Höhen von Bäumen ermittelt.
a) Übertrage die Skizze in dein Heft.
b) Erläutere, worauf bei der Bestimmung der Höhe des Baumes geachtet werden muss.
c) Erkläre, warum nicht der Boden angepeilt wird.
d) Berechne die Höhe des Baumes.

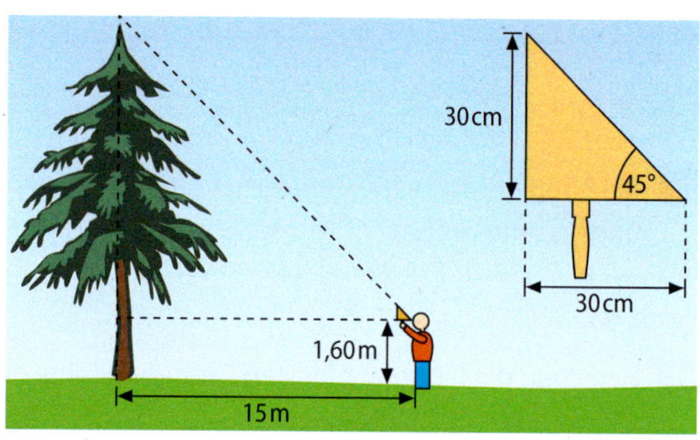

10 Mithilfe der Strahlensätze kann man die Längen unzugänglicher Strecken berechnen. Bei einer Übung sollen verschiedene Gruppen die Breite eines Teichs bestimmen.

Alle Längenangaben sind in Metern gegeben.

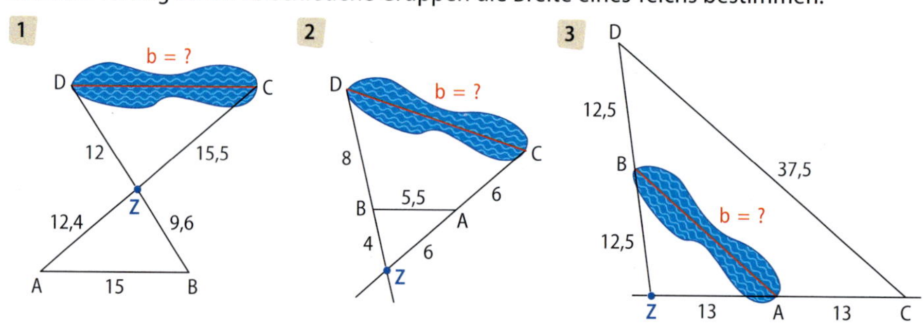

a) Entscheide, ob die Gruppen 1 bis 3 die Breite b bestimmen können. Begründe.
b) Bestimme die Breite des Teichs mit den Ergebnissen aus a).

11 **Argumentieren und Begründen**

Streckeneinteilung mit dem Strahlensatz

Jede Strecke kann mithilfe der Strahlensätze in einem beliebigen rationalen Verhältnis geteilt werden.

Beispiel: Für die Teilung einer Strecke im Verhältnis 5 : 3 gibt es zwei Möglichkeiten:

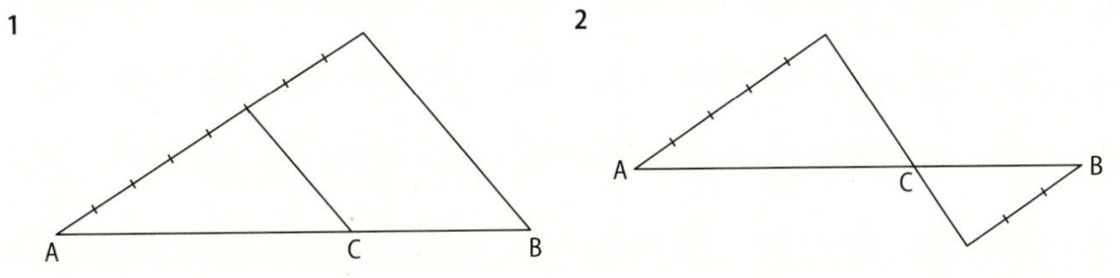

- Beschreibe beide Konstruktionen.
- Erkläre das Vorgehen mithilfe der Strahlensätze.

12 Unbekannte Größen kann man „Pi mal Daumen" bestimmen. Dazu peilt man einen Gegenstand bei ausgestreckter Armlänge l über den Daumen mit der Daumenlänge d an. Bei einem Abstand a lässt sich damit ein Gegenstand der Länge g abdecken.

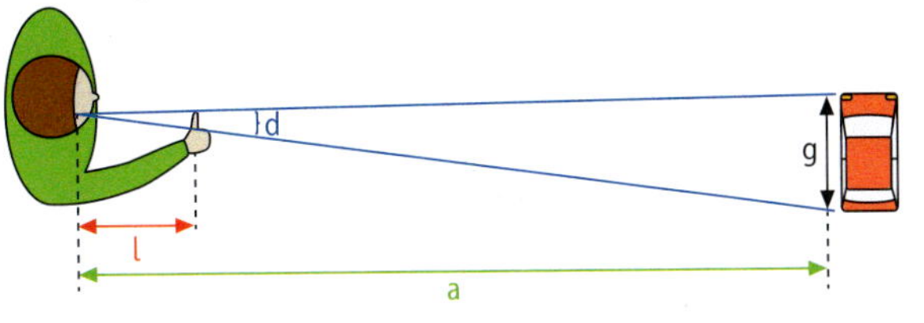

a) Max verdeckt mit seinem Daumen ($d = 5{,}0\,cm$, $l = 0{,}40\,m$) einen Gegenstand in einem Abstand von 3,20 m vollständig. Welche Länge g hat dieser Gegenstand?

b) Ein Auto ist etwa 4,50 m lang. Bestimme mit deinen Maßen d und l die Entfernung vom Auto.

c) Probiere selbst aus, entweder den Abstand a oder die Länge g von Gegenständen mithilfe deiner Daumen- und Armlänge zu bestimmen.

13 Der Abstand des Mondes von der Erde beträgt 384 400 km, sein Durchmesser 3476 km. Paul hält einen 6 mm dicken Stift vor sein Auge.

a) Fertige eine Skizze an.

b) Bestimme, in welchem Abstand Paul den Stift vor das Auge halten muss, um den Vollmond gerade vollständig zu verdecken.

14 Schon im Altertum wurde ein Stab senkrecht so aufgestellt, dass die Spitze des Pyramidenschattens auf den Schatten des Stabs fiel, um die Höhe einer Pyramide zu bestimmen. Berechne die Höhe der quadratischen Pyramide in der Zeichnung.

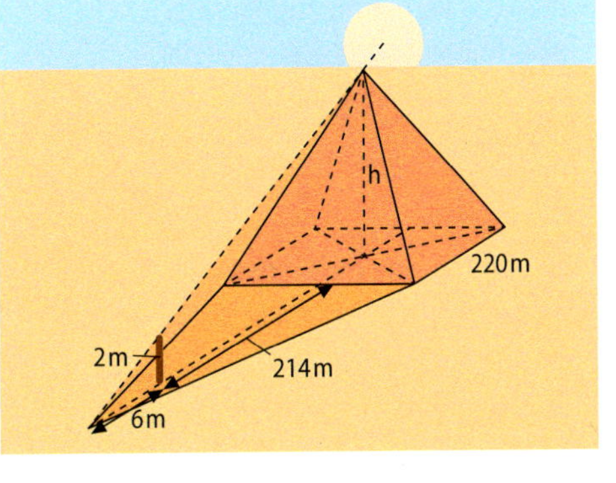

15 **Mathematik und Sprache: Mathematik erklären**

Dein Freund war wegen eines Schüleraustausches für drei Wochen nicht da. In dieser Zeit habt ihr in der Schule die Strahlensätze durchgenommen. Dein Freund ist nun auf deine Hilfe angewiesen. Erkläre ihm den Inhalt der Sprechblasen so ausführlich wie möglich.

Je nach Lage der Parallelen gibt es eine V-Figur oder eine X-Figur als Strahlensatzfigur.

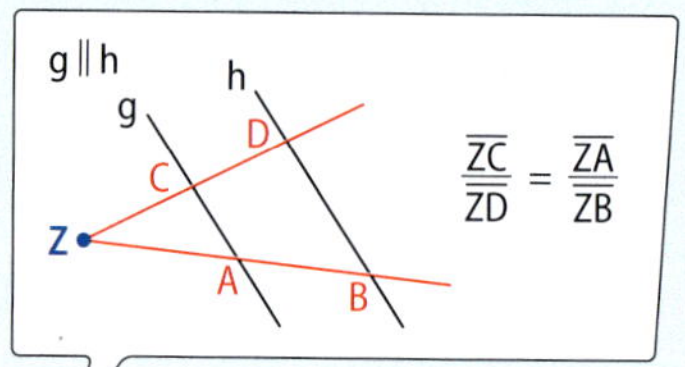

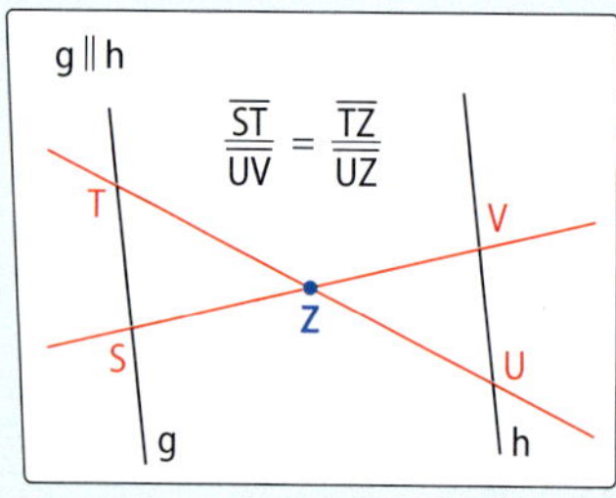

Bei Strahlensätzen müssen Verhältnisgleichungen gelöst werden.

16 Der Schatten eines Turms ist 45,5 m lang. Zur gleichen Zeit misst der Schatten eines 1,85 m großen Mannes 2,59 m. Angenommen beide Schatten enden im gleichen Punkt. Skizziere die Situation und berechne die Höhe des Turmes. Prüfe, ob dein Ergebnis und die Situation realistisch sind.

17 Karl erhält ein eigenes Zimmer im Dachgeschoss. Auf der linken Seite ist die Wand 1,20 m hoch, auf der rechten Seite 3,00 m. Der Abstand der beiden Wände beträgt 4,50 m. Prüfe rechnerisch, ob Karl an dieser Wand einen Schrank mit einer Breite von 1,80 m und einer Höhe von 2,40 m aufstellen kann. Erkläre deinen Lösungsweg anhand einer Skizze.

Weiterdenken

Umkehrung des 1. Strahlensatzes
Werden zwei Geraden a und b mit gemeinsamem Anfangspunkt Z von zwei Geraden g und h so geschnitten, dass das Verhältnis zugehöriger Abschnitte jeweils gleich ist, dann sind die Geraden g und h parallel zueinander.

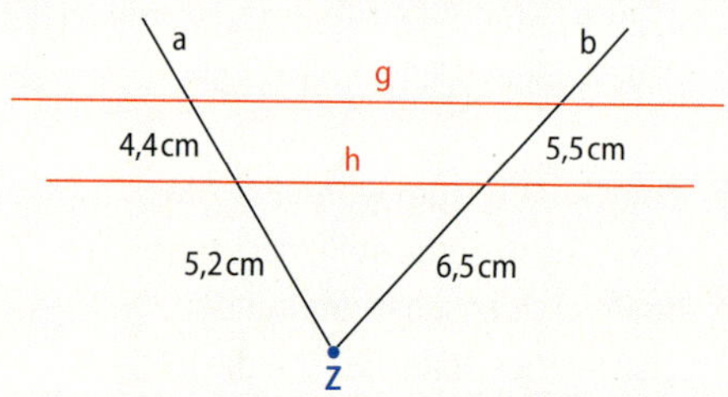

18 **a)** Begründe rechnerisch, dass die beiden roten Geraden g und h parallel zueinander sind.
b) Konstruiere mithilfe der Umkehrung des 1. Strahlensatzes zueinander parallele Geraden.

19 Ein Airbus A380 befindet sich bis zu einer Flughöhe von etwa 10 000 m im gleichmäßigen Steigflug. Die Monitore im Flugzeug zeigen zu zwei Zeitpunkten folgende Daten an:

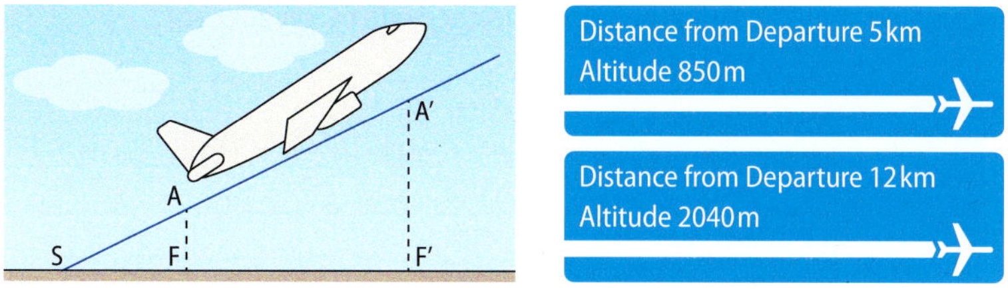

a) Erkläre die Begriffe auf dem Monitor. Recherchiere gegebenenfalls.

b) Berechne die Höhe des Airbus bei einer „Distance from Departure" von 20 km (22,5 km; 26 km).

20 Ein Grundstück hat die Form eines rechtwinkligen Dreiecks. Durch einen Weg wird ein Streifen in Trapezform abgetrennt. Berechne die Seitenlängen des verkleinerten Grundstücks.

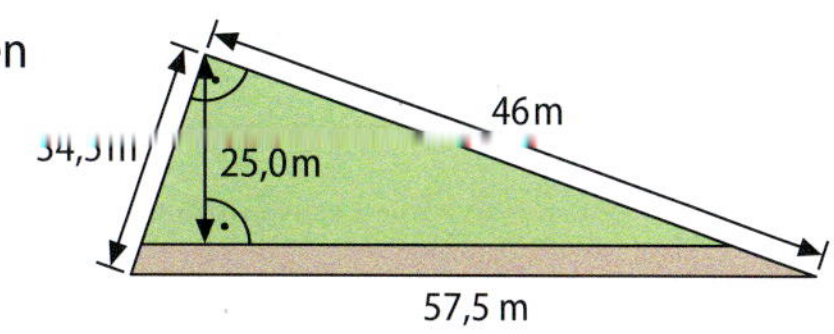

21 Bei einem Haus wird der Giebel durch eine Fachwerkkonstruktion getragen. Berechne die Balkenlängen b_1 und b_2.

$a = 9\,m$ $\quad b = 2{,}5\,m$

$c = 2\,m$ $\quad d = 4{,}5\,m$

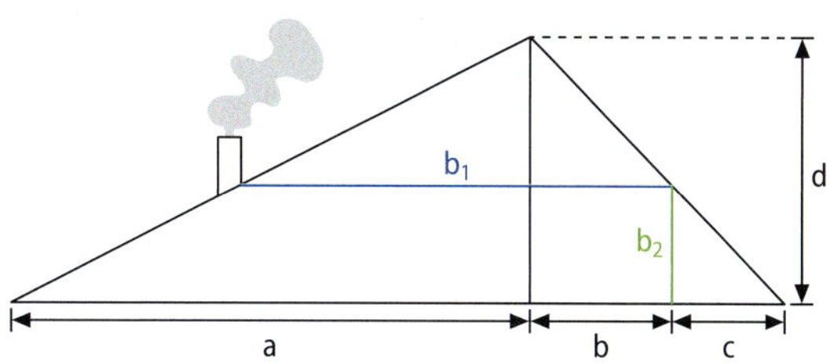

22 Von einem 20 cm hohen Kegel ist bekannt, dass seine Grundfläche $A_G = 48\,cm^2$ beträgt. Nun wird der Kegel parallel zu seiner Grundfläche geschnitten und zwar 5 cm von seiner Spitze entfernt.

a) Berechne das Volumen des Restkörpers.

b) Berechne das Volumen des Kegelstumpfs.

c) Berechne, wie weit von der Spitze entfernt der parallele Schnitt zur Grundfläche vorgenommen werden müsste, damit das Volumen des Restkörpers halb so groß wie das Volumen des Ausgangskegels ist.

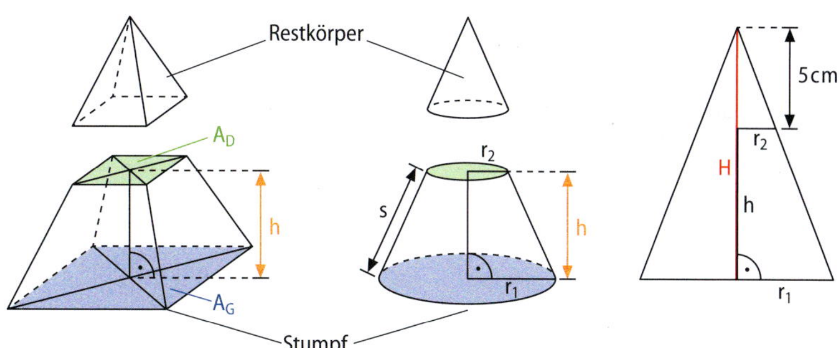

23 a) Zeige, dass sich das Volumen des Kegelstumpfs wie folgt berechnen lässt:

$V_{Kegelstumpf} = \frac{1}{3}\pi \cdot \left(r_1^2 + r_1 r_2 + r_2^2\right) \cdot h_1$

b) Es sei s_1 die Seitenlinie des Kegelstumpfs. Zeige, dass sich die Mantelfläche wie folgt berechnen lässt:

$A_M = \pi \cdot (r_1 + r_2) \cdot s_1$

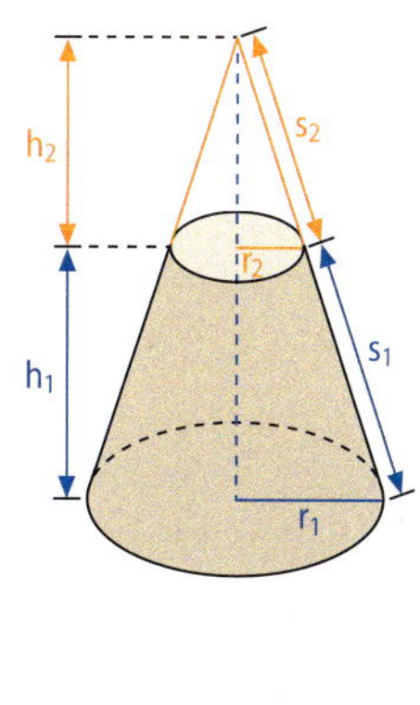

Hinweise zu den Aufgaben 22 und 23:
- *Volumen Pyramide und Kegel:* $V = \frac{1}{3} \cdot A_G \cdot h$
- *23 a): Verwende einen Strahlensatz, um einen Zusammenhang zwischen r_1, r_2, h_1 und h_2 aufzustellen.*
- *23 b): Verwende einen Strahlensatz, um einen Zusammenhang zwischen r_1, r_2, s_1 und s_2 aufzustellen.*

4 Trainingsrunde: Differenziert

Die folgenden Aufgaben behandeln alle Themen, die du in diesem Kapitel kennengelernt hast. Auf dieser Seite sind die Aufgaben in zwei Spalten unterteilt. Die **grünen** Aufgaben auf der linken Seite sind etwas einfacher als die **blauen** auf der rechten Seite. Entscheide bei jeder Aufgabe selbst, welche Seite du dir zutraust!

1 Planetenwege sind verkleinerte Modelle unseres Sonnensystems. Sie vermitteln einen Eindruck von den Größen und Entfernungen der Himmelskörper.
In Cottbus kannst du einem Planetenweg vom Raumflugplanetarium „Juri Gagarin" bis in den Branitzer Park folgen. Die Kuppel des Planetariums stellt die Sonne dar. Die Himmelskörper sind im Maßstab 1:100 Millionen dargestellt. Der Maßstab für die Entfernung der Himmelskörper beträgt 1:10 Milliarden.

Himmelskörper	Durchmesser in km	Abstand von der Sonne in 10^6 km
Sonne	1 390 000	
Merkur	4880	58
Venus	12 100	108
Erde	12 700	150
Mars	6780	228
Jupiter	143 000	778
Saturn	120 500	1430
Uranus	50 800	2880
Neptun	49 500	4500
	Durchmesser in km	**Abstand von der Erde in km**
Erdmond	3480	384 000

a) Bestimme den Durchmesser der Sonne im Cottbusser Modell.
b) Berechne, wie weit man auf dem Planetenweg von der Sonne bis zum Jupiter laufen muss.

a) Zeichne Erde und Mond jeweils im selben Maßstab in dein Heft.
b) Eine Wanderkarte hat einen Maßstab von 1:25 000. Bestimme die Länge des kompletten Planetenweges in dieser Karte.

2 Zeichne die Figuren sowie deren Bilder in ein geeignetes Koordinatensystem. Bestimme die jeweiligen Streckungszentren Z und die Streckungsfaktoren k.

a) A(2 | 1,5); B(3 | 2); C(3 | 3)
A'(1 | 2); B'(3 | 3); C'(3 | 5)
b) D(−4 | 3); E(−3 | 3); F(−2,5 | 5); G(−4,5 | 5)
D'(−5 | 1); E'(−2 | 1); F'(−0,5 | 7); G'(−6,5 | 7)

a) H(−3 | −3); I(−2 | −3); J(−3 | −2)
H'(−2 | −2); I'(−1,5 | −2); J'(−2 | −1,5)
b) K(−1 | −1); L(2 | −4); M(5 | −1); N(5 | 2); O(2 | 2)
K'(13 | 3); L'(10 | 6); M'(7 | 3); N'(7 | 0); O'(10 | 0)

3 Berechne die fehlenden Werte für die Streckungsfaktoren bzw. Flächeninhalte in deinem Heft.

	k	k^2	A	A'
a)	1,5		22 cm²	
b)	−0,7			10,78 cm²
c)			14 dm²	8,96 dm²

	k	k^2	A	A'
a)	−8			832 cm²
b)		1,96	40 cm²	
c)			1,2 cm²	480 mm²

4

Gegeben sind die Punkte R(3 | 1), A(6 | 3), N(4 | 5), D(2 | 5) und Z(0 | 1).
a) Zeichne die Punkte in ein Koordinatensystem und verbinde die Punkte R, A, N, D zu einem Viereck RAND.
b) Führe mit $k = 2$ eine zentrische Streckung durch. Gib die Koordinaten der Bildpunkte an.

Gegeben sind das Viereck ABCD mit A(−2 | 0), B(3 | −2), C(3 | 1) und D(2 | 2) sowie das Streckungszentrum Z(0 | 0).
a) Führe mit ABCD die zentrische Streckung (Z; $k_1 = 2$) und mit A'B'C'D' die Streckung (Z; $k_2 = -1$) aus.
b) Vertausche die Reihenfolge der zentrischen Streckungen aus a). Was stellst du fest? Begründe.

5 Begründe, welche Aussagen stimmen. Ähnlich zueinander sind stets …

a) zwei rechtwinklige Dreiecke.
b) zwei gleichschenklige Dreiecke.
c) zwei gleichseitige Dreiecke.
d) zwei Kreise.

a) zwei Rauten.
b) zwei gleichschenklige Trapeze.
c) zwei kongruente Dreiecke.
d) zwei regelmäßige Sechsecke.

6 Finde sämtliche zueinander ähnliche Figuren. Begründe den Zusammenhang und setze die Figur weiter fort.

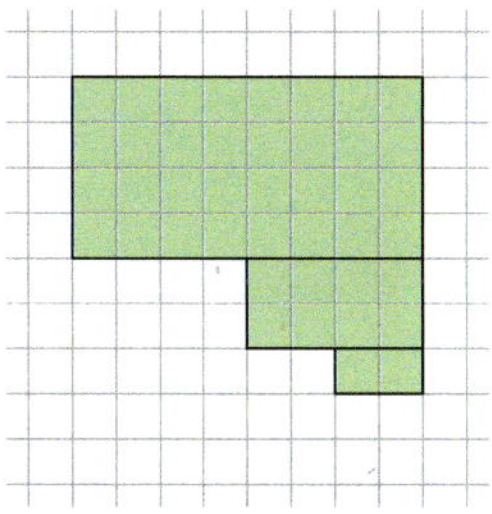

7 Bestimme jeweils die Längen aller vier farbig markierten Strecken (Maße in cm; Zeichnungen nicht maßstäblich).

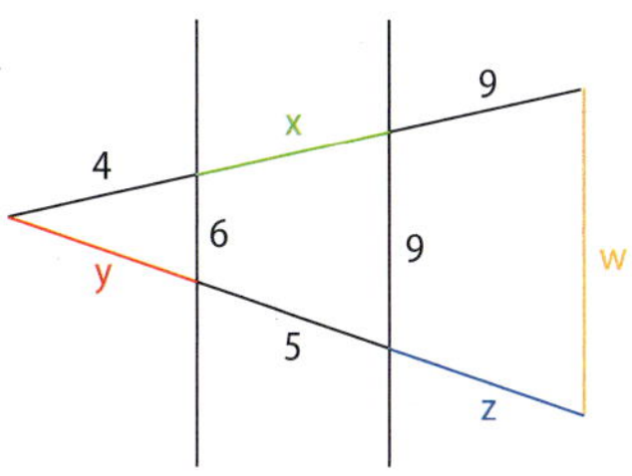

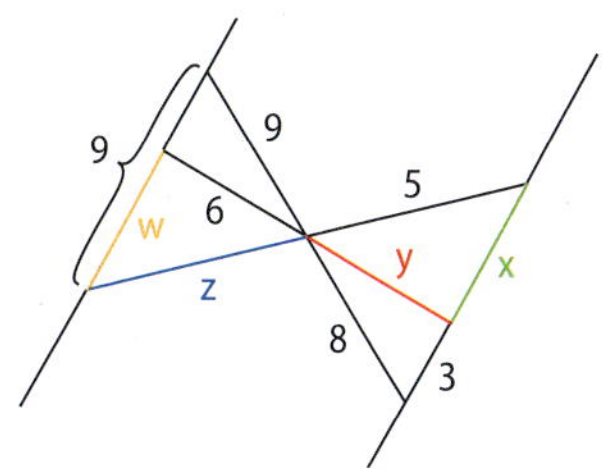

8 Die „Breite" von Gewässern kann durch Anpeilen von markanten Punkten und durch Abmessen bestimmter Streckenlängen ermittelt werden.
Berechne mit den angegebenen Werten jeweils die Länge der Strecke $\overline{AB}$.

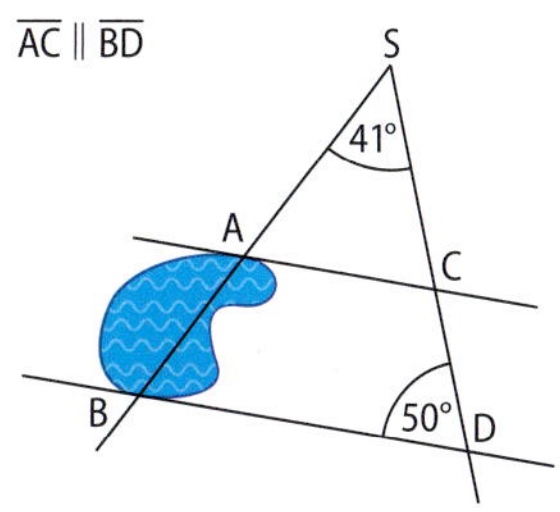

a) $\overline{CD} = 85\,m$; $\overline{CS} = 63\,m$; $\overline{AS} = 35\,m$
b) $\overline{DS} = 115\,m$; $\overline{CS} = 74\,m$; $\overline{AS} = 57\,m$

a) $\overline{AS} = 35\,m$; $\overline{BD} = 54\,m$
b) $\overline{DS} = 96\,m$; $\overline{CD} = 42\,m$

9 Berechne die Höhe des Turms.

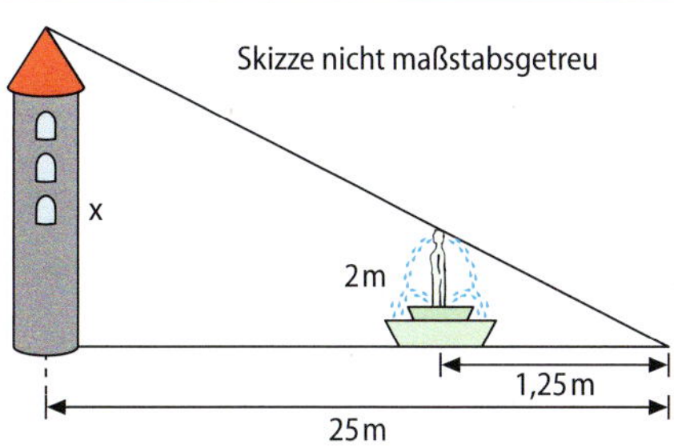

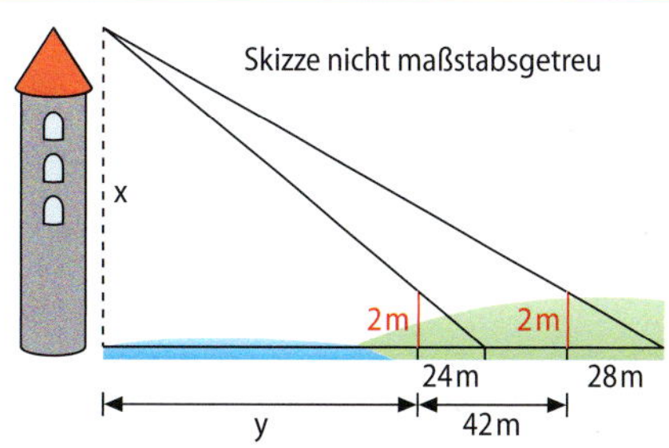

1 Bestimme den Faktor k, mit dem die Figuren vergrößert bzw. verkleinert wurden.

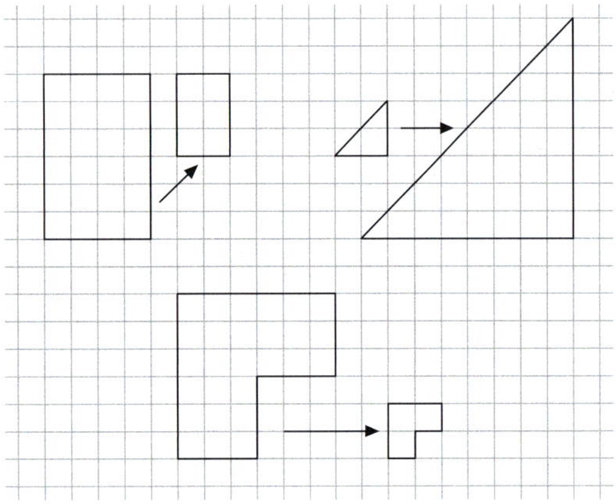

2 Übertrage die Figuren mit $k = \frac{1}{3}$ $(k = -1{,}5)$ in dein Heft.

a)

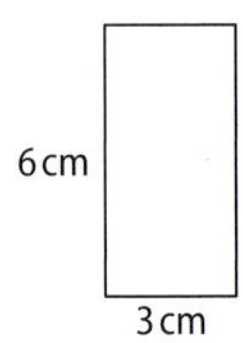

b)

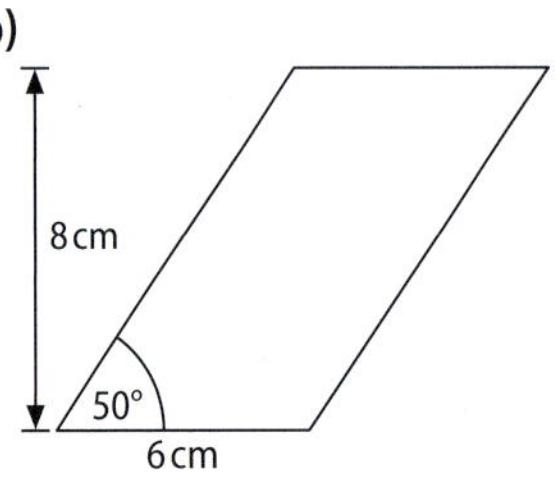

c)

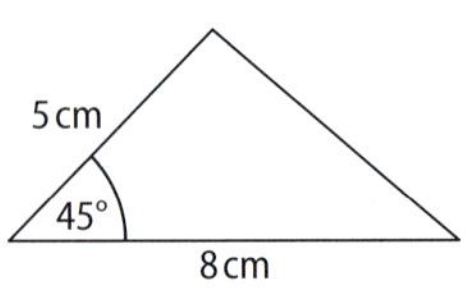

d)

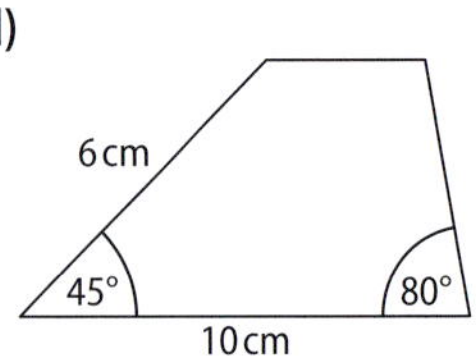

3 Welche Figuren sind ähnlich zueinander? Begründe.

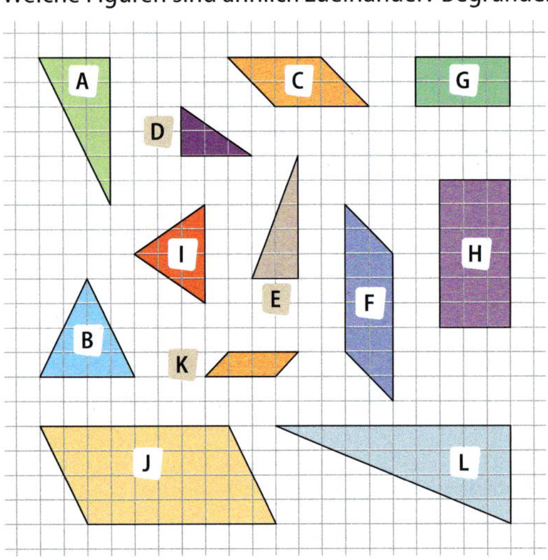

4 Zeichne ein Viereck ABCD mit $A(-1|-3)$, $B(3|-4)$, $C(6|-1)$ und $D(2|4)$ in ein Koordinatensystem. Das Viereck ABCD wird mit dem Streckungszentrum $Z(-2|2)$ und dem Streckungsfaktor $k = -\frac{1}{3}$ zentrisch gestreckt. Konstruiere das Bildviereck A'B'C'D'.

5 Bestimme die Längen der farbig markierten Strecken (alle Maße in cm).

a)

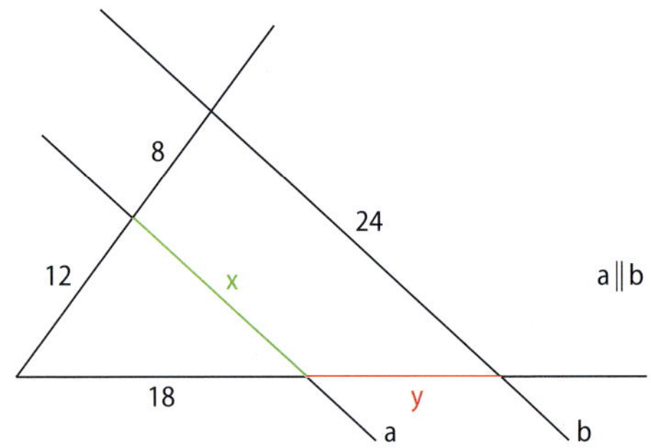

b)

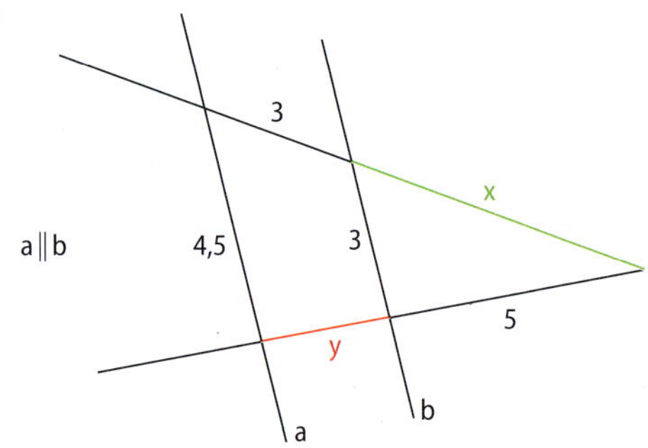

c)

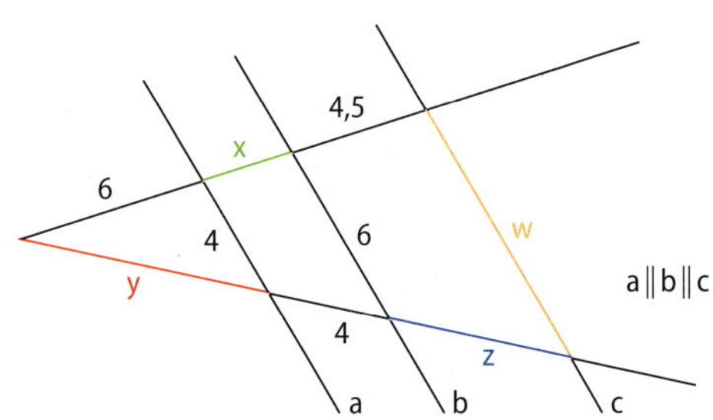

d)

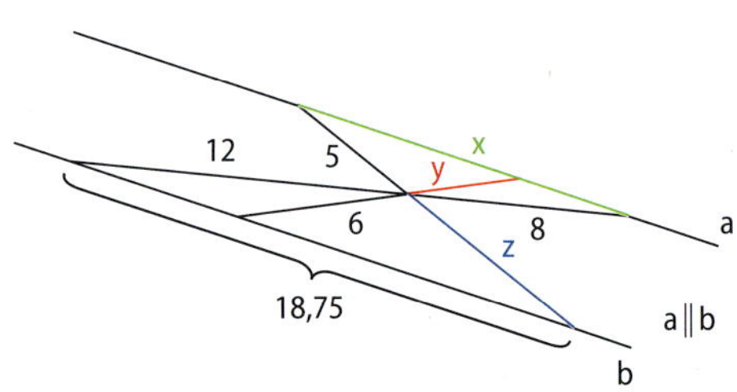

6 Begründe, welche Dreiecke zueinander ähnlich sind.

1 $a = 9\,cm$; $\beta = 81°$; $\gamma = 47°$

2 $b = 6{,}3\,cm$; $\beta = 52°$; $\gamma = 81°$

3 $b = 9{,}9\,cm$; $\alpha = 47°$; $\gamma = 52°$

4 $c = 2{,}4\,cm$; $\alpha = 80°$; $\beta = 48°$

5 $a = 7{,}2\,cm$; $\alpha = 52°$; $\gamma = 48°$

6 $b = 6\,cm$; $\alpha = 47°$; $\gamma = 80°$

7 Ein beliebiges Rechteck ABCD wird wie rechts abgebildet in drei Dreiecke zerlegt.
Untersuche, ob die Dreiecke zueinander ähnlich sind.
Begründe deine Antwort.

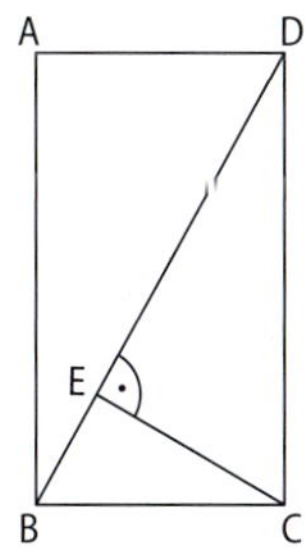

8 Bestimme jeweils alle Streckenlängen in der abgebildeten Figur ($AE \parallel BF$).

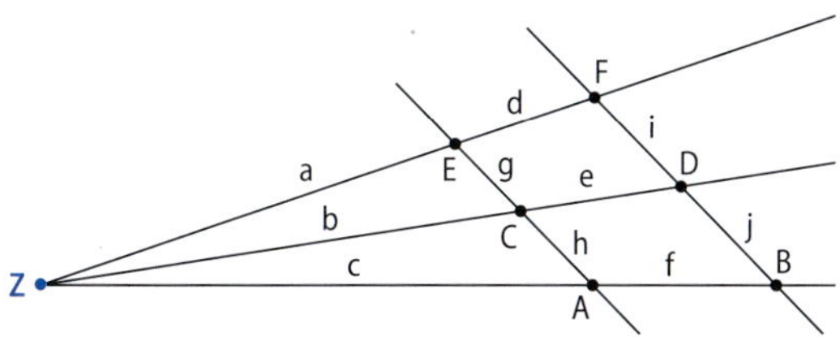

a) $a = 4\,cm$; $b = 5\,cm$; $c = 7{,}5\,cm$; $d = 2{,}5\,cm$; $g = 2\,cm$; $j = 5\,cm$

b) $a = 3{,}2\,cm$; $c = 4\,cm$; $e = 6{,}5\,cm$; $f = 8\,cm$; $h = 1{,}8\,cm$; $i = 3\,cm$

c) $a = 4\,cm$; $c = 3\,cm$; $e = 7{,}4\,cm$; $h = 2\,cm$; $i = 3\,cm$; $j = 6\,cm$

9 Berechne die Längen der Strecken $\overline{AA'}$ und $\overline{A'B'}$.
Es gilt: $\overline{AB} \parallel \overline{A'B'}$.

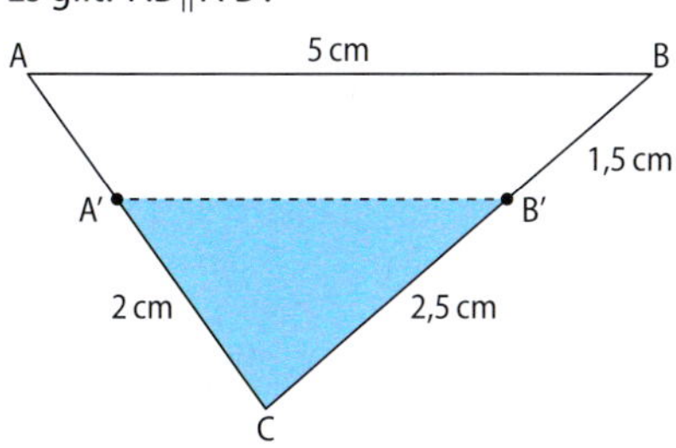

10 Ein dreiseitiges Prisma ($a = 5\,cm$; $b = 12\,cm$; $c = 13\,cm$; $h = 4\,cm$) wird mittels zentrischer Streckung um den Faktor $k = 2$ ($k = 5$) vergrößert.

Skizze nicht maßstabsgetreu

Hinweis: $V' = k^3 \cdot V$

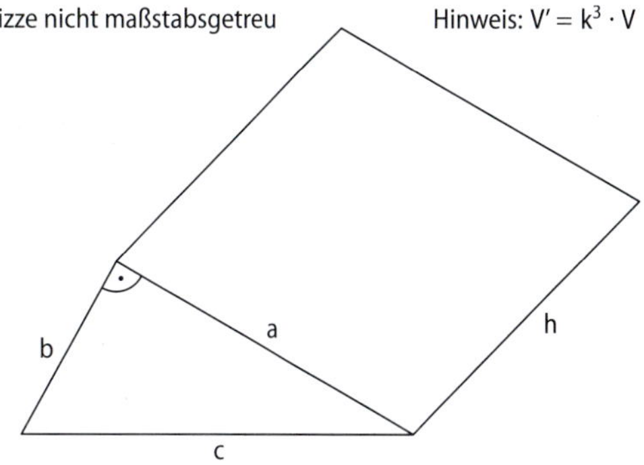

Berechne das Volumen und den Oberflächeninhalt des vergrößerten Prismas.

11

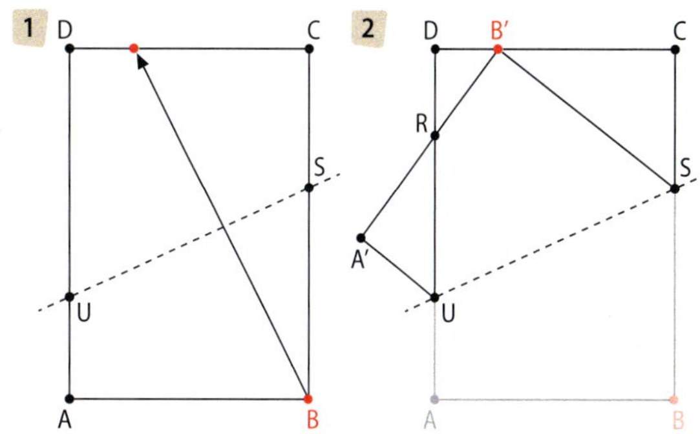

Ein rechteckiges Stück Papier (hier das Rechteck ABCD) wird entlang der gestrichelten Faltkante so gefaltet, dass der Eckpunkt B auf einem beliebigen Punkt der Seite $\overline{CD}$ liegt (1). Man erhält Faltfigur 2 . Begründe, dass in Faltfigur 2 die drei Dreiecke CB'S, DRB' und A'UR zueinander ähnlich sind.

12 Ein Schulhof soll neu gestaltet werden. Dafür wird ein Modell erstellt, das im Maßstab von 1:75 angefertigt wurde.

a) Im Modell ist das Gebäude 44 cm hoch. Berechne mit dem angegebenen Maßstab die Originalhöhe des Gebäudes.

b) Die Länge einer der parallelen Außenseiten des U-förmigen, eckigen Gebäudes beträgt 53,50 m. Berechne die Länge der Außenseite im Modell.

c) Die beiden Seitenflügel des Schulgebäudes sind an der Innenseite 48 m, der Mittelteil 32 m lang. Berechne die Fläche des Innenhofs im Modell. Fertige dafür zunächst eine Skizze an.

13 Ein Dreieck mit den Eckpunkten A (0,5 | 4,5), B (2 | 2,5) und C (3 | 4,5) wurde an einem Streckungszentrum Z gestreckt. Mit dem Streckungsfaktor $k = -2$ entstand so der Bildpunkt A′ (−2,5 | −3).

a) Ermittle die Koordinaten des Streckungszentrums Z.

b) Konstruiere die Bildpunkte B′ und C′.

14

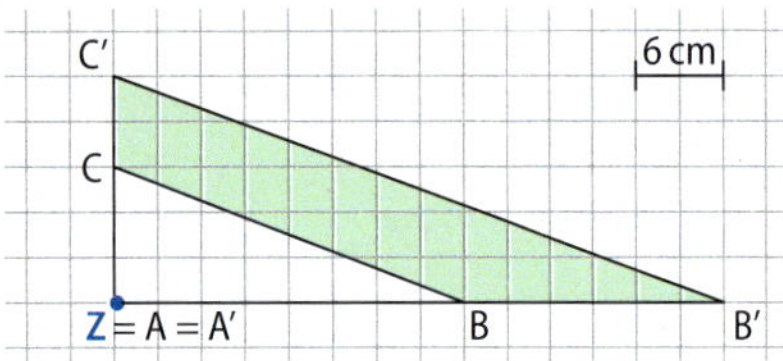

Ein Dreieck ABC wird wie in der Abbildung mittels zentrischer Streckung mit Z = A so vergrößert, dass das Dreieck A′B′C′ entsteht.
Berechne den Streckungsfaktor k sowie den Flächeninhalt des Trapezes BB′C′C.

15 Um die Länge eines Sees zu ermitteln, wurden folgende Strecken vermessen: y = 320 m, b = 160 m, a = 80 m.

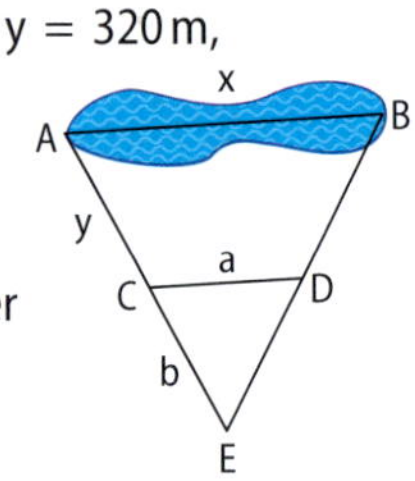

a) Berechne die Entfernung der Punkte A und B.

b) Gib die Bedingung an, unter der diese Berechnung nur möglich ist.

16 Gegeben sind die Originalfigur ABC mit A (2,5 | 4), B (2,5 | −1), C (3,5 | 1) sowie die Bildfigur A′B′C′ mit A′ (5,5 | 5,5), B′ (5,5 | −4,5) und C′ (7,5 | −0,5).

a) Zeichne beide Dreiecke in ein Koordinatensystem (1 LE = 1 cm). Bestimme zeichnerisch die Koordinaten des Streckungszentrums Z.

b) Bestimme den Streckungsfaktor k.

c) Berechne die Flächeninhalte der beiden Dreiecke und vergleiche sie.

17 Mithilfe von Sammellinsen kann man Bilder von Gegenständen abbilden.

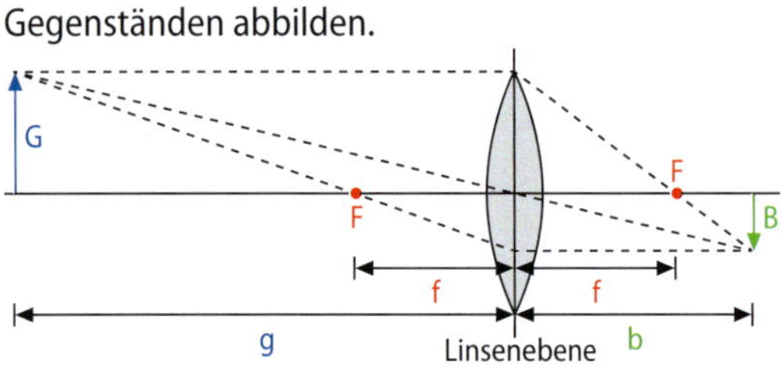

a) Beschreibe den Strahlenverlauf an der Sammellinse. Gib die Bedeutung der Größen G, B, F, g, b und f an.

b) Skizziere den Aufbau in deinem Heft und kennzeichne ähnliche Dreiecke.

c) Berechne B für G = 6 cm, g = 24 cm und b = 18 cm.

d) Eine Kerze ist 10 cm hoch und steht 25 cm vor einer Linse. Bestimme, wie weit das Bild der Kerze von der Sammellinse entfernt ist, wenn das Bild 6 cm groß ist.

18 Ein Gegenstand mit einer Höhe G wird durch eine Linse optisch auf sein Bild der Höhe B abgebildet. Dabei bezeichnen g die Gegenstandsweite, b die Bildweite und f die Brennweite.

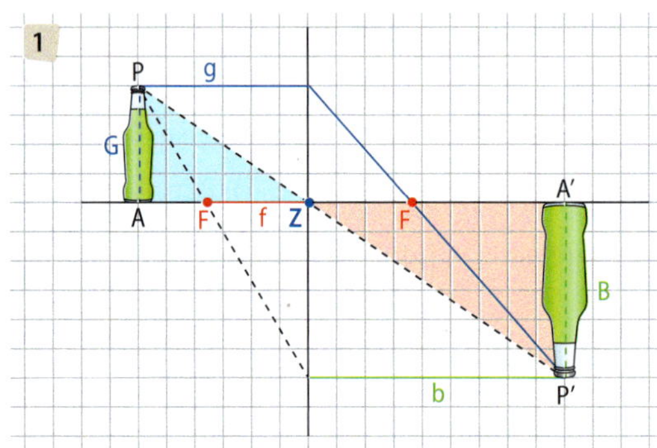

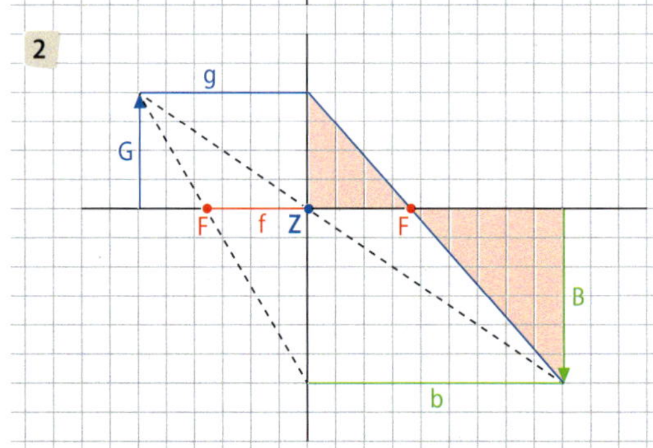

a) Begründe mit Abbildung **1**, dass die Dreiecke P′A′Z und PAZ zueinander ähnlich sind.
Gib den Abbildungsmaßstab $\frac{B}{G}$ mithilfe der Bildweite b und der Gegenstandsweite g an.

b) Bestätige anhand der Abbildung **2** die Linsengleichung $\frac{1}{f} = \frac{1}{g} + \frac{1}{b}$.

c) Berechne die Brennweite mithilfe der Linsengleichung, wenn der Gegenstand 8 cm und das Bild 12 cm hoch sind und der Gegenstand 20 cm von der Linse entfernt steht.

19 Ein Set aus drei zueinander ähnlichen Umzugskartons wird angeboten. Der größte Karton hat die Außenmaße 96 cm × 48 cm × 48 cm.
Das längste Maß des kleinsten Kartons entspricht dem kleinsten Maß des größten Kartons. Das Volumen des mittleren Kartons beträgt $\frac{27}{64}$ des Volumens des größten Kartons.

a) Berechne die Maße des mittleren und kleinen Kartons.

b) Vergleiche die Oberflächeninhalte der Kartons und bestimme die Faktoren a, b und c in folgenden Gleichungen:
$A_{groß} = a \cdot A_{klein}$; $A_{groß} = b \cdot A_{mittel}$;
$A_{mittel} = c \cdot A_{klein}$

20 In der Kunst wird ein sogenannter „Kanon" genutzt, um menschliche Proportionen realitätsnah darstellen zu können.

Größe von Menschen in Vielfachen ihrer Kopflänge:

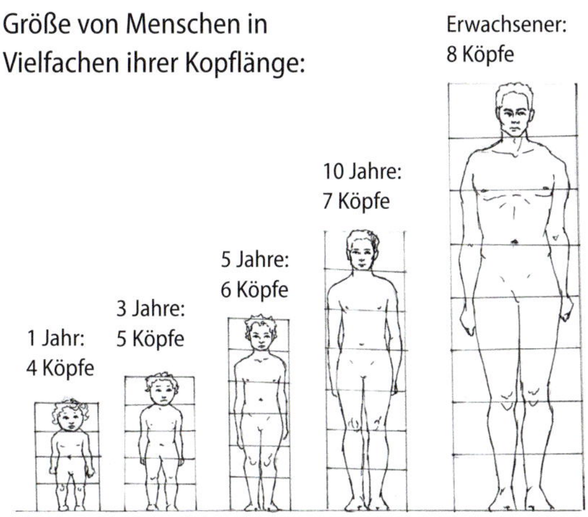

a) Berechne die Längen der Beine (die Höhe des Knies, die Kopflänge, die Länge vom Bauchnabel bis zum Hals) für einen 1,80 m großen erwachsenen Menschen nach diesem „Kanon".

b) Ein 1-jähriges Kind ist 86 cm groß. Berechne die Größe des Kopfes. Vergleiche seine Kopfgröße mit der eines Erwachsenen.

c) Die Fußlänge eines erwachsenen Menschen beträgt etwa $\frac{1}{7}$ der Körpergröße. Bestimme, wie groß Ute (23 Jahre) sein müsste, wenn ihre Füße 25 cm groß sind.

d) Vermesse dich selbst und prüfe, ob der „Kanon" auch auf dich zutrifft.

21 DIN-Formate sind genormte Papierformate. Das Urformat (DIN A0) ist ein Rechteck, das 1189 mm lang und 841 mm breit ist. Sein Flächeninhalt beträgt 1 m². Durch Halbierung der größeren Seite ergibt sich jeweils das nächste DIN-Format.

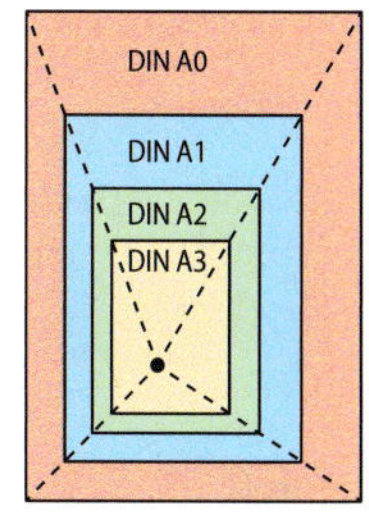

a) Berechne den Streckungsfaktor von einem DIN-Format zum nächstgrößeren (nächstkleineren).

b) Bestimme das Verhältnis der langen zur kurzen Blattkante bei einem Blatt vom Format DIN A4 (vom Format DIN A5).

22 Ein Dreieck mit a = 4 cm, b = 3 cm, c = 5 cm und $h_a = b$ wird zentrisch gestreckt. Das Bilddreieck hat einen Flächeninhalt von 13,5 cm². Erläutere, wie groß der Streckungsfaktor k sein muss.

23 Bestimme jeweils den prozentualen Anteil der farbigen Figur.

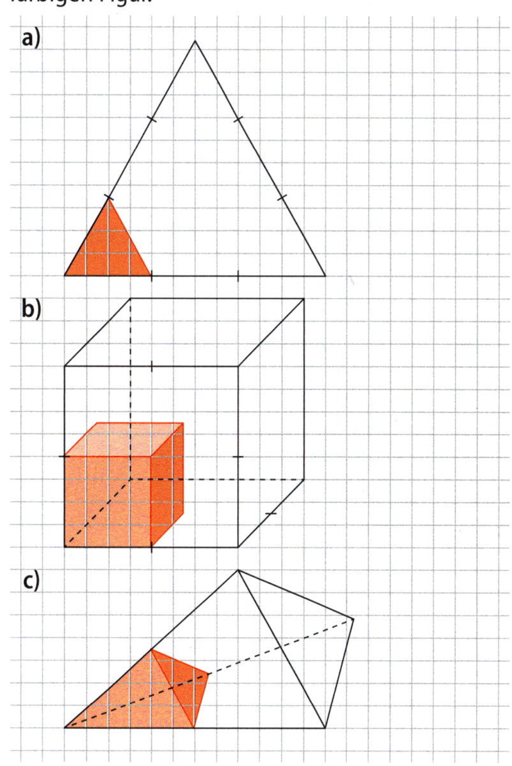

4 Am Ziel

Aufgaben zur Einzelarbeit

Das kann ich!	Das kann ich fast!	Das kann ich noch nicht!

1 **Teste dich!** Bearbeite dazu die folgenden Aufgaben und bewerte die Lösungen mit einem Smiley.

2 Hinweise zum Nacharbeiten findest du auf der folgenden Seite, die Lösungen findest du im Anhang.

1 Eine 36 cm lange Strecke soll im Verhältnis 5 : 7 geteilt werden. Berechne die Längen der beiden Teilstrecken.

2 Zeichne ein Quadrat mit der Seitenlänge $a = 1$ cm.
- **a)** Führe zentrische Streckungen vom Diagonalenschnittpunkt mit dem Faktor $k = 2$, $k = 3$ und $k = 4$ durch.
- **b)** Berechne den jeweiligen Flächeninhalt der Quadrate.

3 Zeichne ein Rechteck ABCD mit den Seitenlängen $a = 4{,}0$ cm und $b = 5{,}0$ cm.
- **a)** Strecke das Rechteck mit dem Streckungsfaktor …
  1 $k = \frac{1}{2}$. **2** $k = 1{,}5$.
  Wähle das Streckungszentrum Z so, dass es …
  A auf einem Eckpunkt des Rechtecks liegt.
  B innerhalb des Rechtecks liegt.
- **b)** Vergleiche die Flächeninhalte des Originalrechtecks mit den Flächeninhalten der Bildrechtecke.

4 Übertrage die Figur in dein Heft und vergrößere sie mit $k = 3$.

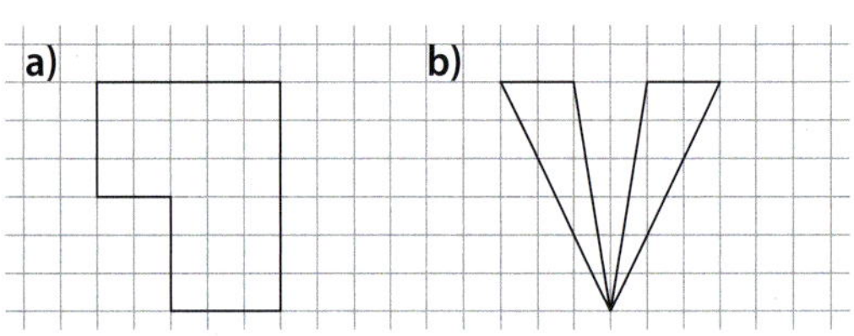

5 Bestimme den Streckungsfaktor k, wenn es sich um eine Vergrößerung (Verkleinerung) handelt.

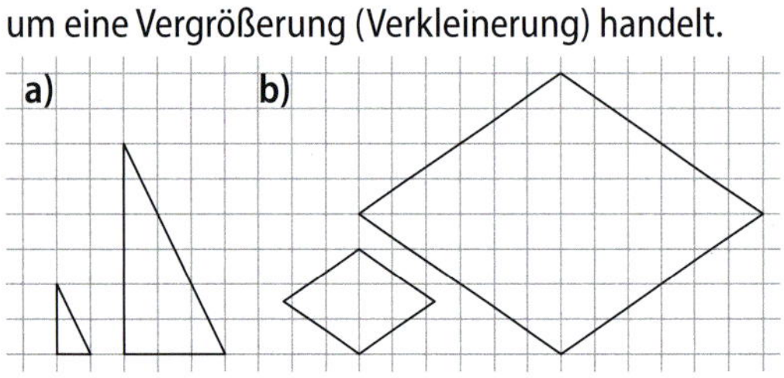

6 Das Dreieck mit den Eckpunkten A (1 | 1,5), B (3 | 1,5) und C (4 | 3,5) wurde zentrisch gestreckt. Dabei sind die folgenden Bildpunkte entstanden: A′(−1,5 | −3,5), B′(−4,5 | −3,5) und C′(−6 | −6,5). Ermittle den Streckungsfaktor k und das Streckungszentrum Z.

7 Die Punkte A′(6,5 | 1,5) und B′(4 | 4) sind durch zentrische Streckung aus den Punkten A (2 | 0) und B (1 | 1) entstanden.
- **a)** Bestimme die Koordinaten des Streckungszentrums Z.
- **b)** Ermittle den Streckungsfaktor k.

8 Bestimme den Maßstab der Zeichnung eines Rechtecks mit …
- **a)** $a = 40$ m und $b = 25$ m, dessen Umfang in einer maßstäblichen Zeichnung 52 cm beträgt.
- **b)** $a = 800$ m und $b = 450$ m, dessen Flächeninhalt in einer maßstäblichen Zeichnung 9 cm² beträgt.

9 Zeichne die folgenden Punkte in ein Koordinatensystem und verbinde sie der Reihe nach zu einer Figur. A (1 | 0), B (3 | 0), C (3 | 3), D (4 | 3), E (2 | 5), F (0 | 3), G (1 | 3).
- **a)** Strecke die Figur vom Ursprung aus um $k = 2$.
- **b)** Spiegle anschließend an der Geraden $y = 6$.
- **c)** Drehe nun die entstandene Figur um H (6 | 6) um 90° gegen den Uhrzeigersinn.

10 Überprüfe die Rechtecke **1**, **2** und **3** auf Ähnlichkeit.

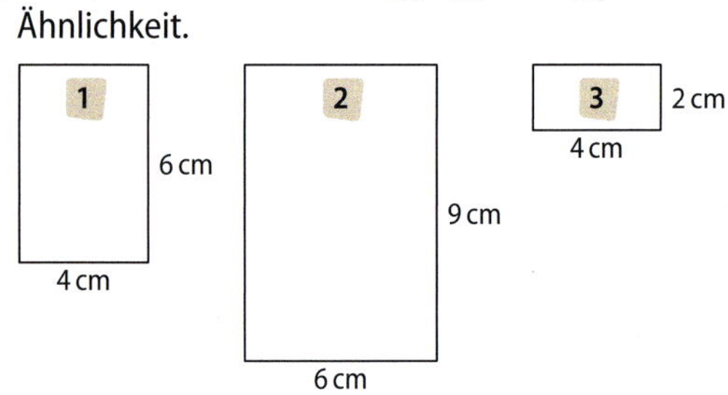

11 Stelle möglichst viele Zusammenhänge zwischen Streckenlängen mit dem 1. und 2. Strahlensatz her.

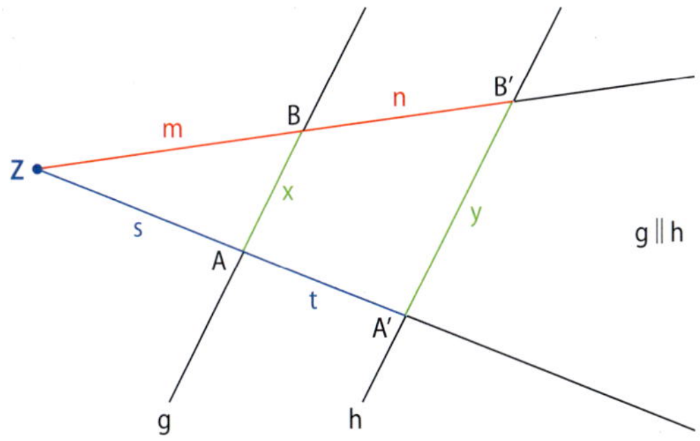

12 Berechne die Höhe h des Turms.

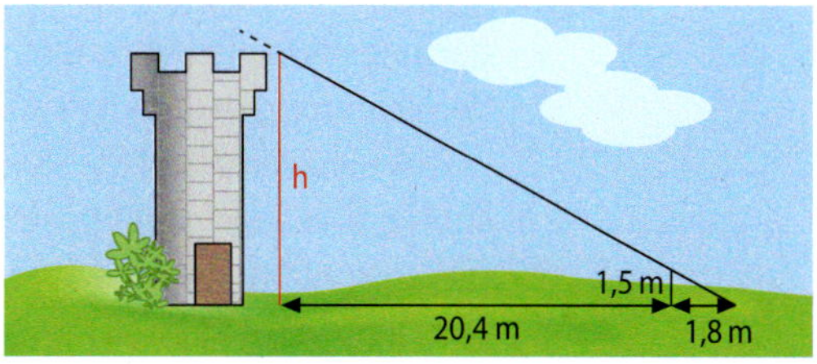

13 Überprüfe, ob die beiden Geraden a und b parallel sind. Begründe deine Antwort.

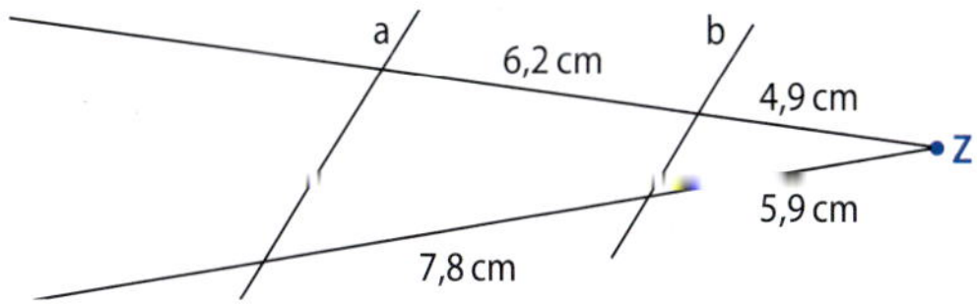

Aufgaben für Lernpartner

1 Bearbeite diese Aufgaben zuerst alleine.

2 Suche dir einen Partner oder eine Partnerin und arbeitet zusammen weiter. Erklärt euch gegenseitig eure Lösungen und hört einander aufmerksam und gewissenhaft zu.

3 Korrigiere gegebenenfalls deine Antworten und benutze dazu eine andere Farbe.

Sind folgende Behauptungen **richtig** oder **falsch**? Begründe.

A Beim maßstäblichen Vergrößern mit dem Faktor $k = 2$ werden alle Strecken und Winkel verdoppelt.

B Der Streckungsfaktor $k = \frac{1}{4}$ entspricht dem Maßstab 1:4.

C Ähnliche Figuren stimmen in ihrer Form überein.

D Zwei Dreiecke sind zueinander ähnlich, wenn sie in der Länge aller drei Seiten übereinstimmen.

E Die Strahlensätze kann man anwenden, wenn zwei sich schneidende Geraden von zwei weiteren Geraden geschnitten werden.

F Der 1. Strahlensatz gilt für V-Figuren, der 2. Strahlensatz für X-Figuren.

G Wenn bei einer zentrischen Streckung $k < 0$ gilt, so werden die Figuren immer verkleinert.

H Gleichschenklige Dreiecke sind stets zueinander ähnlich.

Ich kann …	Aufgabe	Hilfe	Bewertung
Figuren zentrisch strecken und Flächeninhalte von Bildfiguren berechnen.	2, 3, 4, 9, A, G	S. 126, 129	☺ 😐 ☹
bei Figuren den Streckungsfaktor und Maßstab bestimmen.	1, 5, 6, 7, 8, B	S. 124, 126	☺ 😐 ☹
erkennen und begründen, dass Figuren ähnlich zueinander sind.	10, C, D, H	S. 132, 137, 138	☺ 😐 ☹
Streckenverhältnisse anhand der Strahlensätze aufstellen.	11, E	S. 140	☺ 😐 ☹
Strahlensätze nutzen, um Streckenlängen zu bestimmen.	12, 13, F	S. 140	☺ 😐 ☹

4 Auf einen Blick

Seite 126

Zentrische Streckung

Bei **maßstäblichen Vergrößerungen** und **Verkleinerungen** legt der Maßstab fest, in welchem Verhältnis die Länge der Bildstrecke zur Länge der Originalstrecke steht. Diesen Vorgang nennt man **zentrische Streckung**. Den Maßstab bezeichnet man als **Streckungsfaktor k**.

$$|k| = \frac{\text{Länge der Bildstrecke}}{\text{Länge der Originalstrecke}}$$

Die Größe von Winkeln und Formen bleiben bei der Originalfigur und der Bildfigur erhalten. Original- und Bildpunkte liegen auf einer Geraden durch das **Streckungszentrum Z**.

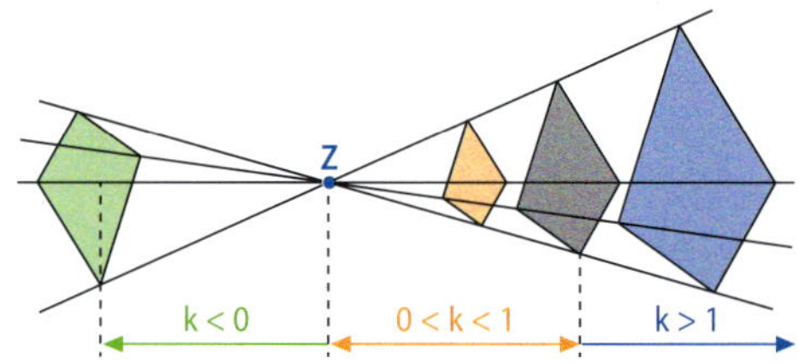

$|k| = 1$: Das Bild ist so groß wie das Original.
$|k| > 1$: Das Bild ist größer als das Original.
$0 < |k| < 1$: Das Bild ist kleiner als das Original.
$k < 0$: Das Bild wurde an Z gespiegelt und ggf. vergrößert oder verkleinert.

Seite 132

Ähnlichkeit

Eine Figur A heißt zu einer Figur B **ähnlich** (**A ~ B**), wenn man B aus A durch eine **zentrische Streckung** erzeugen kann, die mit einer **Spiegelung**, **Drehung** oder **Verschiebung** verknüpft wird. Dabei können auch mehrere Verknüpfungen miteinander kombiniert werden.
Wenn zwei Figuren zueinander ähnlich sind, so gilt:

1. Einander entsprechende Winkel sind gleich groß.
2. Einander entsprechende Seiten stehen im gleichen Verhältnis zueinander.

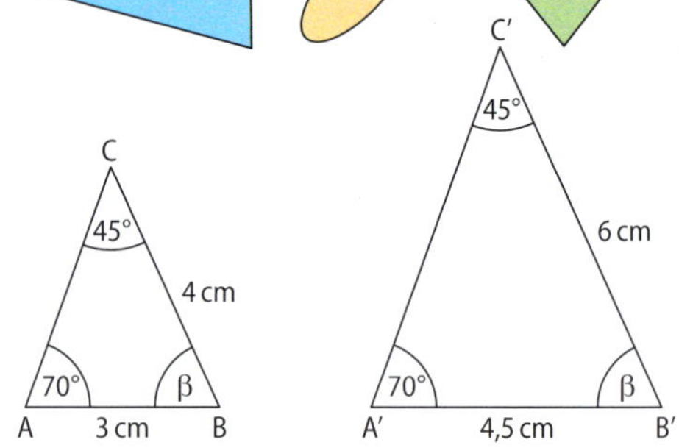

Seite 140, 144

1. Strahlensatz

Werden zwei Strahlen mit gemeinsamem Anfangspunkt von zwei Parallelen geschnitten, so verhalten sich die Abschnitte auf dem einen Strahl zueinander wie die gleich liegenden Abschnitte auf dem anderen Strahl.

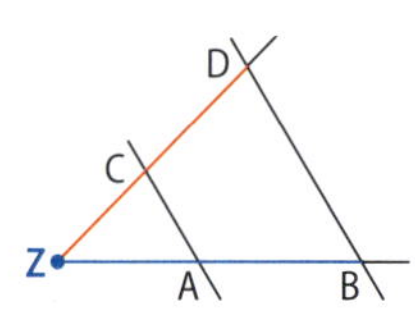

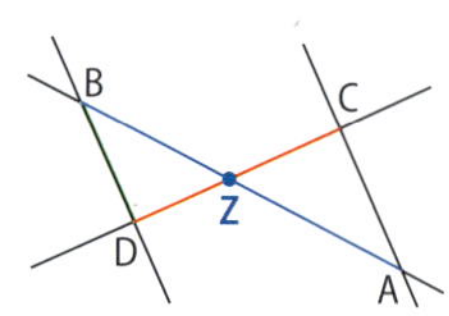

$\frac{\overline{ZA}}{\overline{ZB}} = \frac{\overline{ZC}}{\overline{ZD}}$ oder $\frac{\overline{ZA}}{\overline{AB}} = \frac{\overline{ZC}}{\overline{CD}}$

2. Strahlensatz

Werden zwei Strahlen mit gemeinsamem Anfangspunkt von zwei Parallelen geschnitten, so verhalten sich die Parallelenabschnitte zueinander wie die zugehörigen Abschnitte auf ein und demselben Strahl.

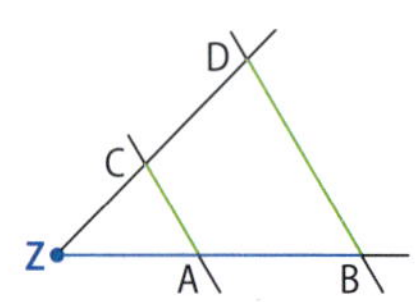

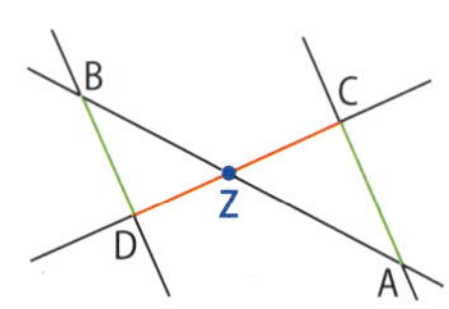

$\frac{\overline{ZA}}{\overline{ZB}} = \frac{\overline{AC}}{\overline{BD}}$ oder $\frac{\overline{ZC}}{\overline{ZD}} = \frac{\overline{AC}}{\overline{BD}}$

Umkehrung

Ist ein Strahlensatz erfüllt, so sind die Geraden, die Strahlen mit gemeinsamem Anfangspunkt schneiden, parallel zueinander.

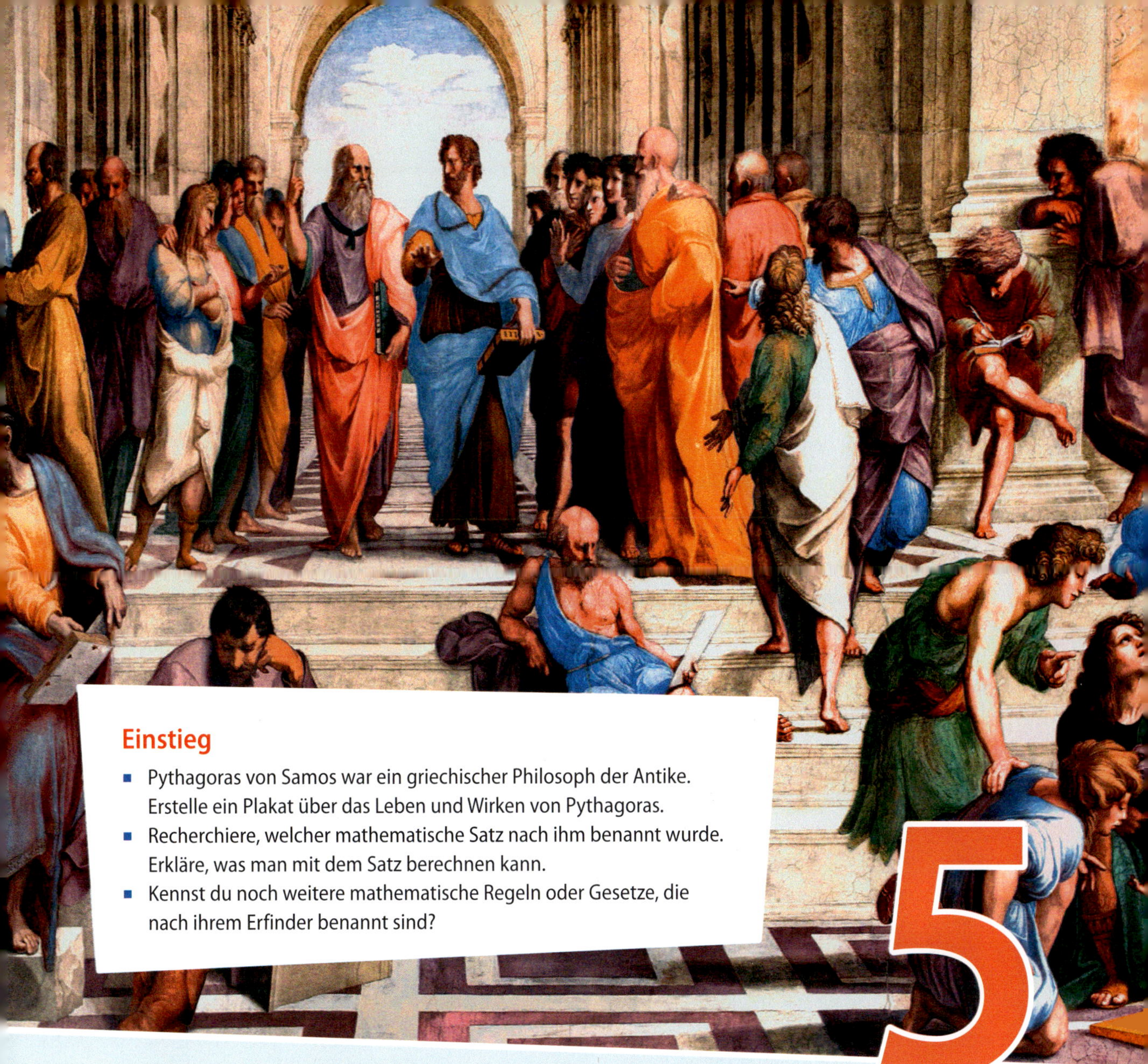

Einstieg

- Pythagoras von Samos war ein griechischer Philosoph der Antike. Erstelle ein Plakat über das Leben und Wirken von Pythagoras.
- Recherchiere, welcher mathematische Satz nach ihm benannt wurde. Erkläre, was man mit dem Satz berechnen kann.
- Kennst du noch weitere mathematische Regeln oder Gesetze, die nach ihrem Erfinder benannt sind?

5

Satz des Pythagoras und Berechnungen an Pyramide und Kegel

Ausblick

Am Ende dieses Kapitels hast du gelernt, …

… was **Quadratwurzeln** sind.

… den **Satz des Pythagoras** für die Berechnung von Längen zu nutzen.

… **Pyramiden** und **Kegel** in verschiedenen Darstellungen zu zeichnen.

… den **Oberflächeninhalt** und das **Volumen** von Pyramiden und Kegeln zu bestimmen.

Vorwissen

Erklärvideos
Mediencode 61238-47

Rund um Dreiecke

Dreiecke lassen sich **1** nach Winkeln und **2** nach Seitenlängen unterscheiden:

1 **spitzwinkliges Dreieck:** alle Winkel sind $< 90°$ | **rechtwinkliges Dreieck:** ein Winkel ist ein rechter Winkel | **stumpfwinkliges Dreieck:** ein Winkel ist $> 90°$

Die Summe aller Innenwinkel in einem Dreieck beträgt stets 180° (**Innenwinkelsatz**).

2 **gleichschenkliges Dreieck:** zwei Seiten gleich lang | **gleichseitiges Dreieck:** alle Seiten gleich lang | **unregelmäßiges Dreieck:** alle drei Seiten unterschiedlich lang

Für den **Flächeninhalt** eines Dreiecks gilt:

$A_D = \frac{1}{2} \cdot \text{Grundseite} \cdot \text{zugehörige Höhe}$

$A_D = \frac{1}{2} \cdot a \cdot h_a = \frac{1}{2} \cdot b \cdot h_b = \frac{1}{2} \cdot c \cdot h_c$

Beispiel für Grundseite c:

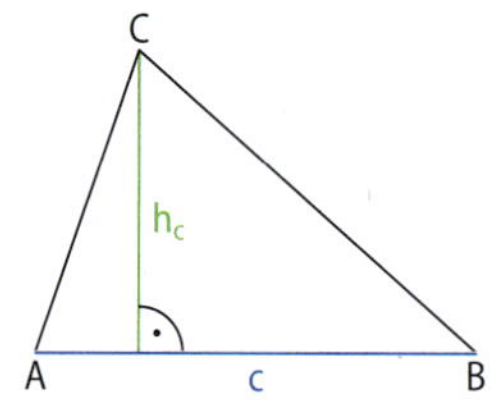

Erklärvideo
Mediencode 61238-48

Der Satz des Thales

Wenn ein Punkt C eines Dreiecks ABC auf einem Kreis mit dem Durchmesser $d = \overline{AB}$ liegt, dann hat das Dreieck ABC bei C einen rechten Winkel.

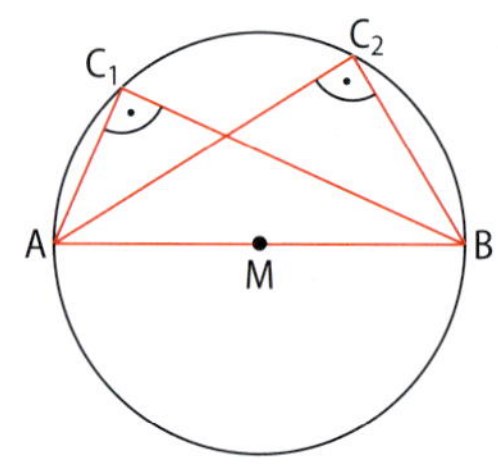

Rund um Prisma und Zylinder

Bei einem **Schrägbild** zeichnet man zunächst die Kanten der Vorder- und Rückfläche. Die nach hinten laufenden Kanten werden in halber Länge unter einem Winkel von 45° gezeichnet. Nicht sichtbare Kanten werden gestrichelt.

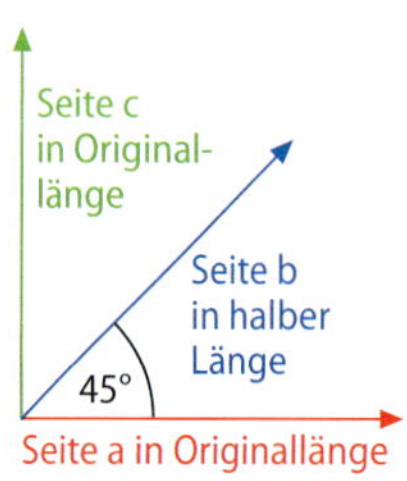

Prisma:

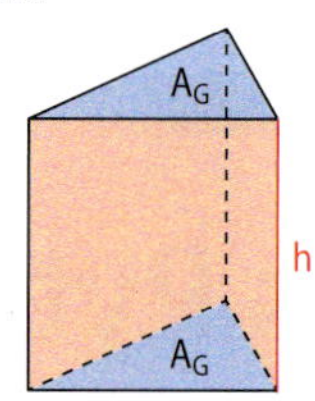

Zylinder:

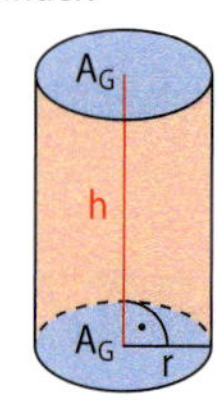

Das **Netz** eines Körpers erhält man, indem man ihn entlang der Kanten aufschneidet und flach ausbreitet.

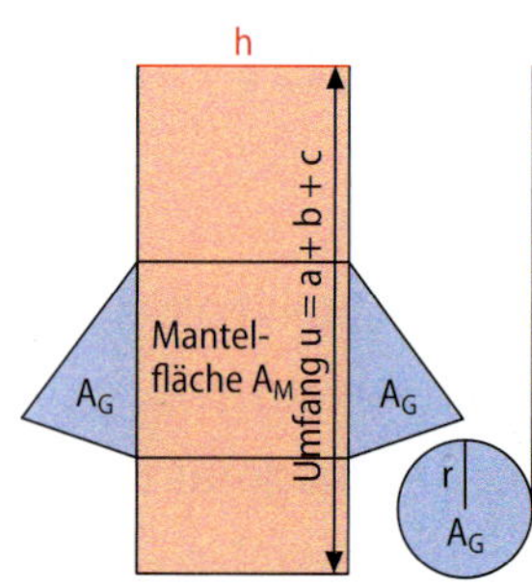

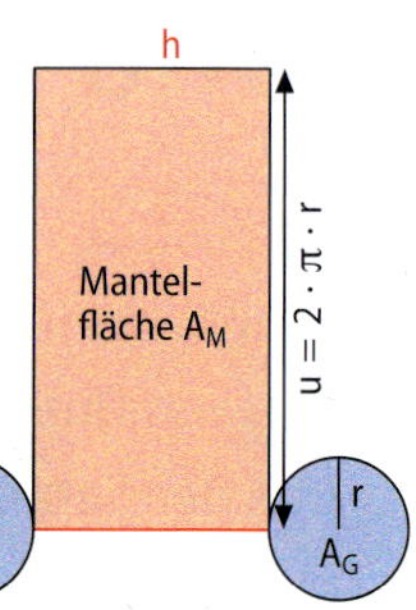

Für die Berechnung des **Oberflächeninhalts A_O** eines **Prismas** oder **Zylinders** mit der Grundfläche A_G und der Mantelfläche A_M gilt: $A_O = 2 \cdot A_G + A_M = 2 \cdot A_G + u \cdot h$

Für das **Volumen V** eines Prismas oder Zylinders gilt: $V = A_G \cdot h$.

Vorwissentest

Das kann ich!	Das kann ich fast!	Das kann ich noch nicht!

Teste dich! Schau dir dazu zunächst die bereits bekannten Inhalte auf der linken Seite an. Bearbeite die Aufgaben und bewerte deine Lösungen. Die Ergebnisse findest du im Anhang.

1

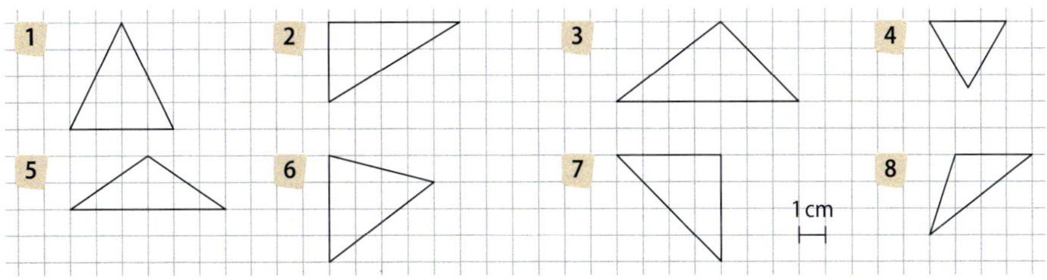

a) Ordne die Dreiecke den Dreiecksarten zu.

b) Berechne den Flächeninhalt der Dreiecke. Beachte den Maßstab.

2 Konstruiere ein rechtwinkliges Dreieck ABC mit $\overline{AB} = 9\,cm$ und der Höhe $h_c = 4{,}5\,cm$. Bestätige oder widerlege Pias Überlegung.

3 Berechne die fehlenden Winkelmaße.

a)

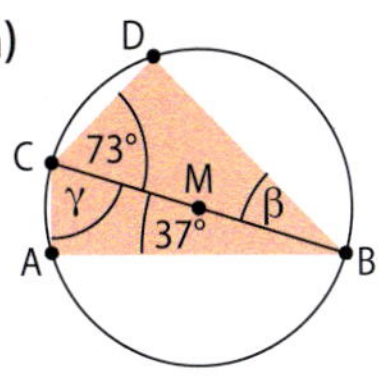

b)

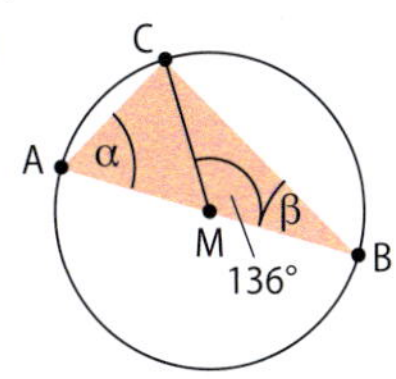

4 Zeichne ein Schrägbild und ein Netz des Körpers. Berechne den Oberflächeninhalt und das Volumen des Körpers.

a) Würfel: $a = 3\,cm$

b) Quader: $a = 3\,cm$; $b = 4\,cm$; $c = 5\,cm$

c) Zylinder: $r = 2\,cm$; $h = 3\,cm$

d) Dreiecksprisma: $a = b = c = 3\,cm$; $h_a = 2{,}6\,cm$; $h = 8\,cm$

Zeichne bei d) ein Prisma, das auf der Seite liegt.

5 Zeichne ein Netz des im Schrägbild dargestellten Körpers. Berechne den Oberflächeninhalt und das Volumen des Körpers.

a) dreiseitiges Prisma

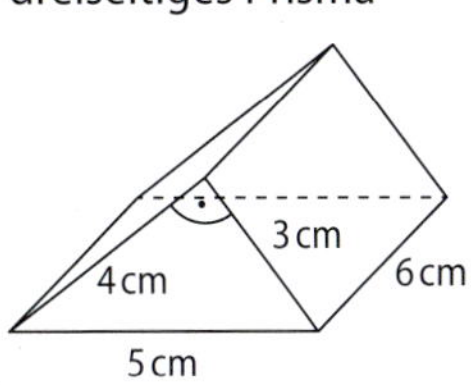

b) gleichschenkliges Trapezprisma

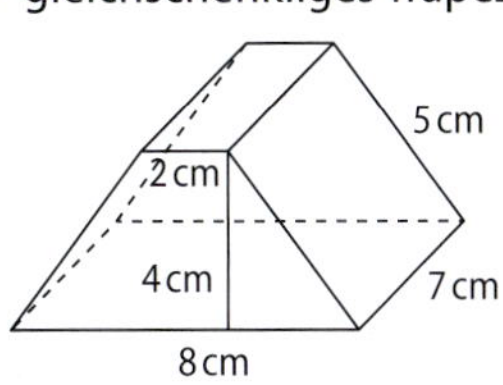

c) Zylinder

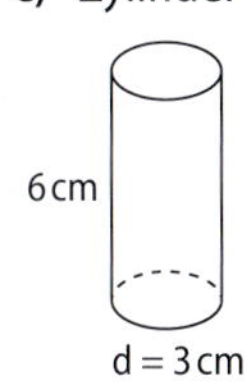

Ich kann …	Aufgabe	Bewertung
Dreiecke ordnen und Größen an Dreiecken berechnen.	1	
den Satz des Thales anwenden.	2, 3	
gesuchte Größen bei Prisma und Zylinder berechnen	4, 5	

Station 1: Seilspanner und Pythagoras

Im alten Ägypten war es nach den jährlichen Nilüberschwemmungen notwendig, die Felder wieder neu zu vermessen. Die Seilspanner (*Harpedonapten*) verwendeten für das Aufspannen rechtwinkliger Dreiecke 12-Knoten-Seile mit Knoten in gleichen Abständen.

Bearbeitet die folgenden Aufgaben in einer Gruppe mit 3–4 Schülerinnen und Schülern.

- Nehmt ein 3 m langes Seil. Knüpft nach jeweils 25 cm Bänder an das Seil. Haltet den Anfang und das Ende des Seils zusammen und spannt dann mit dem Seil Dreiecke auf, deren Eckpunkte jeweils bei einem Band liegen. Findet eine Aufspannung für ein rechtwinkliges Dreieck und notiert euch, an welchen Stellen die Eckpunkte liegen müssen.
- Sucht weitere Knoten-Seile, mit denen sich rechtwinklige Dreiecke aufspannen lassen.
- Sucht in eurer Umgebung nach rechten Winkeln in Räumen und überprüft sie mit dem Seil.

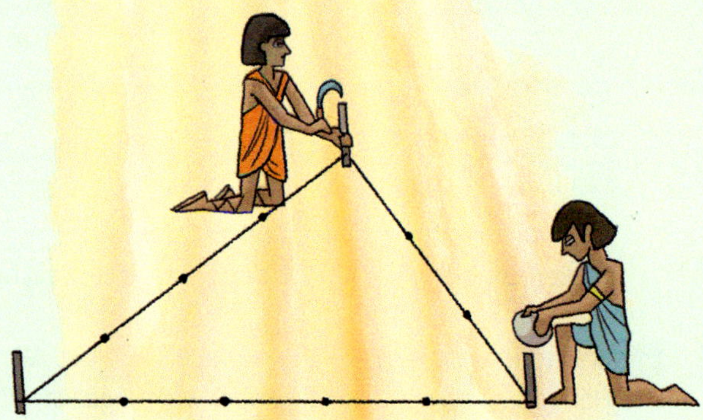

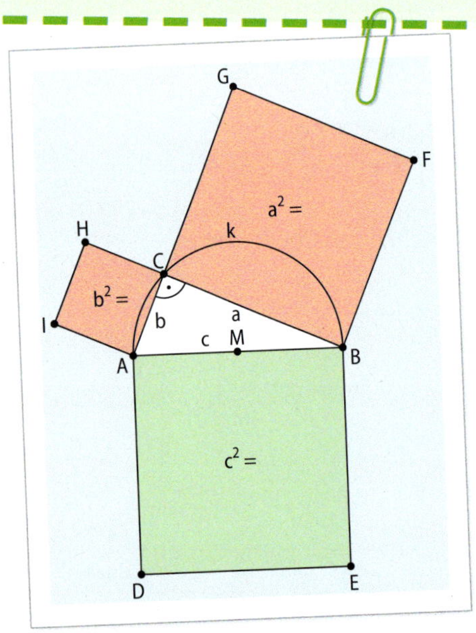

Station 2: Pythagoras im Computer

- Zeichne mit einem Geometrie-Programm ein bei C rechtwinkliges Dreieck ABC, wobei C auf dem Thaleskreis über der Strecke $\overline{AB}$ liegt.
- Konstruiere über den Seiten jeweils die Seitenquadrate und lass dir den jeweiligen Flächeninhalt anzeigen.
- Verändere nun die Lage des Punktes C auf dem Thaleskreis und beobachte die Veränderung der Flächeninhalte.
- Beschreibe, welchen Zusammenhang du entdeckst.

Station 3: Pythagoras falten

- Nimm ein quadratisches Stück Papier (z. B. Origami-Papier) und führe damit die folgenden Faltungen durch:

1 Lege die weiße Fläche nach oben, falte Diagonalen und Mittellinien und öffne wieder.

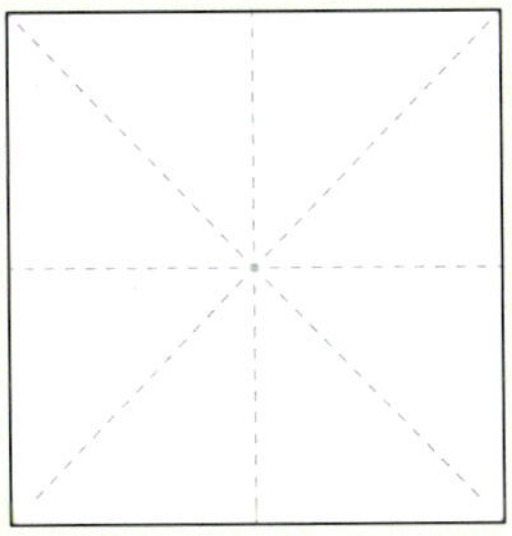

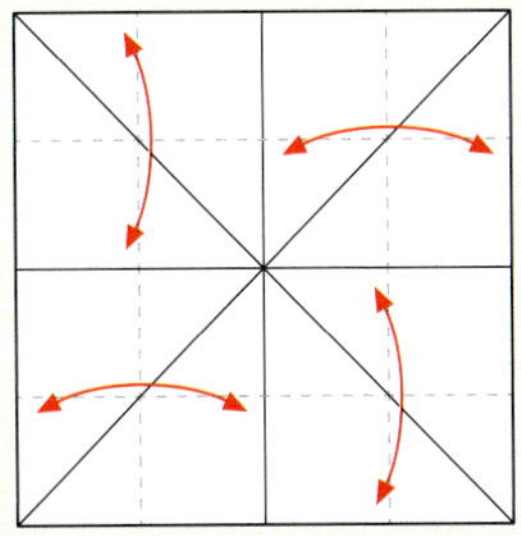

2 Falte alle Quadratkanten zu ihrer parallelen Mittellinie und wieder zurück.

3 Falte alle vier Ecken zur Mitte und öffne sie wieder.

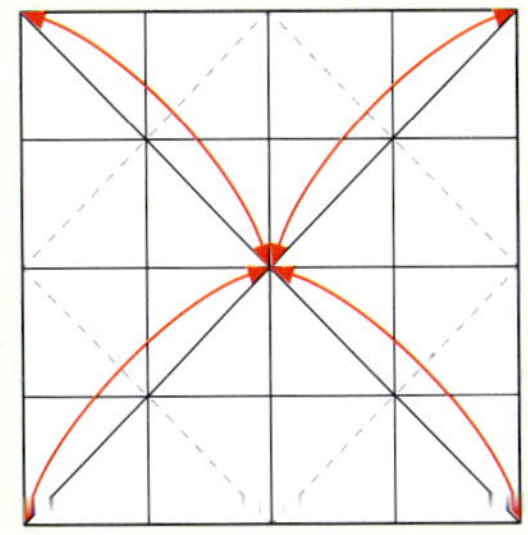

Betrachte das Faltmuster. Hier sind viele rechtwinklige Dreiecke versteckt.

- Markiere die abgebildeten Dreiecke im jeweiligen Faltmuster.
- Suche die zugehörigen Quadrate über den Dreiecksseiten und markiere sie in verschiedenen Farben. Dabei sollen die Quadrate jeweils auf dem Faltmuster liegen.
- Überprüfe Zusammenhänge zwischen den Flächeninhalten der Quadrate über den Dreiecksseiten.

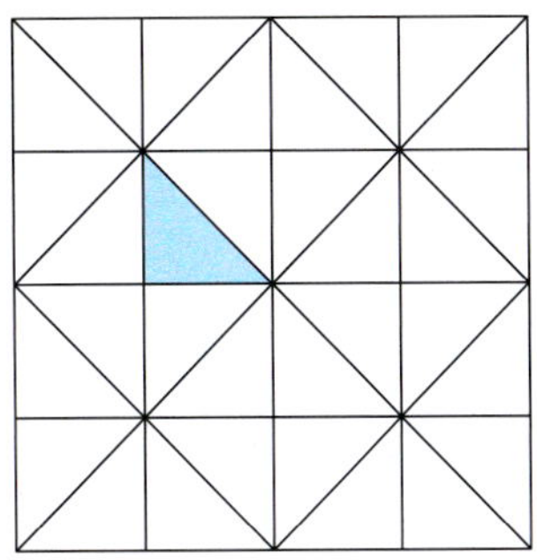

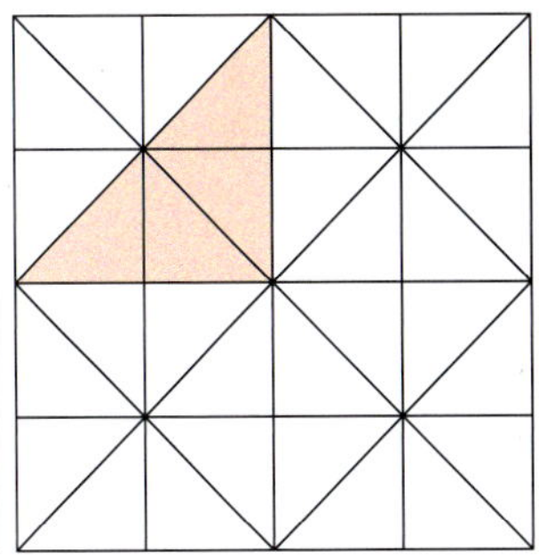

Station 4: Pythagoras puzzeln

- Drucke über den Mediencode die Abbildung auf ein Blatt Papier.
- Schneide die Quadrate a^2 und b^2 aus und zerschneide a^2 noch entlang der Hilfslinien.
- Lege die 5 Teile so in c^2, dass sie genau hineinpassen und sich nicht überdecken.
- Formuliere Zusammenhänge zwischen den Flächeninhalten der Quadrate über den Seiten eines rechtwinkligen Dreiecks.

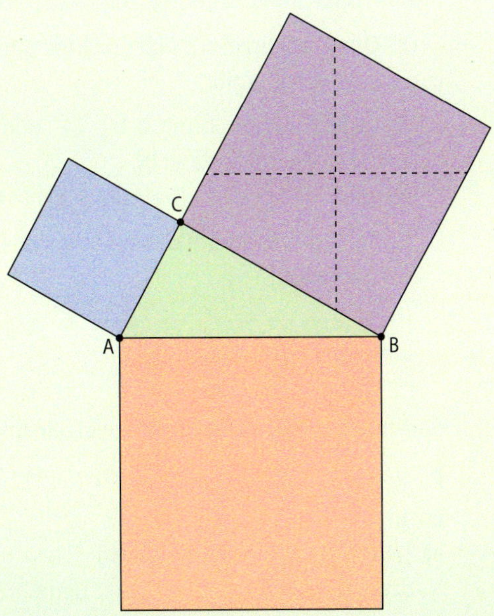

Arbeitsblatt

Mediencode 61238-49

Entdecken

Jede Quadratzahl entsteht aus der vorhergehenden durch Anhängen eines „Winkelhakens".

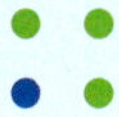

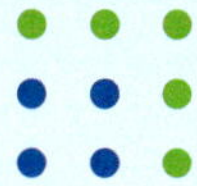

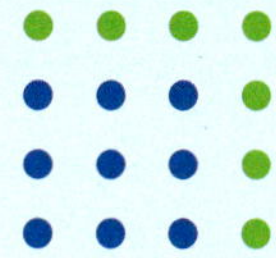

$4 = 2^2 = 1^2 + 3$ $\quad 9 = 3^2 = 2^2 + 5$ $\quad 16 = 4^2 = 3^2 + 7$

Man kann nun mithilfe von Plättchen näherungsweise diejenige Zahl x bestimmen, die quadriert die vorgegebene Zahl x^2 ergibt. Dazu nimmt man zunächst die Seitenlänge des maximal möglichen Quadrates. Als nächstes zählt man die Plättchen des Winkelhakens und dividiert die Anzahl durch die maximale Anzahl an Plättchen, aus denen der Winkelhaken bestehen kann. Beide Zahlen addiert ergeben einen ungefähren Wert für x.

Beispiele: **a)** $x^2 = x \cdot x = 8$

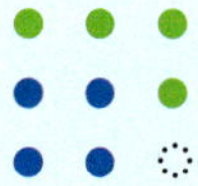

$x \approx 2 + \frac{4}{5} = 2{,}8$

b) $x^2 = x \cdot x = 23$

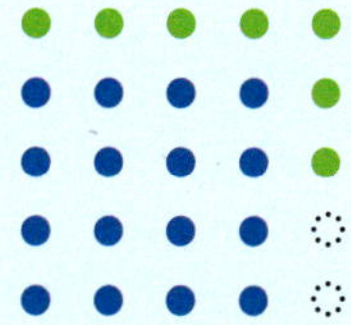

$x \approx 4 + \frac{7}{9} \approx 4{,}8$

- Bestimme auf diese Art näherungsweise die Zahl x, für die gilt:
  1 $x^2 = 5$ **2** $x^2 = 12$ **3** $x^2 = 17$ **4** $x^2 = 30$ **5** $x^2 = 39$

Verstehen

Ist der Flächeninhalt eines Quadrates gegeben, dann kann man die Seitenlänge des Quadrates berechnen, indem man das Potenzieren umkehrt.

Radix (lat.) bedeutet „Wurzel". Radieschen sind Wurzelgemüse mit dem gleichen Wortstamm.

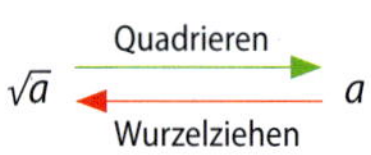

Merke

Eine Umkehrung des Potenzierens bezeichnet man als **Wurzelziehen** (**Radizieren**).

Die **Quadratwurzel** aus einer nichtnegativen Zahl a ist diejenige nichtnegative Zahl b, die quadriert a ergibt.

Man schreibt $\sqrt{a} = b$ mit $a, b \in \mathbb{Q}^+$ und spricht: „Die Quadratwurzel aus a ist b." oder kurz: „Die Wurzel aus a ist b."

Beispiel: $\sqrt{144} = 12$. „Die Wurzel aus 144 ist 12."

Die Zahl bzw. den Term unter der Wurzel (hier die Variable a bzw. die Zahl 144) nennt man **Radikand**.

Erklärungen zum Beispiel und Übungen zum Einstieg findest du hier:

Arbeitsblatt
Mediencode 61238-50

Beispiel

Berechne die folgenden Quadratwurzeln und begründe deine Rechnung.

a) $\sqrt{64}$ **b)** $\sqrt{1{,}44}$ **c)** $\sqrt{0{,}36}$

Lösung:

a) $\sqrt{64} = 8$, denn $8 \cdot 8 = 64$

b) $\sqrt{1{,}44} = 1{,}2$, denn $1{,}2 \cdot 1{,}2 = 1{,}44$

c) $\sqrt{0{,}36} = 0{,}6$, denn $0{,}6 \cdot 0{,}6 = 0{,}36$

Nachgefragt

- Begründe, warum es keine Quadratwurzel aus einer negativen Zahl gibt.
- Gib Zahlen an, bei denen die Quadratwurzel und der Radikand die gleiche Zahl sind.

Aufgaben

1 Bestimme die Quadratwurzeln im Kopf.

a) $\sqrt{36}$; $\sqrt{49}$; $\sqrt{81}$; $\sqrt{100}$; $\sqrt{121}$; $\sqrt{169}$; $\sqrt{225}$; $\sqrt{400}$; $\sqrt{625}$; $\sqrt{900}$; $\sqrt{10\,000}$

b) $\sqrt{1}$; $\sqrt{0{,}64}$; $\sqrt{0{,}25}$; $\sqrt{0{,}09}$; $\sqrt{0{,}81}$; $\sqrt{1{,}21}$; $\sqrt{1{,}44}$; $\sqrt{0{,}01}$; $\sqrt{0{,}0001}$; $\sqrt{0{,}0016}$

2 Übertrage die Tabelle ins Heft und vervollständige sie.

Quadratzahl	100			324	625			0,09
Quadratwurzel		15	50			0,4	0,25	

3 Zeichne zwei Quadrate mit je $16\,cm^2$ Flächeninhalt. Zerschneide beide Quadrate entlang einer Diagonalen und lege alle Teile zu einem neuen Quadrat zusammen.

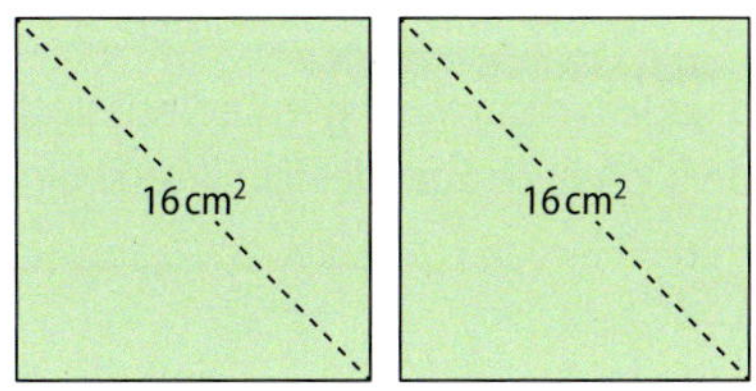

a) Gib den Flächeninhalt des neuen Quadrats an.

b) Bestimme die Seitenlänge des neuen Quadrats durch Messen.

c) Wiederhole a) und b) mit Quadraten vom Flächeninhalt $25\,cm^2$.

4 Bestimme die fehlenden Ziffern. Finde alle Möglichkeiten. Begründe, dass du alle passenden Ziffern gefunden hast.

a) $\sqrt{1\square 1} = 11$; $\sqrt{\square 4} = 8$

b) $\sqrt{\square 00} = \square\square$; $\sqrt{14\square} = 1\square$

c) $\sqrt{\square} = \square$; $\sqrt{\square\square} = \square$

d) $\sqrt{0{,}\square\square} = \square{,}\square$; $\sqrt{81\square\square} = \square 0$

5 Viele Quadratwurzeln lassen sich nicht im Kopf bestimmen. Sie können aber zwischen zwei benachbarten natürlichen Zahlen eingegrenzt werden.

> **Beispiel:**
> Grenze die Quadratwurzel von 30 zwischen zwei benachbarte natürliche Zahlen ein.
> 1. Schritt: $5^2 = 25 < 30 < 36 = 6^2$, also $5^2 < 30 < 6^2$
> 2. Schritt: $5 < \sqrt{30} < 6$

a) Beschreibe das Vorgehen im Kasten.

b) Grenze die Quadratwurzeln ebenso durch natürliche Zahlen ein.

1 $\sqrt{7}$ **2** $\sqrt{20}$ **3** $\sqrt{45}$ **4** $\sqrt{108}$ **5** $\sqrt{200}$

6 Übertrage in dein Heft und fülle die Lücken aus. Finde alle Möglichkeiten.

a) $7 < \sqrt{\square\square} < 8$ **b)** $6 < \sqrt{4\square} < 7$ **c)** $15 < \sqrt{\square 4\square} < 16$ **d)** $5 < \sqrt{\square\square} < 6$

e) $9 < \sqrt{\square 2} < 10$ **f)** $12 < \sqrt{1\square 8} < 13$ **g)** $20 < \sqrt{\square\square\square} < 21$ **h)** $14 < \sqrt{2\square 5} < 15$

7 Ein rechteckiges Grundstück ist 64 m lang und 25 m breit. Bestimme, welche Maße ein quadratisches Grundstück mit dem gleichen Flächeninhalt haben muss. Beschreibe dein Vorgehen.

Entdecken

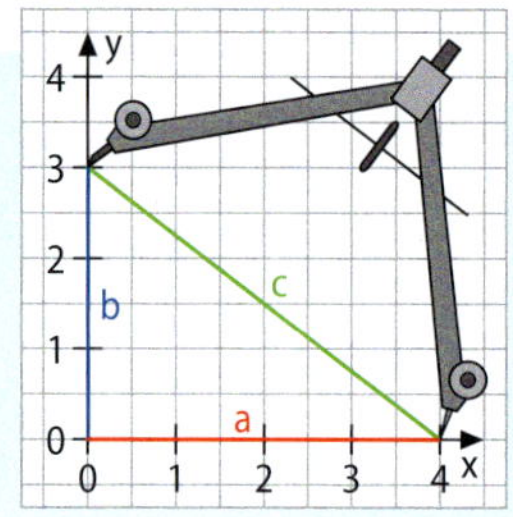

Untersuche rechtwinklige Dreiecke in einem Koordinatensystem.

- Stelle mit dem Zirkel wie abgebildet eine 5 cm lange Strecke ein und trage diese jeweils zwischen den Koordinatenachsen an. Beschreibe den Zusammenhang zwischen den Seitenlängen a und b. Vervollständige: „Wenn a größer wird, …"
- Miss anschließend genauer nach. Übertrage dazu die Tabelle in dein Heft und vervollständige sie.
- Berechne den Flächeninhalt der Quadrate a^2, b^2 und c^2. Erweitere die Tabelle. Beschreibe, welche Zusammenhänge du zwischen den Quadraten entdeckst.

a	1 cm	2 cm	3 cm	3,5 cm	4 cm	4,5 cm
b					3 cm	
c	5 cm	5 cm	5 cm	5 cm	5 cm	5 cm

Verstehen

In jedem rechtwinkligen Dreieck besteht ein Zusammenhang zwischen den Flächeninhalten der Quadrate über den Dreiecksseiten.

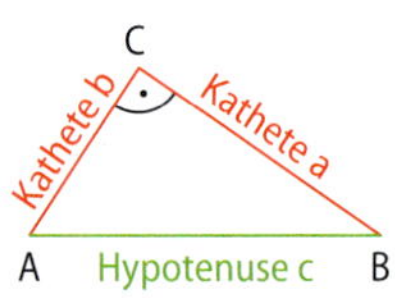

Merke

Bezeichnungen im rechtwinkligen Dreieck
In einem rechtwinkligen Dreieck bezeichnet man die Seite, die dem rechten Winkel gegenüberliegt, als Hypotenuse. Die beiden am rechten Winkel anliegenden Seiten heißen Katheten.

Satz des Pythagoras
In einem rechtwinkligen Dreieck hat das Quadrat über der Hypotenuse den gleichen Flächeninhalt wie die Summe der beiden Quadrate über den Katheten.
Mit den Bezeichnungen in der Abbildung gilt kurz:
$a^2 + b^2 = c^2$

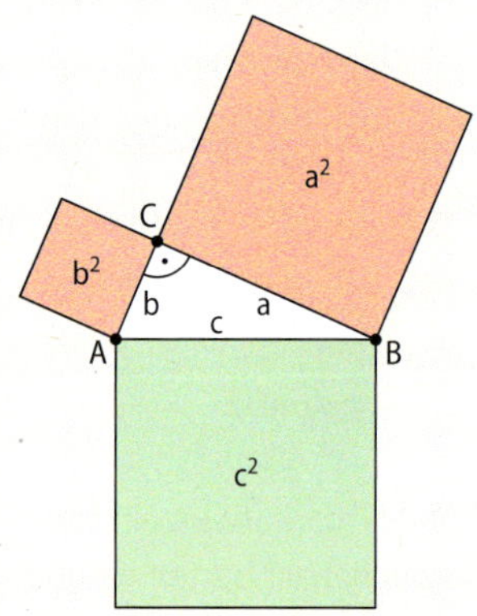

Beispiel

Prüfe zunächst die Seiten: Die grüne Seite ist jeweils die Hypotenuse, da sie dem rechten Winkel gegenüber liegt. Die anderen beiden Seiten sind die Katheten.

Bestimme die fehlende Seitenlänge im rechtwinkligen Dreieck.

a)
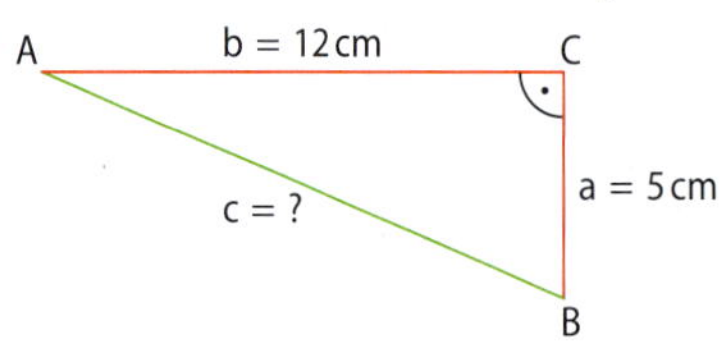

b)
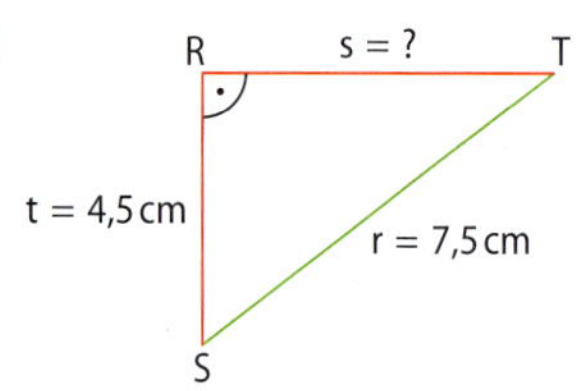

Lösung:

a) Hypotenuse gesucht
$c^2 = a^2 + b^2$
$c^2 = 5^2 + 12^2$
$c^2 = 169 \quad | \sqrt{\ }$
$\underline{\underline{c = 13}}$
Die Seite c ist 13 cm lang.

Wenn alle Maße in denselben Grundeinheiten angegeben sind (z. B. alles in cm bzw. cm^2), dann kann man die Rechnung ohne Einheiten durchführen. Das Ergebnis ist dann in der Grundeinheit anzugeben.

b) Kathete gesucht
$r^2 = s^2 + t^2 \quad | - t^2$
$s^2 = r^2 - t^2$
$s^2 = 7{,}5^2 - 4{,}5^2$
$s^2 = 36 \quad | \sqrt{\ }$
$\underline{\underline{s = 6}}$
Die Seite s ist 6 cm lang.

Nachgefragt

- Stefan ist der Meinung, dass die Formel von Pythagoras für alle Dreiecke angewendet werden kann. Entscheide, ob er Recht hat.
- Hanna fragt ihre Eltern, wie der Satz des Pythagoras lautet. Sie antworten: „$a^2 + b^2 = c^2$." Entscheide, ob das immer stimmt. Begründe.

Aufgaben

1 Benenne die Seiten des Dreiecks mit den Begriffen „Hypotenuse" und „Kathete". Stelle jeweils den Satz des Pythagoras für das Dreieck auf.

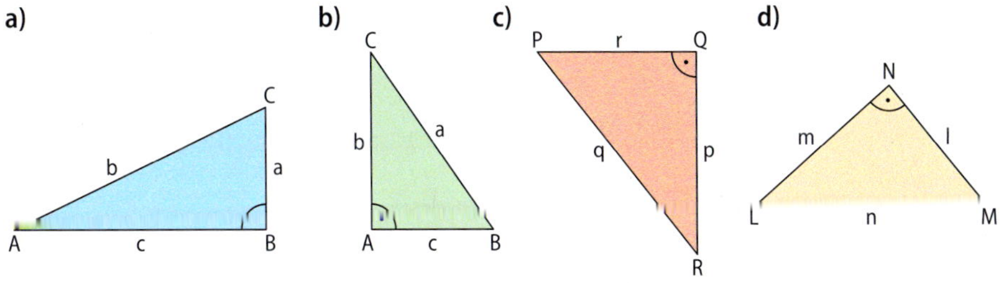

2 Berechne den Flächeninhalt des dritten Quadrats an dem rechtwinkligen Dreieck.

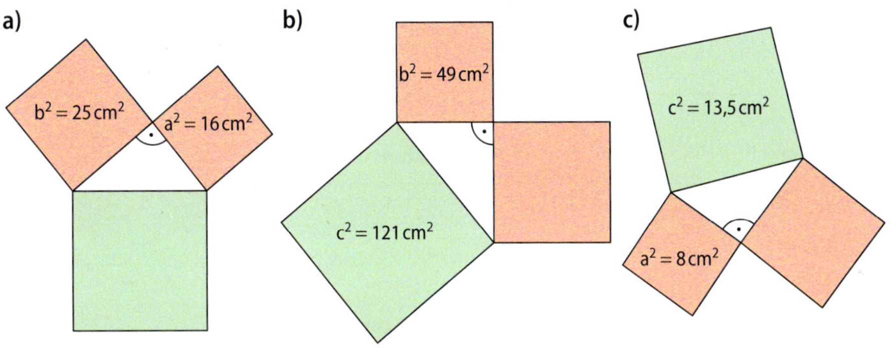

3 Überprüfe durch Abzählen der Kästchen, ob der Satz des Pythagoras im Dreieck ABC gilt.

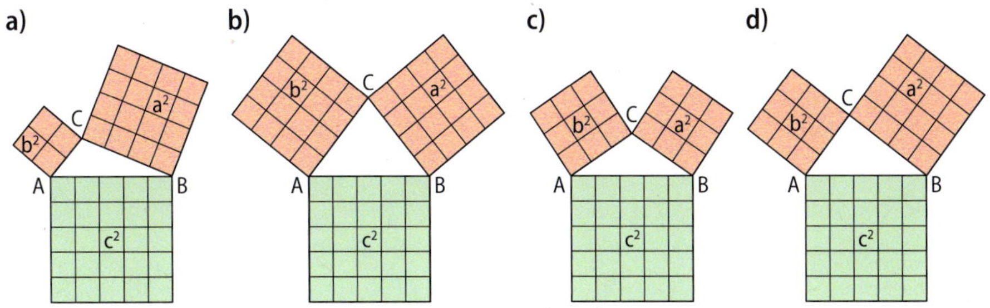

4 Berechne jeweils die fehlende Seitenlänge im rechtwinkligen Dreieck.

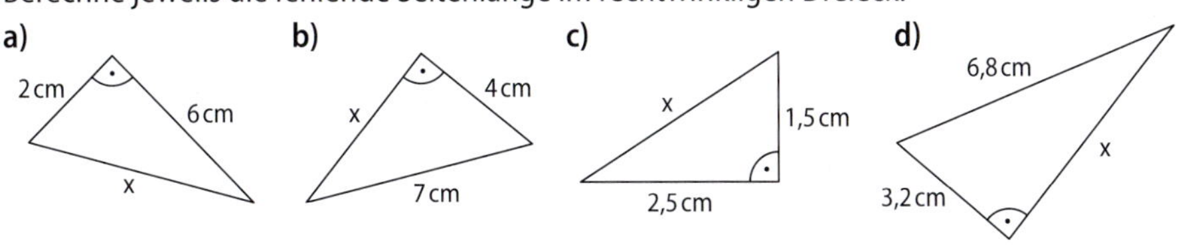

Erklärvideo

Mediencode 61238-51

Alles klar?

5 a) Formuliere den Satz des Pythagoras für das abgebildete Dreieck.

1

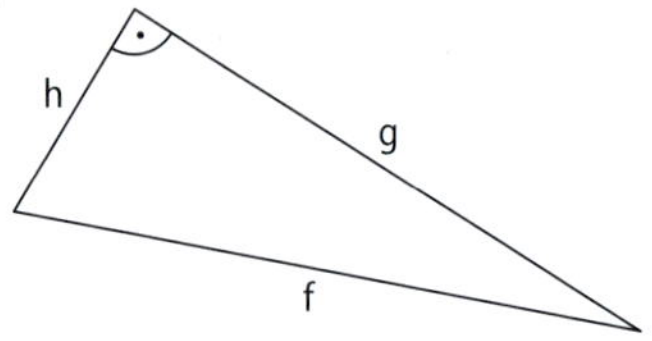

2

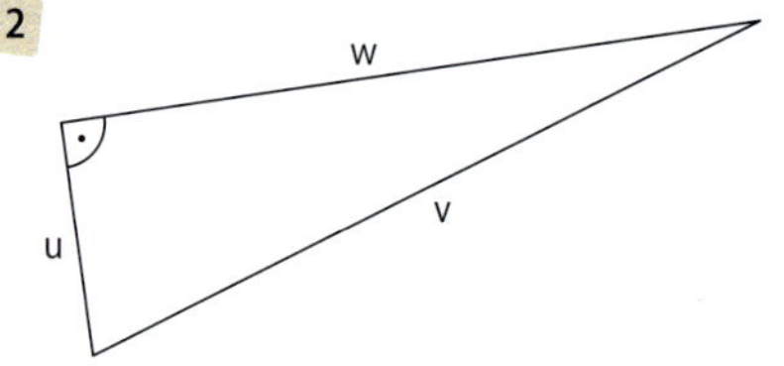

b) Berechne jeweils die fehlende Seitenlänge, wenn gilt:

1 g = 4 cm; h = 6 cm **2** u = 2 cm; v = 8 cm

6 Nachgefragt: Beschreibe das folgende Vorgehen mit eigenen Worten.

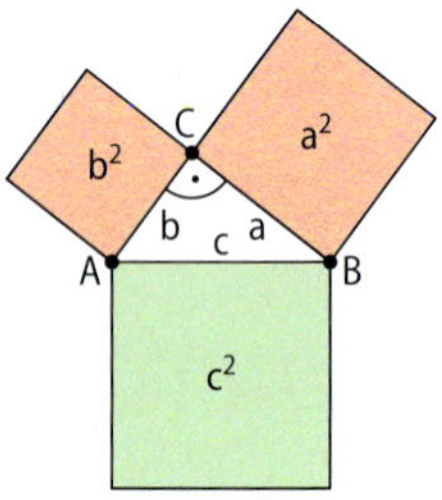

	a)	b)
Gegeben	**a = 6 cm; b = 8 cm**	**a = 3 cm; c = 5 cm**
Gesucht	c	b
Rechnung ohne Einheiten	$c^2 = a^2 + b^2$ $c^2 = 6^2 + 8^2$ $c^2 = 36 + 64 = 100$ $c = 10$	$b^2 = c^2 - a^2$ $b^2 = 5^2 - 3^2$ $b^2 = 25 - 9 = 16$ $b = 4$
Antwort	c = 10 cm	b = 4 cm

Lösungen zu 7a):
8; 10; 12; 15; 24; 41
(Die Maßeinheiten sind nicht angegeben.)

7 a) Berechne die Seitenlängen im rechtwinkligen Dreieck ABC.

	1	2	3	4	5	6
Kathete a	9 cm	5 dm		7 mm	9 m	
Kathete b	12 cm		15 cm		400 dm	0,24 m
Hypotenuse c		13 dm	17 cm	2,5 cm		26 cm

b) Gib jeweils die Höhen h_a und h_b des Dreiecks an. Begründe.

c) Bestimme jeweils den Flächeninhalt des Dreiecks.

8 Berechne die fehlende Seitenlänge und den Flächeninhalt der rechtwinkligen Dreiecke.

a) a = 8 cm; b = 5 cm; $\alpha = 90°$ b) b = 4 cm; c = 6 cm; $\alpha = 90°$

c) a = 3,5 cm; b = 7 cm; $\beta = 90°$ d) a = 4,5 cm; b = 4,5 cm; $\gamma = 90°$

Lösungen zu 9:
5,1; 13; 17,4; 3,5; 12; 7,0; 3,7; 9,8; 4,2; 0,8; 6,4; 1,2
(Die Einheiten sind nicht angegeben.)

9 Berechne mithilfe des Satzes des Pythagoras die fehlenden Seitenlängen, den Umfang und den Flächeninhalt des Dreiecks. Runde auf eine Dezimale.

a)

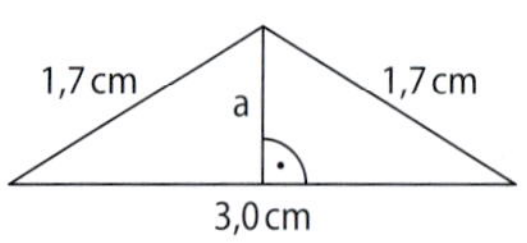

b)

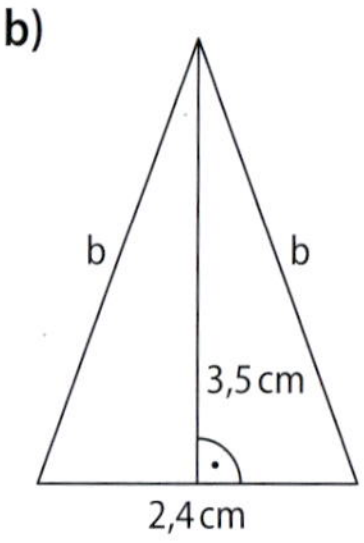

c)

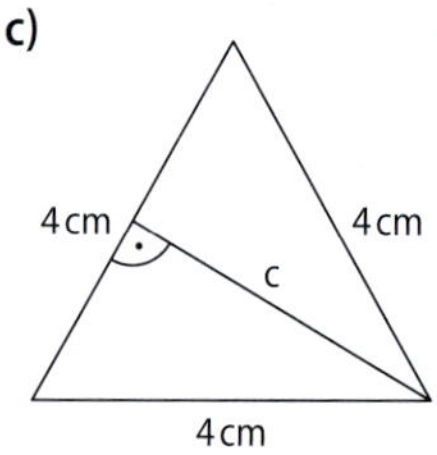

d)

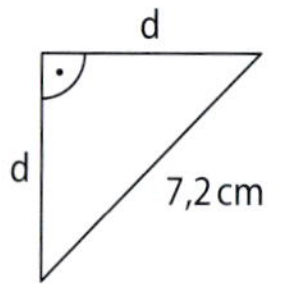

10 **a)** Finde die Fehler. Beschreibe und korrigiere sie.

1

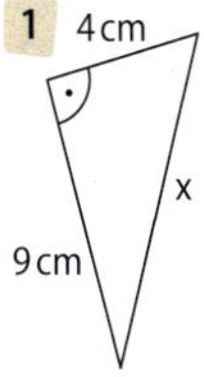

$x^2 = (4\,cm)^2 + (9\,cm)^2$
$x = 4\,cm + 9\,cm$
$x = 13\,cm$

2

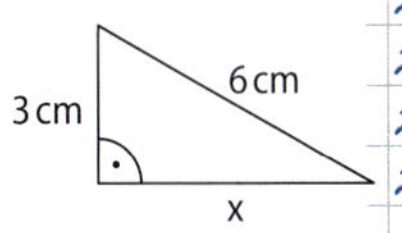

$x^2 = (3\,cm)^2 + (6\,cm)^2$
$x^2 = 9\,cm^2 + 36\,cm^2$
$x^2 = 45\,cm^2$
$x = \sqrt{45}\,cm \approx 6{,}7\,cm$

b) Gib Regeln an, die berücksichtigt werden müssen, um Fehler wie in a) zu vermeiden.

11 Berechne jeweils die mit einem Fragezeichen gekennzeichneten Längen.

a)

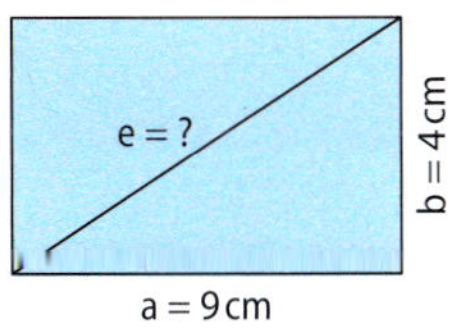

b)

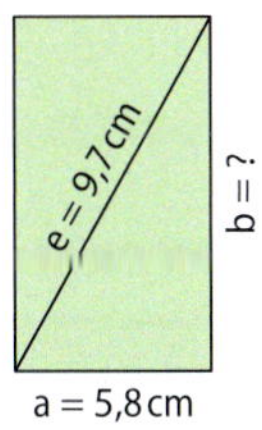

c)

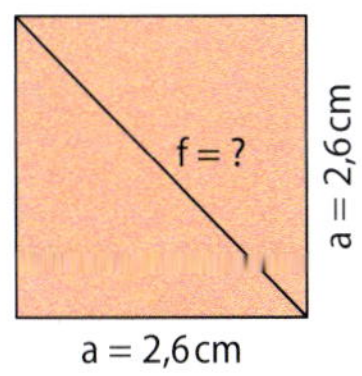

d)

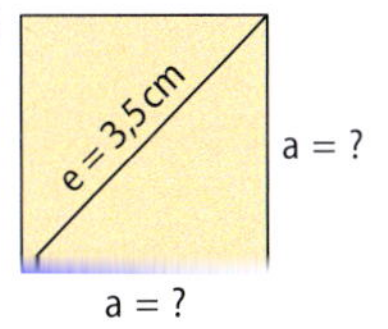

e)

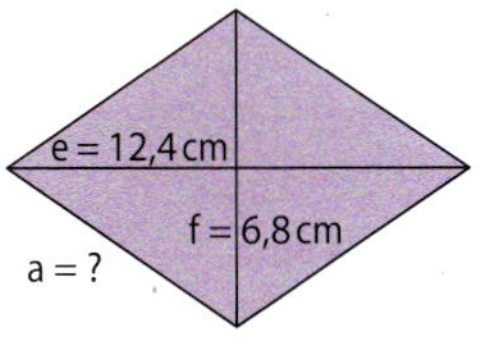

f)

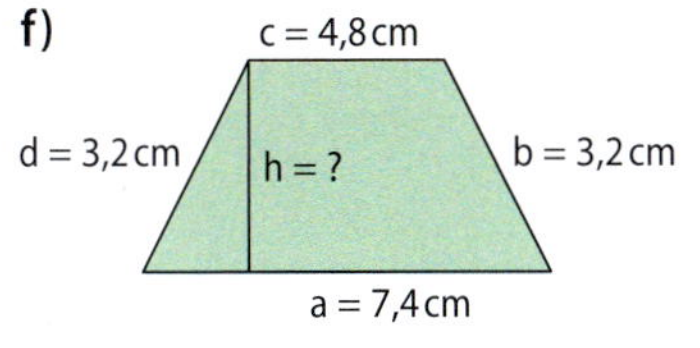

12

Mathematik und Sprache: Fachbegriffe verwenden

Der Satz des Pythagoras lautet: $a^2 + b^2 = c^2$.
Formuliere den Inhalt des Satzes mithilfe folgender Satzbausteine:

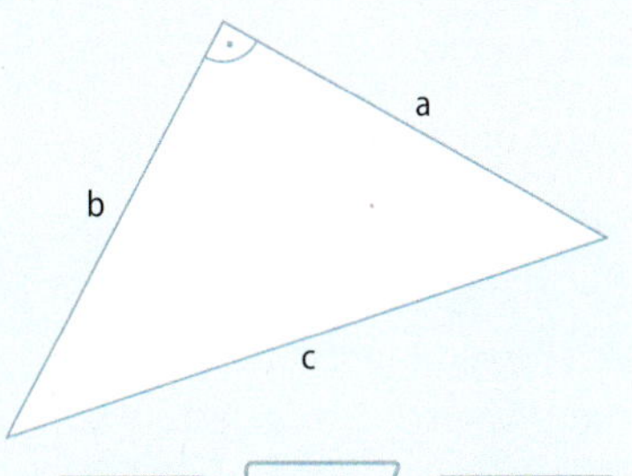

FLÄCHENINHALTE | KATHETEN | GENAUSO | DER | DER | DER | QUADRATE | DIE | FLÄCHENINHALT | ÜBER | GROß | SUMME | ÜBER | WIE | DEN | IST | DES | QUADRATES | DER | HYPOTENUSE

13 Gegeben sind zwei Quadrate mit den Seitenlängen 3 cm und 5 cm. Konstruiere ein Quadrat, dessen Flächeninhalt genauso groß ist wie die Summe der Flächeninhalte der beiden gegebenen Quadrate.

14 In einem gleichschenklig-rechtwinkligen Dreieck beträgt der Flächeninhalt des Hypotenusenquadrats $128\,cm^2$. Bestimme die Längen der beiden Katheten.

15 Eine 10 m hohe Tanne knickt bei einem Sturm in 4,50 m Höhe ab. Bestimme, in welchem Umkreis um den Baum sich kein Mensch aufgehalten haben sollte.

Methoden

Beweise: Satz des Pythagoras

Der Satz des Pythagoras ist sicherlich einer der mathematischen Sätze, für die es die meisten Beweise gibt. Hier findest du verschiedene Möglichkeiten.

Beweis aus China (ca. 2000 Jahre alt):

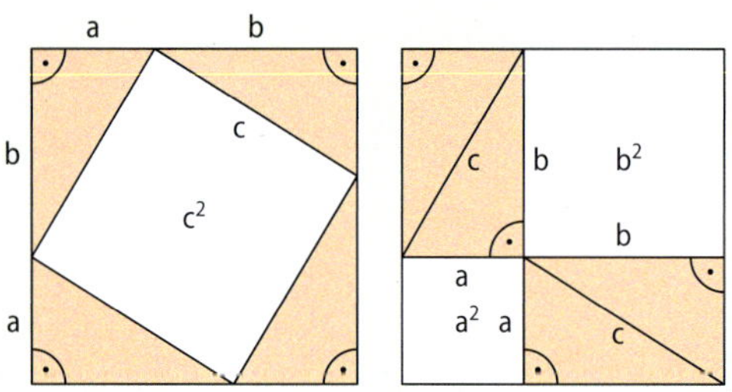

Beweis aus Indien (ca. 1000 Jahre alt):

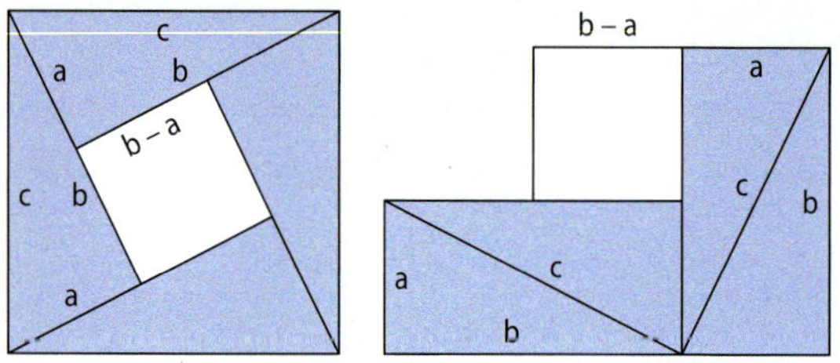

- Beschreibe jeweils die Beweisidee. Begründe den Satz des Pythagoras anhand des Flächenvergleichs. Du kannst die Satzanfänge rechts verwenden.

> ***Beweis aus China:***
> - *Die Ausgangsquadrate mit den Seitenlängen $a + b$ haben denselben Flächeninhalt.*
> - *Vier gleich große Dreiecke werden …*
> - *Die Restflächen …*
>
> ***Beweis aus Indien:***
> - *Das Ausgangsquadrat mit Seitenlänge c und die rechte Figur bestehen aus denselben Teilflächen, sie haben …*
> - *Teilt man in der rechten Figur ein Quadrat mit Seitenlänge a ab, dann …*

- Vergleiche die beiden Beweise, indem du Gemeinsamkeiten und Unterschiede findest.

Arithmetische Beweise:

a)

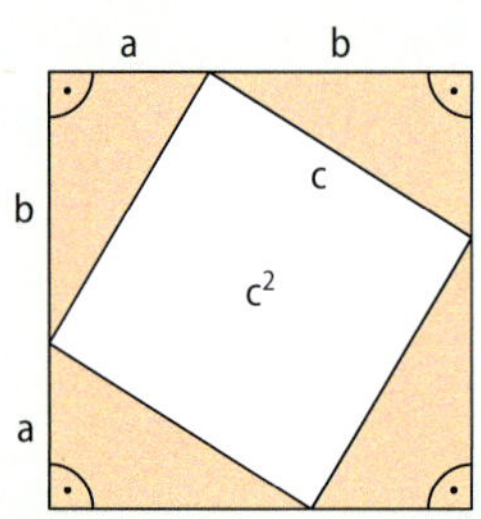

b)

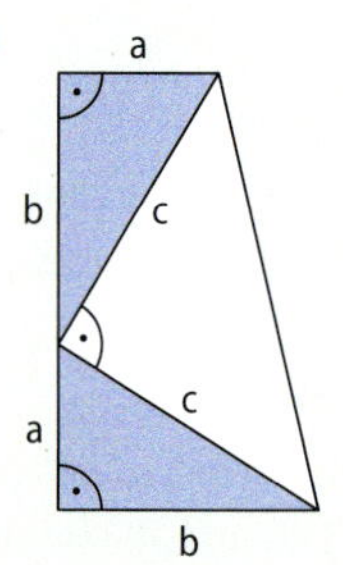

- Beweise den Satz des Pythagoras, indem du den Flächeninhalt der Figur auf zwei verschiedenen Wegen berechnest – jeweils einmal für die ganze Figur (Quadrat bzw. Trapez) und einmal, indem du die Flächeninhalte der Teilfiguren einzeln berechnest und dann addierst. Tipp: Verwende binomische Formeln.

Weiterdenken

Den **Abstand zweier Punkte** kann man mithilfe des Satzes des Pythagoras bestimmen.

Für die **Länge** der **Strecke** $\overline{AB}$ mit $A(x_A | y_A)$ und $B(x_B | y_B)$ gilt nach dem Satz des Pythagoras:

$\overline{AB} = \sqrt{(x_B - x_A)^2 + (y_B - y_A)^2}$

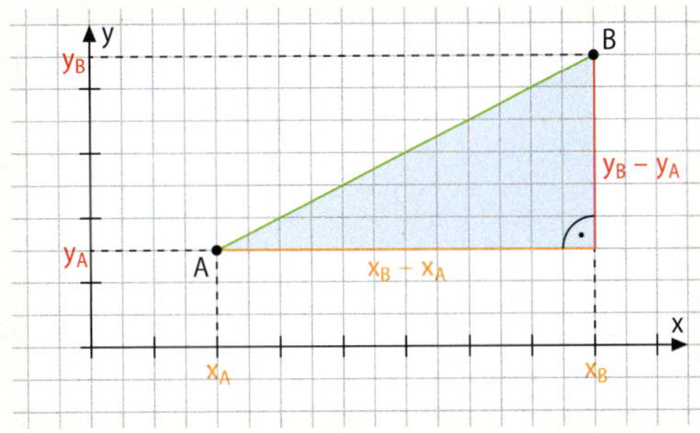

Beispiel:
Abstand der Punkte $A(-4 | 0{,}5)$ und $B(-1 | -7{,}5)$.

$\overline{AB} = \sqrt{(-1 - (-4))^2 + (-7{,}5 - 0{,}5)^2}$
$= \sqrt{73} \approx 8{,}5$

Der Abstand beträgt etwa 8,5 LE (Längeneinheiten).

16 Berechne die Länge der Strecke $\overline{AB}$ ($t \in \mathbb{Q}$).

	a)	b)	c)	d)	e)
A	(4 | 5)	(3 | 5,4)	(0 | 5)	(−1 | 8)	(t | 2t)
B	(−2 | −5)	(−4 | 9)	(−5 | 0)	(4 | −2,3)	(4 + t | 2t − 8)

f) Denkt euch in Partnerarbeit weitere Punkte A und B aus und lasst sie vom jeweils anderen lösen.

16 f): Mit diesem Geogebra-Applet könnt ihr eure Ergebnisse kontrollieren.

Geogebra
Mediencode 61238-52

17 Das Viereck ABCD wird durch $A(-2 | 0{,}5)$, $B(8 | 0)$, $C(4{,}5 | 7)$ und $D(-1 | 5{,}5)$ festgelegt.
a) Berechne den Umfang u des Vierecks.
b) Bestimme die Länge der beiden Diagonalen $\overline{AC}$ und $\overline{BD}$.

18 **a)** Zeichne das Viereck ABCD und prüfe rechnerisch die Art der Vierecksform.
1 $A(-0{,}5 | -3)$; $B(7{,}5 | -4)$; $C(3{,}5 | 3)$; $D(-4{,}5 | 4)$
2 $A(0{,}5 | 6)$; $B(-3 | 0)$; $C(3{,}5 | -3)$; $D(6{,}5 | 3)$
b) Zeichne selbst ein Viereck in ein Koordinatensystem. Gib einem Partner oder einer Partnerin die Koordinaten der Eckpunkte an und lasse die Art der Vierecksform rechnerisch nachprüfen. Tauscht anschließend die Rollen.

19 Zeichne ein Koordinatensystem, trage die Punkte $A(2 | 1)$, $B(10 | 1)$, $C(14 | 4)$ und $D(6 | 4)$ ein und verbinde sie zu einem Viereck ABCD.
a) Erläutere, um was für ein besonderes Viereck es sich bei ABCD handelt.
b) Berechne **1** den Umfang und **2** den Flächeninhalt des Vierecks.
c) Zeichne die Diagonalen ein und berechne ihre Länge.
d) Bestimme rechnerisch den Schnittpunkt der Diagonalen und erläutere dein Vorgehen.

20 Vitus rechnet: $\overline{AB} = \sqrt{(x_B - x_A)^2 + (y_B - y_A)^2}$ LE $= [(x_B - x_A) + (y_B - y_A)]$ LE.
a) Erkläre den Fehler, den Vitus gemacht hat. Beschreibe, wie er anhand einer Zeichnung erkennen kann, dass sein Ergebnis falsch ist.
b) Luna behauptet: „Mit deiner Formel erhältst du immer zu große Ergebnisse!" Entscheide anhand der Zeichnung, ob sie recht hat, und begründe.

21 Prüfe mithilfe einer dynamischen Geometriesoftware, ob auch die Umkehrung des Satzes von Pythagoras gilt: Wenn $a^2 + b^2 = c^2$, dann ist das Dreieck rechtwinklig mit einem rechten Winkel bei C. Gehe dabei folgendermaßen vor:

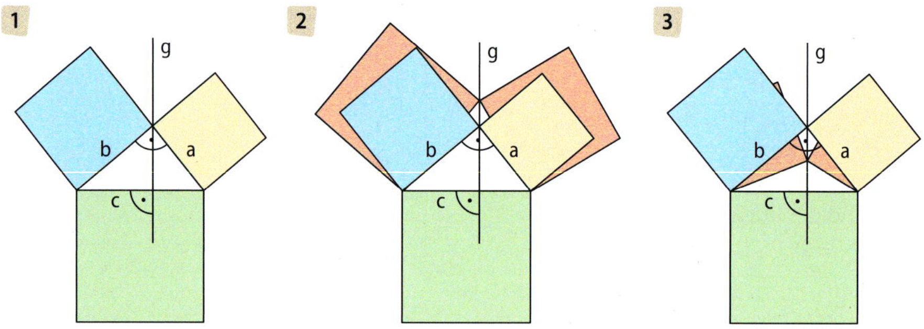

Zeichne mit einer dynamischen Geometriesoftware ein rechtwinkliges Dreieck und errichte über seinen Seiten Quadrate (**1**). Verschiebe den Punkt C längs der Geraden g „nach oben" und „nach unten" (**2** und **3**). Beobachte die Flächeninhalte der Quadrate für verschiedene Winkel γ.
Vervollständige jeweils: Wenn $a^2 + b^2$ ▢ c^2, dann γ ▢ 90°.

Weiterdenken

Satz von Pythagoras:
Voraussetzung: Das Dreieck ist rechtwinklig.

Behauptung: Die Summe der Flächeninhalte der Quadrate über den Katheten ist so groß wie der Flächeninhalt über dem Quadrat der Hypotenuse.

Umkehrung des Satzes des Pythagoras
Voraussetzung: In einem Dreieck ist die Summe der Flächeninhalt der Quadrate über zwei Seiten so groß wie der Flächeninhalt des Quadrats über der dritten Seite.

Behauptung: Das Dreieck ist rechtwinklig.

Erklärvideos
Mediencode 61238-53

22 Begründe, dass die Umkehrung des Satzes von Pythagoras wie folgt formuliert werden kann.

Wenn in einem Dreieck gilt, dass die Summe der Quadrate der beiden kürzeren Seiten so groß ist wie das Quadrat der längsten Seite, dann ist das Dreieck rechtwinklig und die längste Seite ist die Hypotenuse des Dreiecks. **(Umkehrung des Satzes von Pythagoras)**

23 Überprüfe mit der Umkehrung des Satzes des Pythagoras, ob folgende Dreiecke rechtwinklig sind. Begründe, welche Seite die Hypotenuse darstellen kann.

1 a = 5 cm; b = 4 cm; c = 7 cm
2 a = 18 cm; b = 24 cm; c = 30 cm
3 a = 4 dm; b = 3 dm; c = 5 dm
4 a = 12 m; b = 13 m; c = 5 m
5 a = 12 m; b = 6 m; c = 800 cm
6 a = 40 mm; b = 50 mm; c = 3 cm
7 a = 0,9 m; b = 1,2 m; c = 150 cm
8 a = 1,1 m; b = 15 dm; c = 180 cm
9 a = 95 cm; b = 1,75 m; c = 1,45 m
10 a = 130 cm; b = 1,56 m; c = 20,2 dm

24 Medien und Werkzeuge: Übertrage die ersten drei Spalten in ein Tabellenkalkulationsprogramm und lasse das Programm mittels Formeln alle anderen Spalten befüllen.

	a	b	c	a^2	b^2	$a^2 + b^2$	c^2	rechtwinklig?
1	4	5	7					
2	4	3	5					
3	6	5	8					
4	3,5	3,5	6					
5	2,0	2,5	2,8					
6	4,2	5,6	7					

Verwende für die rechte Spalte die WENN(Bedingung; Dann; Sonst)-Funktion – siehe auch S. 11.

Beispiel Ampel:
WENN(grün; gehen; stehen)
*= **wenn** die Ampel grün ist, **dann** kann man gehen, **sonst** sollte man stehen.*

25 a) Überprüfe, ob das Dreieck ABC rechtwinklig bzw. gleichschenklig ist.

	1	2	3	4	5
A	(−2 | 4)	(2 | 4)	(3 | 4)	(5 | 4)	(5,5 | 0)
B	(5 | 8)	(−3 | 2)	(−5 | 6)	(1 | 7)	(2,5 | 0,5)
C	(2 | 10)	(4 | −1)	(−2 | 1)	(−7 | 0)	(3 | −1,5)

b) Begründe, dass ein Dreieck auch rechtwinklig und gleichschenklig sein kann.

26 Von einem Dreieck ABC sind die Maße bekannt.

a) Zeige, dass das Dreieck nicht rechtwinklig ist. Begründe.

b) Verändere die Höhe h so, dass das dazugehörige Dreieck rechtwinklig wird. Bestimme anschließend alle weiteren Maße für dieses neue rechtwinklige Dreieck.

c) Formuliere einen Zusammenhang zwischen dem Höhenquadrat und den Strecken p und q im rechtwinkligen Dreieck.

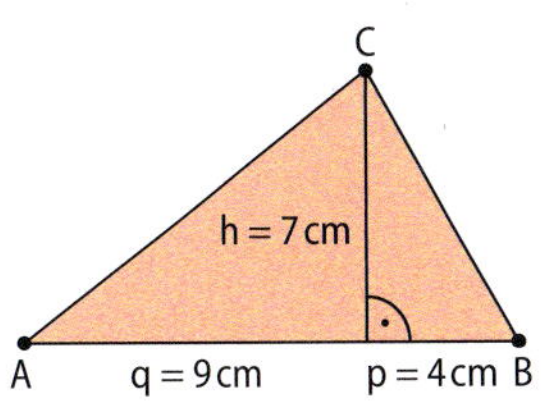

Du kannst auch ein dynamisches Geometrieprogramm verwenden.

Als „Höhenquadrat" bezeichnet man das Quadrat mit der Höhe h als Seitenlänge.

27 Ein Zahlentripel (a | b | c) natürlicher Zahlen, die die Gleichung $a^2 + b^2 = c^2$ erfüllen, bezeichnet man als pythagoreisches Zahlentripel.

a) Überprüfe, ob die Zahlentripel (3 | 4 | 5), (9 | 40 | 41) und (28 | 45 | 53) pythagoreische Zahlentripel sind.

b) Weise nach, dass Vielfache von pythagoreischen Zahlentripeln ebenfalls pythagoreische Zahlentripel sind.

Der griechische Mathematiker Platon hat die folgende Methode aufgestellt:
„Wenn x eine natürliche Zahl ist, dann sind a, b und c ein pythagoreisches Zahlentripel, das sich über folgende Beziehung bestimmen lässt: $a = 2x$; $b = x^2 - 1$; $c = x^2 + 1$."

c) Medien und Werkzeuge: Überprüfe die Methode Platons mithilfe eines Tabellenkalkulationsprogramms, indem du dir für verschiedene Werte für x möglichst viele pythagoreische Zahlentripel erzeugen lässt. Überprüfe auch, ob es sich wirklich um pythagoreische Zahlentripel handelt.

d) Zeige, dass Platons Methode aus Teilaufgabe c) für jede natürliche Zahl x stimmt.

e) Konstruiere das Dreieck △abc für $x = 5$ nach SSS und weise durch Messen nach, dass das Dreieck wirklich rechtwinklig ist.

Wähle einen geeigneten Maßstab.

5.3 Pythagoras in Körpern

Entdecken

In einem Körper bezeichnet man die Länge der Strecke von einem Eckpunkt zu einem gegenüberliegenden Eckpunkt als Raumdiagonale.

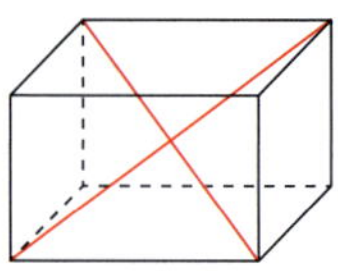

Die Länge der Flächen- und Raumdiagonalen in einem Quader kann man über rechtwinklige Dreiecke bestimmen.

1

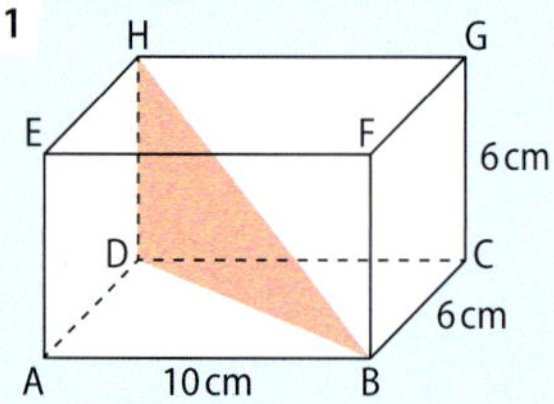

2

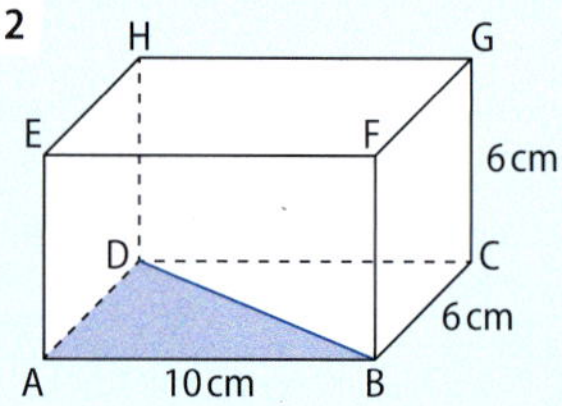

3

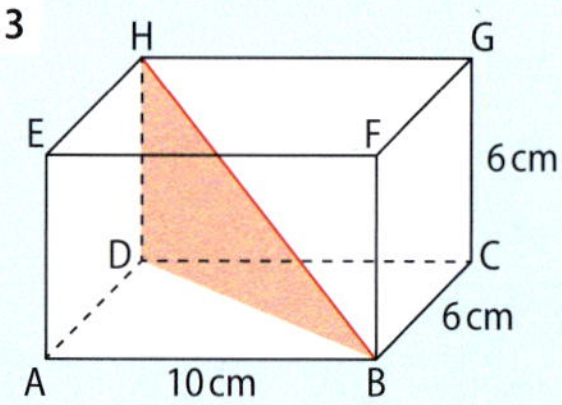

- Begründe, dass das rote Dreieck in Abbildung **1** rechtwinklig ist.

Beschreibe die Berechnung …

- der Länge der Flächendiagonale $\overline{BD}$ der Grundfläche mithilfe der Abbildung **2**,
- die Länge der Raumdiagonale $\overline{BH}$ mithilfe der Abbildung **3**.

Verstehen

Den Satz des Pythagoras kann man auch bei der Berechnung unbekannter Streckenlängen in Körpern anwenden.

Erklärvideo

Mediencode 61238-54

Merke

Bei der Bestimmung unbekannter Streckenlängen in Körpern mithilfe des Satzes des Pythagoras geht man in der Regel folgendermaßen vor:

Suche ein rechtwinkliges Dreieck.

Sind zwei Seitenlängen des Dreiecks bekannt?

- ja: Berechne die gesuchte Seitenlänge über den Satz des Pythagoras.
- nein: Suche ein weiteres rechtwinkliges Dreieck, um zunächst die fehlende Seitenlänge zu bestimmen.

Beispiel

Bestimme für einen Quader mit $a = 10\,\text{cm}$, $b = 8\,\text{cm}$ und $c = 6\,\text{cm}$ die Länge …

a) der Diagonalen der Grundfläche. **b)** einer Raumdiagonalen.

Lösung:

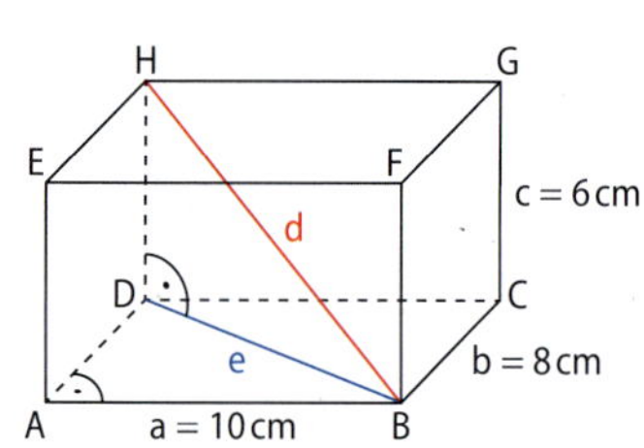

a) Im rechtwinkligen Dreieck ABD (rechter Winkel bei A) gilt nach dem Satz des Pythagoras für $e = \overline{BD}$: $e^2 = a^2 + b^2$.

$e^2 = (10\,\text{cm})^2 + (8\,\text{cm})^2 = 164\,\text{cm}^2$

$e = \sqrt{164}\,\text{cm} \approx \underline{\underline{12{,}8\,\text{cm}}}$

b) Im rechtwinkligen Dreieck DBH (rechter Winkel bei D) gilt nach dem Satz des Pythagoras für $d = \overline{BH}$: $d^2 = e^2 + c^2$.

$d^2 = (\sqrt{164}\,\text{cm})^2 + (6\,\text{cm})^2 = 200\,\text{cm}^2$

$d = \sqrt{200}\,\text{cm} \approx \underline{\underline{14{,}1\,\text{cm}}}$

Nachgefragt

- Überprüfe, ob beim Würfel Kanten senkrecht auf einer Raumdiagonalen stehen.
- Bela behauptet, dass man die Länge der Raumdiagonale eines Quaders mit der Formel $d = \sqrt{a^2 + b^2 + c^2}$ berechnen kann. Entscheide, ob er recht hat. Begründe.

Aufgaben

1 Ein Würfel hat eine Kantenlänge von 4 cm.

a) Zeichne ein Schrägbild des Würfels und trage ein rechtwinkliges Dreieck ein, über das du die Länge einer Raumdiagonalen bestimmen kannst.

b) Berechne die Länge der Raumdiagonalen des Würfels.

2 Berechne die Längen der eingezeichneten Diagonalen.

a)

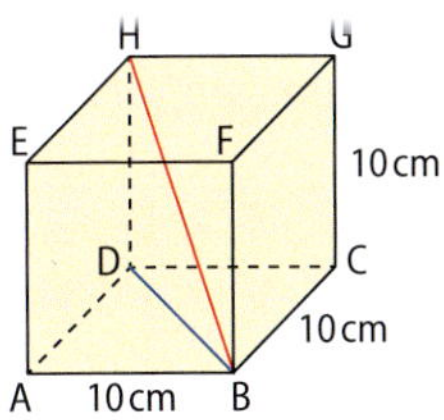

b)

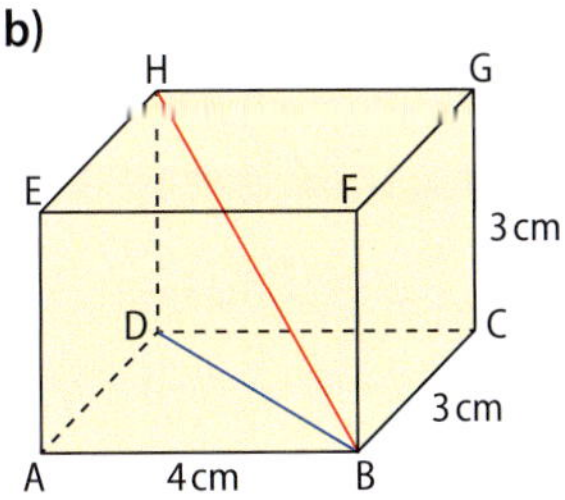

c)

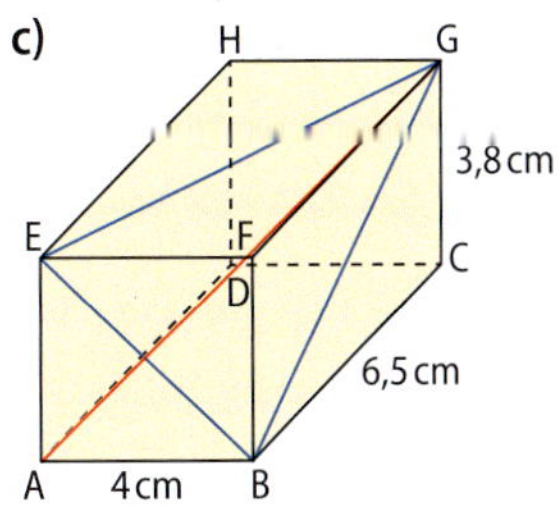

3 Ein Quader ABCDEFGH ist 12 cm lang, 5 cm breit und 5 cm hoch.

a) Zeichne ein Schrägbild des Quaders in wahrer Größe.

b) Zeichne das Dreieck AFD in wahrer Größe. Berechne dazu die fehlenden Seitenlängen.

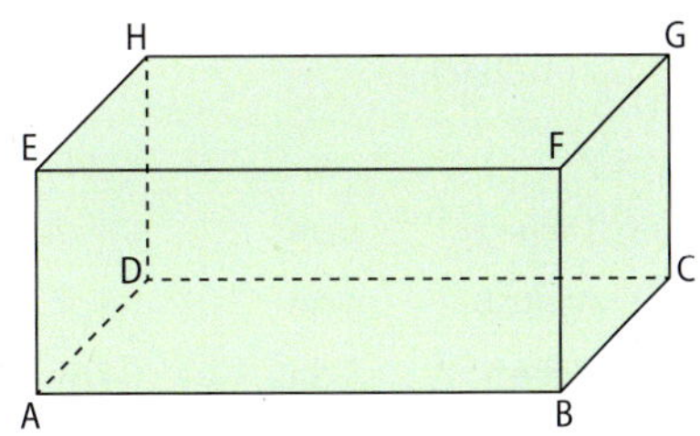

Alles klar?

4 Berechne die Raumdiagonale des Klassenzimmers. Miss dazu die benötigten Seitenlängen aus.

5 Nachgefragt: Anna behauptet: „Nur bei einem Würfel gibt es vier Raumdiagonalen, die gleich lang sind. Beim Quader nicht." Begründe, ob Anna recht hat oder nicht.

6 Die nebenstehende Abbildung zeigt zwei aufeinander gestapelte Würfel mit einer Kantenlänge von je 6 cm. Berechne die Länge der eingezeichneten Diagonalen. Beschreibe dein Vorgehen.

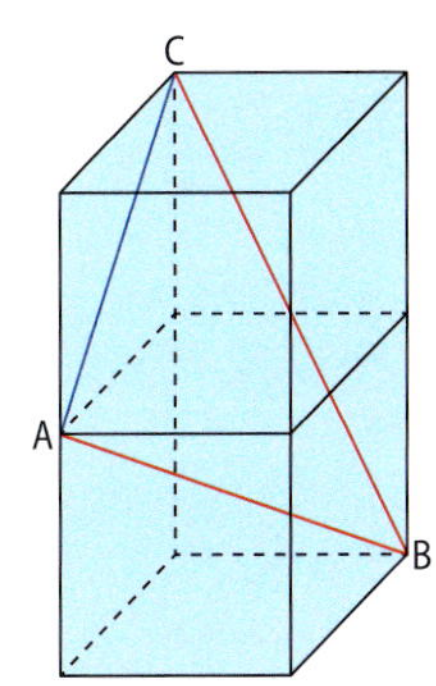

7 Ein Bücherregal ist 2,00 m breit, 0,28 m tief und 2,37 m hoch. Es wird aus Einzelteilen liegend zusammengebaut. Überprüfe, ob man das Regal durch Kippen aufstellen kann, wenn das Wohnzimmer 2,40 m hoch ist. Fertige zunächst eine Skizze an.

8 Wie ändert sich die Länge der Flächendiagonalen (Raumdiagonalen) eines Würfels, wenn sich die Kantenlänge verdoppelt? Formuliere eine Vermutung und begründe rechnerisch. Du kannst auch ein einfaches Zahlenbeispiel zu Hilfe nehmen.

Weiterdenken

Auch in einer Pyramide lassen sich mit dem Satz des Pythagoras unbekannte Seitenlängen bestimmen, beispielsweise die Höhe h_a eines Seitendreiecks.

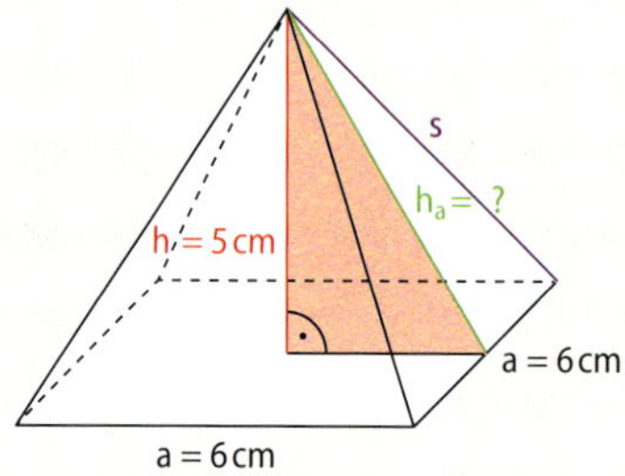

Gesucht: Seitenhöhe h_a

Rechnung: $h_a^2 = h^2 + \left(\frac{a}{2}\right)^2$

$h_a^2 = 5^2 + 3^2$

$h_a^2 = 25 + 9$

$h_a^2 = 34$

$h_a \approx 5{,}8$

Antwort: Die Seitenhöhe misst 5,8 cm.

9 a) Erkläre das Vorgehen aus dem Kasten in eigenen Worten.
b) Berechne die Kantenlänge s der Pyramide aus dem Kasten. Erläutere dein Vorgehen.

10 Von einer quadratischen Pyramide sind von den Längen a, h, h_a und s zwei gegeben. Berechne die fehlenden Längen.
a) a = 5 cm; h = 7 cm
b) a = 4 cm; h_a = 65 mm

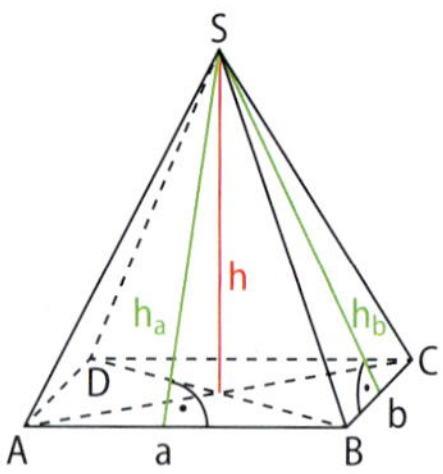

11 Berechne die Höhen h_a und h_b der Seitendreiecke der Pyramiden mit rechteckiger Grundfläche.

	a)	b)	c)	d)	e)	f)
Länge a	6 cm	8 cm	7 cm	10 cm	4,5 cm	1,2 m
Breite b	4 cm	5 cm	9 cm	12 cm	55 mm	2,2 dm
Höhe h	5 cm	4 cm	6 cm	7 cm	8 cm	140 cm

12 Gegeben ist ein Oktaeder.
a) Berechne die Körperhöhe h für a = 3 cm.
b) Das Schrägbild eines Oktaeders lässt sich leicht zeichnen, indem man die Seitenmitten eines Würfels verbindet. Finde eine Formel, mit der man die Seitenlänge des umgebenden Würfels in Abhängigkeit von der Kantenlänge a des Oktaeders berechnen kann.
c) Zeichne ein Schrägbild eines Oktaeders für a = 5 cm.

Ein Oktaeder (Achtflächner) ist ein regelmäßiger Körper. Die Seitenflächen sind gleichseitige Dreiecke.

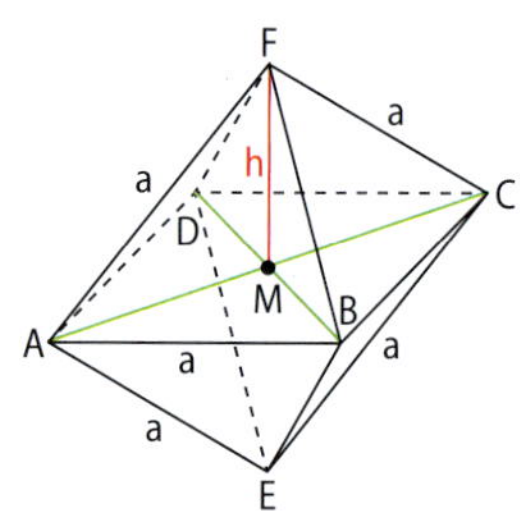

13 a) Beschreibe ein Vorgehen zur Berechnung der Höhe h eines Kegels.
b) Berechne die gesuchten Streckenlängen am Kegel.

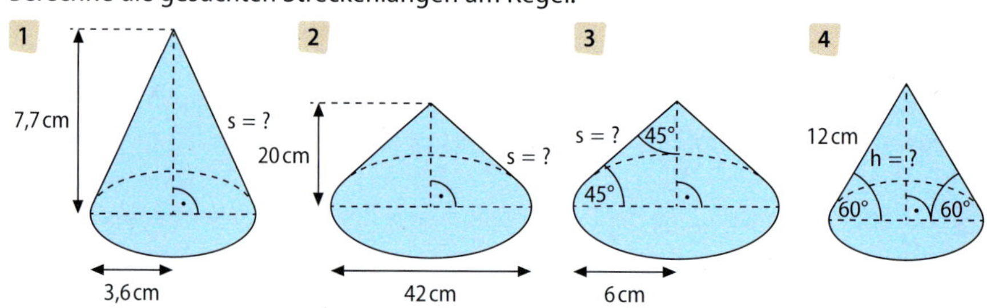

14 Ein Tunnel hat einen halbkreisförmigen Querschnitt. Er besitzt vier Fahrspuren von je 3,5 m Breite; auf beiden Seiten und in der Tunnelmitte ist je ein 1,0 m breiter, nicht befahrbarer Sicherheitsstreifen freigelassen. Berechne die maximale Höhe, die ein Lastwagen haben darf, der auf der rechten Fahrspur fährt. Bis zur Tunneldecke soll dabei ein vertikaler Sicherheitsabstand von 40 cm eingehalten werden.

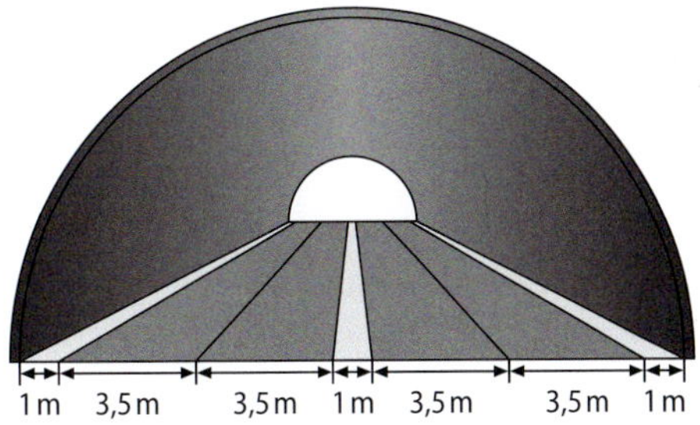

15 Ein Einfamilienhaus besteht aus einem Erd- und einem Dachgeschoss. Das Dachgeschoss soll nach einer Sanierung vermietet werden.

a) Eine neue Dachdeckung kostet 12,50 € pro m^2. Berechne die Gesamtkosten

b) Wegen der Dachschrägen werden für die Miete nur 40 % der Fläche des Dachbodens angerechnet. Pro Quadratmeter werden 9,60 € fällig. Berechne die Mietkosten.

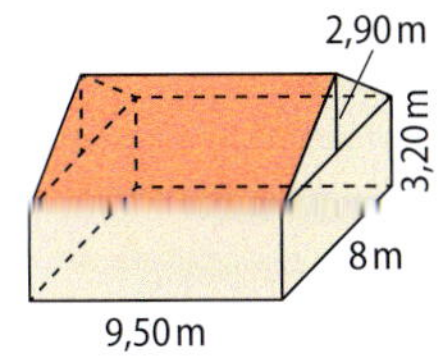

16 Ein 80 m hoher Sendemast soll mit vier Seilen gesichert werden, die jeweils in $\frac{3}{4}$ der Höhe befestigt werden. Die Seile werden 40 m vom Mast entfernt im Boden verankert und sind straff gespannt. Erstelle eine Skizze und ermittle die Gesamtlänge der benötigten Seile.

17 Die quadratische Pyramide mit der Grundkantenlänge a besteht aus vier kongruenten gleichschenkligen Dreiecken mit Schenkellänge s.
Gib mithilfe des Satzes von Pythagoras einen Term für die Höhe h und die Seitenhöhe h_a an, der jeweils nur von a und s abhängt. Beschreibe dein Vorgehen.

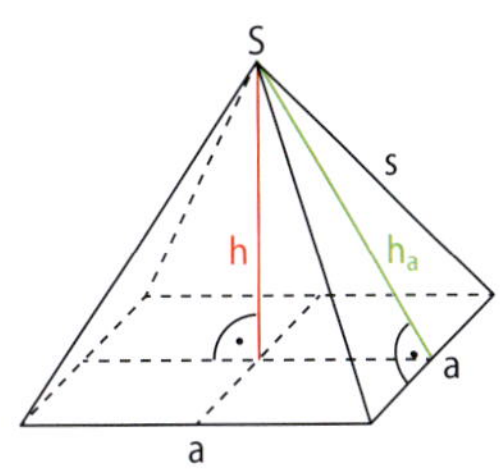

18 Aus vier gleich großen Kugeln mit dem Radius r wird eine Pyramide gebaut. Dabei berührt jede Kugel jeweils die drei anderen.
Ermittle die Höhe der Kugelpyramide in Abhängigkeit von r.

19 Eine zufällig gefundene antike Tonscherbe entpuppt sich als Teil eines Tellers aus römischer Zeit. Archäologen vermessen die Scherbe wie folgt: $\overline{AB} = 9\,cm$ und $\overline{PQ} = 1{,}5\,cm$. Rekonstruiere aus diesen Angaben den tatsächlichen Radius des Tellers.

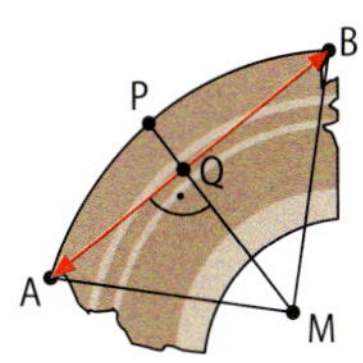

20 An einer Küste steht ein Leuchtturm der Höhe h.

a) Gib einen Term für die Sichtweite s an. Berechne die Sichtweite für $h = 40\,m$.

b) Als Faustformel findet man oft $s(r;\ h) = \sqrt{2rh}$. Erkläre die Gültigkeit dieser Formel. Berechne mit ihr die Sichtweite vom Leuchtturm und vergleiche diese mit dem Ergebnis aus Teilaufgabe a).

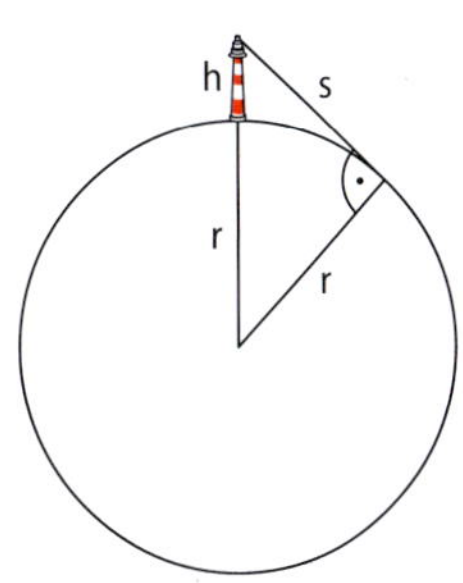

In einer Formelsammlung findet man: Der Radius der Erde beträgt im Mittel 6371 km.

Entdecken

Leite eine Formel für die Mantelfläche eines Kegels her. Verwende dafür die Abbildungen und die Arbeitsschritte unten.

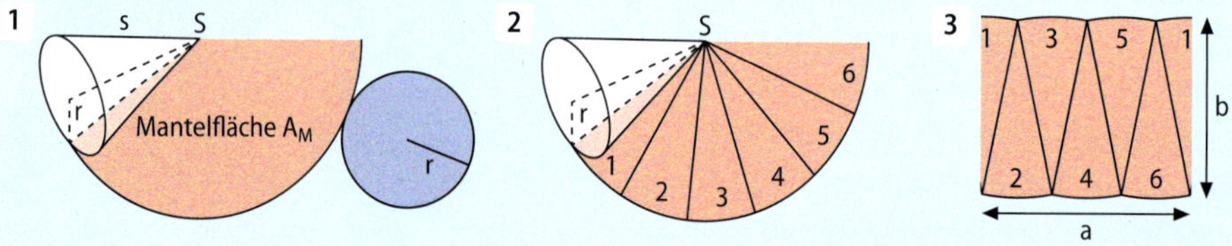

- Beschreibe, was in jedem Schritt passiert.
- Erkläre, welche Größe des Kegels aus 1 dem Radius des Kreisausschnittes entspricht. Ordne diese Größe entweder a oder b in 3 zu.
- Gib einen Term für die Bogenlänge des Kreisausschnittes an. Verändere diesen Term so, dass du ihn entweder a oder b in 3 zuordnen kannst.
- Stelle die Formel für den Flächeninhalt des Rechtecks von 3 auf und setze die ermittelten Terme für a und b ein.

Bogenlänge = „Umfang" des Kreisausschnittes

Vergleiche dein Ergebnis mit der Formel für A_M eines Kegels aus dem Merkekasten.

Verstehen

Wird ein Körper entlang seiner Kanten aufgeschnitten und werden alle Begrenzungsflächen in eine Ebene geklappt, so entsteht ein Körpernetz.

Merke

Das Netz einer Pyramide bzw. eines Kegels besteht aus der Grundfläche A_G und der Mantelfläche A_M. Zusammen ergeben sie die Oberfläche eines Körpers: $A_O = A_G + A_M$

1 Netz einer quadratischen Pyramide

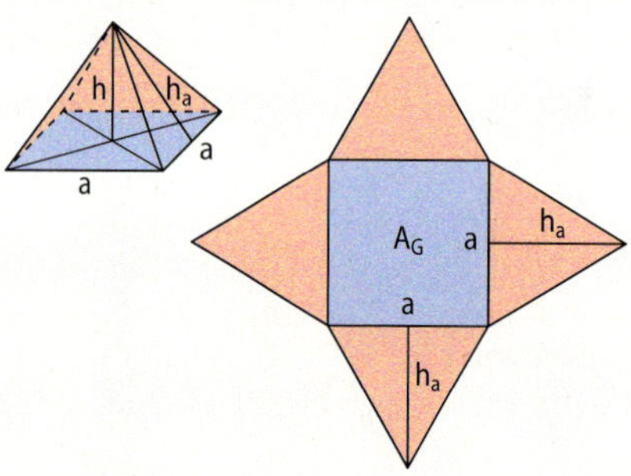

$A_O = A_{Quadrat} + A_{Dreiecke}$
$= a^2 + 4 \cdot \frac{1}{2} a h_a = a^2 + 2 a h_a$

2 Netz eines Kegels

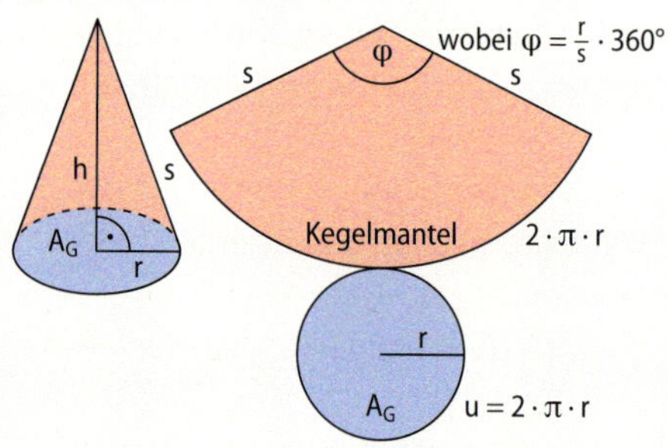

$A_O = A_{Kreis} + A_{Kreissektor}$
$= \pi r^2 + \pi r s = \pi r (r + s)$

φ ist der griechische Buchstabe Phi.

Mit dem Satz des Pythagoras erhält man (siehe auch S. 172):

Pyramide: $h_a^2 = h^2 + \left(\frac{a}{2}\right)^2$

Kegel: $s^2 = h^2 + r^2$

Beispiele

I. Zeichne das Netz einer quadratischen Pyramide, deren Grundfläche die Kantenlänge $a = 3\,\text{cm}$ hat und deren Körperhöhe $h = 2\,\text{cm}$ beträgt.

Lösung:

$h_a^2 = h^2 + \left(\frac{a}{2}\right)^2$

$h_a^2 = (2\,\text{cm})^2 + (1{,}5\,\text{cm})^2$

$h_a^2 = 6{,}25\,\text{cm}^2$

$\underline{\underline{h_a = 2{,}5\,\text{cm}}}$

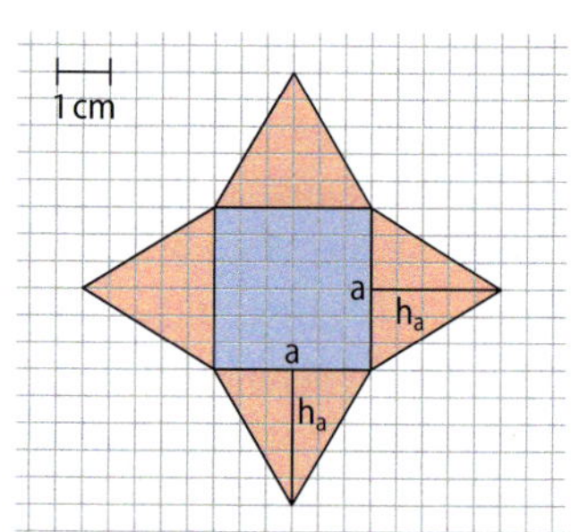

II. Zeichne das Netz eines Kegels mit einem Radius von 1 cm und einer Höhe von 2 cm.

Lösung:

$s^2 = h^2 + r^2$

$s^2 = (2\,\text{cm})^2 + (1\,\text{cm})^2$

$s^2 = 5\,\text{cm}^2$

$\underline{\underline{s \approx 2{,}2\,\text{cm}}}$

$\varphi = \frac{r}{s} \cdot 360°$

$\varphi = \frac{1\,\text{cm}}{2{,}2\,\text{cm}} \cdot 360°$

$\underline{\underline{\varphi = 163°}}$

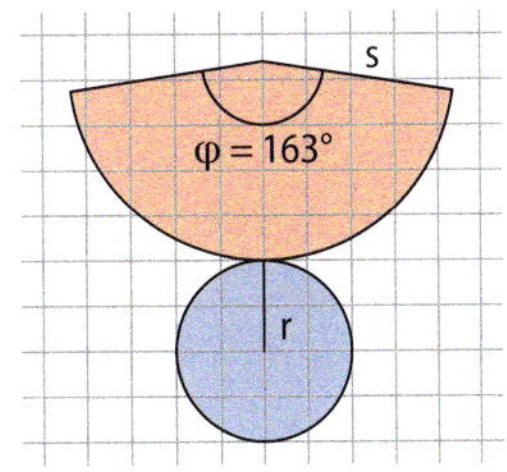

Oberflächeninhalt eines Kegels berechnen:

Erklärvideo

Mediencode 61238-55

III. Berechne den Oberflächeninhalt der rechteckigen Pyramide mit $a = 3\,\text{cm}$, $b = 4\,\text{cm}$ und $h = 5\,\text{cm}$.

Lösung:

$h_a^2 = h^2 + \left(\frac{b}{2}\right)^2$

$h_a^2 = (5\,\text{cm})^2 + (2\,\text{cm})^2 = 29\,\text{cm}^2$

$h_a \approx 5{,}4\,\text{cm}$

$h_b^2 = h^2 + \left(\frac{a}{2}\right)^2$

$h_b^2 = (5\,\text{cm})^2 + (1{,}5\,\text{cm})^2 = 27{,}25\,\text{cm}^2$

$h_b \approx 5{,}2\,\text{cm}$

$A_O = A_{\text{Rechteck}} + 2 \cdot A_{\text{Dreieck 1}} + 2 \cdot A_{\text{Dreieck 2}}$

$A_O = a \cdot b + 2 \cdot \frac{1}{2} \cdot a \cdot h_a + 2 \cdot \frac{1}{2} \cdot b \cdot h_b$

$A_O = 3\,\text{cm} \cdot 4\,\text{cm} + 3\,\text{cm} \cdot 5{,}4\,\text{cm} + 4\,\text{cm} \cdot 5{,}2\,\text{cm} = \underline{\underline{49\,\text{cm}^2}}$

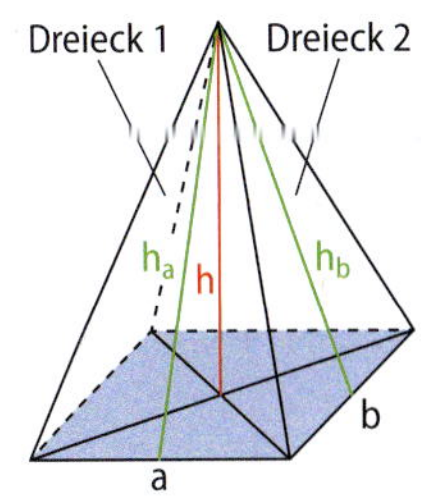

Nachgefragt

- Beurteile Gerdas Aussage: „Es ist egal, wie lang die Mantellinie s eines Kreiskegels ist; wichtig ist, dass Umfang und Länge des Kreisbogens vom Kegelmantel übereinstimmen."
- Erkläre, warum die Formel $s^2 = h_a^2 + \left(\frac{a}{2}\right)^2$ bei einer quadratischen Pyramide gilt.

Aufgaben

1 Zeichne jeweils das Netz des Körpers und berechne jeweils den Oberflächeninhalt.

a)

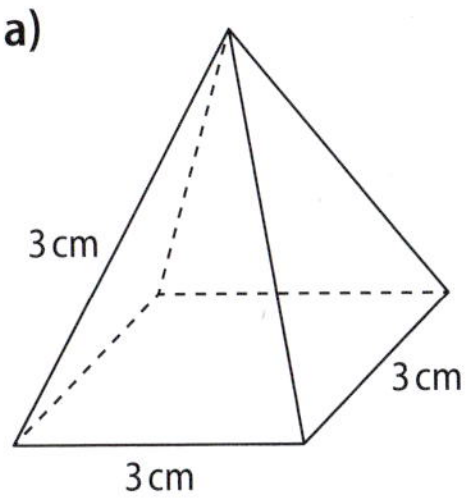

b)

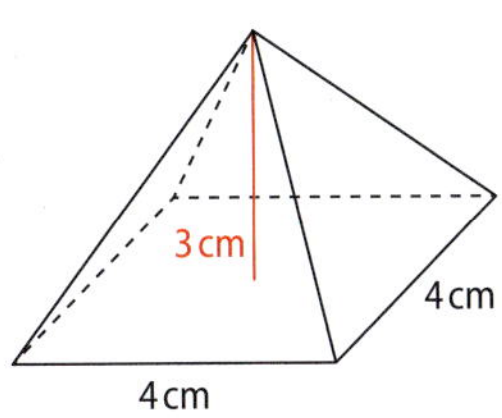

c)

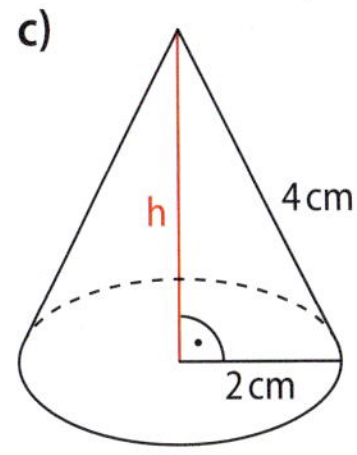

d)

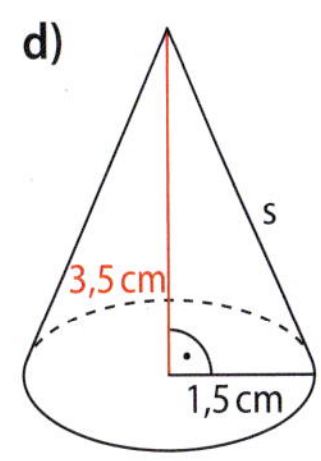

2 Berechne die fehlenden Größen einer quadratischen Pyramide.

	a)	b)	c)	d)	e)	f)
a	5 cm	4 cm	3 cm			
h		7 cm		3 cm	8 cm	
h_a	6 cm				1 dm	
s			5 cm			
A_G				$64\,\text{cm}^2$		$36\,\text{cm}^2$
A_M						
A_O						$0{,}0156\,\text{m}^2$

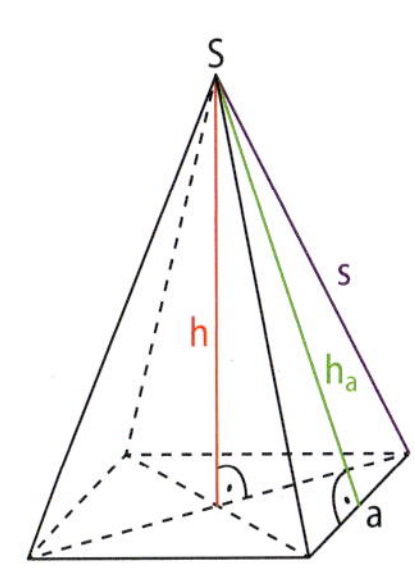

3 a) Zeichne das Netz der quadratischen Pyramide und berechne ihren Oberflächeninhalt.
1 $a = 3\,cm$; $h = 3\,cm$ **2** $a = 3\,cm$; $h = 6\,cm$

b) Entscheide und begründe mithilfe der Teilaufgabe a), ob folgende Aussage korrekt ist. „Wenn man die Höhe einer quadratischen Pyramide oder eines Kegels verdoppelt, dann verdoppelt sich auch die Größe der Mantelfläche."

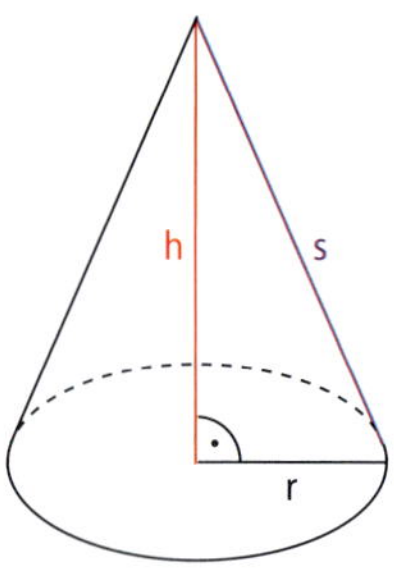

4 Berechne die fehlenden Größen eines Kegels.

	a)	b)	c)	d)	e)	f)
r	2,5 cm	8 dm				
h	6 cm		40 mm	12 cm		
s		17 dm	50 mm		55 mm	
A_G				78,5 cm^2		
A_M					25,905 cm^2	0,07 m^2
A_O						12,3 dm^2

5 Zeichne das Netz …
1 einer rechteckigen Pyramide mit $a = 4\,cm$, $b = 3\,cm$ und $h = 4{,}5\,cm$.
2 eines Kegels mit $r = 3\,cm$ und $s = 5\,cm$.

Alles klar?

6 Gegeben sei eine quadratische Pyramide mit $a = 5\,cm$ und $s = 7\,cm$.

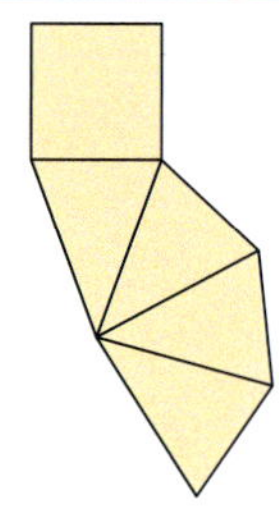

a) Berechne den Oberflächeninhalt.
b) Erkläre, warum es sich bei der Abbildung um ein Netz einer Pyramide handelt. Zeichne anschließend das Netz für die gegebene Pyramide.
c) Erläutere, worauf du beim Zeichnen achten musst.
d) Finde weitere Netze für eine quadratische Pyramide und zeichne sie.

7 Nachgefragt: Benjamin sagt: „Haben zwei quadratische Pyramiden den gleichen Oberflächeninhalt, dann sind ihre Netze auch gleich." Begründe oder widerlege die Aussage.

8 Übertrage das Netz des Körpers ins Heft und vervollständige es. Berechne den Oberflächeninhalt des Körpers.

a) quadratische Pyramide

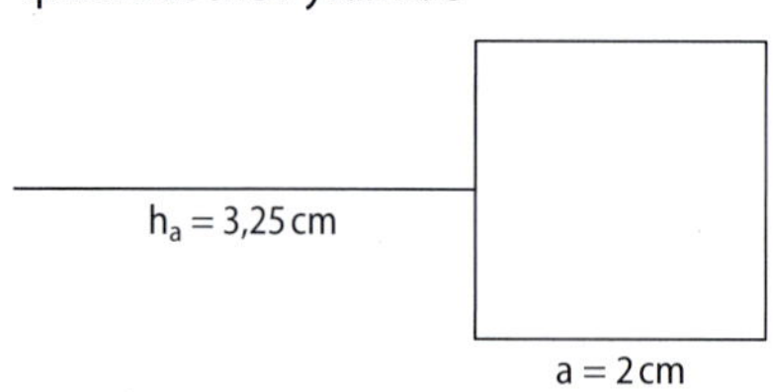

b) quadratische Pyramide

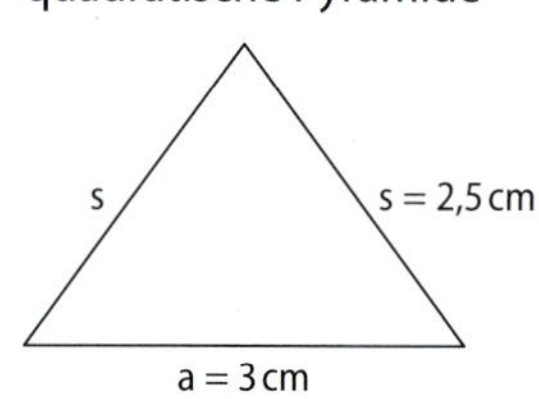

c) rechteckige Pyramide

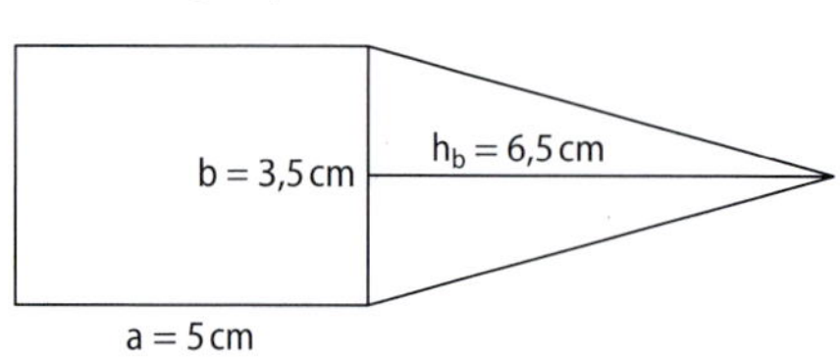

d) Kegel

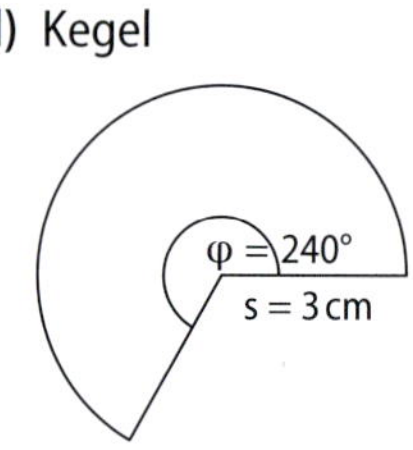

9 Kasims neues Zelt hat annähernd die Form einer quadratischen Pyramide. Er berechnet den Materialbedarf seines Zelts. Beschreibe sein Vorgehen.

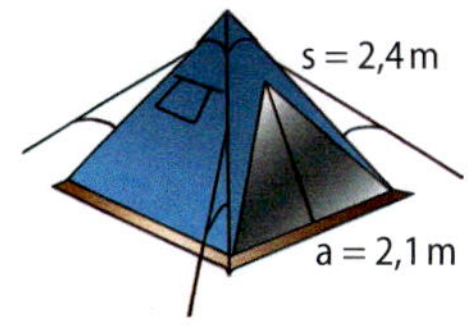

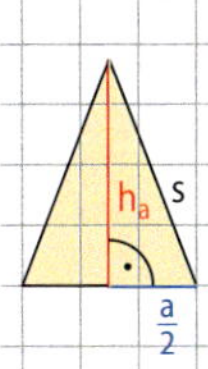

$h_a^2 = s^2 - \left(\frac{a}{2}\right)^2$ $\qquad A_G = (2{,}1\,m)^2 = 4{,}41\,m^2$

$h_a = \sqrt{s^2 - \left(\frac{a}{2}\right)^2}$ $\qquad A_M = 4 \cdot A_{Dreieck} = 4 \cdot \frac{1}{2} \cdot a \cdot h_a$

$h_a = \sqrt{(2{,}4\,m)^2 - \left(\frac{2{,}1\,m}{2}\right)^2}$ $\qquad A_M = 2 \cdot 2{,}1\,m \cdot 2{,}16\,m \approx 9{,}07\,m^2$

$h_a \approx 2{,}16\,m$ $\qquad A_O = 4{,}41\,m^2 + 9{,}07\,m^2 = 13{,}48\,m^2$

10 Dargestellt sind die Schrägbilder von Pyramiden.

1 Tetraeder 2 schiefe rechteckige Pyramide 3 schiefe dreiseitige Pyramide

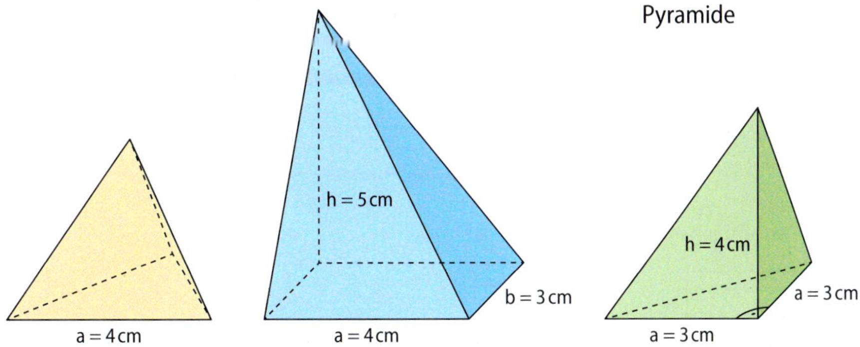

a) Zeichne jeweils ein Netz der Pyramiden.
b) Berechne jeweils den Oberflächeninhalt der Pyramiden. Beschreibe dein Vorgehen.

11 Von einem Kegel ist die Mantelfläche gegeben.
Berechne die Grundfläche des Kegels.
Beschreibe dein Vorgehen.

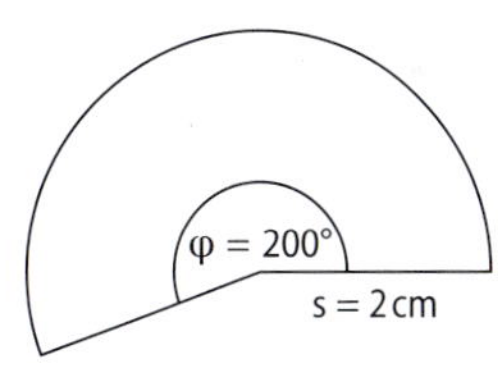

12 Weise rechnerisch nach, dass für einen Kegel für alle positiven, rationalen Zahlen x folgendes gilt: Wenn $r = 1{,}5x$ und $h = 2x$ sind, dann ist $A_O = 6\pi x^2$.

13 Ein rechtwinkliges Dreieck mit den Katheten $a = 6\,cm$ und $b = 8\,cm$ rotiert um die Kathete 1 a, 2 b. Berechne die Oberflächeninhalte der entstehenden Körper.

14 a) Zeichne ein Netz einer regelmäßigen Sechseckpyramide mit $a = 3\,cm$ und $h = 3\,cm$.

b) Berechne die Länge der Diagonalen der Grundfläche sowie die Länge der Höhe h_a und der Seitenkante s. Überprüfe deine Rechnung mit dem Netz aus a).

c) Zeichne das Netz eines Kegels, dessen Grundfläche wie in der Abbildung angedeutet das Sechseck genau umschreibt. Die Höhe des Kegels entspricht der der Pyramide.

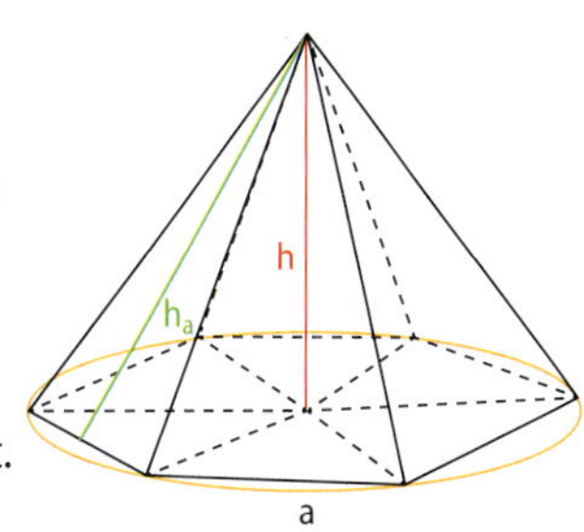

d) Berechne den Oberflächeninhalt der Sechseckpyramide und des Kegels. Ermittle, um wie viel Prozent die Kegeloberfläche größer ist als die Sechseckpyramidenoberfläche.

5.5 Schrägbild und Volumen von Pyramide und Kegel

Entdecken

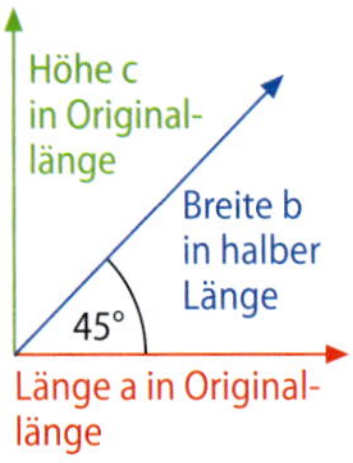

Du kennst bereits das Schrägbild als eine Möglichkeit, um Körper anschaulich darzustellen.

- Übertrage die Schrägbildzeichnungen von Würfel und Quader in dein Heft.
- Überlege dir Möglichkeiten, wie man mithilfe dieser Schrägbilder das Schrägbild einer Pyramide (eines Kegels) erhalten kann. Beschreibe dein Vorgehen.

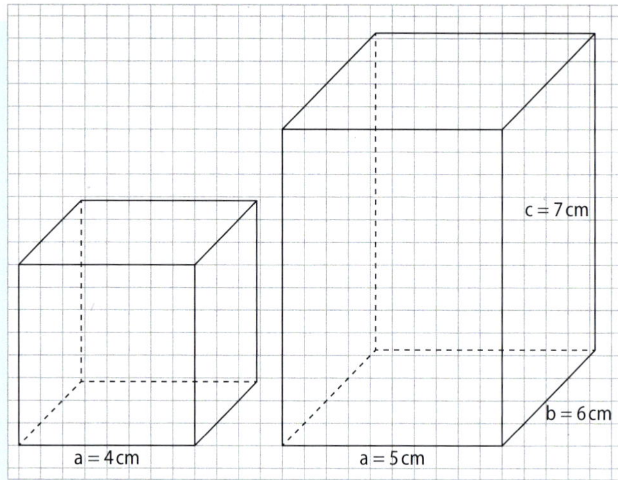

Verstehen

Um einen Körper räumlich darzustellen, wird häufig ein Schrägbild gezeichnet.

Geogebra
Mediencode 61238-56

Merke

Schrägbild einer quadratischen Pyramide

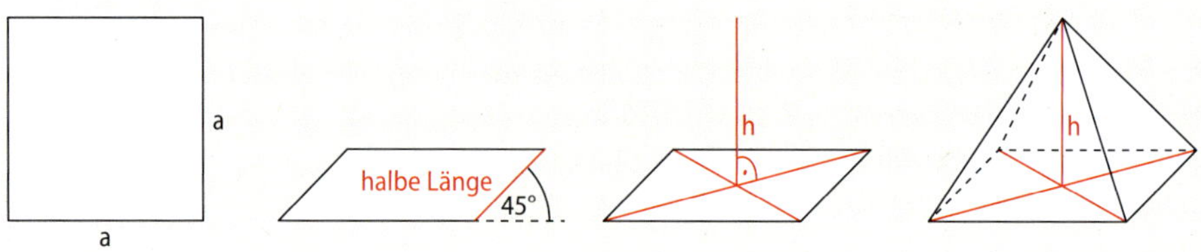

Grundfläche im Schrägbild zeichnen, nach hinten laufende Kanten unter 45° auf die Hälfte kürzen

Höhe h senkrecht über dem Schnittpunkt der Diagonalen zeichnen

Eckpunkte verbinden, nicht sichtbare Körperkanten stricheln

Vereinfachtes Schrägbild eines Kegels

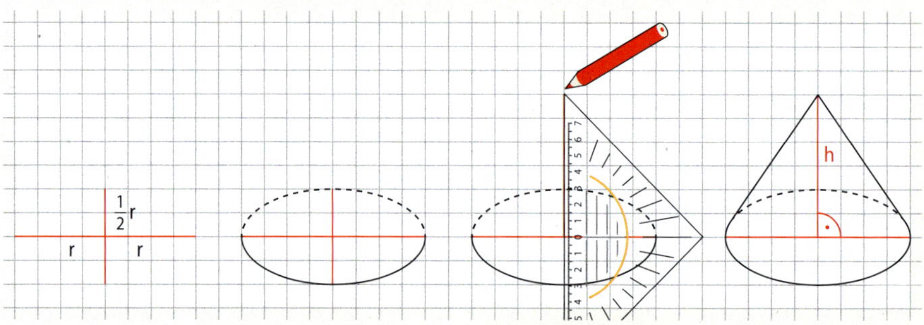

In der Mitte senkrecht zum Durchmesser je einen halben Radius antragen

Endpunkte zu einer Ellipse verbinden

Höhe h senkrecht zum Durchmesser von der Mitte aus zeichnen

Kegelspitze mit der Ellipse verbinden

Beispiel

Zeichne ein Schrägbild einer Pyramide mit rechteckiger Grundfläche (a = 4 cm, b = 3 cm) und der Körperhöhe h = 4 cm.

Lösung:

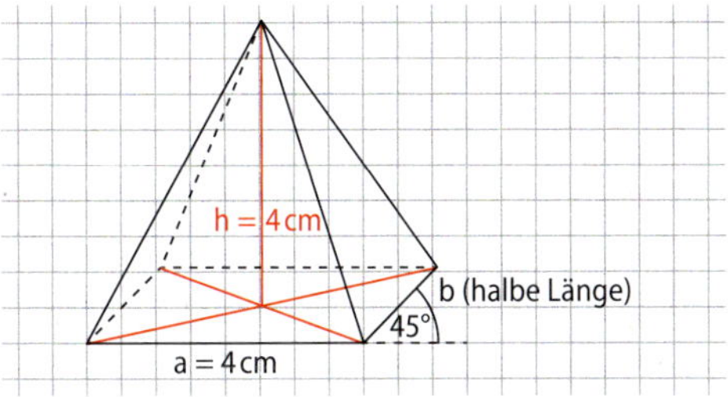

Nachgefragt

- Anni meint: „Die nach hinten verlaufenden Kanten brauchen nicht verkürzt zu werden." Erkläre, welche Folgen dies für die Schrägbildwirkung hätte.
- Yasin sagt: „Zeichnet man das Schrägbild eines liegenden Kegels, dann muss die Körperhöhe h um 45° schräg und auf die Hälfte verkürzt gezeichnet werden." Stimmt das? Begründe.

Aufgaben

1 Zeichne ein Schrägbild der Pyramide mit den angegebenen Maßen.
a) quadratische Grundfläche: a = 4 cm; Körperhöhe h = 5 cm
b) rechteckige Grundfläche: a = 2 cm; b = 4 cm; Körperhöhe h = 3,5 cm

2 Zeichne ein Schrägbild eines Kegels mit den folgenden Angaben.
a) r = 4 cm; h = 6 cm
b) r = 5,2 cm; h = 4,5 cm

3 Zeichne das Schrägbild des im Netz dargestellten Körpers.

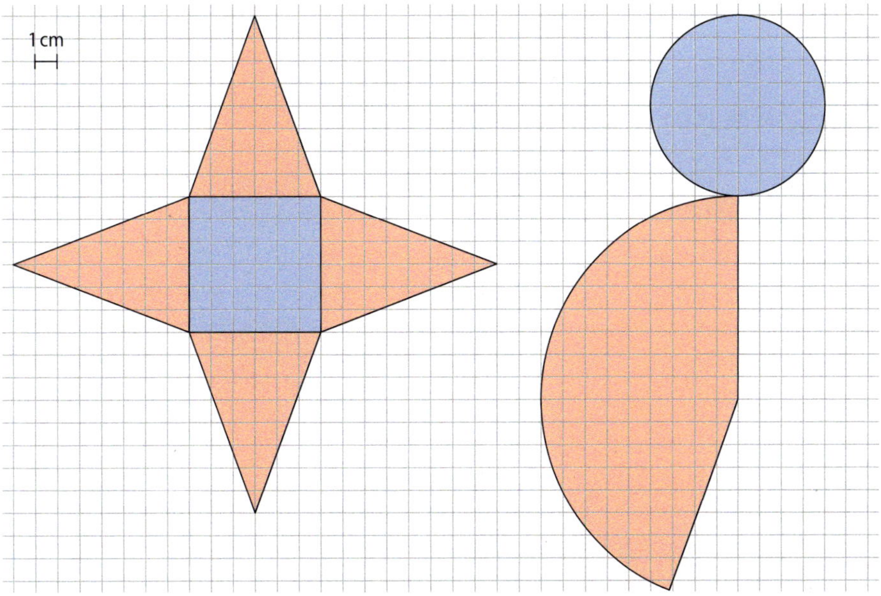

Beachte den Maßstab, der oben links angegeben ist.

Alles klar?

4 a) Zeichne das Schrägbild einer quadratischen Pyramide mit $a = 5\,\text{cm}$ und $h = 6\,\text{cm}$.

b) **Nachgefragt:** Neben dem Modell der gegebenen quadratischen Pyramide wird auch das Modell eines Kegels gleicher Höhe angefertigt. Der Durchmesser des Kegels beträgt 5 cm. Beurteile die folgenden Aussagen:

1 Die Pyramide hat das kleinere Volumen von beiden Körpern.

2 Die Pyramide und der Kegel haben das gleiche Volumen.

3 Die Pyramide hat das größere Volumen von beiden Körpern.

5 Gegeben sind ein Quader und eine quadratische Pyramide mit gleicher Grundfläche und gleicher Höhe. (Abb. 1)

a) Schätze, wie oft die Pyramide mit Wasser gefüllt werden muss, um damit den Quader zu füllen. (Abb. 2)

b) Führe das Experiment durch.

c) Leite aus deinen Ergebnissen eine Volumenformel der Pyramide her.

1

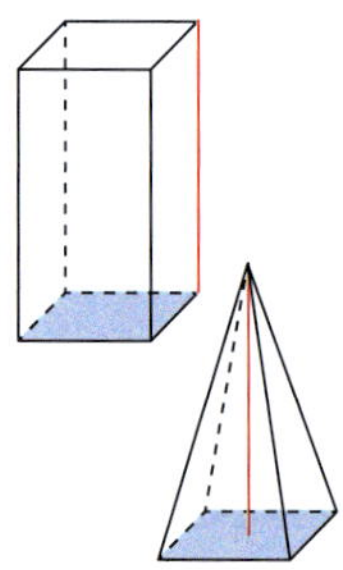

2

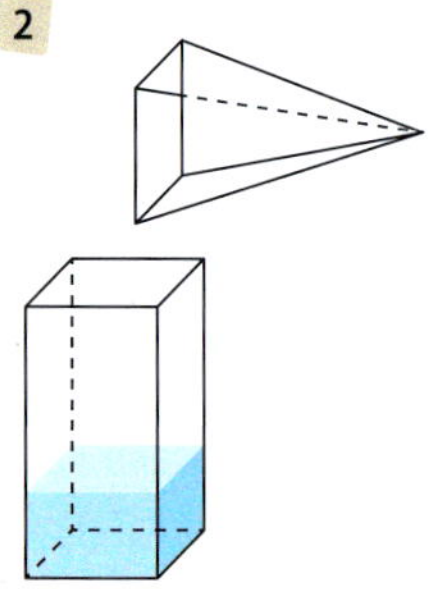

Wird nichts weiter zum Kegel gesagt, bezeichnen wir damit immer einen geraden Kreiskegel.

Erklärvideos

Mediencode 61238-57

Weiterdenken

Für das **Volumen V** einer Pyramide bzw. eines Kegels mit der Grundfläche A_G und der Körperhöhe h gilt: $V = \frac{1}{3} \cdot A_G \cdot h$.

1 **quadratische Pyramide**

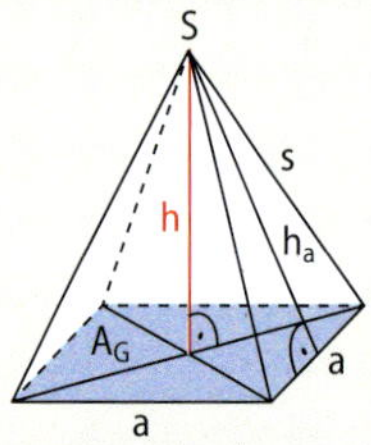

$V = \frac{1}{3} \cdot A_{Quadrat} \cdot h$

$V = \frac{1}{3} \cdot a^2 \cdot h$

2 **Kegel**

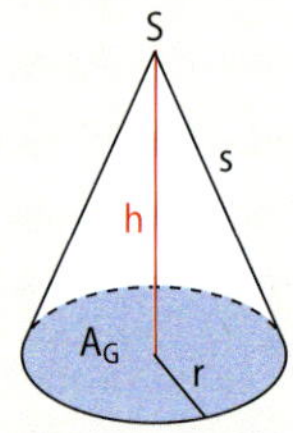

$V = \frac{1}{3} \cdot A_{Kreis} \cdot h$

$V = \frac{1}{3} \cdot \pi \cdot r^2 \cdot h$

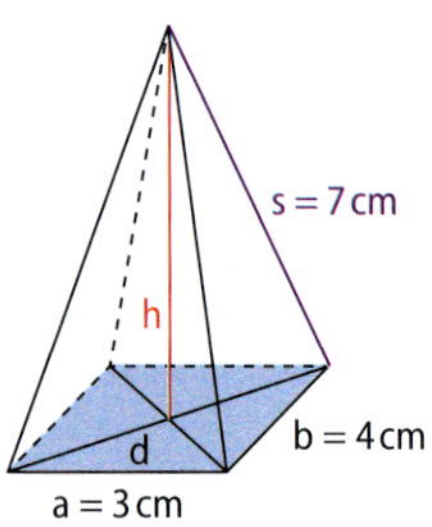

6 Begründe die Lösungsschritte in dem Beispiel.

Beispiel:
Berechne das Volumen der Pyramide mit rechteckiger Grundfläche.

Lösung:

1 $d^2 = a^2 + b^2$

$d^2 = (3\,\text{cm})^2 + (4\,\text{cm})^2$

$d^2 = 25\,\text{cm}^2 \quad | \sqrt{\;}$

$d = 5\,\text{cm}$

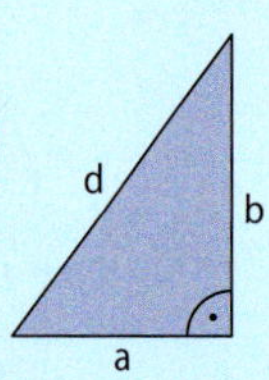

2 $h^2 = s^2 - \left(\frac{d}{2}\right)^2 \quad | \sqrt{\;}$

$h = \sqrt{s^2 - \left(\frac{d}{2}\right)^2}$

$h = \sqrt{(7\,\text{cm})^2 - \left(\frac{5\,\text{cm}}{2}\right)^2}$

$h \approx 6{,}5\,\text{cm}$

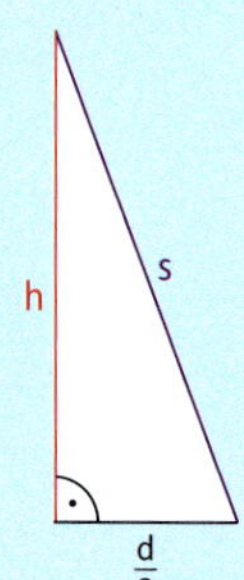

3 $V_{Pyramide} = \frac{1}{3} \cdot A_G \cdot h = \frac{1}{3} \cdot a \cdot b \cdot h$

$V_{Pyramide} = \frac{1}{3} \cdot 3\,\text{cm} \cdot 4\,\text{cm} \cdot 6{,}5\,\text{cm} = 26\,\text{cm}^3$

Die Pyramide hat ein Volumen von ungefähr $26\,\text{cm}^3$.

7 Berechne die gesuchten Größen. Gehe wie im Beispiel vor.

1

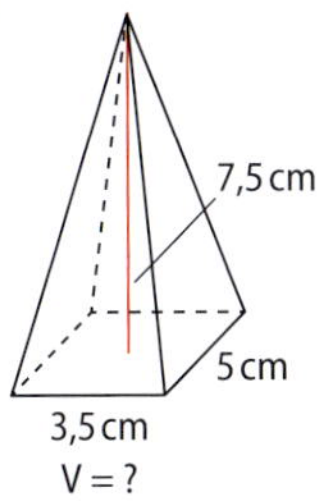

2

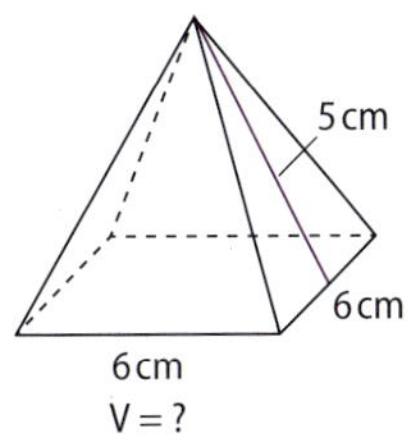

3

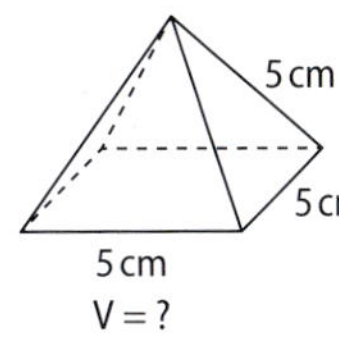

4

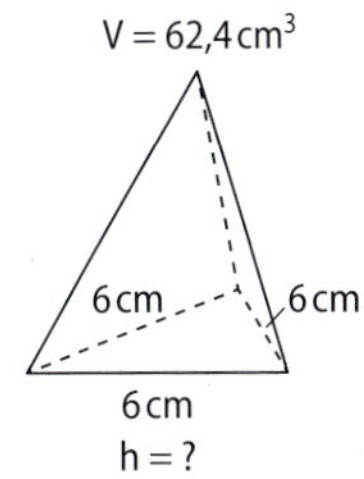

8 Berechne die fehlenden Größen des Kegels.

	a)	b)	c)	d)	e)	f)
r	3,5 cm					
d		12 cm				
A_G			79 cm²		4 m²	150 cm²
h	8 cm		11 cm	4 cm		
s		15 cm		5 cm		
V					4000 dm³	
A_O						5 dm²

9 Ein Kegel hat ein Volumen von 60 cm³. Seine Höhe und sein Radius sind gleich groß. Ermittle …

a) den Durchmesser seiner Grundfläche. **b)** seinen Oberflächeninhalt.

10 Berechne das Volumen der Pyramide.

a) Pyramide mit quadratischer Grundfläche mit $a = 6\,cm$ und $h_a = 10\,cm$

b) Pyramide mit rechteckiger Grundfläche mit $a = 8\,cm$, $b = 6\,cm$ und $s = 12\,cm$

c) Pyramide mit dreieckiger Grundfläche mit $g = 8\,cm$, $h_g = 5\,cm$ und $h = 9\,cm$

11 Ein rechtwinkliges Dreieck ABC mit $a = 6\,cm$, $c = 5\,cm$ und $\beta = 90°$ ist die Grundfläche einer 8 cm hohen schiefen Pyramide. Die Spitze S der Pyramide liegt senkrecht über dem Punkt C. Zeichne ein Schrägbild der Pyramide und berechne ihr Volumen.

12 **a)** Stelle jeweils einen Term zur Berechnung des Volumens der Pyramide auf und berechne das Volumen der Pyramide, wenn die Seitenlänge des Würfels **I** 5 cm, **II** a ist.

b) Gib an, wie groß der Anteil des Volumens der Pyramide bezogen auf das Volumen des Würfels ist.

1

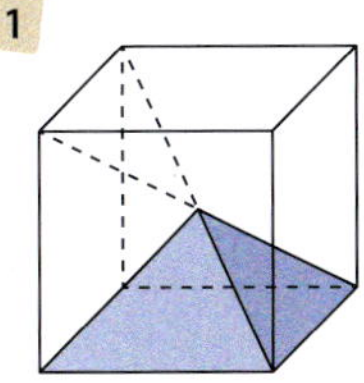

2

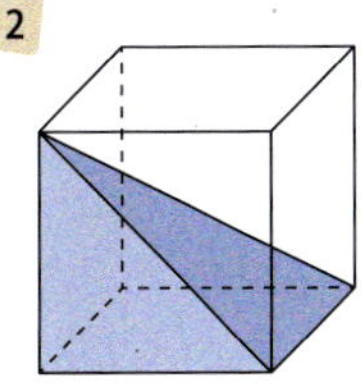

13 Bestimme die Massen, die ein Briefbeschwerer aus Glas $\left(\text{Dichte: } 2{,}5\,\frac{g}{cm^3}\right)$ in Form einer rechteckigen Pyramide mit den Grundkantenlängen $a = 8\,cm$, $b = 6\,cm$ und der Körperhöhe $h = 4\,cm$ hat. Nutze zur Berechnung die Gleichung: Masse = Dichte · Volumen.

5 Trainingsrunde: Differenziert

Die folgenden Aufgaben behandeln alle Themen, die du in diesem Kapitel kennengelernt hast. Auf dieser Seite sind die Aufgaben in zwei Spalten unterteilt. Die **grünen** Aufgaben auf der linken Seite sind etwas einfacher als die **blauen** auf der rechten Seite. Entscheide bei jeder Aufgabe selbst, welche Seite du dir zutraust!

1 Ergänze die fehlenden Ziffern.

a) $\sqrt{\square 5} = 5$ b) $\sqrt{10\square 00} = 100$
c) $\sqrt{1\square 9} = \square 3$ d) $\sqrt{3\square 4} = 1\square$

a) $\sqrt{\square\square\square} = 30$ b) $\sqrt{2\square\square} = \square 7$
c) $\sqrt{\frac{1}{1\square 4}} = \frac{\square}{\square\square}$ d) $\sqrt{\frac{64}{1\square 24}} = \frac{\square}{\square\square} = \frac{\square}{\square}$

2 Berechne die Länge der eingefärbten Strecke.

a)
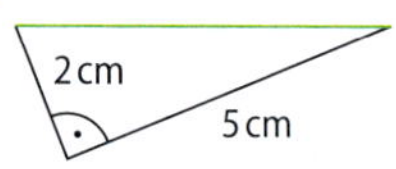

b)
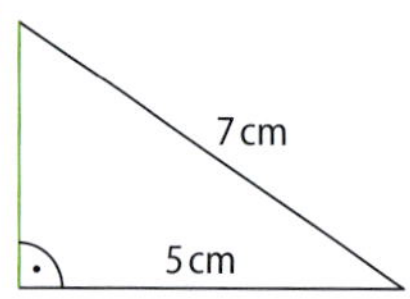

c)
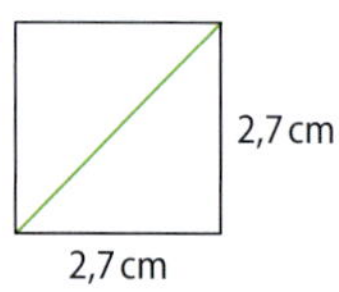

d)
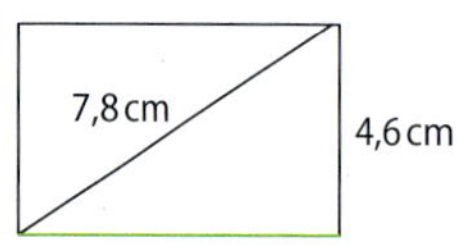

a)
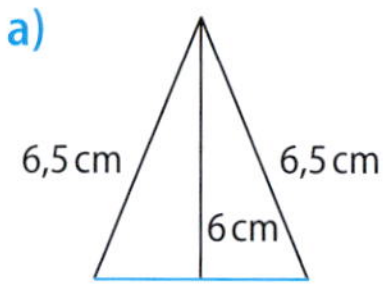

b)
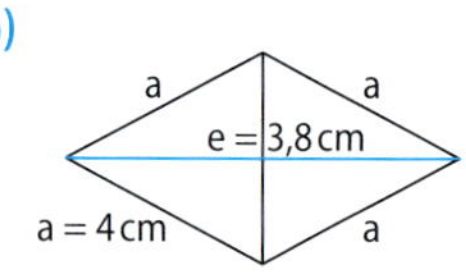

c)
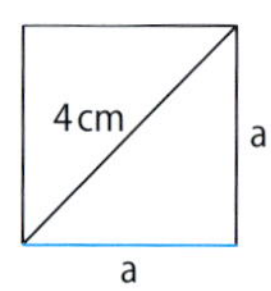

d)
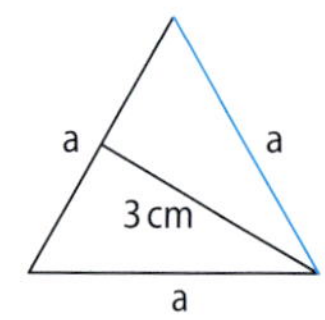

3

Das Dreieck ABC wird durch A(−1|−3), B(2|1) und C(−2|4) festgelegt.

a) Zeige rechnerisch, dass das Dreieck rechtwinklig und gleichschenklig ist.
b) Überprüfe deine Rechnung, indem du das Dreieck in ein Koordinatensystem einzeichnest und die Strecken misst.
c) Berechne den Umfang und den Flächeninhalt des Dreiecks.

Das Viereck ABCD ist durch A(−1|3), B(7|−1), C(3|7) und D(−1,5|7,5) festgelegt.

a) Prüfe rechnerisch nach, um welche Vierecksform es sich handelt.
b) Überprüfe deine Rechnung, indem du das Viereck in ein Koordinatensystem einzeichnest und die Strecken misst.
c) Berechne den Umfang und den Flächeninhalt des Vierecks.

4 Beim Satz des Pythagoras werden die Flächen der Seitenquadrate des rechtwinkligen Dreiecks miteinander verglichen. Sind die Flächen über den kurzen Seiten auch dann noch zusammen so groß wie die Fläche über der langen Seite, wenn man statt den Quadraten andere Figuren verwendet?

Zeige rechnerisch für …
a) Halbkreise. b) gleichseitige Dreiecke.

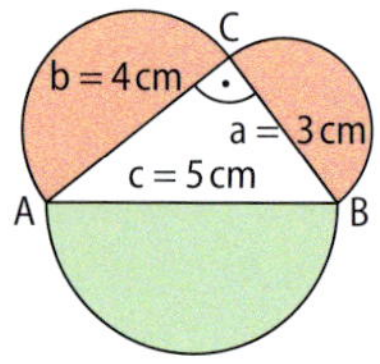

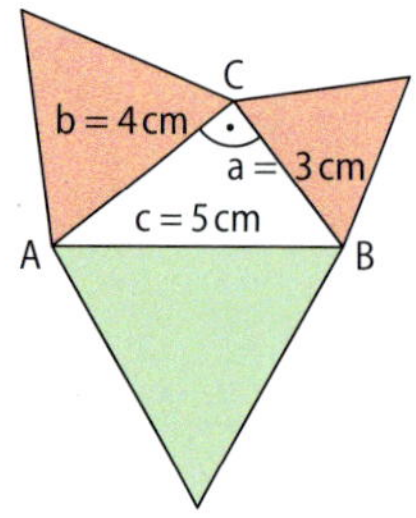

Zeige rechnerisch für …
a) Halbkreise. b) gleichseitige Dreiecke.

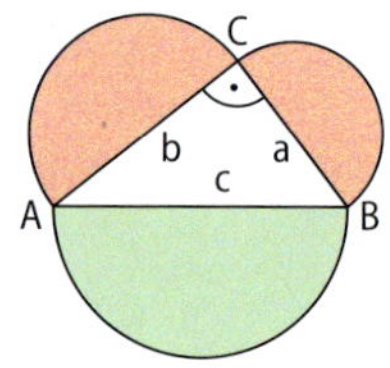

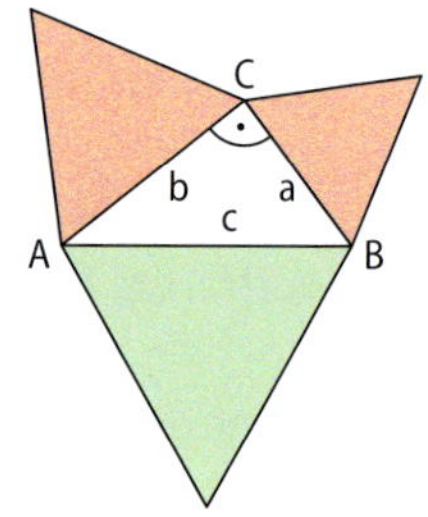

5

Berechne die Länge der Raumdiagonalen eines 2,50 m hohen, 4 m breiten und 7 m langen Aufenthaltsraumes.

Berechne die Länge und die Breite eines 2,50 m hohen Aufenthaltsraumes, wenn er doppelt so lang wie breit ist und seine Raumdiagonale 9,30 m beträgt.

6

1

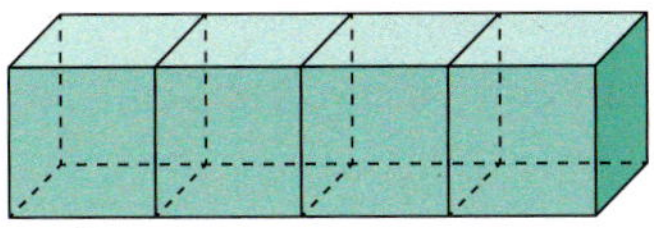

2

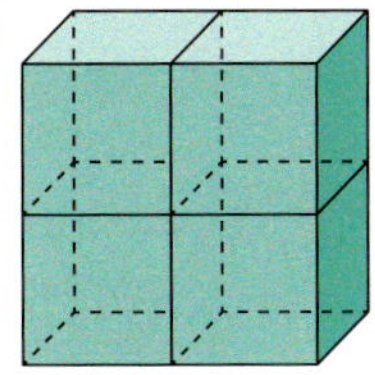

Vergleiche die Längen der Raumdiagonalen der Würfelbauten, wenn ein einzelner Würfel eine Kantenlänge von a = 1 cm besitzt.

Entscheide und begründe, welcher Würfelbau mit Würfeln der Kantenlänge a die längere Raumdiagonale besitzt.

7 Zeichne ein Netz der Pyramide. Berechne anschließend den Oberflächeninhalt der Pyramide.

a) Quadrat als Grundfläche mit a = 4 cm; h = 5 cm

b) Rechteck als Grundfläche mit a = 4,5 cm; b = 3 cm; h = 5,5 cm

a) Rechteck als Grundfläche mit b = 3 cm; h_b = 5,1 cm; h = 4,5 cm

b) Rechteck als Grundfläche mit Diagonale e = 7,5 cm; h_b = 4 cm; s = 5 cm

8 **a)** Zeichne ein Schrägbild des Körpers mit den angegebenen Maßen ins Heft.
b) Berechne das Volumen und den Oberflächeninhalt des Körpers.

1

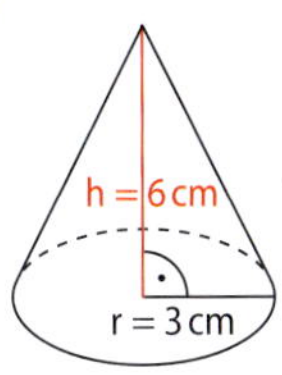

2

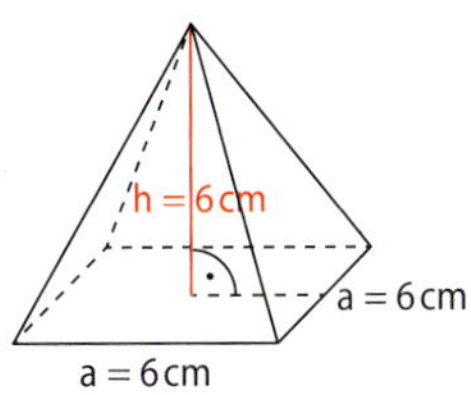

1

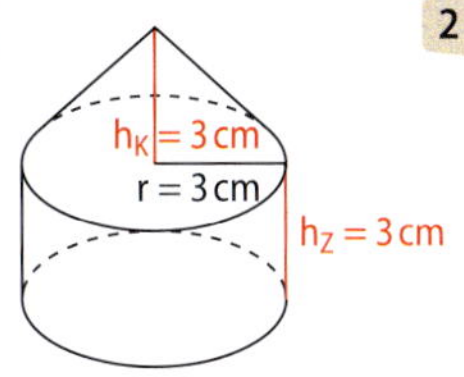

2

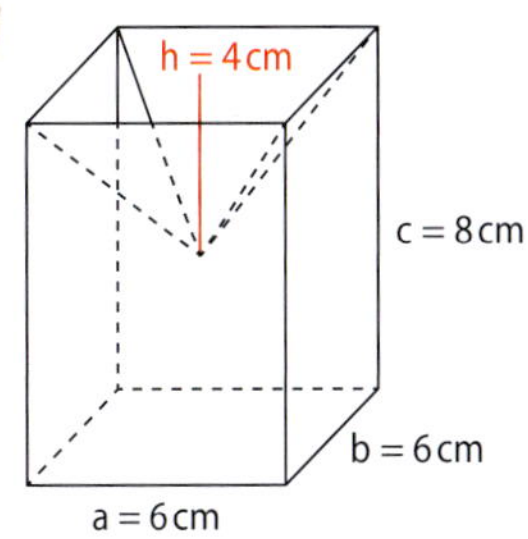

9 Beim Aufschütten von Salz, Sand, Getreide usw. entsteht ein Schüttkegel.

Mithilfe eines Förderbandes werden 800 m³ Salz aufgeschüttet. Berechne die Größe der Fläche, die der Schüttkegel bei einer Höhe von 8 m bedeckt.

Beim Aufschütten von Sand entsteht ein Kegel mit 650 cm Höhe. Der Umfang des Grundkreises misst 63 m. Berechne, wie viel Kubikmeter Sand aufgeschüttet werden.

1

1
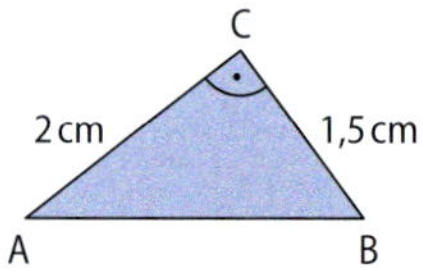

2
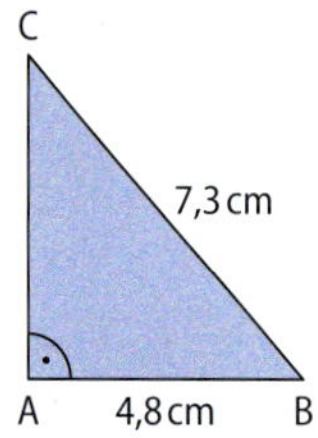

3
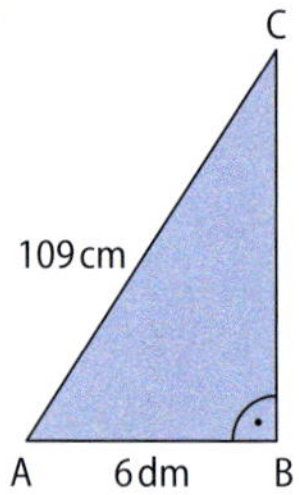

4
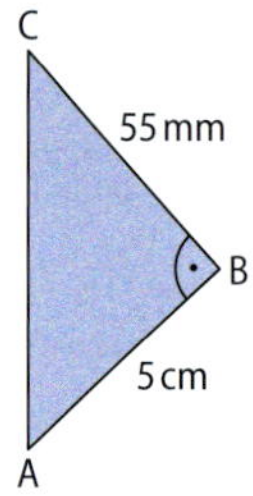

a) Berechne die fehlenden Seitenlängen im rechtwinkligen Dreieck.
b) Für den Flächeninhalt eines Dreiecks gilt: $A = \frac{1}{2} \cdot g \cdot h$. Begründe, warum in einem rechtwinkligen Dreieck $A = \frac{1}{2} \cdot l_{\text{Kathete 1}} \cdot l_{\text{Kathete 2}}$ gilt.
c) Berechne den Flächeninhalt der Dreiecke.

2 An Wasserspendern in Apotheken oder Supermärkten findet man oftmals einfache kegelförmige Kunststoffbecher. Schätze zunächst, wie viel ml Wasser in den Becher passen und überprüfe deine Schätzung rechnerisch.

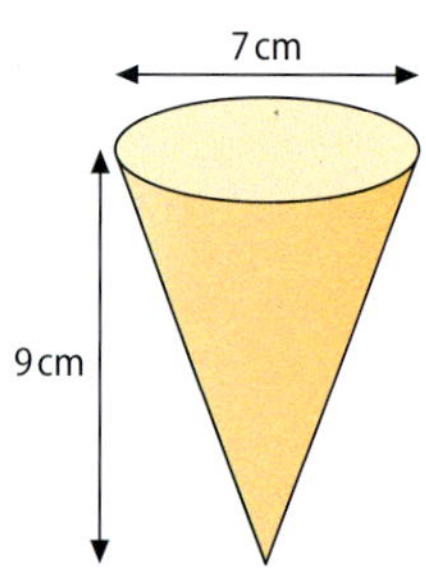

3 Bestimme die Höhe h, den Umfang u und den Flächeninhalt A eines gleichseitigen Dreiecks mit der Seitenlänge 6 cm. Runde auf eine Dezimale.

4 Zeichne das Dreieck ABC mit A (2 | 0,5), B (8 | 0,5) und C (1 | 7). Berechne die Länge der Höhe h_c sowie den Flächeninhalt A und den Umfang u des Dreiecks.

5 Duc, Michail und Marie spannen mit Schnüren Dreiecke auf. Begründe, welche(s) ihrer Dreiecke rechtwinklig sind (ist).
a) Schnurlängen: 5 m; 12 m; 13 m
b) Schnurlängen: 4 m; 7,05 m; 5,5 m
c) Schnurlängen: 4,5 m; 6 m; 7,25 m

6 Überprüfe mithilfe der Umkehrung des Satzes des Pythagoras, ob das Dreieck ABC rechtwinklig ist.
a) a = 5 cm; b = 4 cm; c = 7 cm
b) a = 18 cm; b = 24 cm; c = 30 cm
c) a = 4 dm; b = 3 dm; c = 5 dm
d) a = 12 m; b = 13 m; c = 5 m
e) a = 14 m; b = 6 m; c = 8 m
f) a = 40 mm; b = 50 mm; c = 3 cm

7 Berechne die Länge der drei Flächendiagonalen und der Raumdiagonalen im abgebildeten Quader.

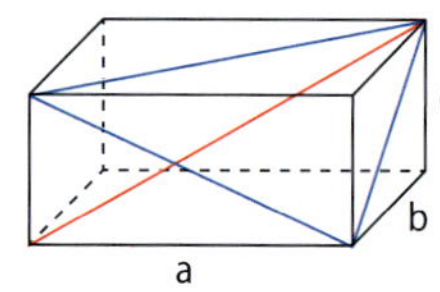

a) a = 4 cm; b = 6,5 cm; c = 3,8 cm
b) a = 24 mm; b = 2,5 cm; c = 1,8 cm
c) a = 2,4 m; b = 2,5 m; c = 2b
d) a = 2b; b = 3c; c = 3,4 cm

8 In einem Café wird Orangensaft in einem zylinderförmigen Glas serviert, das 16 cm hoch ist und einen Innendurchmesser von 6 cm hat. Bestimme, wie weit ein 20 cm langer gerader Strohhalm aus dem Glas herausragt, wenn er schräg von einer Seite zur anderen im Glas lehnt.

9 Eine Anstellleiter ist 6 m lang. Die Leiter steht unten 2,05 m von der Wand weg.
Berechne, wie hoch die Leiter reicht, die an der Wand lehnt.

10 **a)** Zeichne ein Schrägbild und ein Netz des Körpers mit den angegebenen Maßen.
1 quadratische Pyramide mit a = 4 cm; h = 6 cm
2 rechteckige Pyramide mit a = 4,8 cm; b = 3,6 cm; h = 5,2 cm
3 Kegel mit r = 3,5 cm; h = 4,5 cm
b) Berechne den Oberflächeninhalt und das Volumen des Körpers aus a).

11 Eine kegelförmige Schultüte hat die Höhe h = 68 cm und den Durchmesser d = 20 cm.

a) Berechne die Länge der Mantellinie s der Schultüte.
b) Bestimme rechnerisch, wie viel Pappe zur Herstellung der Schultüte benötigt wird. Nimm an, dass kein Überstand benötigt wird um die Schultüte zu kleben.
c) Berechne das Fassungsvermögen der Schultüte.

12 Am Wochenende war Christoph mit seinen Freunden zelten. Durch Unachtsamkeit ist der Reißverschluss am Eingang kaputt gegangen. Christoph möchte nun einen neuen Reißverschluss kaufen. Berechne, welche Länge dieser mindestens haben muss, wenn die Wände aus gleichseitigen Dreiecken bestehen.

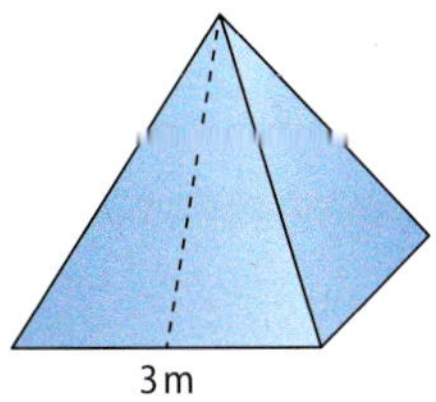

13 Eine Straße hat eine Steigung von 15 %, wenn man bei einer waagrechten Bewegung von 100 m einen Höhenunterschied von 15 m überwindet.

a) Berechne, wie lang eine geradlinige Fahrstrecke ist, wenn man bei einer durchschnittlichen Steigung von 12 % einen Höhenunterschied von 200 m (1200 m; 2,5 km) überwinden muss.
b) Bestimme, welche Steigung eine Fahrbahn hat, wenn man bei einer geradlinigen Fahrstrecke von 580 m einen Höhenunterschied von 56 m schafft.
c) Ermittle, wie groß der prozentuale Fehler ist, wenn man anstelle der Fahrstrecke in Aufgabe b) eine 580 m lange waagrechte Bewegung annimmt.

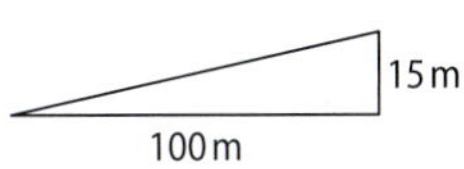

14 Berechne die fehlende Seitenlänge, den Umfang und den Flächeninhalt des rechtwinkligen Dreiecks mit den angegebenen Maßen.

a) b = 10,5 cm; c = 4,9 cm; $\alpha = 90°$
b) a = 42 mm; b = 86 mm; $\beta = 90°$
c) b = 3,5 cm; c = 7,1 cm; $\gamma = 90°$
d) a = 0,6 dm; b = 0,3 dm; $\alpha = 90°$

15 Bei Bildschirmen und Monitoren wird als Größenangabe meist die Länge der Diagonalen in Zoll angegeben. Vervollständige die fehlenden Werte.

1 Zoll (1″) ≙ 2,54 cm

	a)	b)	c)	d)
Höhe	88,6 cm	71,1 cm	42,1 cm	212 mm
Breite	49,8 cm	533 mm		
Diagonale (in cm)			48,3 cm	43,2 cm
Diagonale (in Zoll)				

16 Eine quaderförmige Trinkverpackung hat die folgenden Außenmaße:
Länge l = 12 cm;
Breite b = 8 cm;
Höhe h = 21 cm
Bestimme die maximale Länge eines Trinkhalms, der nicht knickbar ist, wenn man ihn an eine Außenfläche anklebt.

17 Paketkartons werden von der Post in folgenden Größen angeboten.

Größe	Maße: l × b × h (in cm)	Preis (in €)
XS	22,5 × 14,5 × 3,5	1,49
S	25 × 17,5 × 10	1,69
M	37,5 × 30 × 13,5	1,99
L	45 × 35 × 20	2,49

Ermittle, in welche Paketgröße ein 29 cm langer Regenschirm passt.

18 Ein massiver Messingkegel mit einem Durchmesser von 30 mm hat eine Masse von 70,9 g. Bestimme, wie groß die Oberfläche des Kegels ist, wenn Messing eine Dichte von $8{,}6\,\frac{g}{cm^3}$ hat.

19

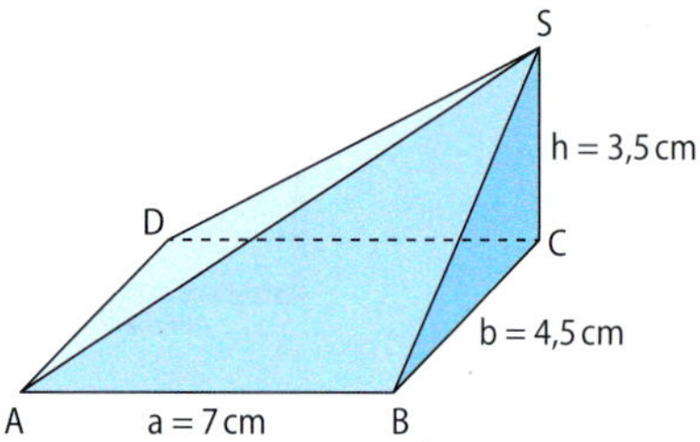

Berechne das Volumen und den Oberflächeninhalt der Pyramide ABCDS. Die Grundfläche der Pyramide ist das Rechteck ABCD.

20 Einem geraden Kreiszylinder ist ein gerader Kreiskegel aufgesetzt. Die Höhe von Zylinder und Kegel sowie der Radius der Grundflächen beträgt jeweils 4 cm.

a) Skizziere ein Schrägbild dieses Körpers.

b) Berechne das Volumen des zusammengesetzten Körpers. (Volumen Zylinder: siehe S. 156)

21 Ein Hochwasserdamm hat einen trapezförmigen Querschnitt mit den in der Abbildung angegebenen Abmessungen.

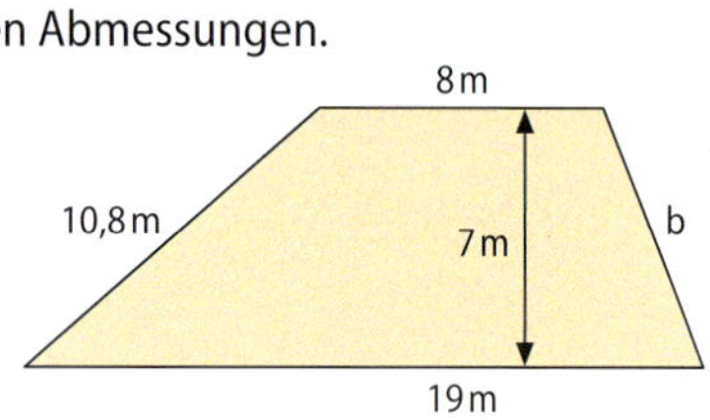

a) Berechne die Böschungslänge b.

b) Berechne den Flächeninhalt der Querschnittsfläche des Dammes.

c) Der Damm ist 2 km lang. Gib an, wie viel m^3 Erde beim Dammbau aufgeschüttet werden, wenn vorher kein Damm vorhanden ist.

22 Zwei gerade Kegel haben dieselbe Mantellänge $s = 12\,cm$, aber unterschiedliche Durchmesser:
1 $d_1 = 16\,cm$, **2** $d_2 = 8\,cm$.
Berechne das Volumen und den Oberflächeninhalt der Kegel.

23 Der Haupteingang des Louvre Museums ist eine 35,42 m breite und 21,65 m hohe gerade, quadratische Pyramide aus Glas.
Bestimme, wie viel Stoff der Künstler Christo zur Verhüllung der Pyramide benötigt, wenn er für Nähte und Verschnitt 12 % mehr Stoff einplant.

24 Ein 1,00 m breiter, 0,60 m tiefer und 2,36 m hoher Kleiderschrank wird aus Einzelteilen liegend zusammengebaut. Überprüfe, ob man den Kleiderschrank durch Kippen aufstellen kann, wenn das Zimmer 2,50 m hoch ist. Fertige zunächst eine Skizze an.

25 Eine massive quadratische Pyramide mit $a = 8\,cm$ und $h = 10\,cm$ wird durch einen Schnitt in zwei volumengleiche Teilkörper zerlegt. Berechne den Oberflächeninhalt der Teilkörper.

a) **b)**

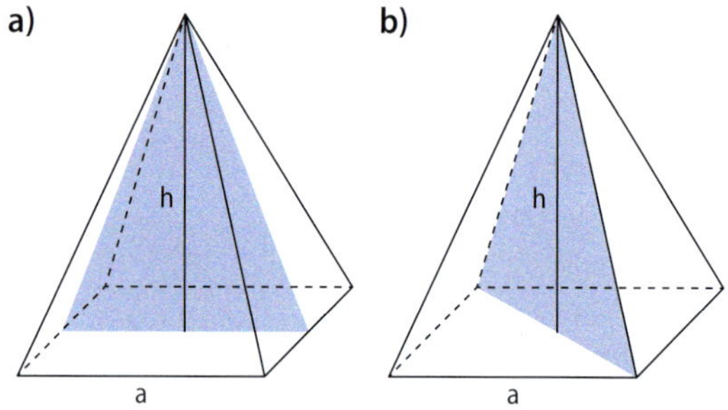

26 Ein runder, 42 m hoher Turm mit einem Umfang von 44 m hat ein Dach in der Form eines Kegels, der in der Spitze rechtwinklig ist.

a) Berechne das Gesamtvolumen des Turms einschließlich des Dachraumes.

b) Das Dach des Turms soll neu gedeckt werden. Berechne die entstehenden Kosten, wenn ein Quadratmeter 68,80 € zuzüglich der gesetzlichen Mehrwertsteuer von 19 % kostet.

27 Die Cheopspyramide mit quadratischer Grundfläche hatte bei ihrer Erbauung eine Grundkantenlänge von 233 m und eine Höhe von 148 m.

Durch Verwitterung und Abtragungen ist die Pyramide heute nur 138 m hoch und die Grundkante 227 m lang.

a) Berechne, wie viel m^3 Gestein im Laufe der Zeit verwittert bzw. abgetragen worden sind.

b) Berechne, wie viele Lkw mit 40 t Ladekapazität notwendig gewesen wären, um das abgetragene Gestein $\left(\text{Dichte: } 2{,}8\,\frac{g}{cm^3}\right)$ abzutransportieren.

28 Das „Schleizer Dreieck“ ist die älteste Naturrennstrecke der Welt. Die Stadtväter von Schleiz stellten für Werbezwecke eine 5,10 m hohe Pyramide auf, die diese Rennstrecke symbolisieren soll.

1 dm^3 Stahl hat eine Masse von 7,85 kg.

a) Berechne das Volumen dieser Pyramide mit quadratischer Grundfläche. Die Kanten der Grundfläche sind 6,40 m lang.

b) Die Mantelfläche der Pyramide besteht aus 4 mm dicken Stahlplatten. Berechne die Masse der Mantelfläche.

29 Ein Geräteschuppen aus Holz soll die Form eines Quaders mit aufgesetzter Pyramide haben. Der quaderförmige Teil des Hauses ist 5,50 m lang, 3,50 m breit und 2,50 m hoch. Die Dachspitze befindet sich 3,60 m über dem Boden.

a) Fertige eine Planfigur an.

b) Bestimme, wie viel Quadratmeter Holz für den Geräteschuppen benötigt werden.

c) Berechne das Volumen des Geräteschuppens.

30

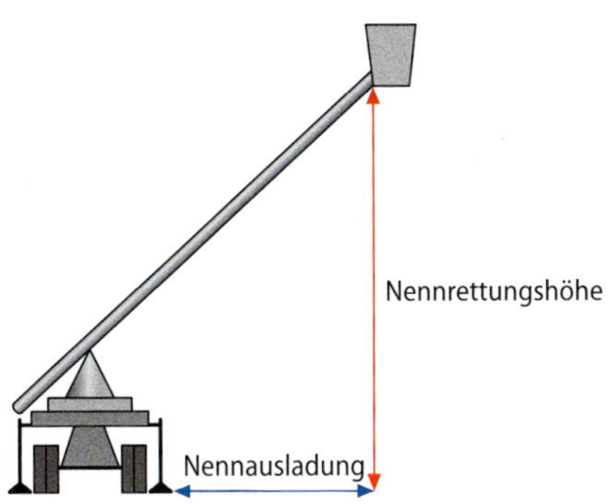

a) Ein Drehleiterfahrzeug der Feuerwehr hat eine Nennrettungshöhe von 23 m und eine Nennausladung von 12 m. Das Fahrzeug hat mit Stützen eine Breite von 2,50 m. Die Leiter befindet sich an ihrem unteren Ende 1,20 m über dem Boden. Berechne die Länge der Drehleiter.

b) Bei einem Brand muss die Feuerwehr jemanden aus dem 8. Stock retten. Ein Stockwerk ist 2,60 m hoch. Ermittle, ob sie das mit dem Fahrzeug schafft. Begründe deine Antwort.

31 **a)** Berechne bei einer quadratischen Pyramide die fehlenden der Größen a, h, h_a, s, A_O und V.

1 a = 6,4 cm; s = 12,8 cm

2 a = 4,8 cm; A_O = 153,8 cm^2

3 h = 11,2 cm; s = 14,0 cm

b) Bestimme die nicht angegebenen Größen r, h, s, A_M, A_O und V eines Kegels.

1 r = 20 cm; s = 30 cm

2 s = 15,2 cm; A_M = 372,5 cm^2

32 Ein Quarzkristall besteht aus einem regelmäßigen sechsseitigen Prisma mit einer Grundkantenlänge von 1,6 cm und einer Höhe von 4,2 cm. Auf den Grundflächen sind sechsseitige Pyramiden mit Seitenlänge s = 2,2 cm aufgesetzt.

a) Fertige eine Skizze des beschriebenen Quarzkristalls an.

b) Berechne, wie schwer dieser Kristall ist, wenn 1 cm^3 Quarz 2,2 g wiegt.

33 Ein gerader Kegel hat einen Radius von r_K = 4 cm und eine Mantellinie der Länge s = 10,4 cm. Dem Kegel wurde ein gerader Zylinder der Höhe $h_Z = \frac{1}{2}h_K$ einbeschrieben.

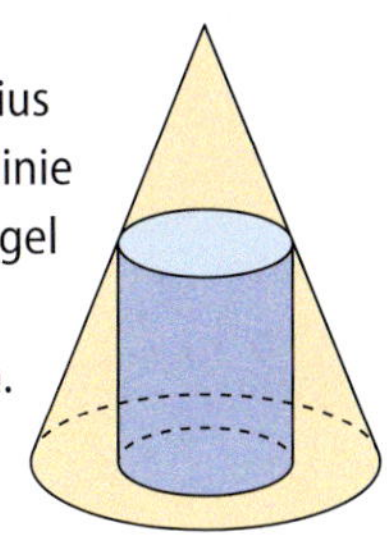

a) Berechne die Höhe h_K des Kegels.

b) Berechne die Größe des Mittelpunktwinkels α der Abwicklung des Kegelmantels.

c) Ermittle den Zylinderradius r_Z.

d) Bestimme, in welchem Verhältnis das Volumen des Kegels und das Volumen des Zylinders zueinander stehen.

e) Ermittle, wie groß der Inhalt der Mantelfläche des Zylinders ist.

34 **a)** Ein Tetraeder wird passgenau in einen Würfel mit 20 cm Kantenlänge geschoben. Bestimme, welchen Anteil des Würfelvolumens das Tetraeder besitzt.

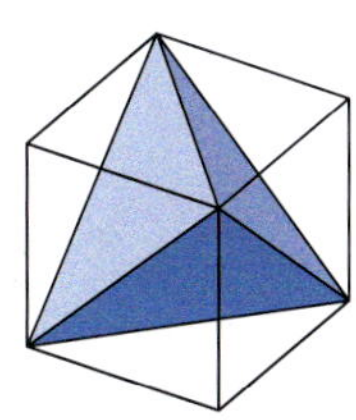

b) Bestimme das Volumen dieses Würfelzwillings. Überlege dabei, welcher Würfel für dich der Grundkörper ist (s = 10 cm).

5 Am Ziel

Aufgaben zur Einzelarbeit

Das kann ich!	Das kann ich fast!	Das kann ich noch nicht!

1 **Teste dich!** Bearbeite dazu die folgenden Aufgaben und bewerte die Lösungen mit einem Smiley.

2 Hinweise zum Nacharbeiten findest du auf der folgenden Seite, die Lösungen findest du im Anhang.

1 Berechne im Kopf.

a) $\sqrt{25}$; $\sqrt{81}$; $\sqrt{121}$; $\sqrt{144}$; $\sqrt{625}$; $\sqrt{10\,000}$

b) $\sqrt{0{,}04}$; $\sqrt{0{,}16}$; $\sqrt{0{,}49}$; $\sqrt{0{,}25}$; $\sqrt{360\,000}$; $\sqrt{0{,}0009}$

2 Gib an, wie der Satz des Pythagoras mit den gegebenen Bezeichnungen lautet.

a)

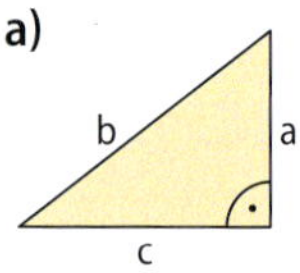

b)

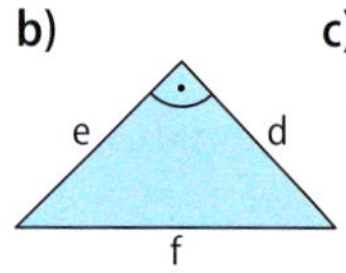

c)

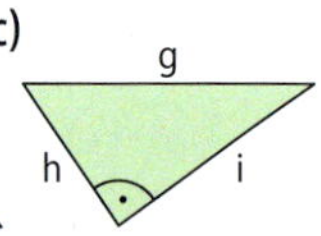

3 Berechne jeweils die fehlende Seitenlänge im rechtwinkligen Dreieck ABC ($\gamma = 90°$).

a) a = 8 dm; b = 4 dm **b)** b = 60 m; c = 180 m

c) b = 22 mm; c = 3,3 cm **d)** a = 14,5 m; c = 21 m

4 Berechne mithilfe des Satzes von Pythagoras die fehlende Streckenlänge a.

a)

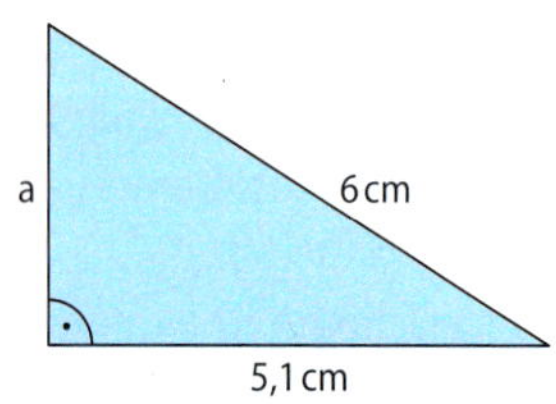

b)

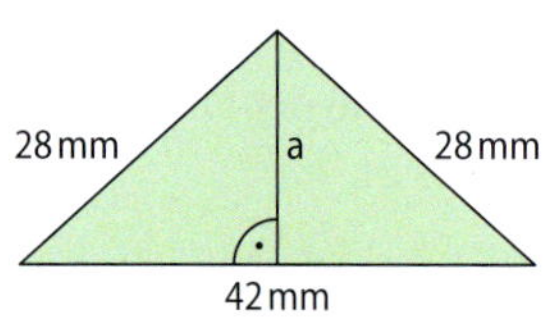

c)

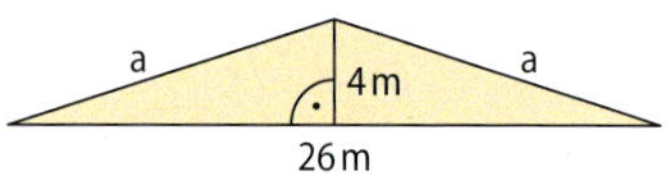

5 Überprüfe mithilfe der Umkehrung des Satzes des Pythagoras, ob das Dreieck ABC rechtwinklig ist.

a) a = 6 cm; b = 5 cm; c = 8 cm

b) a = 55 cm; b = 4,8 dm; c = 73 cm

c) a = 4 m; b = 5 m; c = 30 cm

d) a = 12 m; b = a + 1 m; c = 5 m

6 Berechne die Länge der Strecke $\overline{AB}$ mit A (4 | 7) und B (−2 | 3).

7 Gegeben ist ein Quader mit den Kantenlängen a = 7,4 cm, b = 6,5 cm und c = 4,3 cm. Berechne die Längen der drei Flächendiagonalen und der Raumdiagonalen.

8 Laut Bauverordnung dürfen Rampen nicht mehr als 6 % geneigt sein. Berechne, wie lang eine Rampe mindestens sein muss, wenn eine Höhe von 54 cm (≙ drei Stufen) überwunden werden soll.

9 Eine Pyramide mit quadratischer Grundfläche hat eine Kantenlänge von a = 5 cm und eine Pyramidenhöhe von h = 6 cm.

a) Berechne die Höhe h_a einer Seitenfläche.

b) Berechne die Länge s einer Seitenkante.

c) Zeichne das Netz der Pyramide.

d) Berechne den Oberflächeninhalt und das Volumen der Pyramide.

10 Eine quadratische Pyramide hat eine Grundfläche von 49 dm^2 und eine Seitenkante der Länge s = 6 dm.

a) Ermittle die Höhe der Pyramide.

b) Berechne den Flächeninhalt der zugehörigen Seitendreiecke.

c) Berechne das Volumen der Pyramide.

11 Gegeben ist eine rechteckige Pyramide mit a = 3,5 cm, b = 4,8 cm und h = 5,6 cm.

a) Zeichne das Schrägbild und das Netz der Pyramide.

b) Berechne den Oberflächeninhalt und das Volumen der Pyramide.

c) Ein Kegel mit r = 2 cm soll das gleiche Volumen haben wie die Pyramide. Berechne die Höhe des Kegels.

12 Zeichne das Netz des Kegels. Berechne Volumen und Oberflächeninhalt des Kegels.

a)

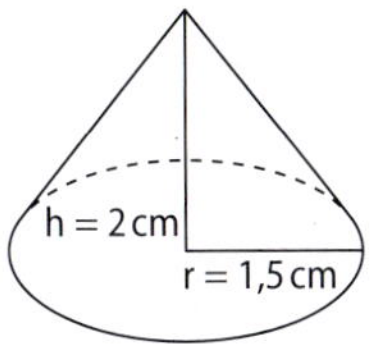

b)

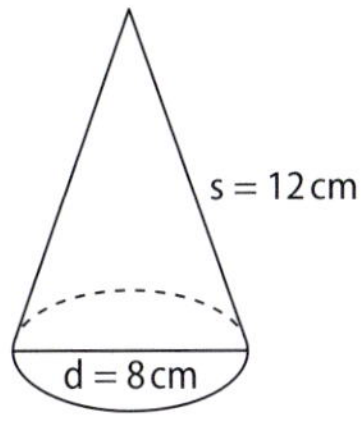

13 Berechne die fehlenden Größen eines Kegels.

a) $V = 0{,}9\,dm^3$; $h = 12\,cm$

b) $u = 40\,dm$; $A_O = 100\,m^2$

c) $A_M = 3400\,mm^2$; $s = 0{,}7\,dm$

d) $d = 12\,cm$; $h = 2{,}4\,dm$

Aufgaben für Lernpartner

1 Bearbeite diese Aufgaben zuerst alleine.

2 Suche dir einen Partner oder eine Partnerin und arbeitet zusammen weiter. Erklärt euch gegenseitig eure Lösungen und hört einander aufmerksam und gewissenhaft zu.

3 Korrigiere gegebenenfalls deine Antworten und benutze dazu eine andere Farbe.

Sind folgende Behauptungen **richtig** oder **falsch**? Begründe.

A Es gilt $\sqrt{4} = 2$ und deshalb auch $\sqrt{40} = 20$.

B $a^2 + b^2 = c^2$ gilt für jedes rechtwinklige Dreieck ABC.

C Mit dem Satz des Pythagoras können Seitenlängen in einem rechtwinkligen Dreieck berechnet werden.

D Die Länge der Strecke $\overline{AB}$ mit $A(-1|7)$ und $B(-4|-2)$ kann man berechnen durch $\sqrt{(-1-7)^2 + (-4-(-2))^2}$.

E Die Raumdiagonale eines Quaders kann man mit $d = \sqrt{a^2 + b^2 + c^2}$ berechnen.

F Um das Netz eines Kegels zu zeichnen, müssen r, s, h und φ angegeben sein.

G Das Netz einer Pyramide hat so viele Dreiecksflächen wie das Vieleck der Grundfläche Seiten hat.

H Wenn von einer quadratischen Pyramide zwei Längen bekannt sind, können die fehlenden Längen berechnet werden.

I Verdoppelt man den Radius eines Kegels, so vervierfacht sich die Oberfläche.

J Das Volumen eines Kegels ist das Produkt aus Grundfläche und Höhe des Kegels.

Ich kann …	Aufgabe	Hilfe	Bewertung
den Satz des Pythagoras zu verschiedenen rechtwinkligen Dreiecken aufstellen und anwenden.	2, 3, 4, B, C	S. 162	☺ 😐 ☹
die Umkehrung des Satzes des Pythagoras zur Überprüfung rechtwinkliger Dreiecke verwenden.	5	S. 168	☺ 😐 ☹
den Satz des Pythagoras zur Berechnung des Abstandes zweier Punkte anwenden.	6, D	S. 167	☺ 😐 ☹
den Satz des Pythagoras zur Berechnung von Längen in Körpern nutzen.	7, 8, 9, E	S. 170	☺ 😐 ☹
Pyramiden und Kegel als Schrägbild und im Netz darstellen.	9, 11, 12, F, G	S. 174, 178	☺ 😐 ☹
Berechnungen an der Pyramide und am Kegel durchführen.	9, 10, 11, 12, 13, H, I, J	S. 174, 178	☺ 😐 ☹

Seite 162, 168

Satz des Pythagoras

In einem rechtwinkligen Dreieck hat das Quadrat über der Hypotenuse den gleichen Flächeninhalt wie die Quadrate über den Katheten zusammen.
Mit den Bezeichnungen in der Abbildung gilt kurz: $a^2 + b^2 = c^2$

Umkehrung des Satzes von Pythagoras:
Wenn in einem Dreieck ABC mit den Seitenlängen a, b und c die Beziehung $a^2 + b^2 = c^2$ gilt, dann ist das Dreieck rechtwinklig mit $\overline{AB}$ als Hypotenuse.

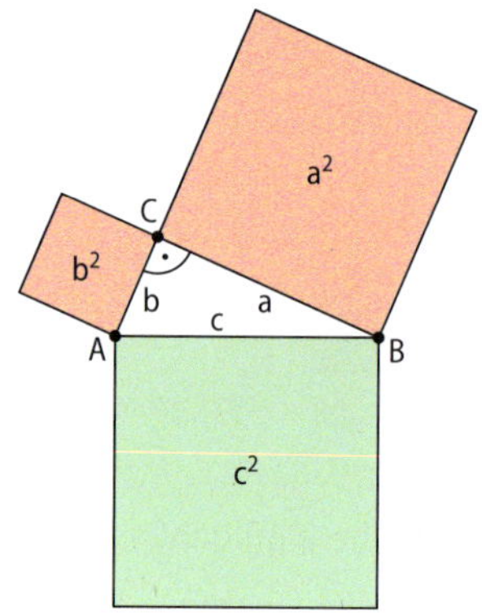

Seite 167

Abstand zweier Punkte

Die **Länge** der Strecke $\overline{\mathbf{AB}}$ mit $A(x_A \mid y_A)$ und $B(x_B \mid y_B)$ kann man mithilfe des Satzes des Pythagoras berechnen.

$$\overline{AB} = \sqrt{(x_B - x_A)^2 + (y_B - y_A)^2}$$

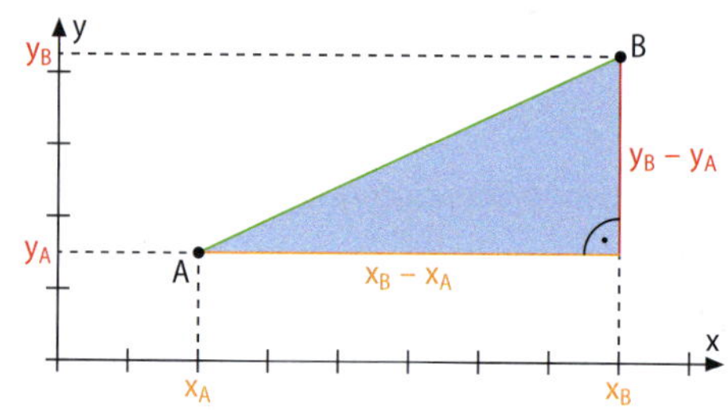

Seite 170

Strecken in Körpern bestimmen

Um die Länge von Strecken in Körpern zu berechnen, versucht man, **rechtwinklige Dreiecke** so zu finden, dass man zwei Seitenlängen kennt, um dann die **fehlende Länge der dritten Seite** mithilfe des Satzes des Pythagoras zu berechnen.

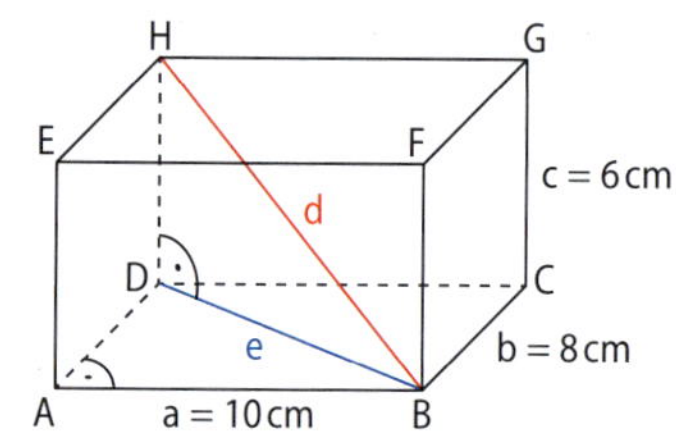

$e = \sqrt{a^2 + b^2}$ $\quad d = \sqrt{a^2 + b^2 + c^2}$

Seite 174, 178

Oberfläche und Volumen von Pyramide und Kegel

Für die **Oberfläche A_O** einer **Pyramide** und eines **Kegels** mit der Grundfläche A_G und der Mantelfläche A_M gilt:

$A_O = A_G + A_M$

$A_{O_{Pyramide}} = A_G + A_{Dreieck\,1} + A_{Dreieck\,2} + \ldots$

$A_{O_{Kegel}} = \pi \cdot r^2 + \pi \cdot r \cdot s$

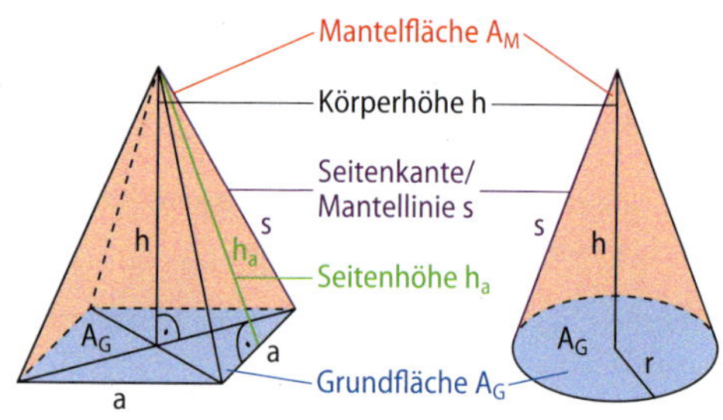

Für das **Volumen V** einer **Pyramide** oder eines **Kegels** mit der Höhe h gilt:

$V = \frac{1}{3} \cdot A_G \cdot h$

$V_{Pyramide} = \frac{1}{3} \cdot A_{Vieleck} \cdot h$

$V_{Kegel} = \frac{1}{3} \cdot \pi \cdot r^2 \cdot h$

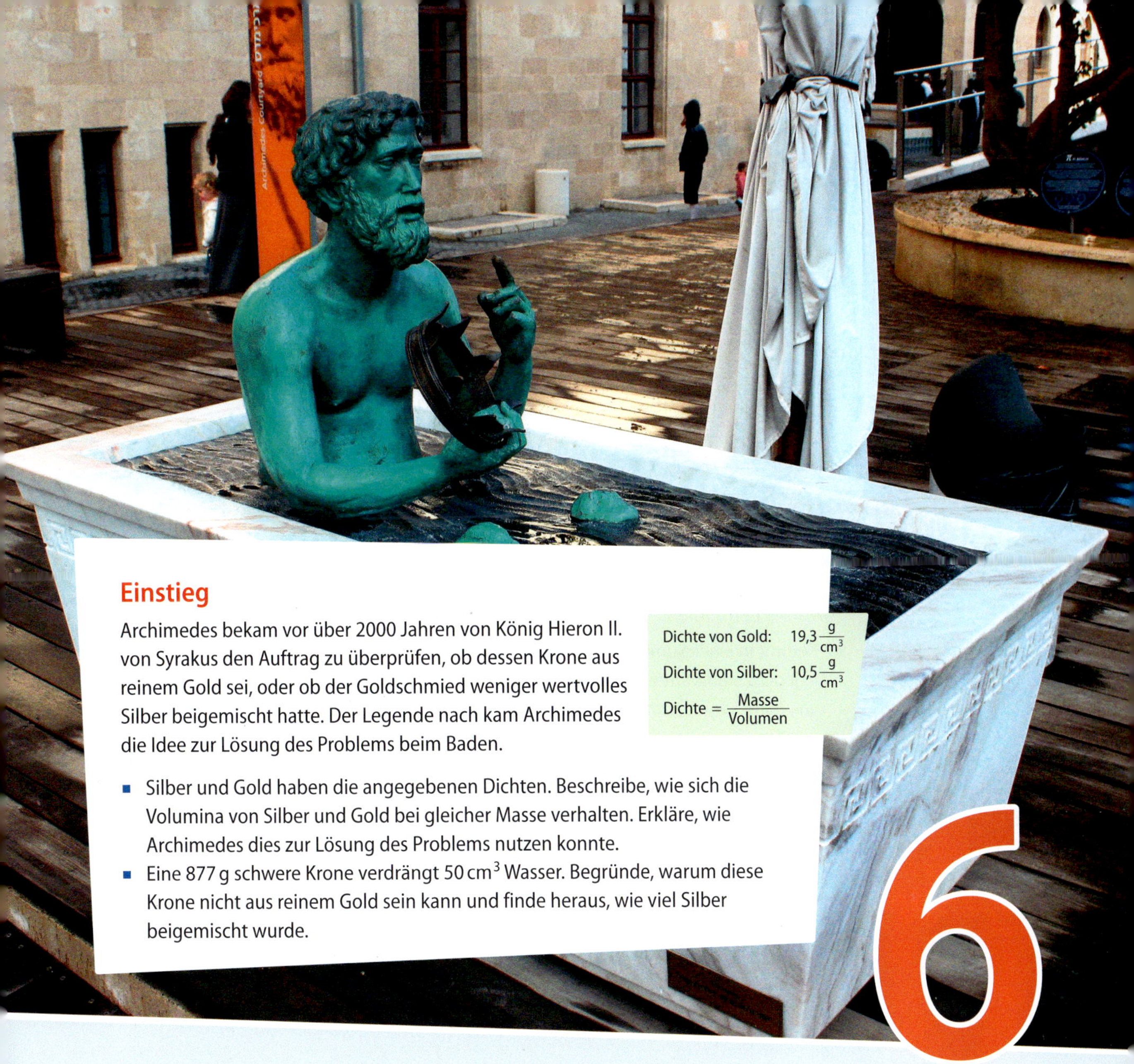

Einstieg

Archimedes bekam vor über 2000 Jahren von König Hieron II. von Syrakus den Auftrag zu überprüfen, ob dessen Krone aus reinem Gold sei, oder ob der Goldschmied weniger wertvolles Silber beigemischt hatte. Der Legende nach kam Archimedes die Idee zur Lösung des Problems beim Baden.

Dichte von Gold: $19{,}3\,\frac{\text{g}}{\text{cm}^3}$
Dichte von Silber: $10{,}5\,\frac{\text{g}}{\text{cm}^3}$
$\text{Dichte} = \frac{\text{Masse}}{\text{Volumen}}$

- Silber und Gold haben die angegebenen Dichten. Beschreibe, wie sich die Volumina von Silber und Gold bei gleicher Masse verhalten. Erkläre, wie Archimedes dies zur Lösung des Problems nutzen konnte.
- Eine 877 g schwere Krone verdrängt $50\,\text{cm}^3$ Wasser. Begründe, warum diese Krone nicht aus reinem Gold sein kann und finde heraus, wie viel Silber beigemischt wurde.

6

Lineare Gleichungssysteme

Ausblick

Am Ende dieses Kapitels hast du gelernt, …

… **lineare Gleichungssysteme** mit zwei Variablen **aufzustellen**.

… lineare Gleichungssysteme auf verschiedene Arten zu **lösen**.

… die **Lösungsmenge** eines linearen Gleichungssystems anzugeben.

… **Sachaufgaben** mithilfe linearer Gleichungen und Gleichungssysteme zu lösen.

Vorwissen

Erklärvideo

Mediencode 61238-58

Vereinfachen von Termen

1 **Gleichartige Summanden** lassen sich zusammenfassen.

1 $3xy + 7xz - 7xy + 2xy - 2xz = -2xy + 5xz$

2 Wird eine **Summe (Differenz) addiert**, dann bleiben nach Auflösen der Klammer die Vorzeichen in der Klammer gleich.

2 $x + (y - z) = x + y - z$

3 Wird eine **Summe (Differenz) subtrahiert**, dann kehren sich nach Auflösen der Klammer die Vorzeichen in der Klammer um.

3 $x - (y - z) = x - y + z$

4 Wird eine **Summe mit einem Faktor multipliziert**, dann wird **jeder Summand** mit dem Faktor **(aus-) multipliziert**. Die entstandenen Produkte werden mit ihren Vorzeichen addiert.

4 $x \cdot (y + 12) = x \cdot y + 12x$

5 Kommt in einer **Summe von Produkten** in jedem Summanden **derselbe Faktor** vor, dann kann dieser **ausgeklammert werden.**

5 $x^2y + 12xy = xy \cdot (x + 12)$

Erklärvideos

Mediencode 61238-59

Lineare Gleichungen lösen

Gleichungen kann man durch **Äquivalenzumformungen** lösen: Oft ist es möglich, eine **Gleichung** so zu **vereinfachen**, dass die Variable auf einer Seite der Gleichung alleine steht. Dabei darf sich die **Lösungsmenge** der Gleichung **nicht ändern**. Es gilt:

- Man **addiert** (**subtrahiert**) auf beiden Seiten der Gleichung die **gleiche Zahl** oder den **gleichen Term**.
- Man **multipliziert** (**dividiert**) auf beiden Seiten die **gleiche Zahl** (die nicht null sein darf).

Beispiele:

$$\begin{aligned} 4x + 7 &= 31 && \mid -7 \\ 4x &= 24 && \mid :4 \\ x &= 6 \\ L &= \{6\} \end{aligned}$$

$$\begin{aligned} 5x + 10 &= 2x - 2 && \mid -10 \\ 5x &= 2x - 12 && \mid -2x \\ 3x &= -12 && \mid :3 \\ x &= -4 \\ L &= \{-4\} \end{aligned}$$

Lineare Funktionen

Eine Funktion mit der Funktionsgleichung $f(x) = mx + n$ heißt **lineare Funktion**. Ihr Graph ist eine Gerade. Die Zahl m heißt Steigung, die Zahl n heißt y-Achsenabschnitt. Die Steigung kann mithilfe der **Änderungsrate** berechnet werden:

$$m = \frac{f(b) - f(a)}{b - a}$$

Die Zahl x_0 ist **Nullstelle** der Funktion, wenn $f(x_0) = 0$ gilt.

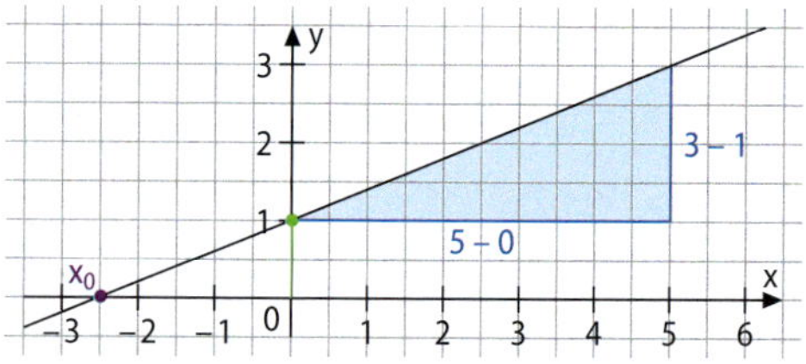

$n = 1$

$$m = \frac{f(5) - f(0)}{5 - 0} = \frac{3 - 1}{5} = \frac{2}{5} = 0{,}4$$

Funktionsgleichung: $f(x) = 0{,}4x + 1$

Die Nullstelle dieser Funktion ist $x_0 = -2{,}5$

Vorwissentest

Das kann ich!	Das kann ich fast!	Das kann ich noch nicht!

Teste dich! Schau dir dazu zunächst die bereits bekannten Inhalte auf der linken Seite an. Bearbeite die Aufgaben und bewerte deine Lösungen. Die Ergebnisse findest du im Anhang.

1 Ermittle die zu $8x - 10$ gleichwertigen Terme.

1 $4x \cdot (-2) - (-3)^2 - 1$ 2 $10 - 2^3x$ 3 $-2^0 + 2^3 - (-2)^3x - 2^4 - 2^0$

4 $-(-5) + 5x - (-5) + 4x - 2^2 \cdot 5 - 2^0x$ 5 $-5^2 + 8x$

2 Vervollständige die Additionsmauer. Vereinfache so weit wie möglich.

a)

	___	
___	$8x$	
$2x + 7$	$-4x$	___

b)

	___	
___	$(2a - 6b) \cdot \frac{1}{2}$	
$4a + 7b$	$-5a + 8b$	___

3 Bestimme die Lösungsmenge der Gleichung für $D = \mathbb{Q}$ ($D = \mathbb{N}$; $D = \mathbb{Z}$).

a) $(4x - 8) : 4 = 22 - (x + 2)$

b) $4x = 10 - (23 - 3x)$

c) $-(0{,}5x - 3) + 3 = 4x - 3 + x - (2 - 6x)$

d) $-\frac{2}{3}x - 6 + 8 - 1\frac{1}{3}x = 4 - \left(\frac{4}{6}x + 5 - \frac{1}{3}x\right) - 20$

4 In der Gleichung fehlt ein Koeffizient ($D = \mathbb{Q}$): $7x - 12 + \square x = 8 - x$

Bestimme den Koeffizienten so, dass sich die angegebene Lösungsmenge ergibt.

a) $L = \{2\}$ **b)** $L = \{5\}$ **c)** $L = \{\ \}$ **d)** $L = \{-2\}$

5 **a)** Gib die Funktionsgleichungen der abgebildeten Geraden an.

b) Bestimme jeweils die Nullstellen von $f_1, \ldots, f_4$ rechnerisch.

c) Gib eine Funktionsgleichung an für einen Graphen, der parallel zu f_3 verläuft.

d) Die Gerade g geht durch die Punkte A und B. Sie hat die Steigung m und den y-Achsenabschnitt n. Bestimme zunächst rechnerisch die Gleichung der Funktion in der Form $f(x) = mx + n$. Überprüfe zeichnerisch.

1 $A(-2|-4)$; $B(0{,}5|2{,}5)$ 2 $n = 2$; $A(1|-3)$

3 $m = -0{,}5$; $B(-2|3{,}5)$ 4 $m = -\frac{1}{3}$; $n = -1$

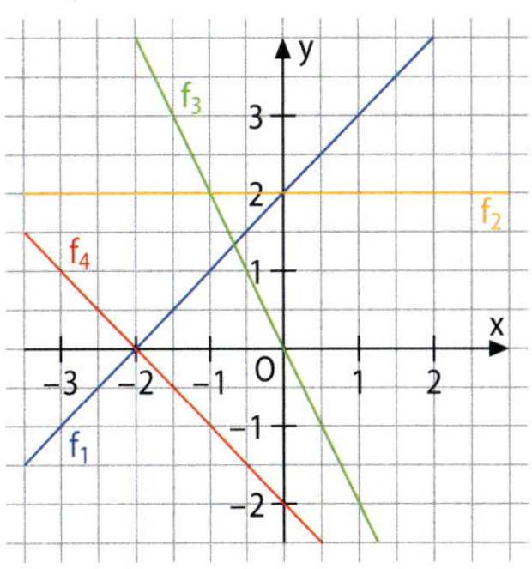

Ich kann …	Aufgabe	Bewertung
Terme verbinden und vereinfachen.	1, 2	
lineare Gleichungen lösen.	3, 4	
Gleichungen linearer Funktionen aufstellen und lineare Funktionen graphisch darstellen.	5	

Reisebuch

> «Beim Schreiben verlangsamen und klären sich die Gefühle und Gedanken, nehmen Gestalt an und fordern zur Stellungnahme heraus. Wer schreibt, übernimmt in besonderer Weise Verantwortung für seine Position, öffnet sich der Kritik.»

(Gallin und Ruf, 1998)

Im Vordergrund stehen dabei nicht die fertigen Ergebnisse, sondern Wege, wie du zu diesen Ergebnissen kommst.

- Dokumentiere alle Gedanken, Ideen und Bilder, die dir während der Bearbeitung des Pferdehof-Rätsels durch den Kopf gehen. Fehler machen ist nicht verboten und kreatives Herangehen gewünscht.

Pferdehof-Rätsel

Familie Huber besitzt auf ihrem Pferdehof neben den Pferden auch Enten. Die Tiere haben zusammen 38 Köpfe und 100 Beine.

- Diskutiere gemeinsam mit einem Lernpartner über eine Lösung des Problems.
- Bestimme die Anzahl der Enten und Pferde, die es auf dem Hof der Familie Huber gibt. Beschreibe dein Vorgehen.
- Dokumentiere deinen Lösungsweg.

Hier siehst du die Lösungsideen von Paul und Fatima. Beschreibe, was sie sich bei ihren Lösungen gedacht haben.

Pferde und Enten

$4 + 2 = 6$

$66{,}\overline{6}\ \%$ von $38 \approx 25$
$33{,}\overline{3}\ \%$ von $38 \approx 13$

Es gibt 25 Pferde und 13 Enten.

Pferdehof

Geg.: x Enten; y Pferde   Ges.: x; y

Lös.: Beine: Enten: 2   Pferde: 4

$2 \cdot x + 4 \cdot y = 100$ $x + y = 38$

Solche Gleichungen kann ich nicht lösen.
Hier sind 2 Variablen drin.

Graphisches Lösen

Aus einem alten Rechenbuch:

> «Fünf Ochsen und drei Schafe kosten zusammen 18 Goldstücke, zwei Ochsen und zehn Schafe kosten zusammen 16 Goldstücke. Gib den Preis für einen Ochsen und ein Schaf an.»

- Begründe, dass die Aufgabe die beiden Gleichungen erfüllt:
  I $5x + 3y = 18$
  II $2x + 10y = 16$
  Erkläre die Bedeutung der Variablen x und y.
- Stelle durch Äquivalenzumformung jeweils die zugehörige lineare Funktionsgleichung von der Form $y = mx + n$ auf.

Du kannst die beiden linearen Gleichungen auch als Graph in einem Computerprogramm darstellen:

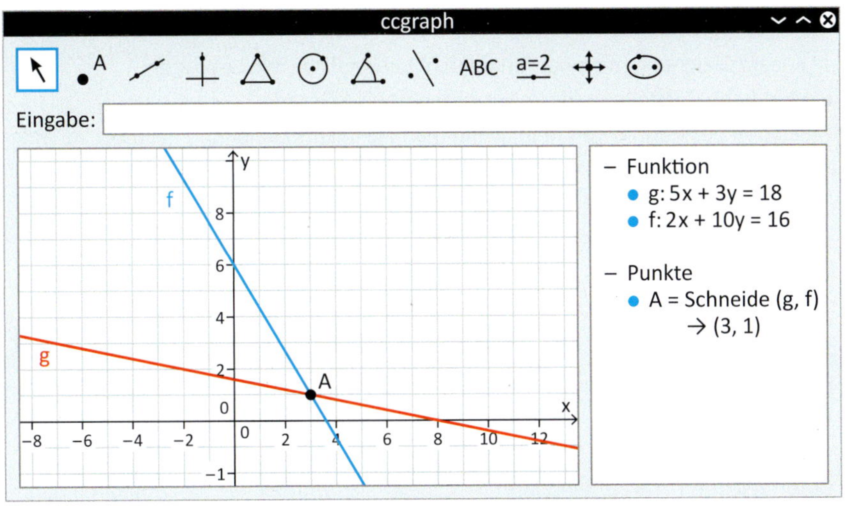

- Erkläre die Bedeutung des Schnittpunkts beider Geraden für die Lösung der Aufgabe.

> «In einem Stall sind Hühner und Hasen. Sie haben zusammen 35 Köpfe und 94 Füße. Bestimme die Anzahl der Hühner und Hasen in dem Stall.»

- Begründe, dass die Aufgabe die beiden Gleichungen erfüllt:
  I $x + y = 35$
  II $2x + 4y = 94$
  Erkläre die Bedeutung der Variablen x und y.
- Löse die Aufgabe graphisch mit einem Computerprogramm.
- Zeige dann rechnerisch durch Einsetzen in I und II, dass die Lösung stimmt.

6.1 Lineare Gleichungssysteme mit zwei Variablen

Entdecken

Die Familien Michel und Meier gehen zusammen in den Zoo. Zusammen sind sie 4 Erwachsene und 6 Kinder. Der Eintritt kostet für alle zusammen 91 €, wobei sie für eines der Kinder noch keinen Eintritt zahlen müssen, da es zu jung ist.

- Mache verschiedene Vorschläge für mögliche Eintrittspreise.
- Begründe, welche Lösung du sinnvoll findest.

Verstehen

Du kennst lineare Gleichungen mit einer Variablen. Lineare Gleichungen können auch zwei Variablen enthalten. Die Lösung besteht dann aus einem Zahlenpaar.

Merke

Die Lösungen **linearer Gleichungen mit zwei Variablen** sind **Zahlenpaare (x | y)**, die die Gleichung erfüllen.

- Eine lineare Gleichung mit zwei Variablen hat unendlich viele Lösungen.
- Die graphische Darstellung dieser Lösungen ist eine **Gerade.**
- Die Geradengleichung erhält man, wenn man die lineare Gleichung nach der Variablen y auflöst.

Beispiele

I. Bestimme fünf Zahlenpaare (x | y), welche die Gleichung $2x + 2y = 3$ erfüllen.

Graphische Lösung:

1 Auflösen der Gleichung nach einer Variablen:
$y = -x + 1{,}5$

2 Graph zeichnen und Zahlenpaare markieren.

Jeder Punkt auf dem Graphen der linearen Funktion erfüllt die lineare Gleichung.

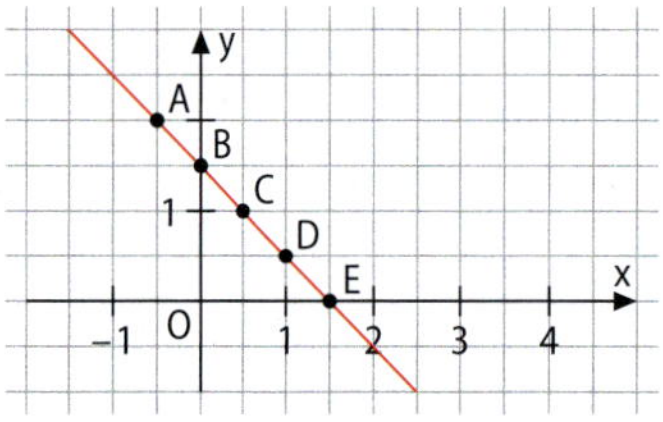

Rechnerische Lösung:

1 Auflösen der Gleichung nach einer Variablen:
$y = -x + 1{,}5$

2 Bestimmen von Zahlenpaaren durch Einsetzen.
Beispiele für Lösungspaare (x | y):

	A	B	C	D	E
x	−0,5	0	0,5	1	1,5
y	2	1,5	1	0,5	0

II. Prüfe, ob die angegebenen Wertepaare Lösungen der Gleichung $2x - 7y = 6$ sind.

a) (4 | 2)

b) $\left(-\frac{1}{2} \middle| -1\right)$

Lösung:

Punktprobe

Durch Einsetzen des Zahlenpaares prüft man, ob eine wahre Aussage entsteht.

a) $2 \cdot 4 - 7 \cdot 2 = -6 \neq 6 \Rightarrow$ (4 | 2) ist keine Lösung der Gleichung.

b) $2 \cdot \left(-\frac{1}{2}\right) - 7 \cdot (-1) = -1 + 7 = 6 \Rightarrow \left(-\frac{1}{2} \middle| -1\right)$ ist Lösung der Gleichung.

III. Formuliere zu der Gleichung $3x + 5y = 14$ ein Zahlenrätsel.

Lösung:
Addiert man zum Dreifachen einer Zahl das Fünffache einer anderen Zahl, so erhält man 14.

Nachgefragt

- Begründe, dass es sich bei $5x + 4y = 12$ um eine lineare Gleichung handelt.
- Erkläre, dass stets unendlich viele Zahlenpaare eine Gleichung mit zwei Variablen (siehe Randspalte) lösen.

Dies gilt für alle Gleichungen $ax + by = c$ $(a, b, c \in \mathbb{Q};\ b \neq 0)$

Aufgaben

1 Gib die Zahlenpaare an, die Lösung der Gleichung $4x = y + 8$ sind.

$(-2\,|\,0)$ $(1\,|\,-2)$ $(-9\,|\,-44)$ $(24\,|\,8)$ $(20\,|\,-72)$ $(15\,|\,52)$

2 Die Zahlenpaare sollen die lineare Gleichung $2y - 4x = -10$ lösen. Vervollständige.
a) $(2\,|\,\square)$ **b)** $(-5\,|\,\square)$ **c)** $(0\,|\,\square)$ **d)** $(\square\,|\,-20)$ **e)** $(\square\,|\,10)$

Lösungen zu 2: −15; −7,5; −5; −1; 7,5

3 Bestimme graphisch und rechnerisch je fünf Zahlenpaare, welche die Gleichung lösen.
a) $y = 2x + 5$ **b)** $5x - 2y + 10 = 0$ **c)** $7x + y = 6x$ **d)** $3x + 3y = 3$

4 **1** $x + 2y = 2$ **2** $6x - 3y = -6$ **3** $3x - 8 = 2y$ **4** $-0{,}5x - 7 = -2y$
a) Bestimme rechnerisch drei Lösungspaare der linearen Gleichung.
b) Zeichne die zugehörige Gerade. Gib die Funktionsgleichung an.

5 Der Umfang eines Grundstücks in Form eines Parallelogramms beträgt 190 m. Stelle eine Gleichung zu dem Sachverhalt auf. Ermittle graphisch und rechnerisch drei mögliche Lösungspaare $(x\,|\,y)$. Gib einen sinnvollen Bereich an, in dem die Werte von x und y liegen können.

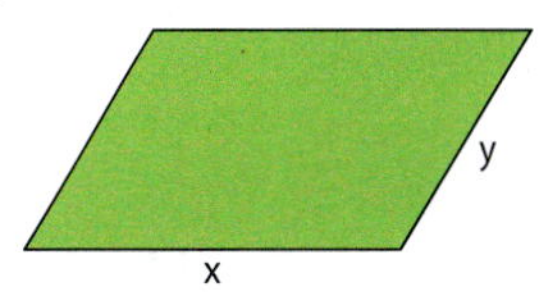

6 **Medien und Werkzeuge:** Aus einer 45 cm langen Leiste soll wie abgebildet ein Bilderrahmen gebaut werden.
a) Bestimme verschiedene mögliche Werte für die Seitenlängen und trage sie in ein Tabellenprogramm ein. Begründe, welche Lösungen realistisch sind.
b) Stelle die Wertepaare aus a) mithilfe des Programms graphisch dar. Erstelle durch die Wertepaare eine „Regressionsgerade". Bestimme anschließend selbst eine Funktionsgleichung, die den Sachverhalt beschreibt. Vergleiche deine Lösung mit der Lösung des Programms.

7 Die dargestellten Geraden stellen Lösungsmengen von linearen Gleichungen dar. Gib jeweils die dazugehörigen Gleichungen an und bestimme jeweils fünf mögliche Lösungspaare.

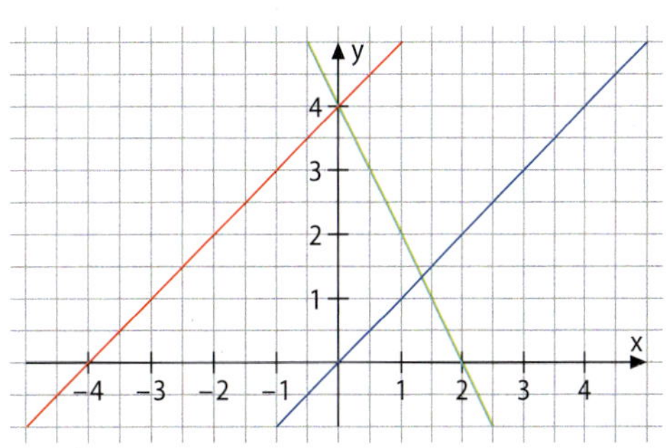

6.2 Lineare Gleichungssysteme graphisch lösen

Entdecken

In einem Gasthof gibt es Zwei- und Dreibettzimmer. Insgesamt hat der Gasthof 10 Zimmer mit 24 Betten. Zur Bestimmung der Anzahl der Zwei- und Dreibettzimmer werden lineare Gleichungen aufgestellt:

I $x + y = 10$ II $2x + 3y = 24$

- Beschreibe die Bedeutung jeder Gleichung und insbesondere der verwendeten Variablen.

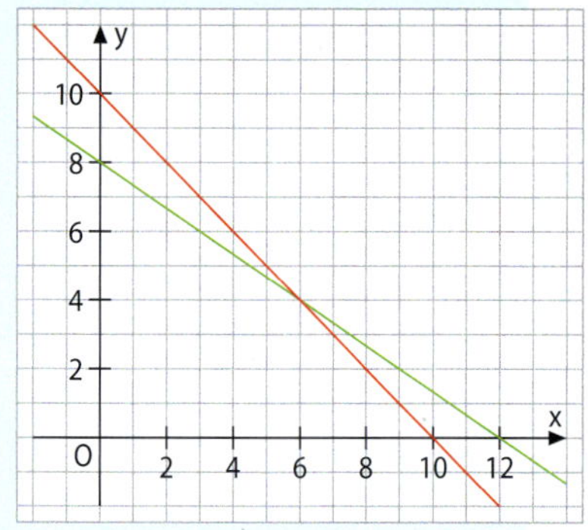

Zur Lösung werden die Zahlenpaare, welche die Gleichungen erfüllen, graphisch dargestellt.

- Ordne den Geraden die zugehörige Gleichung zu. Begründe.
- Bestimme die Anzahl der Zwei- und Dreibettzimmer des Gasthofs mithilfe des Schnittpunktes.

Verstehen

Zwei Geraden können auf drei verschiedene Weisen zueinander in einer Ebene liegen, somit gibt es drei Möglichkeiten für die Lösungsmenge eines linearen Gleichungssystems.

Erklärvideo
Mediencode 61238-60

Merke

Lage zweier Geraden in der Ebene	Lösung eines zugehörigen linearen Gleichungssystems
1 Die Geraden **schneiden sich** in genau einem Punkt, dem Schnittpunkt. 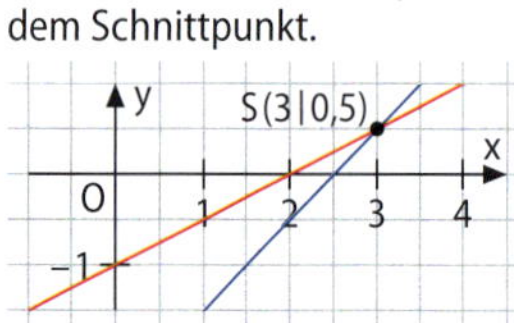 Beispiel: I $y = x - 2,5$ II $y = 0,5x - 1$ $L = \{(3 \mid 0,5)\}$	Es gibt genau ein Zahlenpaar, das beide Gleichungen erfüllt. Es gibt genau **eine Lösung**. Die Lösungsmengen sind die Koordinaten des Schnittpunkts.
2 Die Geraden haben keinen gemeinsamen Punkt, sie sind **parallel zueinander**. 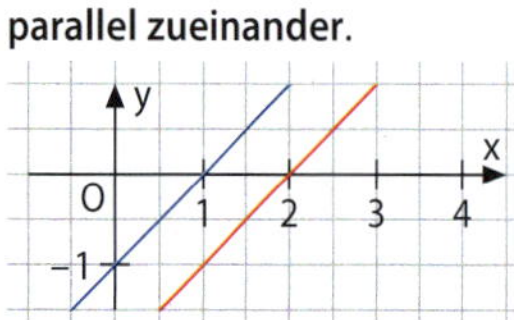 Beispiel: I $y = x - 1$ II $y = x - 2$ $L = \{\ \}$	Es gibt kein Zahlenpaar, das beide Gleichungen erfüllt. Es gibt **keine Lösung**. Die Lösungsmenge ist leer.
3 Die Geraden sind **identisch** (d. h. sie liegen aufeinander). 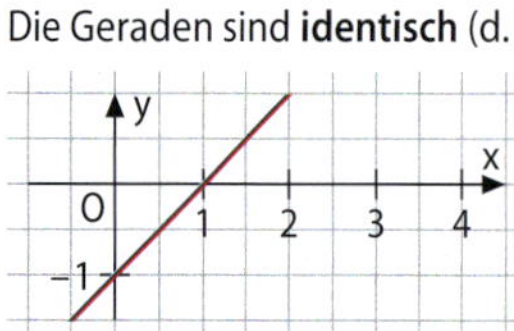 Beispiel: I $y = x - 1$ II $y = -1 + x$ $L = \{(x \mid y) \text{ mit } y = x - 1\}$	Jedes Zahlenpaar, das die erste Gleichung erfüllt, ist auch Lösung der zweiten Gleichung. Es gibt **unendlich viele Lösungen**. Die Lösungsmenge umfasst alle Zahlenpaare $(x \mid y)$, die eine der Gleichungen erfüllen.

Beispiel

Bestimme die Lösungsmenge graphisch. Beschreibe die Lösungen.

a) I $f(x) = 0{,}5x + 1$
II $g(x) = -1{,}5x + 3$

b) I $f(x) = 0{,}8x + 1{,}5$
II $g(x) = \frac{4}{5}x$

c) I $f(x) = x + 0{,}5$
II $g(x) = 2 \cdot \left(\frac{1}{2}x + \frac{1}{4}\right)$

Lösung:

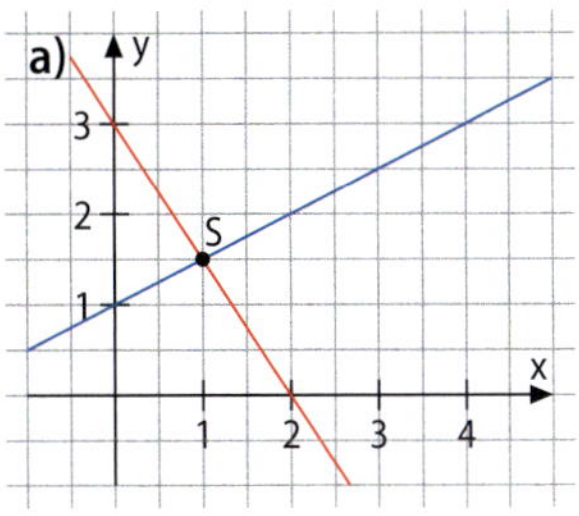

Schnittpunkt S (1 | 1,5)
L = {(1 | 1,5)}

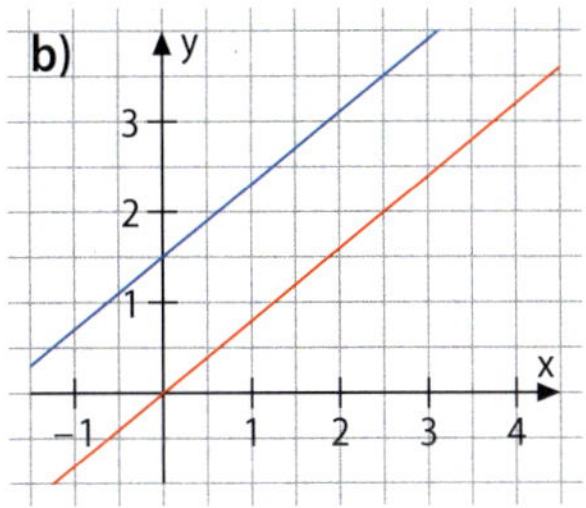

parallele Geraden
L = { }

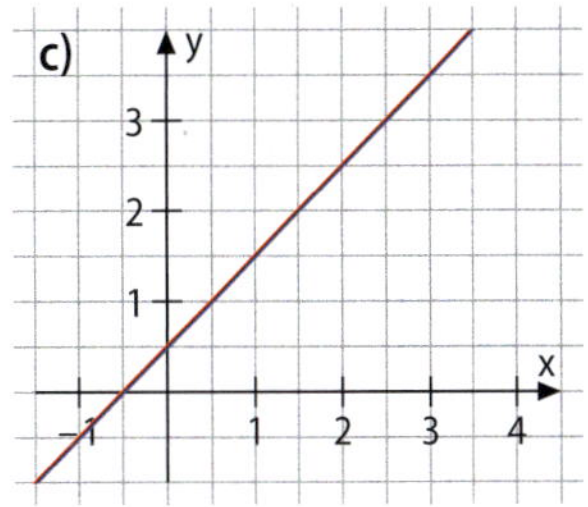

identische Geraden
L = {(x | y) mit y = x + 0,5}

Nachgefragt

- Erkläre, warum die Probe beim graphischen Lösungsverfahren besonders wichtig ist.
- Beschreibe den zugehörigen Graphen zur Gleichung $x = 3$.
- Gib an, ob die Lösungsmenge eines linearen Gleichungssystems aus genau zwei Zahlenpaaren bestehen kann. Begründe deine Antwort.

Aufgaben

1 Untersuche durch Einsetzen, ob das Zahlenpaar zur Lösungsmenge einer der beiden Gleichungen gehört oder sogar das lineare Gleichungssystem erfüllt.

			1	2	3
a)	I $y = x$	II $y = -0{,}5x + 3$	(2 | 2)	(6 | 6)	(8 | 3)
b)	I $f(x) = -x + 6$	II $g(x) = \frac{1}{2}x - 3$	(6 | 0)	(4 | –1)	(5 | 1)
c)	I $f(x) = 2x + 1$	II $g(x) = \frac{1}{2} \cdot (2 + 4x)$	(3 | 7)	(–1 | –1)	(0 | 1)
d)	I $y = 1{,}5x + 1$	II $y = -\frac{3}{2}x + 4$	(–6 | –8)	(1 | 2,5)	(4 | –2)
e)	I $f(x) = -2x + 9$	II $g(x) = 2 \cdot \left(1 - \frac{2}{3}x\right)$	(10,5 | –12)	(–7,5 | 24)	(6 | –6)

2 Bestimme die Lösungsmenge graphisch. Mache die Probe mit einem Computerprogramm.

a) I $y = x - 3$
II $y = -x + 7$

b) I $f(x) = 2x$
II $g(x) = 0{,}5x + 3$

c) I $f(x) = x - 3$
II $g(x) = 4 + x$

d) I $y = 4x - 1$
II $y = -0{,}5x + 3{,}5$

e) I $x - y + 5 = 0$
II $x + y + 3 = 0$

f) I $3x - 5y = 5$
II $2x = 5y$

g) I $y = 2x - 1$
II $2y - 2x = 4$

h) I $x - 2y + 6 = 0$
II $x - 2 = 0$

Lösungen zu 2:
L = {(2 | 4)}; L = {(1 | 3)};
L = {(3 | 5)}; L = {(5 | 2)};
L = {(–4 | 1)}; L = {(5 | 2)};
L = {(2 | 4)}; L = { }

3 Untersuche, welche der Zahlenpaare das Gleichungssystem erfüllen.

a) I $0 = 4x + 5y$
II $-5y = -20$

b) I $3x + 3y = -3$
II $-3x + 1{,}5 = 6y$

c) I $y = 2x - 9$
II $2y = -3x - 4$

d) I $7x - y = 1$
II $3y - 7 = x$

(4,5 | –3,5) (0,5 | 2,5) (4 | 5) (2 | –5) (–5 | 4)

(3 | 0) (7 | 4) (–1,5 | –3,5) (–2,5 | 1,5)

4 Zeichne zwei Geraden, die sich im Punkt (2 | 1) schneiden und gib ein passendes Gleichungssystem an. Ermittle mindestens drei verschiedene solcher Gleichungssysteme.

Alles klar?

5 a) Bestimme zu den Graphen eine zugehörige Gleichung und gib die Lösungsmenge des zugehörigen linearen Gleichungssystems so genau wie möglich an.

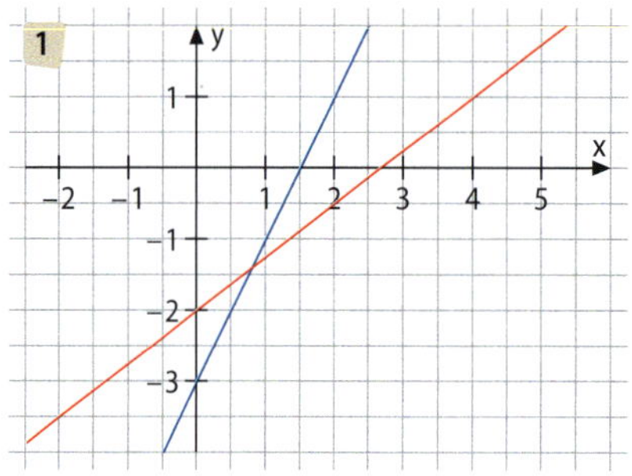

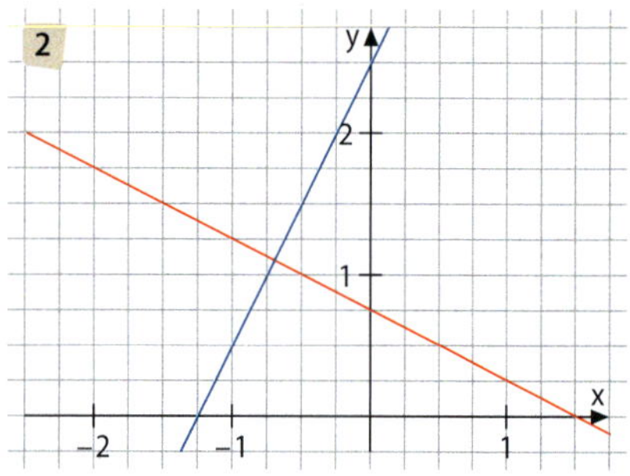

b) **Nachgefragt:** Gib mindestens zwei weitere Gleichungssysteme an, die zu den Graphen aus a) passen. Erkläre, wie viele solcher Gleichungssysteme es gibt.

Geogebra
Mediencode 61238-61

6 Bestimme die Lösungsmenge graphisch. Forme jede Gleichung zunächst nach y um. Vergiss die Probe nicht. Du kannst dafür ein Computerprogramm verwenden.

a) I $-4y = 7 + x$
II $2x = -10 - 6y$

b) I $-5y + 33 = 4x$
II $35 - 5y = 0$

c) I $-2{,}5 + 5y = -3x$
II $-4x = 5y$

d) I $x - y + 5 = 0$
II $x + y + 3 = 0$

e) I $3x - 5y = 5$
II $2x = 5y$

f) I $y = 2x - 1$
II $2y - 2x = 4$

g) I $x - 2y + 6 = 0$
II $x - 2 = 0$

h) I $2{,}4x - 3{,}2y = 4$
II $4y + 3x = 5$

i) I $3{,}1 + 8{,}2y = 2{,}1x$
II $4{,}2x - 2{,}9 = 3{,}2y$

7 1

2

a) Gib zu jedem Bild eine passende Aufgabe und ein lineares Gleichungssystem an.
b) Bestimme die Lösungsmenge der Gleichungssysteme aus a) graphisch. Gib die Bedeutung der Lösung an.

8 Gib zu jedem Rätsel zwei Gleichungen an und ermittle die Lösungsmenge graphisch. Überprüfe mit den angegebenen Lösungen.

Die Lösungen ergeben einen Berliner Stadtteil.

1 Gesucht werden zwei Zahlen: Ihre Summe ist 4 und ihre Differenz ist 8.

2 Gesucht werden zwei positive Zahlen: Ihre Differenz ist 10 und die größere Zahl ist doppelt so groß wie die kleinere.

3 Gesucht werden zwei natürliche Zahlen: Die erste Zahl ist dreimal so groß wie die andere, ihre Differenz ist 6.

4 Gesucht wird eine positive zweistellige Zahl: Ihre Quersumme ist 12 und die Zehnerziffer ist doppelt so groß wie die Einerziffer.

5 Gesucht wird eine positive zweistellige Zahl: Die Zehnerziffer ist dreimal so groß wie die Einerziffer, ihre Quersumme ist 8.

6 Gesucht wird eine positive zweistellige Zahl: Die Zehnerziffer ist um 4 kleiner als die Einerziffer und ihre Quersumme ist 6.

(9 | 3) N | (20 | 10) A | (1 | 5) W | (6 | −2) P | (8 | 4) K | (6 | 2) O

9 Saskia und Roman wohnen im gleichen Haus und laufen 30 Minuten zur Schule.

a) Ermittle aus dem Diagramm die Länge des Schulwegs.

b) Roman hat verschlafen und fährt 20 Minuten später mit dem Fahrrad zur Schule. Saskia und Roman kommen zur gleichen Zeit in der Schule an.
Übertrage das Diagramm in dein Heft. Stelle für Roman den Weg mit dem Fahrrad in Abhängigkeit von der Zeit in dem Diagramm dar.

c) Gib an, mit welcher Geschwindigkeit Saskia und Roman den Schulweg zurücklegen.

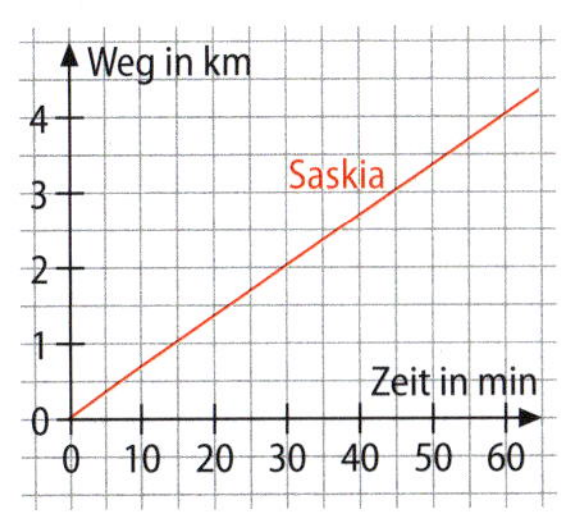

10 Übertrage in dein Heft und vervollständige die Lücke so, dass …

Gib an, wie viele Möglichkeiten du findest.

a) die Lösungsmenge leer ist.

1 I $f(x) = 5x + 7$ II $g(x) = 5x + \square$

2 I $y = 3x - 2$ II $y = \square\, x - 4$

3 I $y = -4x + 5$ II $\square\, y = 2x - 1$

4 I $f(x) = -\frac{2}{3}x - 5$ II $g(x) = \square$

b) es unendlich viele Lösungen gibt.

1 I $y = -3x + 2$ II $y = -3x + \square$

2 I $f(x) = x - 5$ II $g(x) = \square\, x - 5$

3 I $2y = -6x - 2$ II $y = -3x + \square$

4 I $y = -\frac{5}{6}x + \frac{3}{2}$ II $3y = \square$

c) die Lösungsmenge aus genau einem Zahlenpaar besteht.

1 I $f(x) = \frac{1}{5}x - 4$ II $g(x) = \square\, x - 4$

2 I $f(x) = 2x - 1$ II $g(x) = \square\, x - 5$

3 I $y = -\frac{1}{4}x$ II $4y = \square\, x + \square$

4 I $y = 2{,}5x - 4$ II $2y = \square$

11 **a)** Bestimme das Alter der Personen. Stelle dazu Gleichungen auf und löse graphisch.

1 Tamina und ihre kleine Schwester Liah sind zusammen 16 Jahre alt. Tamina ist zwei Jahre älter als Liah.

2 Herr Kachel ist in 5 Jahren doppelt so alt wie sein heute 20 Jahre jüngerer Neffe.

b) Erfinde ein Altersrätsel und lasse es von einem Nachbarn oder einer Nachbarin lösen.

Arbeitsblatt
Mediencode
61238-62

12 Mathematik und Sprache: Fachbegriffe erklären

In dem Wortgitter sind folgende Begriffe versteckt. Suche alle Wörter und erkläre sie.

GLEICHUNGSSYSTEM
LÖSUNGSMENGE
ZAHLENPAAR
IDENTISCH
PARALLEL
SCHNITTPUNKT
GRAPHISCHE LÖSUNG
ORTHOGONAL

L W A R T Z U I O P E R X V B H N M K J F S A L O U I J

A I A L X D E R T B H A M E T S Y S S G N U H C I E L G

N S D C E B H I A S Y A M N U I L K H O P S E A X N N Z

O E R E B L K L O P A P S T K N U P T T I N H C S S E E

G F H J N R L A L K U N I P O T R E F D C V H N M K L D

O T J L S T S A R G X E K L I E A Q C K L P Q R C A S D

H E R G K L I K R E R L T U L Ö S U N G S M E N G E C N

T S E P O T F S S A C H N M K L P O U Z T R E S A D F G

R D R V N J K N C H P A R T Z U I O P A S D F G H J K L

O F T S C V B N L H S Z Q E R C V B N M L J H G F D S A

E G Z F E R G R A P H I S C H E D L Ö S U N G X C A A S

*Die Geraden sind **senkrecht** zueinander = Die Geraden sind **orthogonal** zueinander*

13 Beschreibe das lineare Gleichungssystem durch eine Sachsituation. Bestimme anschließend die Lösungsmenge: I $y = 4{,}5$ II $y = -2x + 8$.

14 Jan, Adriana und Lukas trainieren für einen Marathonlauf. Jan startet seine 20 km lange Runde um 14.00 Uhr.

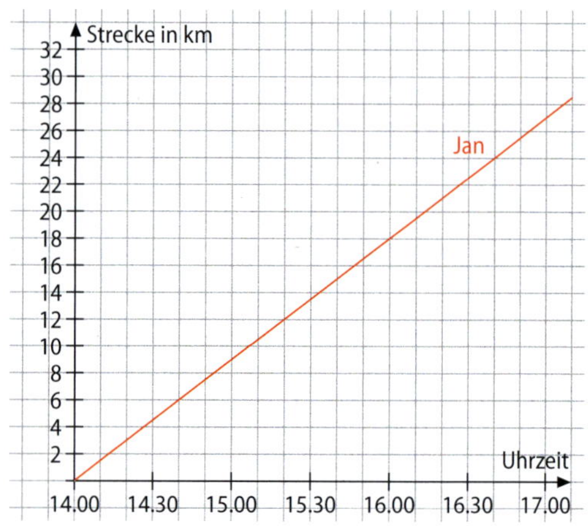

a) Gib mithilfe des Diagramms Jans Geschwindigkeit $\left(\text{in } \frac{\text{km}}{\text{h}}\right)$ an.

b) Adriana startet 1,5 Stunden später als Jan und läuft mit derselben Geschwindigkeit wie Jan. Übertrage das Diagramm in dein Heft und zeichne die Halbgerade für Adrianas Lauf ein. Gib mithilfe des Diagramms den Abstand zwischen Adriana und Jan an.

Du kannst auch ein Computerprogramm nutzen.

c) Lukas startet 30 Minuten nach Jan. Er läuft mit einer durchschnittlichen Geschwindigkeit von $12\,\frac{\text{km}}{\text{h}}$. Stelle dies in dem Diagramm dar.

d) Berechne, zu welcher Uhrzeit Lukas Jan überholt. Gib außerdem an, wann Lukas weniger als einen Kilometer von Jan entfernt ist.

15 Bestimme ein lineares Gleichungssystem mit der Lösungsmenge $L = \{(3\,|\,5)\}$, …

a) für das außerdem gilt, dass eine der Gleichungen die Lösung $(0\,|\,0)$ besitzt.

b) bei dem eine der zugehörigen Geraden den y-Achsenabschnitt 3 hat.

c) bei dem sich die zugehörigen Geraden senkrecht schneiden.

16 a) Bestimme die Lösungen durch Probieren.

b) Gib ein lineares Gleichungssystem an und löse es graphisch.

Gesucht werden zwei positive Zahlen: Ihre Summe ist 5 und die eine Zahl ist dreimal so groß wie die andere.

17 Finde zu den linearen Gleichungssystemen jeweils eine Sachsituation und löse sie dann graphisch.

a) I $y = 4{,}5$ II $y = -2x + 8$ b) I $x + y = 12$ II $3x + 4y = 40$

18 **a)** Ermittle die Lösung des Gleichungssystems graphisch.

I $y = x - 3$ II $y = 5 - 3x$

b) Löse die Gleichung $x - 3 = 5 - 3x$ und beschreibe den Zusammenhang zwischen den beiden Lösungen aus a) und b).

19 **a)** Ermittle die Gleichungen der beiden Geraden und lies die Koordinaten des Schnittpunkts so genau wie möglich ab.

b) Zeige, dass das folgende Gleichungssystem die selbe Lösungsmenge besitzt.

I $3y - x = 6$

II $2y + 6 = 3x$

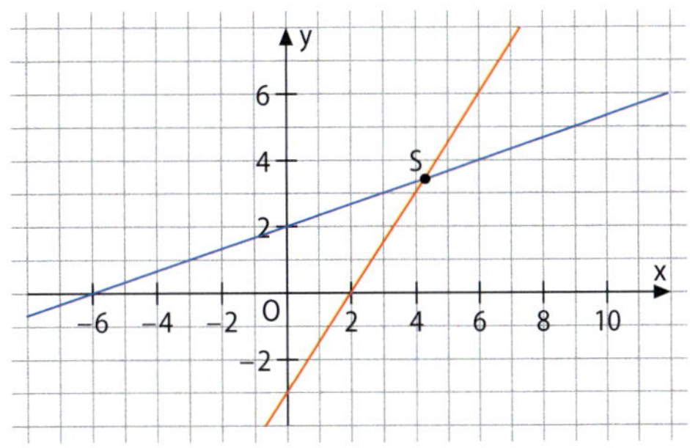

20 Romy zahlt für 8 Brötchen und 2 Pfannkuchen 10,00 Euro, Zainab für 1 Brötchen und 4 Pfannkuchen 8,00 Euro. Bestimme, wie viel ein Brötchen und ein Pfannkuchen kostet.

21 **a)** Bestimme die Lösungsmenge des Gleichungssystems mit drei Gleichungen.

I $y = 3x - 3$ II $1\frac{1}{2}x + 2y = 7$ III $2x - \frac{4}{3}y = 0$

b) Ordne das Gleichungssystem aus Teilaufgabe a) einem der rechts abgebildeten Fälle für die Lage dreier Geraden zueinander zu und erstelle für die anderen drei Fälle ebenfalls jeweils ein Gleichungssystem. Erkläre dein Vorgehen.

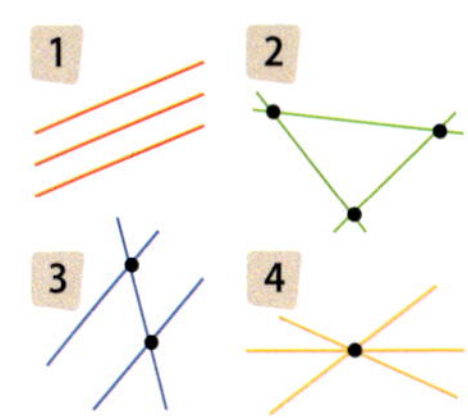

22 Finde heraus, …

a) für welche Werte von a ($a \neq 0$) und b ($b \neq 0$) das Gleichungssystem I $2x + 3y = 3$; II $ax + by = 12$ unendlich viele Lösungen besitzt.

b) welche Bedingungen die Koeffizienten a ($\neq 0$) und b ($\neq 0$) erfüllen müssen, damit das Gleichungssystem aus Teilaufgabe a) keine Lösung besitzt.

23 Ein Großhändler verfügt über zwei Geschäfte, die beim selben Lieferanten verschiedene Mengen an Schuhen der Marken A und B bestellen. Die Liefermengen und die einzelnen Rechnungsbeträge an die Geschäfte sind der folgenden Tabelle zu entnehmen.

Geschäft	Anzahl der Marke A	Anzahl der Marke B	Rechnungsbetrag
1	90	40	5350 Euro
2	80	50	11 050 Euro

Ermittle jeweils den Einkaufspreis für ein Paar Schuhe der Marke A und B.

24 Eine Gerade g verläuft durch die Punkte A(0|3) und B(2|7), eine Gerade h durch die Punkte C(0|−2) und D(4|0) und eine Gerade m durch die Punkte E(1|1) und F(3|5).

a) Bestimme jeweils eine Gleichung der Geraden g, h und m.

b) Ordne die folgenden Gleichungen den Geraden g, h und m zu:

I $y = 2x + 3$ II $y = 0{,}5x - 2$ III $y - 2x = -1$

c) Bestimme die Lösungsmenge des linearen Gleichungssystems.

d) Zeichne die Geraden in ein Koordinatensystem und überprüfe deine Zuordnung.

Entdecken

Mia und Xenia lösen ein lineares Gleichungssystem auf verschiedene Arten.

Mia:

I $2x - y = 1$
II $y = -x + 2$
$2x - (\quad) =$
$= \quad | +2$
$= \quad | :3$
$=$

Einsetzen in Gleichung I:

$| -2$
$-y = -1 \quad | \cdot (-1)$
$y = 1$

Probe mit Gleichung II:
$1 = -1 + 2$ ✓; $L = \{(1|1)\}$

Xenia:

I $2x - y = 1 \quad | +y - 1$
II $y = -x + 2$

Auflösen nach y:

I $y = 2x - 1$
II $y = -x + 2$
$2x - 1 = -x + 2 \quad | +x + 1$
$3x = 3 \quad | :3$
$x = 1$

Einsetzen in Gleichung II:
$y = -1 + 2 = 1$

Probe mit Gleichung I:
$2 \cdot 1 - 1 = 1$ ✓; $L = \{(1|1)\}$

- Mias Lösungsweg ist nicht mehr vollständig lesbar. Ergänze die Lücken.
- Vergleiche die Lösungswege von Mia und Xenia.

Verstehen

Rechnerische Verfahren für lineare Gleichungssysteme haben gemeinsam, dass zwei Gleichungen mit zwei Variablen zu einer Gleichung mit einer Variablen reduziert werden.

Erklärvideos
Mediencode 61238-63

Merke

Einsetzungsverfahren
Löst man eine der Gleichungen nach einer Variablen (z. B. y) auf, dann kann man den erhaltenen Term für die Variable in die andere Gleichung einsetzen.

Gleichsetzungsverfahren
Löst man beide Gleichungen nach einer Variablen (z. B. y) auf, oder liegen die Gleichungen schon in dieser Form vor, dann kann man die Terme gleichsetzen.

Beispiel

Einsetzungsverfahren: *Löse eine der beiden Gleichungen nach x oder nach y auf.*

Gleichsetzungsverfahren: *Löse beide Gleichungen nach x oder beide nach y auf.*

Löse das Gleichungssystem I $-y = x + 2$; II $x + 2y = 4$ mit dem …

a) Einsetzungsverfahren. **b)** Gleichsetzungsverfahren.

Lösung:

a)

1 I $y = -x - 2$
II $x + 2y = 4$

2 I einsetzen in II:
$x + 2 \cdot (-x - 2) = 4 \quad |$ vereinfachen
$-x - 4 = 4 \quad | +4$
$-x = 8 \quad | :(-1)$
$x = -8$

3 Einsetzen in I: $y = -(-8) - 2 = 6$

4 Probe:
I $-6 = -8 + 2$ ✓ II $-8 + 2 \cdot 6 = 4$ ✓
$L = \{(-8|6)\}$

b)

1 I $x = -y - 2$
II $x = -2y + 4$

2 I und II gleichsetzen:
$-y - 2 = -2y + 4 \quad | +2y$
$y - 2 = 4 \quad | +2$
$y = 6$

3 Einsetzen in I: $x = -6 - 2 = -8$

4 Probe:
I $-6 = -8 + 2$ ✓ II $-8 + 2 \cdot 6 = 4$ ✓
$L = \{(-8|6)\}$

Nachgefragt

- Begründe, dass das Gleichsetzungsverfahren ein Sonderfall des Einsetzungsverfahrens ist.
- Erläutere den Zusammenhang zwischen dem Gleichsetzungsverfahren und dem graphischen Lösen von linearen Gleichungssystemen.

Aufgaben

Überlege zuerst, ob es günstiger ist, das Verfahren mit Variable x oder y durchzuführen.

1 Löse mit dem Einsetzungsverfahren wie im Beispiel.

a) I $2x + 5y = 4$
II $y = 2x + 8$

b) I $3x + y = 15$
II $y = 5x - 11$

c) I $x - y = 5$
II $x = 2y - 4$

d) I $4x + y = 9{,}6$
II $3x + y = 9{,}2$

e) I $2x - 15 = 7y$
II $6x = 3y + 9$

f) I $x - 3y = 5$
II $3x - 15 = 10y + 2$

2 Löse mit dem Gleichsetzungsverfahren wie im Beispiel.

a) I $y = 2x - 4$
II $y = -\frac{2}{3}x + 4$

b) I $y = x - 65$
II $y = -x + 107$

c) I $6x + 2y = -10$
II $x + 2y = 5$

d) I $x = 3y - 1$
II $x + 5y = -7$

e) I $2x - 3 = 3y$
II $2x = 3$

f) I $3x - 2y = -7$
II $3x - 11 = 0$

3 Betrachte den Kasten zum schrittweisen Lösen eines linearen Gleichungssystems mit dem Einsetzungsverfahren. Löse das Beispiel aus dem Kasten mit dem Gleichsetzungsverfahren und gestalte ebenfalls einen solchen Methoden-Kasten, in dem du das Vorgehen in 4 Schritten beschreibst.

Methoden

Schrittweises Lösen eines linearen Gleichungssystems

Beim Lösen eines linearen Gleichungssystems mit dem Einsetzungsverfahren kannst du nach folgenden Schritten vorgehen:

Beispiel

I $3x + 4y = 12$
II $x + 3y = 4$

Lösungsschritte

1 Löse eine Gleichung nach einer Variablen (hier: x) auf.

1 II $x + 3y = 4 \quad | -3y$
II $x = -3y + 4$

2 Setze den Term für x in die andere Gleichung ein. Vergiss die Klammern nicht. Berechne y durch Äquivalenzumformungen.

2 II in I einsetzen:
$3 \cdot (-3y + 4) + 4y = 12 \quad |$ vereinf.
$-9y + 12 + 4y = 12$
$-5y + 12 = 12 \quad | -12$
$-5y = 0 \quad | :(-5)$
$y = 0$

3 Setze den Wert für y in eine Gleichung ein, in diesem Fall Gleichung II. Berechne damit den Wert für x.

3 Einsetzen von $y = 0$ in II:
$x = -3 \cdot 0 + 4$
$x = 4$

4 Führe zur Kontrolle eine Probe durch. Gib die Lösungsmenge an.

4 Probe:
I $3 \cdot 4 + 4 \cdot 0 = 12$ ✓
II $4 + 3 \cdot 0 = 4$ ✓
$L = \{(4|0)\}$

Alles klar?

Kontrolliere die Lösungen mit einem Taschenrechner.

4 Löse das lineare Gleichungssystem. Begründe, welches Verfahren du verwendest.

a) I $2x - 3y + 3 = 0$
II $2x = 3$

b) I $3x - 3y = -7$
II $3x = 11$

c) I $2x + 6y + 4 = 0$
II $y = -\frac{1}{3}x - \frac{2}{3}$

d) I $x + 4y = 2$
II $y = -\frac{1}{4}x + 1$

e) I $\frac{1}{3}x + \frac{1}{2}y = \frac{2}{3}$
II $3x - 5y = 25$

f) I $2x - 5y = -9$
II $2x + 7y = 1$

5 Sofie und Jenny lösen dasselbe Gleichungssystem.

Sofie

I $4x + 2y = 5$
II $10x + 4y = 6$

I $2y = -4x + 5$
II $2y = -5x + 3$

I und II gleichsetzen:

$-4x + 5 = -5x + 3$

Jenny

I $4x + 2y = 5$
II $10x + 4y = 6$

I $y = -2x + \frac{5}{2}$

II $y = -\frac{5}{2}x + \frac{3}{2}$

I und II gleichsetzen:

$-2x + \frac{5}{2} = -\frac{5}{2}x + \frac{3}{2}$

a) Vervollständige die Lösungswege in deinem Heft.
b) Vergleiche die Rechenwege. Entscheide, welches Vorgehen du geschickter findest.
c) Löse das lineare Gleichungssystem möglichst geschickt.

1 I $-3x + 2y = 2$
II $18x + 6y = 15$

2 I $5x + 4y = 16$
II $x + 7y = 22$

3 I $2x + 2y = 10$
II $2x + 16y = 38$

6 Löse das lineare Gleichungssystem. Beschreibe Zusammenhänge, die dir auffallen.

a) I $3x - 2y = 8$
II $2y = 3x + 5$

b) I $2x + 5y = 12$
II $y = -\frac{2}{5}x + 2\frac{2}{5}$

c) I $y = 3x + 2{,}5$
II $6x - 5 = 2y$

7 Du kennst zwei rechnerische Verfahren zur Lösung linearer Gleichungssysteme.

1 I $y = 5x + 2$
II $y = 3x - 1$

2 I $y = 4 - 24x$
II $7x - y = 58$

3 I $5x + y = 4$
II $2y - x = -3$

a) Begründe für jedes Gleichungssystem, welches Verfahren sich am besten eignet. Löse das Gleichungssystem dann mit dem gewählten Verfahren.
b) Gib an, welche der linearen Gleichungssysteme sich gut graphisch lösen lassen. Begründe deine Antwort. Überprüfe dann die Lösungen aus a) zeichnerisch.

8 Stelle jeweils ein lineares Gleichungssystem auf. Bestimme die gesuchten Zahlen.
a) Die doppelte Summe zweier Zahlen ergibt 24, deren dreifache Differenz –6.
b) Eine Zahl ist um 8 größer als eine andere und um 10 kleiner als deren Dreifaches.
c) Eine zweistellige Zahl ist 2,5-mal so groß wie ihre Quersumme. Vertauscht man die Ziffern der Zahl, ergibt sich eine neue Zahl, die um 6 größer ist als das Dreifache der ursprünglichen Zahl.

9 Gib jeweils ein lineares Gleichungssystem mit zwei Gleichungen und zwei Variablen an, welches das vorgegebene Lösungspaar besitzt.

a) $L = \{(3|-1)\}$ **b)** $L = \left\{\left(-\frac{1}{3}\middle|-2\right)\right\}$ **c)** $L = \{(1|0)\}$

10 **1**

$$\begin{array}{ll} I & 4y + 11x + 45 = 0 \quad |-4y \\ II & -10x - 4y - 46 = 0 \end{array}$$

$$\begin{array}{ll} I & 11x + 45 = -4y \\ II & -10x - 4y - 46 = 0 \end{array}$$

I einsetzen in II:

$$\begin{aligned} -10x - (11x + 45) - 46 &= 0 \\ -10x - 11x - 45 - 46 &= 0 \\ -21x - 91 &= 0 \quad |+91 \\ 21x &= 91 \quad |:(21) \\ x = \frac{91}{21} &= \frac{13}{3} \end{aligned}$$

2

$$\begin{array}{ll} I & 12y = 8x + 4 \\ II & -4y = 10 - 4x \quad |\cdot(-3) \end{array}$$

$$\begin{array}{ll} I & 12y = 8x + 4 \\ II & 12y = 30 - 12x \end{array}$$

I und II gleichsetzen:

$$\begin{aligned} 8x + 4 &= 30 - 12x \quad |+12x \\ 20x + 4 &= 30 \quad |-4 \\ 20x &= 26 \quad |:20 \\ x &= 1{,}3 \end{aligned}$$

a) Überprüfe die Rechnung und korrigiere Fehler. Vervollständige die Lösung.
b) Stelle einen Tipp auf, um auftretende Fehler zu vermeiden.

11 Eine Jugendherberge hat insgesamt 31 Drei- und Fünfbettzimmer. Der Manager der Jugendherberge zählt alle Zimmer und rechnet dann aus, dass insgesamt 119 Betten belegt werden können. Bestimme die Anzahl an Drei- und Fünfbettzimmern.

12 Die Größen der beiden spitzen Winkel α und β eines rechtwinkligen Dreiecks unterscheiden sich um 22°. Ermittle die Größen dieser beiden Winkel …

a) durch Probieren. **b)** mithilfe einer Gleichung mit einer Unbekannten. **c)** mithilfe eines linearen Gleichungssystems.

Weiterdenken

Ein lineares Gleichungssystem lässt sich auch durch die Addition beider Gleichungen lösen. Dafür müssen vor einer Variablen betragsgleiche Koeffizienten mit unterschiedlichem Vorzeichen stehen. Man spricht vom **Additionsverfahren**.

Beispiele:

1

$$\begin{array}{lll} I & 2x - 2y = -5 & \\ II & 4x + 2y = -7 & \\ \hline I + II & 6x = -12 & |:6 \\ & x = -2 & \end{array}$$

Einsetzen in I liefert: $y = \frac{1}{2}$

Probe: I $2 \cdot (-2) - 2 \cdot \frac{1}{2} = -5$ ✓
II $4 \cdot (-2) + 2 \cdot \frac{1}{2} = -7$ ✓

$L = \left\{\left(-2\middle|\frac{1}{2}\right)\right\}$

2

$$\begin{array}{lll} I & 6x - 5y = 9 & |\cdot 2 \\ II & 4x - 7y = -5 & |\cdot(-3) \\ \hline I & 12x - 10y = 18 & \\ II & -12x + 21y = 15 & \\ \hline I + II & 11y = 33 & |:11 \\ & y = 3 & \end{array}$$

Einsetzen in I liefert: $x = 4$

Probe: I $6 \cdot 4 - 5 \cdot 3 = 9$ ✓
II $4 \cdot 4 - 7 \cdot 3 = -5$ ✓

$L = \{(4|3)\}$

Erklärvideo
Mediencode 61238-64

Mithilfe von Äquivalenzumformungen lassen sich die Koeffizienten zu einer Variablen in beiden Gleichungen auf die gewünschte Form bringen, wie bei **2**.

13 Löse mit dem Additionsverfahren.

a) I $x + 5y = -14{,}5$
II $-x - y = 2{,}5$

b) I $2x + y = 10{,}3$
II $3x - y = 1{,}2$

c) I $8x - 5y - 3 = 0$
II $5 \cdot (y - 3x) = -10$

d) I $\frac{1}{2}x + y = 3$
II $y - 0{,}5x = 5$

e) I $2x - 3y = 14$
II $3x + y = 32$

f) I $\frac{1}{4}x - \frac{2}{5}y = \frac{11}{20}$
II $\frac{5}{4}x + \frac{2}{3}y = \frac{3}{4}$

g) I $x + y = 16$
II $5x + 5y = 80{,}5$

h) I $2x + y = 22$
II $0{,}5x - y = 3$

i) I $0{,}3x + 1{,}8y = 4$
II $x + 6y = 5$

14

1 I $y = 2x + 5$
II $y = -x + 3$

2 I $y = 4 - x$
II $2x - y = 8$

3 I $6x - 3y = 5$
II $2x + 3y = 9$

a) Begründe, welches Lösungsverfahren dir jeweils am günstigsten erscheint.
b) Löse das lineare Gleichungssystem mit dem gewählten Verfahren.

Hier findest du weitere Aufgaben mit Lösungsweg:

Geogebra
Mediencode 61238-65

15 Löse das lineare Gleichungssystem mit einem Verfahren deiner Wahl.

a) I $4x + 5y = 7$
II $3y - 4x = 17$

b) I $2x + 5y - 3 = 0$
II $3x + 8y = 4$

c) I $2x - 2y = x - 6$
II $3 \cdot (x + 3) = 4 \cdot (y - 2)$

d) I $7x + 32y = 13$
II $9x + 8y = 83$

e) I $-x + 7y = -12$
II $2x - y = 11$

f) I $3 \cdot (y - 4) = -(x + 8)$
II $x + 1 + 2y - 8 = 0$

(a | b) (v | w) (s | t) …

16 Die Variablen in einem linearen Gleichungssystem müssen nicht immer x und y heißen. Im Zahlenpaar ordnet man die Koordinaten in alphabetischer Reihenfolge. Löse die Gleichungssysteme mit einem Verfahren deiner Wahl.

a) I $2a - 4b = -10$
II $5a - 3b - 11 = 0$

b) I $4s - 3t = -5$
II $3s = 6 - t$

c) I $2v - 3w = 10$
II $3w + 5v = 25$

d) I $\frac{1}{3}m + \frac{1}{2}n = \frac{2}{3}$
II $3m - 5n = 25$

e) I $u + 4v = 4$
II $v = -\frac{1}{4}u + 1$

f) I $8k - 5l = 3$
II $5 \cdot (l - 3k) = -10$

17 Familie Subasi geht am Familientag in einen Freizeitpark. Zwei Erwachsene und drei Kinder müssen zusammen 32,50 € zahlen. Famile Schmitz zahlt mit drei Erwachsenen und fünf Kindern 51,50 €. Berechne den Gesamtpreis, den Herr Koschik bezahlen muss, wenn er mit zwei Kindern den Park besucht.

18 **a)** Berechne die Koordinaten der Punkte C und D des Quadrats ABCD mit A (1 | 2) und B (5 | 1).
b) Bestimme rechnerisch die Koordinaten des Diagonalenschnittpunkts.

Veranschauliche deine Lösungen graphisch.

19 Finde heraus, für welche rationalen Zahlen a das lineare Gleichungssystem …

I $2x + y = 4a$
II $6x + 3y = 18$

a) keine Lösung besitzt.
b) unendlich viele Lösungen hat.

Vertiefung

Der Gauß-Algorithmus

Josephine soll das Gleichungssystem lösen und meint: „Das ist nicht schwer. Ich setze z aus der dritten Gleichung in die zweite und erste Gleichung ein. Aus der zweiten Gleichung berechne ich mir den Wert für y, den ich dann in die erste Gleichung einsetze. Hieraus erhalte ich dann x."

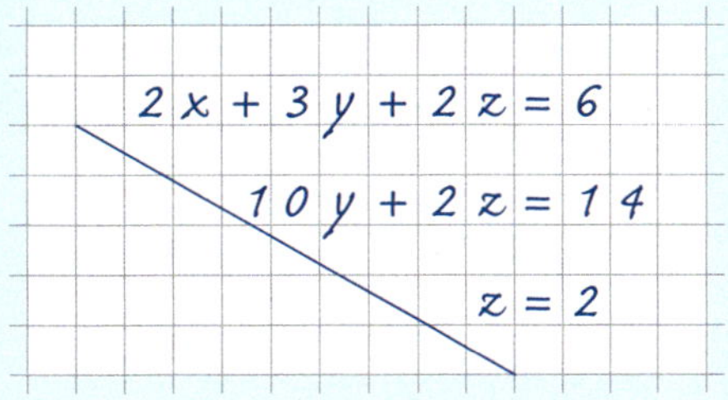

- Gib an, welche Lösungsmenge Josephine erhält. Begründe, ob ihr Vorgehen richtig ist.

Der Gauß-Algorithmus ist ein Verfahren zum Lösen von linearen Gleichungssystemen mit mehr als zwei Variablen. Dabei wird das Gleichungssystem in eine „Dreiecksform" gebracht: Die erste Gleichung enthält drei Variablen, die zweite noch zwei und die dritte nur noch eine. Dabei bietet es sich häufig an, das Additionsverfahren zu nutzen. Das Verfahren ist nach Carl-Friedrich-Gauß benannt.

Beispiel:

$$\begin{array}{lrll} \text{I} & 2x + 4y - z = -7 & & \\ \text{II} & x + y + z = 0 & \mid (-2)\cdot \text{II} + \text{I} & \boxed{1}\ \text{Eliminierung von x in II} \\ \text{III} & 3x - 2y - 2z = 5 & \mid 2\cdot \text{III} + (-3)\cdot \text{I} & \boxed{2}\ \text{Eliminierung von x in III} \end{array}$$

$$\begin{array}{lrll} \text{I} & 2x + 4y - z = -7 & & \\ \text{II} & 2y - 3z = -7 & & \\ \text{III} & -16y - z = 31 & \mid \text{III} + 8\cdot \text{II} & \boxed{3}\ \text{Eliminierung von y in III} \end{array}$$

$$\begin{array}{lr} \text{I} & 2x + 4y - z = -7 \\ \text{II} & 2y - 3z = -7 \\ \text{III} & -25z = -25 \end{array}$$

Das Gleichungssystem hat jetzt eine Dreiecksform.

Über III erhält man: $z = 1$.
Einsetzen von z in II: $2y - 3 = -7$ ergibt: $y = -2$
Einsetzen von y und z in I: $2x - 8 - 1 = -7$ ergibt: $x = 1$
Lösungsmenge: $L = \{(1 \mid -2 \mid 1)\}$

Carl Friedrich Gauß war ein berühmter deutscher Mathematiker und Physiker aus dem 18./19. Jahrhundert. Ihm sind viele mathematische Entdeckungen im Zusammenhang mit linearen Gleichungssystemen gelungen.

- Löse die Gleichungssysteme mit dem Gauß-Algorithmus. Vergleiche mit den angegebenen Lösungsmengen.

a)
I $2x + 3y + 4z = 20$
II $3x + 2y + 5z = 22$
III $4x + 5y + z = 17$
$L = \{(1 \mid 2 \mid 3)\}$

b)
I $x - y - z = 11$
II $2x + 3z = 7$
III $2y + z = 9$
$L = \left\{\left(\frac{25}{2} \mid \frac{15}{2} \mid -6\right)\right\}$

c)
I $x + y + z = 11$
II $2x + 2y + 2z = 22$
III $2y - 5z = 9$
$L = \{(x \mid y \mid z)$ mit $x = 6{,}5 - 3{,}5z$ und $y = 4{,}5 + 2{,}5z\}$

Mit dem Gauß-Algorithmus kannst du auch Anwendungsaufgaben lösen:

Erklärvideo
Mediencode 61238-66

Aufgaben

1 Viele Alltagsaufgaben kann man mithilfe linearer Gleichungssysteme lösen.

Laurenz ist in den Ferien auf einem Bauernhof. Dort zählt er die Hühner und Kühe und sagt seinem Vater Folgendes: „Zusammen sind es 23 Tiere. Insgesamt haben sie 62 Beine." Berechne, wie viele Hühner und Kühe auf dem Hof sind.

Carlas Lösung:
Anzahl Kühe: x; Anzahl Hühner: y

Variablen zuordnen.

I $x + y = 23$

Gleichung aufstellen zur 1. Bedingung: Zusammen sind es 23 Tiere.

II $4x + 2y = 62$

Gleichung aufstellen zur 2. Bedingung: Insgesamt haben sie 62 Beine.

I $x + y = 23$
II $4x + 2y = 62$
$L = \{(8 | 15)\}$

Lineares Gleichungssystem mit einem Verfahren lösen.

Es sind 8 Kühe und 15 Hühner.

Lösung auf Ausgangssituation beziehen.

a) Erkläre einem Partner mit eigenen Worten das obige Vorgehen von Carla.

b) Löse ebenso: In Münster ist am Dienstag Kinotag, dann sind die Eintrittspreise für den Kinobesuch besonders günstig. Ein Erwachsener und sechs Kinder zahlen 34,60 € und drei Erwachsene mit vier Kindern zahlen 36,60 €. Bestimme die Eintrittspreise für Erwachsene und Kinder am Kinotag in Münster.

2 188 Eier werden in 24 Eierkartons verpackt.
Ermittle, wie viele Kartons der abgebildeten Arten man verwendet hat.

3 Im Hotel „Delta Inn" gibt es nur Einzel- und Doppelzimmer.
Bestimme die Anzahl der Einzel- und Doppelzimmer im Hotel.

Delta Inn

Ruhige Lage, 116 Zimmer, 192 Betten

Übernachtung ab 49 €

4 In einem Restaurant stehen 25 Doppel- und Vierertische zur Verfügung. Insgesamt hat das Restaurant 84 Sitzplätze.

a) Stelle ein lineares Gleichungssystem für den Sachverhalt auf.

b) Löse das Gleichungssystem mithilfe einer Zeichnung (1 cm $\hat{=}$ 5 Tische). Bestätige deine Lösung mit einer rechnerischen Probe.

c) Das Restaurant möchte auf 100 Sitzplätze aufstocken. Dafür sollen fünf weitere Tische angeschafft werden. Erkläre, wie sich dies auf das Ergebnis von b) auswirkt.

Du kannst für die graphische Lösung ein Computerprogramm nutzen.

5 Die 31 Kinder der Klasse 8c essen am Projekttag in der Schulcafeteria ihr Mittagessen. Das vegetarische Menü kostet 3,50 €, das Menü mit Fleisch kostet 3,60 €. Insgesamt zahlen sie 110,30 €. Bestimme, wie viele vegetarische Menüs und wieviele Menüs mit Fleisch gegessen wurden.

6 Marie kauft für ihre Mitschülerinnen und Mitschüler Radiergummi zu je 0,70 € und Spitzer zu je 1,40 €. Insgesamt zahlt sie 10,50 €. Ermittle die Anzahl der Spitzer und Radiergummi, die sie gekauft haben könnte. Gib alle Möglichkeiten an.

7 Für die Bauplanung eines Hauses werden zwei Heizungsanlagen miteinander verglichen.

Heizungsanlage mit ...	Baukosten	Betriebskosten pro Jahr
Wärmepumpe	16 000 €	500 €
Öl	12 000 €	1500 €

a) Berechne die Gesamtkosten der Heizungsanlage mit Wärmepumpe nach fünf Jahren.
b) Stelle die Gesamtkosten der beiden Heizungsanlagen für sechs Jahre graphisch dar.
c) Berechne, nach wie vielen Jahren die Gesamtkosten beider Anlagen gleich sind.
d) Begründe, welche der folgenden Aussagen wahr sind.
   1 Die Heizungsanlage mit Öl hat höhere Baukosten als die mit Wärmepumpe.
   2 Nach drei Jahren Nutzung sind die Gesamtkosten der Heizung mit Wärmepumpe günstiger.
   3 Nach sechs Jahren Nutzung spart man durch die Heizung mit Wärmepumpe 2000 € ein.
   4 Man sollte lieber eine Wärmepumpe einbauen.

8 Lea und Steffi planen zusammen ihren Urlaub. Sie vergleichen die Kosten für eine Ferienwohnung und ein Doppelzimmer.

	Kosten pro Tag	Kosten für Endreinigung und Energie
Ferienwohnung	40,00 €	100,00 €
Doppelzimmer	60,00 €	0,00 €

In der graphischen Darstellung sind die Kosten in Abhängigkeit von der Anzahl der Urlaubstage für das Doppelzimmer dargestellt.

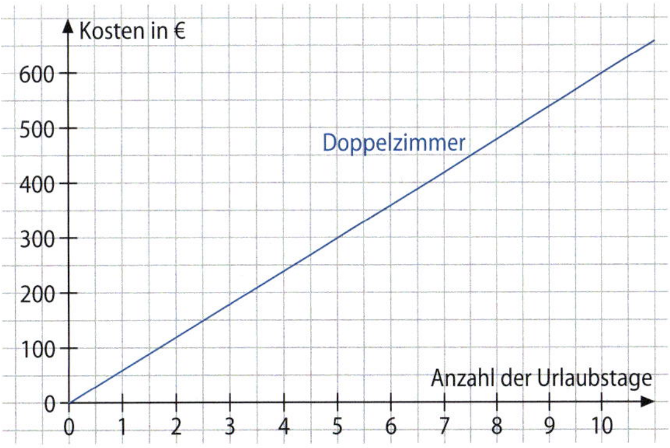

a) Ermittle die jeweiligen Kosten für die Ferienwohnung und das Doppelzimmer bei einem Aufenthalt von 3 bzw. 8 Tagen.
b) Übertrage das Koordinatensystem in dein Heft und stelle für die Ferienwohnung diese Abhängigkeit in demselben Koordinatensystem dar. Du kannst auch ein Computerprogramm nutzen.
c) Ermittle, bei welcher Anzahl der Urlaubstage die Kosten gleich sind.
d) Erkläre, welche Problematik die graphische Darstellung der Zuordnung *Anzahl der Urlaubstage* $\mapsto$ *Kosten in €* als Gerade aufweist.

Methoden

Mathematisch modellieren

Sachaufgaben sind ein wichtiges Arbeitsgebiet in der Mathematik. Für die Bearbeitung nutzt du oft ein **F**rage-**R**echnung-**A**ntwort-Schema. Dieses wird hier weiter fortgesetzt.

Dabei kann die Bearbeitung von Sachaufgaben in 5 Schritten erfolgen.

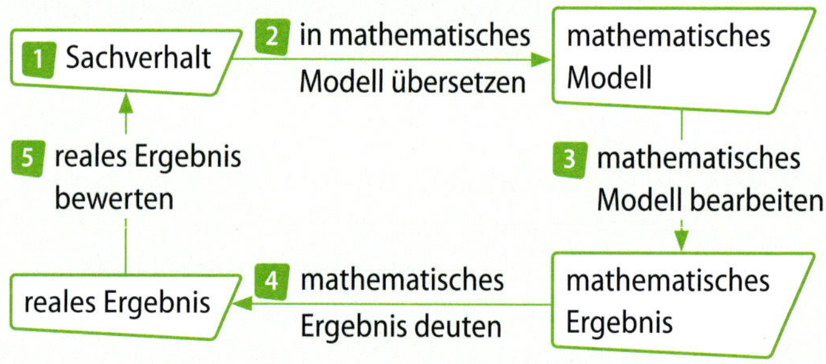

1 Du sollst den Sachverhalt **verstehen** und eine **Frage** selbst formulieren, wichtige Informationen entnehmen und **Vereinfachungen** machen.

Frau Kleine erwartet ihr erstes Kind und hat die Kosten für Windeln pro Jahr im Blick. Frau Kleine möchte gerne Einwegwindeln verwenden. Sie rechnet pro Windel mit Kosten von etwa 30 Cent.
Frage: Wie hoch sind die Kosten für Einwegwindeln pro Jahr?
Vereinfachungen im Text: Kosten für Einwegwindeln betragen 0,30 €. Pro Tag werden 5 Windeln gebraucht.

2 Du entscheidest dich für ein **mathematisches Modell** (z. B. eine proportionale Zuordnung), mit dessen Hilfe du den Sachverhalt bearbeiten möchtest, und **übersetzt** die Informationen in das mathematische Modell.

Mathematisches Modell:
Die Zuordnung *Anzahl Einwegwindeln* $\mapsto$ *Kosten in €* ist direkt proportional.
Übersetzung in eine Funktionsgleichung
(k: Kosten; x: Anzahl der Windeln): $k_{Einweg} = 0{,}30\,€ \cdot x$

3 Du **bearbeitest** das mathematische Modell und bestimmst notwendige Lösungen.

Rechnung:
$x = 5 \cdot 365 = 1825$
$k_{Einweg} = 0{,}30\,€ \cdot 1825 = 547{,}50\,€$

4 Du **deutest** das mathematische Ergebnis in der Realität: Sind Rundungen o. Ä. sinnvoll, …?

Bedeutung:
Einwegwindeln kosten etwa 550 € für ein Baby pro Jahr.

5 Du **bewertest** das reale Ergebnis im Hinblick auf den Sachverhalt: Gibt es Aspekte, die du nicht berücksichtigt hast? Waren die Vereinfachungen oder das mathematische Modell richtig?

Bewertung:
Jede Vereinfachung kann hinterfragt werden:
- Sind 5 Windeln am Tag realistisch?
- Wie sieht es mit Preissteigerungen aus?
- Sind Einwegwindeln umweltgerecht?
- …

- Herr Kleine überlegt Stoffwindeln zu nehmen. Eine Stoffwindel kostet 19,50 €. Herr Kleine meint, dass 20 Stoffwindeln reichen. Pro Windel schätzt er die Waschkosten auf 10 Cent.
  a) Vergleiche die Kosten von Stoffwindeln und Einwegwindeln nach einem Jahr miteinander.
  b) Ermittle den Zeitpunkt, ab dem Stoffwindeln günstiger sind als Einwegwindeln.

9 Die 21 Schüler der Klasse 8e möchten eine Kanutour machen. Leider sind im Kanuclub nicht genügend Kanus vorhanden. Daher möchte Frau Krell einen Kleintransporter mit Anhänger mieten, um weitere Kanus zu transportieren. In der Zeitung findet Frau Krell die beiden folgenden Angebote.

1. Angebot

Kanu Mania
- Einmaliger Grundpreis: 90 €
- Preis pro gefahrenem Kilometer: 25 Cent (Kilometerpauschale)

2. Angebot

Kanuverleih Jump
- Einmaliger Grundpreis: 110 €
- Preis pro gefahrenem Kilometer: 15 Cent (Kilometerpauschale)

a) Vergleiche die beiden Angebote. Berate Frau Krell bei der Wahl eines Angebots für einen Kleintransporter. Notiere deine Argumente.

b) Im Internet findet Frau Krell das Angebot des Autovermieters „FlexiCar". Dieser verlangt eine einmalige Grundgebühr von 120 € und eine Kilometerpauschale von 30 Cent. In diesem Angebot sind 100 Freikilometer enthalten.
Stelle eine Gleichung auf, mit welcher man die Kosten beschreiben kann, wenn man mehr als 100 km fährt. Die Variable x soll dabei die Gesamtzahl der gefahrenen Kilometer sein.

10 Auf einer aufwärts fahrenden Rolltreppe steigt ein Schüler die Treppen zusätzlich hinauf. Für die 20 m lange Treppe benötigt er 12,5 Sekunden. Wenn er sich auf der Rolltreppe mit gleicher Geschwindigkeit hinab bewegt, ist er erst nach 50 Sekunden oben angelangt. Bestimme, mit welcher Geschwindigkeit sich die Rolltreppe bewegt.

11 Ein Hubschrauber überfliegt eine Autoschlange in 3,5 Minuten in Fahrtrichtung und in 2,5 Minuten entgegen der Fahrtrichtung. Die Geschwindigkeit des Hubschraubers beträgt $200\,\frac{\text{km}}{\text{h}}$. Ermittle, wie lang die Autoschlange ist und mit welcher Geschwindigkeit sie sich bewegt.

12 Ein landwirtschaftlicher Betrieb will 45 ha Ackerland mit Weizen und Zuckerrüben bebauen, keinesfalls aber mehr als 15 ha für den Rübenanbau verwenden. Arbeitskräfte stehen für insgesamt 1200 Arbeitsstunden zur Verfügung. Die erforderliche Arbeitszeit bei Weizen beträgt 20 Stunden pro Hektar, bei Rüben sind es 60 Stunden pro Hektar. Der Gewinn beträgt bei Weizen 300 € pro Hektar, bei Rüben 600 € pro Hektar.
Berechne, wie viel Ackerland mit Rüben und wie viel mit Weizen bebaut werden muss, damit der Erlös maximal ist.

13 Jan mäht bei seiner Nachbarin im Frühjahr den Rasen, um sein Taschengeld aufzubessern. Die Nachbarin bietet ihm folgende Möglichkeiten der Bezahlung an:
Angebot **1**: 30 € für einmal Rasenmähen.
Angebot **2**: Für das erste Mal Mähen 5 €, danach wird der Betrag im Vergleich zum vorherigen Mal jeweils verdoppelt.

a) Erkläre, dass sich die Problemstellung nicht mit einem linearen Gleichungssystem lösen lässt.

b) Gib begründet an, welches Angebot Jan wählen sollte.

6 Trainingsrunde: Differenziert

Die folgenden Aufgaben behandeln alle Themen, die du in diesem Kapitel kennengelernt hast. Auf dieser Seite sind die Aufgaben in zwei Spalten unterteilt. Die **grünen** Aufgaben auf der linken Seite sind etwas einfacher als die **blauen** auf der rechten Seite. Entscheide bei jeder Aufgabe selbst, welche Seite du dir zutraust!

1 a) Zeichne die Graphen zu den linearen Gleichungen in ein Koordinatensystem.
b) Bestimme graphisch und rechnerisch fünf Lösungspaare der Gleichungen.

Grün:
1 $2x - 5 = y$
2 $3x - y = 2$

Blau:
1 $2x + 10 = 4y$
2 $2x - 0{,}5y = 6$

2 Die folgenden Paare von Funktionsgraphen schneiden sich jeweils im Punkt P(2 | 1).
Ordne den Gleichungen die zugehörigen Funktionsgraphen zu. Begründe deine Entscheidung.

Grün:

1 I $y = 3x - 5$
II $y = -2x + 5$

2 I $x + y = 3$
II $x - y = 1$

3 I $x - y = 1$
II $2x + 3y = 7$

A
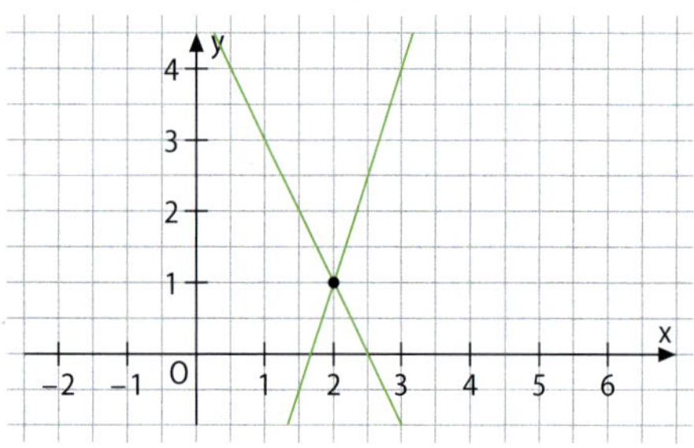

B
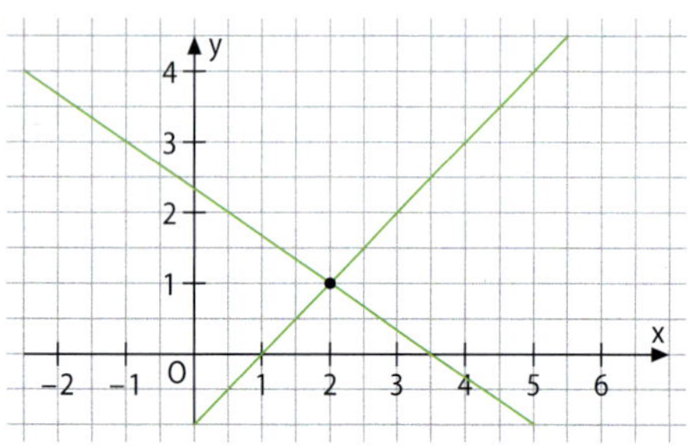

C
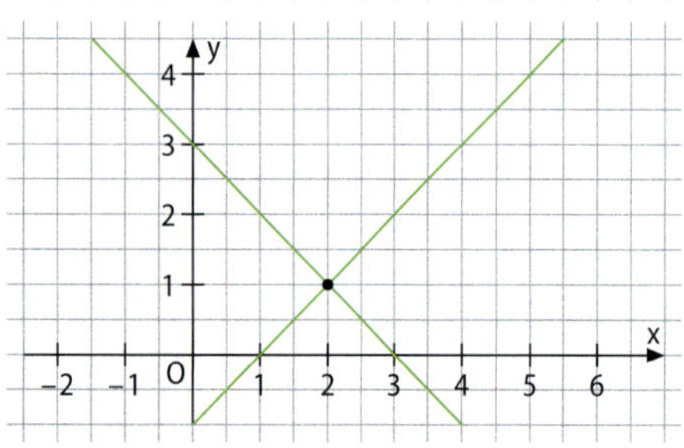

Blau:

1 I $x = 2$
II $y = 3x - 5$

2 I $x + y = 3$
II $3x - 4y = 2$

3 I $0{,}25x + 2y = 2{,}5$
II $x = 3y - 1$

A
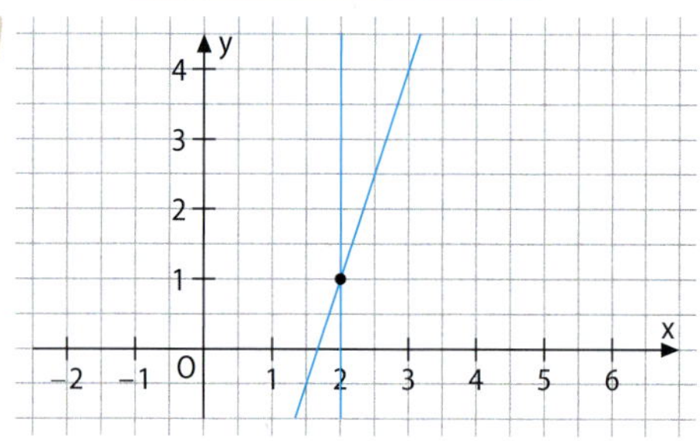

B
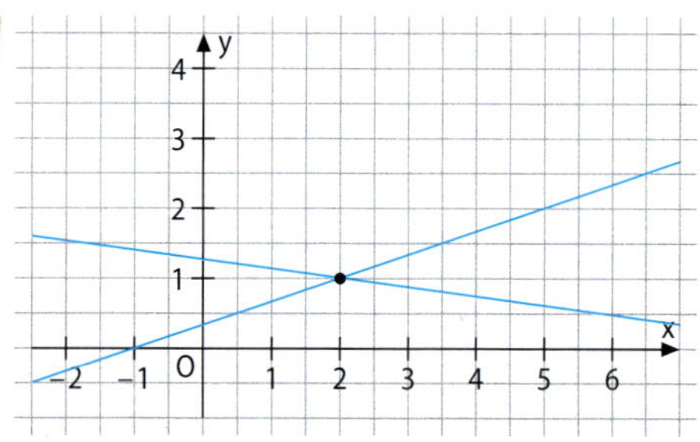

C
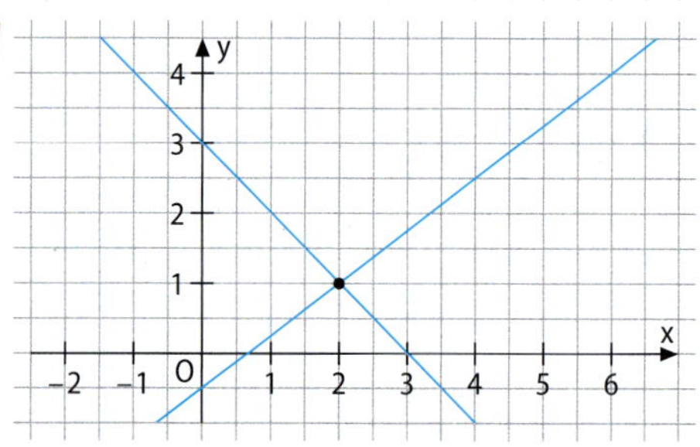

3 Löse das lineare Gleichungssystem mit einem beliebigen Verfahren. Begründe deine Auswahl.

Grün:

a) I $4x + 5y = 7$
II $3y - 5x = 0{,}5$

b) I $3x - 3y = -7$
II $3x = 11$

Blau:

a) I $9y - 50 = 5x$
II $10y = (9 + x) \cdot 5$

b) I $3 \cdot (y - 4) = -(x + 8)$
II $x + 1 + 2y - 8 = 0$

4 Fine hat das folgende Gleichungssystem gelöst. Finde die Fehler und verbessere sie im Heft.

I $3x + 11 = 5y$
II $10x - 19 = y$

I $-3x + 11 = 5y$
II $10x - 19 = y$

I und II gleichsetzen:

$-3x + 11 = 10x - 19 \quad | -10x - 11$

$-13x = -30 \quad | :(-13)$

$x = \frac{30}{13}$

einsetzen in II: $y = 10 \cdot \frac{30}{13} - 19 = \frac{53}{13}$

$L = \{(\frac{30}{13} | \frac{53}{13})\}$

I $2x + 10y = 30$
II $4x - 12 = 4y$

I $2x + 10y = 30$
II $x - 3 = y$

II in I einsetzen:

$2x + 10 \cdot x - 3 = 30 \quad | +3$

$12x = 33 \quad | :12$

$x = \frac{33}{12} = \frac{11}{4}$

einsetzen in II: $y = \frac{11}{4} - 3 = -\frac{1}{4}$

$L = \{(\frac{11}{4} | -\frac{1}{4})\}$

5 Übertrage ins Heft und vervollständige so, dass das lineare Gleichungssystem (wenn möglich) **1** genau eine, **2** keine oder **3** unendlich viele Lösungen hat.

a) I $f(x) = 3x - 4$
II $g(x) = \square x - 4$

b) I $y = 3x - 4$
II $y = \square x - 5$

a) I $6y = 3x - 6$
II $4y = 2x - \square$

b) I $2y = 8x + 12$
II $3y = \square x + \square$

6

In einem Dreieck beträgt die Größe eines Winkels 64°. Ein zweiter Winkel ist 31° größer als der dritte Winkel. Bestimme die Größe der beiden Winkel.

In einem Rechteck ist eine Seite fünfmal so lang wie die zweite Seite. Wird jede Seite um 2 cm verlängert, so vergrößert sich der Flächeninhalt um 16 cm². Bestimme die Maße der Rechteckseiten.

7 Mit dem folgenden Trick kannst du gedachte Zahlen erraten, wenn dir das Ergebnis einer Rechnung angesagt wird. Begründe mit Hilfe von Gleichungen. Sieh dir dazu die Lösungen an und überlege, wie du in der Lösung die Zahlen wiederfindest.

Verdopple deine Schuhgröße, addiere zum Ergebnis 39, multipliziere die Summe mit 50, addiere die Differenz aus der aktuellen Jahreszahl und 1950, subtrahiere davon dein Geburtsjahr.

Lösung:
x: Schuhgröße *y: Geburtsjahr*
$(2x + 39) \cdot 50 + (2026) - 1950 - y$

Die ersten beiden Ziffern geben die Schuhgröße und die letzten beiden dein Alter im aktuellen Jahr.

Denke dir ein beliebiges Datum (Tag und Monate), verdreifache die Zahl, die den Tag angibt und addiere zu diesem Produkt 7. Multipliziere die erhaltene Summe mit 3 und addiere die Tageszahl. Diese Zahl multipliziere mit 10 und addiere die Monatszahl.

Lösung:
x: Tag *y: Monat*
$((3x + 7) \cdot 3 + x) \cdot 10 + y$

Subtrahiert man vom Ergebnis 210, dann geben die ersten beiden Ziffern den Tag und die letzten beiden die Monatszahl an.

1 Gib jeweils eine lineare Gleichung so an, dass die gegebenen Zahlenpaare Lösungen der Gleichung sind.

a) $(-2|1)$; $(2|-1)$ **b)** $(-1|-1)$; $(1|3)$
c) $(-5|-2)$; $(-3|-1)$ **d)** $(0|-4)$; $(3|3)$

2 Gib jeweils fünf Zahlenpaare an, welche die Gleichung lösen.

a) $3y + 4x = 12$ **b)** $x + y = 1$
c) $2x - 2y = 7$ **d)** $-2x - 5y = 24$

3 Stelle die Lösungsmenge folgender Gleichung graphisch dar: $-4{,}5x - 10{,}5 = -3y$.

4 Bestimme die Lösungsmenge des linearen Gleichungssystems zeichnerisch. Vergiss die Probe nicht.

a) I $-x - 5y = 41{,}5$ II $5y + 2x + 40{,}5 = 0$
b) I $-2y = x - 11$ II $2y + 2x = 10$
c) I $2x - y = 3$ II $x - y = 1$

5 Bestimme zu den folgenden Graphen eine zugehörige Gleichung und lies die Lösung des Gleichungssystems ab. Mache jeweils eine Probe. Finde mehrere Möglichkeiten.

a)

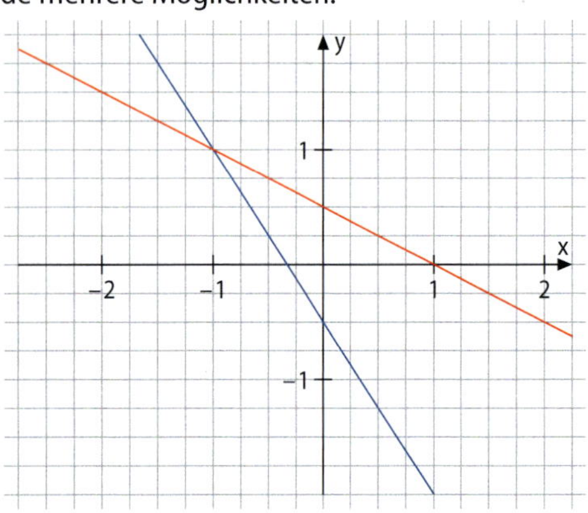

b)

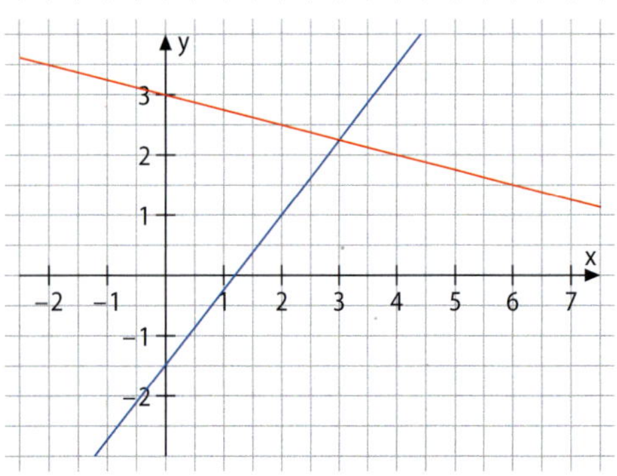

6 **a)** Gib jeweils ein lineares Gleichungssystem mit zwei Variablen so an, dass es …

1 keine Lösung hat.
2 genau eine Lösung hat.
3 unendlich viele Lösungen hat.

b) Überprüfe die Lösungen deines linearen Gleichungssystems graphisch.

7 Aus der Geometrie: Stelle ein lineares Gleichungssystem auf und löse es.

a) Im Dreieck ABC mit $\alpha = 42°$ ist γ um 24° größer als β. Bestimme β und γ.

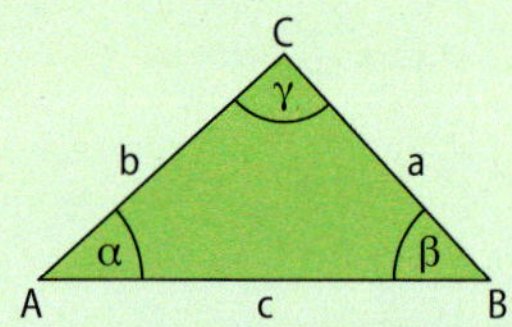

b) Ein Rechteck hat einen Umfang von 46 cm. Verlängert man eine Seite um 3 cm und verkürzt die andere gleichzeitig um 3 cm, so wächst der Flächeninhalt um 21 cm². Bestimme die Seitenlängen.

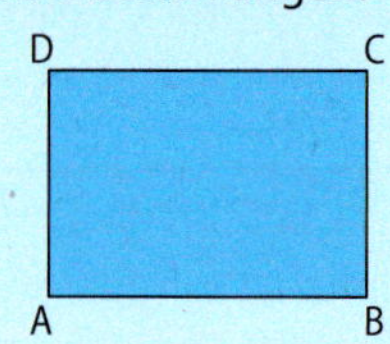

c) Ein Parallelogramm hat einen Umfang von 15 cm. Die Seite a ist um 1,5 cm länger als die Seite b. Bestimme a und b.

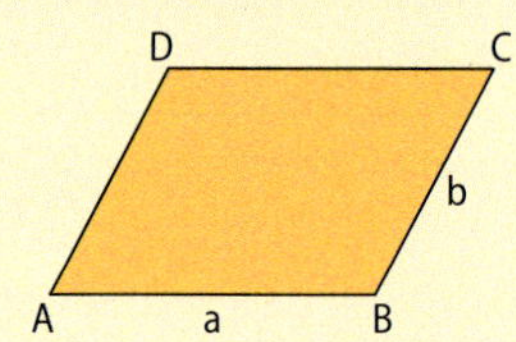

8 Löse mit dem Einsetzungsverfahren.

a) I $-3x + 3{,}5 = 5y$ II $3x + 2 = -37$
b) I $0 = -x - 8{,}5$ II $-2x = 3y - 4$
c) I $6x + 8y = 8$ II $-12 = 4x + 4y$
d) I $y = 2x + 9$ II $y = 7x - 5$
e) I $2a + 3b = -9$ II $4a - 8b = 52$
f) I $4u = 7v - 8$ II $4u = 2v + 7$

9 Löse mit dem Gleichsetzungsverfahren.

a) I $y = -x - 10$ II $y = -2x - 6$
b) I $6 + 3x = 0$ II $-4y - 12x = 0$
c) I $-12y + 4x = 4$ II $-10 + 4y = 2x$
d) I $x + 2y = 10$ II $5x - 4y = 8$
e) I $-a + 3b = 2$ II $11a - 19b = 6$
f) I $u - v = 2$ II $5u + 7v = 4$

10 Löse mit dem Additionsverfahren.

a) I $3x - 8y = -6{,}5$ II $3x - 4y = 9{,}5$
b) I $5 = 3x - 2y$ II $-7y + 9x = -2$
c) I $-3y = -22{,}5 + 3x$ II $6x = -3y - 7{,}5$
d) I $3x + y = 7$ II $4x - 2y = 6$
e) I $5a + 4b = 2$ II $8a - 9b = 24$
f) I $2u + 3v = 9$ II $4u - 3v = 3$

11 Löse mit einem Verfahren deiner Wahl.

a) I $x = 2y - 5$ II $y = \frac{1}{2} \cdot (3x - 8)$
b) I $3x + 5y = 7$ II $-5x - 8y + 2 = 0$
c) I $6y + 9x + 12 = 0$ II $x = 45 - 7y$
d) I $x = y + 3$ II $y = \frac{1}{2} \cdot (2x - 6)$
e) I $x - 2y = 1{,}5$ II $3{,}8y - 1{,}9x = -2{,}85$
f) I $\frac{4}{7}x - 1 = -y$ II $-2x + \frac{7}{2}y = 1$
g) I $-11{,}5 = -a$ II $-2b - 3{,}5 = -3a$
h) I $52 = -3y + 2x$ II $-3y = -4x + 50$
i) I $-6m = 60 + 4n$ II $-4n - 64 = 4m$

12 Von „Rechenmeister" Adam Ries, der von 1518 an vier Jahre lang eine Rechenschule in Erfurt leitete, ist folgende Aufgabe überliefert:

Jemand stellt einen Arbeiter für 30 Tage an. Wenn er arbeitet, bekommt er 7 Pfennig am Tag; wenn er nicht arbeitet, muss er 3 Pfennig am Tag bezahlen. Nach 30 Tagen ist keiner dem anderen etwas schuldig.

Ermittle, wie viele Tage der Arbeiter gearbeitet hat und wie viele Tage er frei gehabt hat.

13 Finde jeweils möglichst durch Überlegen heraus, in welchem Quadranten die Geraden g und h sich schneiden. Erkläre deine Überlegungen.

a) g: $y = x$ h: $y = 3 - x$
b) g: $y = 2x + 1$ h: $y = 0{,}5x + 4$
c) g: $y = -0{,}5x + 2$ h: $y = -x - 1$

14 Die Abbildung zeigt die Graphen von zwei linearen Funktionen.

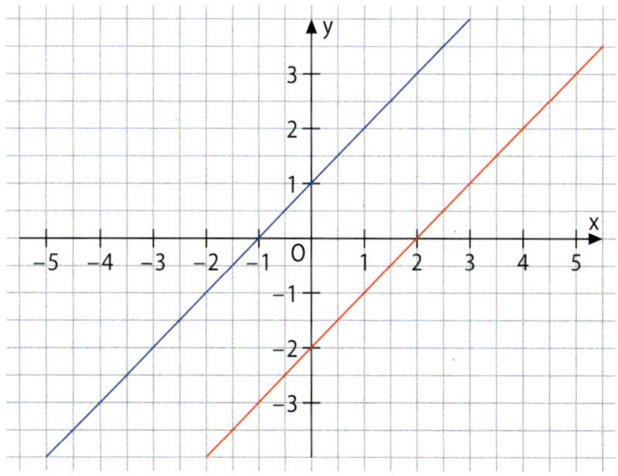

a) Gib zu beiden Graphen die Funktionsgleichung an.
b) Ermittle mit Hilfe des Gleichsetzungsverfahrens die Lösungsmenge der beiden Funktionsgleichungen und interpretiere diese im Zusammenhang mit der graphischen Darstellung.
c) Gib die Gleichung einer linearen Funktion an, die den Graphen der blau dargestellten Funktion an deren Schnittpunkt mit der y-Achse senkrecht schneidet. Überprüfe dein Ergebnis zeichnerisch.

15 Bestimme jeweils rechnerisch die Koordinaten des Schnittpunkts der Geraden g und h und überprüfe dein Ergebnis graphisch.

a) Die Gerade g hat die Steigung $m = 3$ und den y-Achsenabschnitt $n = -2$. Die Gerade h ist parallel zur Winkelhalbierenden des I. und III. Quadranten und verläuft durch den Punkt $P(0|4)$.
b) Die Gerade g verläuft durch die Punkte $P(-2|-5)$ und $Q(2{,}5|4)$. Die Gerade h verläuft senkrecht zur x-Achse durch den Punkt $T(2|1)$.

16 Vervollständige so, dass das lineare Gleichungssystem …

1 keine Lösung hat.
a) I $-2x + 13 = 2y$ II $x + y =$ ▒

2 unendlich viele Lösungen hat.
b) I $\frac{2}{3}x + 2y = 5$ II ▒ $= 7{,}5 - 3y$

3 genau eine Lösung hat.
c) I $-2y + 8 = -x$ II $-2x - 5 =$ ▒

17 Gib lineare Gleichungssysteme an, die folgende Bedingungen erfüllen, wenn man die Gleichungssysteme graphisch löst:

a) Die Geraden schneiden sich im ersten Quadranten.
b) Die Geraden haben keinen Schnittpunkt.
c) Die Geraden schneiden sich im Koordinatenursprung.
d) Die Geraden haben unendlich viele Schnittpunkte.
e) Die Geraden schneiden sich auf der x-Achse.
f) Die Geraden schneiden sich im Punkt (2 | −2).

18 Paul will seiner Freundin Blumen schenken. Kauft er 26 Blumen, hat er drei Euro zu wenig, kauft er 16 Blumen, dann hat er noch zwei Euro übrig. Ermittle, wie viel Euro er bei sich hat.

19 Finde die Fehler, rechne richtig und gib Hinweise, wie sich die Fehler vermeiden lassen.

a)
I $5x + y = 13$
II $4x + 2y = 40$

II umformen: $x = 10 - 0{,}5y$
II einsetzen in I: $50 - 0{,}5y + y = 13$

Lösen:
$0{,}5y = -37 \Rightarrow y = -74; \quad x = \frac{87}{5}$

b)
I $x = -2y + 3$
II $9 = 6y + 3x$

II nach x auflösen: $x = -2y + 3$
Gleichsetzen: $-2y + 3 = -2y + 3$

Lösen:
$0 = 0; \; L = \{\,\}$

20 Das Schiff Mischa fährt vom Punkt (4 | 2) aus geradlinig nach Nordosten; das Schiff Angara fährt vom Punkt (−1 | 5) aus auf direktem Kurs zum Hafen (11 | 1). Ermittle zeichnerisch und rechnerisch die Koordinaten des Punkts S, in dem sich die Kurse der Schiffe kreuzen.

21 Hier sind die Lösungsschritte zweier linearer Gleichungssysteme durcheinander geraten. Bringe die Schritte in die richtige Reihenfolge.

I $3x + y = 8$
II $y = 2x - 12$

- ☐ I' $y = 8 - 3x$
- ☐ $y = -4$
- ☐ $12 + y = 8 \;|-12$
- ☐ P mit II $-4 = 2 \cdot 4 - 12$
- ☐ $-4 = -4$
- ☐ $-4x = 8 - 12$
- ☐ I $3 \cdot 4 + y = 8$
- ☐ $x = 4$
- ☐ I' = II' $8 - 3x = 2x - 12 \;|+12 \;|+3x$
- ☐ $5x = 20 \;|:5$
- ☐ I $3x + y = 8 \;|-3y$

22 Die Schülerinnen und Schüler der 8. Klassen wollen eine große Sommerparty feiern, auf der es auch alkoholfreie Cocktails gibt. Im Supermarkt stellen sie fest, dass ein Liter Ananassaft mit 2,90 € viel teurer ist als ein Liter Orangensaft, der 1,80 € kostet. Nadiem schlägt daher vor: „Lasst uns Orangensaft mit Ananassaft im Verhältnis 2 : 1 mischen." Insgesamt sollen 27 Liter gemischt werden.

a) Berechne, wieviel Saft von jeder Sorte nach Nadiems Vorschlag gekauft werden sollen.
b) Vergleiche die Kosten mit einer Mischung im Verhältnis 1 : 1 und berechne, wie viel Prozent eingespart werden.

23 In einer Dose sind 60 Gummibärchen, und zwar rote, gelbe und weiße. Ersetzt man alle roten durch gelbe, so sind doppelt so viele gelbe wie weiße in der Dose. Ersetzt man stattdessen alle weißen durch gelbe, dann sind dreimal so viele gelbe wie rote in der Dose. Bestimme die Anzahl der Gummibärchen jeder Sorte zu Beginn.
Tipp: Überlege dir zuerst, welcher Anteil der Gummibärchen rot ist.

24 Eine Gruppe will Kaugummistreifen unter sich aufteilen. Wenn jeder 6 bekäme, blieben 5 übrig. Wenn jeder 7 bekäme, hätten sie 8 zu wenig. Ermittle die Anzahl der Kinder in der Gruppe und die Anzahl der Kaugummistreifen.

25 Die Summe der Ziffern einer zweistelligen Zahl ist 9. Die Differenz der beiden Ziffern beträgt 5. Bestimme die Zahl.

26 Peter, Lucia und Ronja haben einer alten Dame bei der Apfelernte geholfen. Die Dame behält die Hälfte der Ernte und verteilt die andere Hälfte wie folgt unter den Kindern: Peter gibt sie die Hälfte der Äpfel und einen Apfel, Lucia erhält die Hälfte des Restes und einen Apfel, Ronja bekommt die Hälfte des verbliebenen Restes und drei Äpfel. Damit ist alles aufgeteilt. Ermittle die Anzahl der geernteten Äpfel.

27 Berechne die Koordinaten des Schnittpunkts S von g = AB und h = CD. Stelle dazu zunächst ein passendes lineares Gleichungssystem auf.

a) A(−4 | 0); B(4 | 4); C(4 | −2); D(0 | 4)
b) A(1 | 2); B(4 | 5); C(−1 | 3); D(1 | 9)
c) A(2 | 3); B(−1 | 6); C(2 | 4); D(8 | 2)
d) A(−3 | 1); B(4 | 3); C(−2 | 3); D(4 | −1)

28 Ergänze so, dass die Zahlenpaare Lösungen der Gleichung sind. Überprüfe mit deinem Taschenrechner.

a) $x + y = 12$
(5 | □); (□ | −2)

b) $x - 2y = 8$
(□ | 8); (10 | □)

c) $4x - 3y = 0$
(3 | □); (□ | 8)

d) $2 \cdot (x + y) = 12$
(□ | 3); (−1 | □)

29 Ein Unternehmer nimmt zwei Kredite auf, die zusammen 125 000 € betragen. Der eine Kredit ist mit 7,5 %, der zweite mit 8 % pro Jahr verzinst. Die Zinsen belaufen sich in einem Jahr zusammen auf 9460 €. Berechne die Höhe der beiden Kredite.

30

a) Die Mittellinie m eines Trapezes ist 5,4 cm lang. Die Grundlinien unterscheiden sich um 2,4 cm. Finde die Längen der Grundlinien heraus.

b) In einem Dreieck ABC hat der Winkel α eine Größe von 15°; die Differenz der beiden anderen Winkel (β > γ) ist fünfmal so groß wie α. Finde die Größen von β und γ heraus.

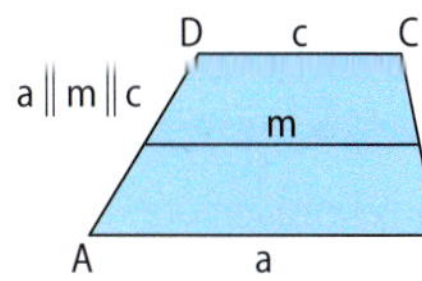

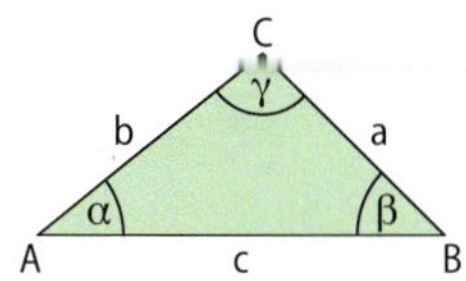

31 Stelle ein lineares Gleichungssystem auf und finde die gesuchten Zahlen.

a) Die doppelte Summe zweier Zahlen ergibt 24, deren dreifache Differenz −6.
b) Eine Zahl ist um 8 größer als eine andere Zahl und um 10 kleiner als das Dreifache der anderen Zahl.

32

Der Nenner eines Bruchs ist um 8 kleiner als der Zähler. Wird der Zähler um 1 vergrößert und der Nenner verdoppelt, dann erhält man 3.

a) Finde eine passende Gleichung.
b) Löse die Gleichung. Gib vorher die Definitionsmenge im Bereich der rationalen Zahlen an.

33 Gib an, bei welchen Gleichungen zwei Wertepaare ausreichen, um den zugehörigen Graphen zu zeichnen. Begründe deine Antwort.

1 $y = 2x - 2$
2 $y = \frac{8}{x}$
3 $y = 4 - x^2$
4 $(2x + y)^2 = 5$
5 $y - 2 = x + y$
6 $y - x = \frac{2}{x}$

Aufgaben zur Einzelarbeit

Das kann ich!	Das kann ich fast!	Das kann ich noch nicht!

1 **Teste dich!** Bearbeite dazu die folgenden Aufgaben und bewerte die Lösungen mit einem Smiley.

2 Hinweise zum Nacharbeiten findest du auf der folgenden Seite, die Lösungen findest du im Anhang.

1 Bestimme jeweils fünf Lösungspaare.

a) $x - y = 5$ **b)** $3x + 2y = 8$
c) $5x - 10 = 2y$ **d)** $3y - 24x = y - 4$

2 **a)** Löse die Gleichung nach y auf: $\frac{1}{2}x + y = 5$.
b) Vervollständige die Tabelle.

x	−3	−2	−1	0	1	2	3
y							

c) Stelle die Gleichung graphisch dar.

3 Vervollständige die Lücken so, dass die Zahlenpaare die lineare Gleichung $3y + 4{,}5x = 6$ lösen.

a) (1 | ▢) **b)** (▢ | −13)
c) (▢ | −5,5) **d)** (−3 | ▢)

4 Bestimme die Lösungsmenge graphisch. Führe anschließend eine Probe durch.

a) I $4x - 2y = 10$
II $3x + y = 9$
b) I $-4 + x = 3y$
II $-8y + 3x - 7 = 0$
c) I $3 - 2{,}5x = 5y$
II $-2y + 2{,}8 = 3x$
d) I $2{,}2x + 9 = 4x$
II $3y - 1{,}8 = 5y$

5 Entscheide mithilfe einer graphischen Darstellung, welches Zahlenpaar Lösung ist. (−12,5 | 4); (−5 | 2,5); (−8 | 2); (−2,5 | 3); (1 | 0,5); (3 | −4,5)

a) I $12y = -3x$
II $-2{,}5x + 10y = 40$
b) I $-4x = -2 + 4y$
II $-4 - 4x = 2y$

6 Bestimme zeichnerisch die Lösungsmenge des linearen Gleichungssystems. Mache die Probe.

a) I $-3x + 5y = 11{,}5$
II $5y + 9{,}5 = 6x$
b) I $4y = 4x - 6$
II $-4y + 2x = 4$

7 Gib an, wie der Parameter a gewählt werden muss, damit das Gleichungssystem **1** genau eine, **2** keine, **3** unendlich viele Lösungen hat.

a) I $a + x = y$
II $4 - y = 2x$
b) I $a \cdot x + y = 10$
II $4x - 10 = -y$

8 Gib das zugehörige Gleichungssystem und die Lösungsmenge an. Mache die Probe.

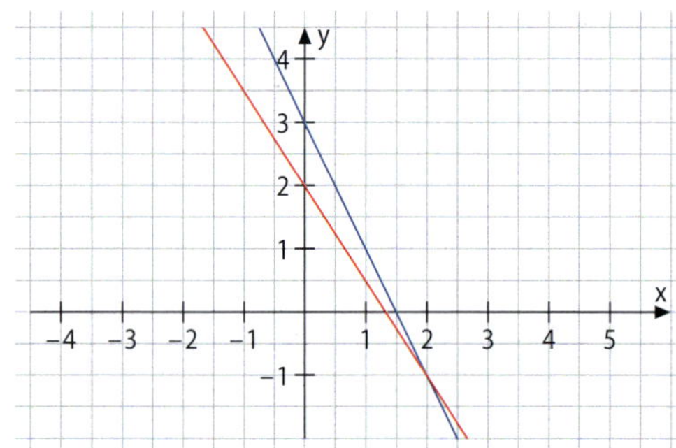

9

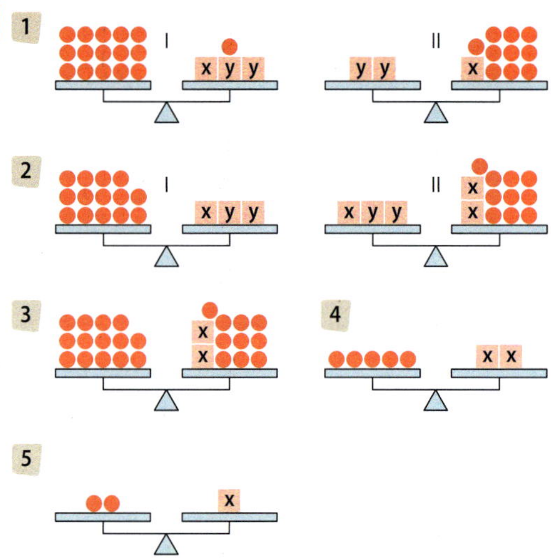

a) Bestimme das zugehörige Gleichungssystem mit den Gleichungen I und II in Schritt **1**.
b) Beschreibe, wie die Lösung des linearen Gleichungssytems über die Umformungsschritte **1** bis **5** bestimmt wird. Gib die Lösungsmenge an.

10 Gib jeweils an, ob es genau eine, keine oder unendlich viele Lösungen für das lineare Gleichungssystem gibt.

a) I $3x - 2y = 1$
II $1{,}5x - y = 1$
b) I $2{,}5y = 3{,}5 - 1{,}5x$
II $2x = 7 - 5y$

11 Bestimme die Lösungsmenge mit dem Einsetzungsverfahren.

a) I $-9 + 3x = 6y$
II $-7{,}5 = -15y + 9x$

b) I $0 = -42 + 4y - 4x$
II $3y = 4x + 44$

12 Bestimme die Lösungsmenge mit dem Gleichsetzungsverfahren.

a) I $-24 + 4y = -2x$
II $-2x = -18 + 6y$

b) I $-9 - 2x + y = 0$
II $-y + 3x = -5{,}5$

13 Bestimme die Lösungsmenge mit dem Additionsverfahren.

a) I $2x + 4y = 4$
II $2x - y = 6$

b) I $8y = 4x - 28$
II $-32 = -4x + 4y$

14 Bestimme die Lösungsmenge mit einem Lösungsverfahren deiner Wahl. Begründe deine Wahl.

a) I $-6b + 31 = 2a$
II $3b = 34 - 2a$

b) I $8x = 5y + 21$
II $-12x = 6 - 10y$

c) I $4y = 2 \cdot (3{,}5 - 0{,}5x)$
II $y = \frac{1}{4} \cdot (-12x - 20)$

d) I $-5a = \left(1 + \frac{1}{2}b\right) \cdot 8$
II $(-3) \cdot (b - 3) = 5a$

15 Bestimme die Lösungsmenge der Gleichungssysteme.

a) I $-\frac{3}{8}y = -1 + \frac{1}{2}x$
II $\frac{4}{7}x + \frac{1}{7} = -\frac{1}{2}y$

b) I $-\frac{4}{5} = -\frac{1}{8}y + \frac{1}{20}x$
II $\frac{4}{5}x - \frac{6}{5} = y$

c) I $-5a = \left(1 + \frac{1}{2}b\right)$
II $(-3) \cdot (b - 3) = 5a$

d) I $4y = 2(3{,}5 - 0{,}5x)$
II $y = \frac{1}{4}(-x - 20)$

16 Diana besorgt für ein Klassenfrühstück Käse- und Laugenstangen. Sie bestellt zunächst von jeder Sorte 15 Stück und soll dafür 27,00 € bezahlen. Es entscheiden sich aber 3 Schüler um und wollen nun lieber Käsestangen haben. Nun kostet alles zusammen 27,90 €. Berechne jeweils den Preis für eine Käsestange und für eine Laugenstange.

17 Die Quersumme einer aus zwei Ziffern bestehenden Zahl beträgt 10. Vertauscht man die Ziffern, so entsteht eine Zahl, die um 2 kleiner ist als das Dreifache der ersten Zahl. Bestimme die beiden Zahlen.

Aufgaben für Lernpartner

1 Bearbeite diese Aufgaben zuerst alleine.

2 Suche dir einen Partner oder eine Partnerin und arbeitet zusammen weiter. Erklärt euch gegenseitig eure Lösungen und hört einander aufmerksam und gewissenhaft zu.

3 Korrigiere gegebenenfalls deine Antworten und benutze dazu eine andere Farbe.

Sind folgende Behauptungen **richtig** oder **falsch**? Begründe.

A Die beiden Gleichungen $x = 3$ und $y = 4$ ergeben kein lineares Gleichungssystem.

B Zur y-Achse gehört die Funktionsgleichung $y = 0$.

C Ein lineares Gleichungssystem mit zwei Unbekannten kann man graphisch so verstehen, dass die Lage zweier Geraden zueinander dargestellt wird.

D Hat ein lineares Gleichungssystem mit zwei Variablen unendlich viele Lösungen, ist die Lösung eine Gerade.

E Das Gleichsetzungsverfahren ist immer sinnvoller als das Einsetzungsverfahren.

Ich kann …	Aufgabe	Hilfe	Bewertung
lineare Gleichungen mit 2 Variablen lösen.	1, 2, 3	S. 196	
lineare Gleichungssysteme mit 2 Variablen graphisch lösen.	4, 5, 6, 8, B, C, D	S. 198	
lineare Gleichungssysteme rechnerisch lösen.	7, 9, 10, 11, 12, 13, 14, 15, E	S. 204, 207	
Aufgaben im Sachkontext auf lineare Gleichungen anpassen und diese mithilfe der Lösungsverfahren lösen.	16, 17	S. 210	

Seite 198

Gleichungssysteme graphisch lösen

Sollen Zahlenpaare $(x|y)$ **zwei lineare Gleichungen gleichzeitig erfüllen**, so spricht man von einem **linearen Gleichungssystem**. Die Lösungsmenge L eines linearen Gleichungssystems ist sowohl ein Element der Lösungsmenge der ersten als auch der zweiten Gleichung.
Beim graphischen Lösen können drei Fälle auftreten:

1. Die zugehörigen Geraden **schneiden sich**. Das lineare Gleichungssystem hat **genau eine Lösung**.
2. Die zugehörigen Geraden liegen **parallel zueinander**. Das lineare Gleichungssystem hat **keine Lösung**.
3. Die zugehörigen Geraden sind **identisch**. Das lineare Gleichungssystem hat **unendlich viele Lösungen**.

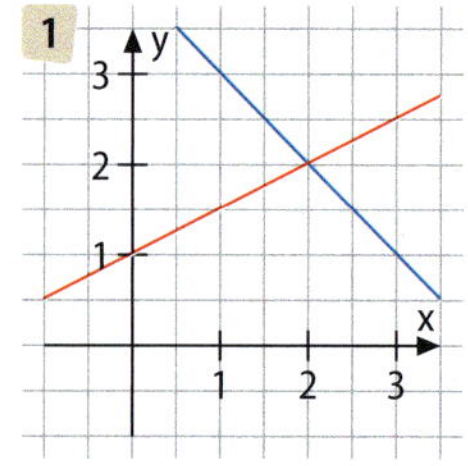

$L = \{(2|2)\}$

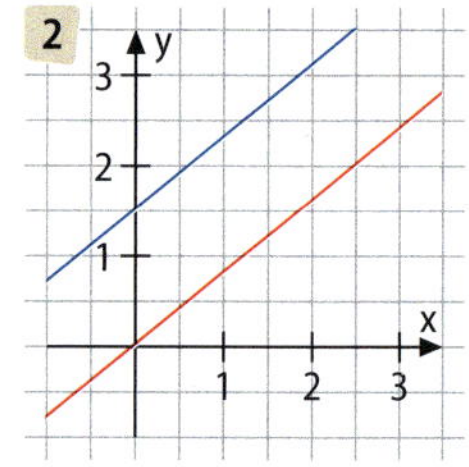

$L = \{\ \}$

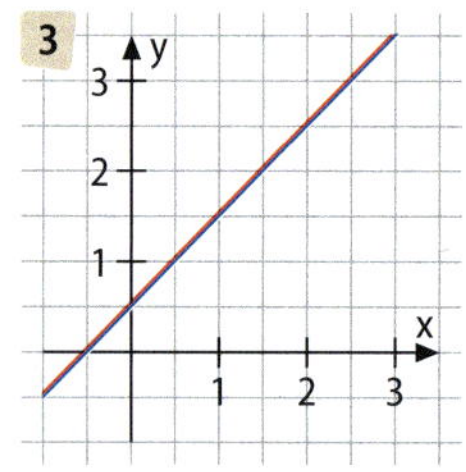

$L = \{(x|y) \text{ mit } y = x + 0{,}5\}$

Seite 204

Gleichungssystem rechnerisch lösen: Einsetzungsverfahren

Löst man eine der Gleichungen nach einer Variablen (z. B. y) auf, dann kann man den erhaltenen Term für die Variable in die andere Gleichung einsetzen.

I $-x - 2y = 3$
II $y = 2x$
einsetzen
$-x - 2 \cdot (2x) = 3$

Seite 204

Gleichungssystem rechnerisch lösen: Gleichsetzungsverfahren

Sind beide Gleichungen nach einer Variablen (z. B. y) aufgelöst, kann man die Terme gleichsetzen.

I $y = 2x - 1$
II $y = -x + 5$
gleichsetzen
$2x - 1 = -x + 5$

Seite 207

Gleichungssystem rechnerisch lösen: Additionsverfahren

Wenn vor einer Variablen (z. B. y) betragsgleiche Koeffizienten stehen, die ein unterschiedliches Vorzeichen haben, kann man beide Gleichungen addieren.

I $2x - 2y = -5$
II $4x + 2y = -7$
I + II $6x = -12$

Seite 210

Gleichungssysteme im Alltag

Bei **Alltags- oder Knobelaufgaben** betrachtet man den Inhalt der Aufgabenstellung und versucht **Bedingungen** zu finden, die man in Gleichungen mit zwei **Variablen** umwandeln kann, um sie dann mit einem bekannten Verfahren zu lösen.

Peter ist 2 Jahre älter als Tina.
Zusammen sind sie 30 Jahre alt.

Peters Alter in Jahren: p
Tinas Alter in Jahren: t
I $p = t + 2$
II $p + t = 30$ (...)
$p = 16;\ t = 14$
Peter ist also 16, Tina 14 Jahre alt.

Startklar – Seite 9

1 a) G = 28 Schüler
W = 7 Schüler
p % = 25 %

b) G = 1,2 ha
W = 0,18 ha
p % = 15 %

c) G = 120 €
W = 60 €
p % = 50 %

d) G = 980 €
W = 49 €
p % = 5 %

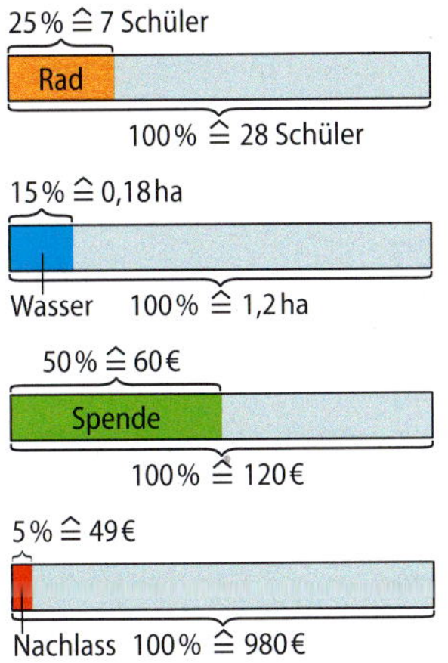

2 a) 1 W = 10 € | 2 W = 27 m | 3 W = 3 min
4 W = 270 kg | 5 W = 21 € | 6 W = 45 t

b) 1 p % = 27 % | 2 p % = 33 % | 3 p % = 7 %
4 p % = $33\frac{1}{3}$ % | 5 p % = 75 % | 6 p % = 60 %

c) 1 G = 48 m | 2 G = 1500 € | 3 G = 10 t
4 G = 210 cm | 5 G = 480 € | 6 G = 100 min

3 a) Der Gewinn beträgt 126 €, das sind 35 % der Ausgaben.
b) Das Auto hat nach dem Unfall einen Wert von 8700 €.

4 a)

	Strichliste	Häufigkeit
Zahl	卌 卌 卌 卌 II	22
Kopf	卌 卌 卌 卌 卌 III	28

b) H (Z) = 22 $h(Z) = \frac{22}{50} = \frac{44}{100} = 44\,\%$

H (K) = 28 $h(K) = \frac{28}{50} = \frac{56}{100} = 56\,\%$

5 a) Gesamtanzahl: 1000 Stimmen
Mara: $\frac{248}{1000} = 0{,}248 = 24{,}8\,\%$
Türkan: $\frac{413}{1000} = 0{,}413 = 41{,}3\,\%$
Adnan: $\frac{339}{1000} = 0{,}339 = 33{,}9\,\%$

b) Gesamt: 365 Tage
Regentage: $\frac{146}{365} = \frac{4}{10} = 0{,}4 = 40\,\%$
Sonnentage: $\frac{73}{365} = \frac{2}{10} = 0{,}2 = 20\,\%$
Restliche Tage: 100 % − 40 % − 20 % = 40 %

Am Ziel – Seite 40

1 Man kann erwarten, dass etwa die Hälfte der Gefangenen frei kommt, da sich bei der großen Anzahl von Gefangenen die relative Häufigkeit bei $\frac{1}{2}$ stabilisieren müsste.

2 Die Wahrscheinlichkeit beträgt $\frac{1}{6} \approx 16{,}7\,\%$.

3 A: „Die Zahl ist ungerade."
$P(A) = \frac{3}{6} = \frac{1}{2}$ A: Ereignis ist eingetreten.
B: „Die Zahl ist größer als 1."
$P(B) = \frac{5}{6}$ B: Ereignis ist nicht eingetreten.
C: „Die Zahl ist eine Primzahl."
$P(C) = \frac{3}{6} = \frac{1}{2}$ C: Ereignis ist nicht eingetreten.
D: „Die Zahl ist der größte oder kleinste Wert."
$P(D) = \frac{2}{6} = \frac{1}{3}$ D: Ereignis ist eingetreten.
E: „Die Zahl ist eine 9."
$P(E) = 0$ E: Ereignis ist nicht eingetreten.
F: „Die Zahl ist der größte Wert."
$P(F) = \frac{1}{6}$ F: Ereignis ist nicht eingetreten.

4 a) P („Rot") = P („Gelb") = … = $\frac{1}{6} \approx 16{,}7\,\%$
b) $P(g, g) = \frac{1}{6} \cdot \frac{1}{6} = \frac{1}{36}$
c) Das Gegenereignis von a) ist: „Der Zeiger zeigt nicht auf rot" und das Gegenereignis von b) ist „Der Zeiger zeigt mindestens einmal nicht auf gelb".

5 P (kein Treffer) = **0,45** · **0,15** = 0,0675 = 6,75 %

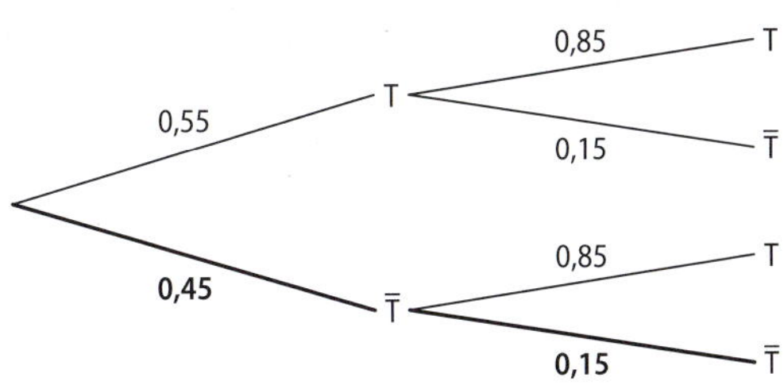

Mit einer Wahrscheinlichkeit von 6,75 % wird die Tontaube nicht getroffen.

6 Von einem Kartenstapel mit drei Buben und einer Dame wird zweimal hintereinander ohne Zurücklegen eine Karte gezogen.

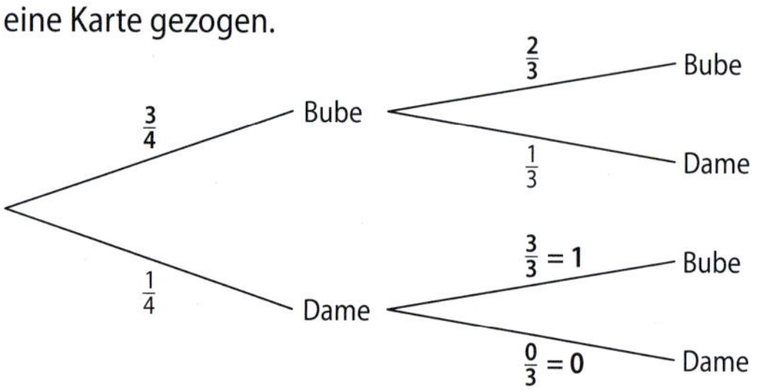

7 **a)** A gewinnt: {P – St; St – Sch; Sch – P}

b) B gewinnt: {St – P; Sch – St; P – Sch}

c) Unentschieden: {P – P; St – St; Sch – Sch}

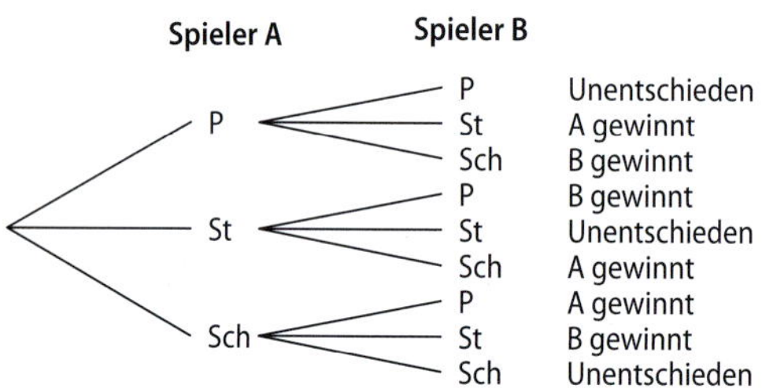

8 Es gibt 8 mögliche Zahlenpaare, die alle gleich wahrscheinlich sind. Davon ergeben 2 einen ungeraden Produktwert.

P (Produktwert ungerade) $= \frac{2}{8} = \frac{1}{4}$

9 P (mindestens ein Gewinn) $= 1 - P$ (kein Gewinn)

$= 1 - \left(\frac{3}{4} \cdot \frac{1499}{1999}\right) \approx 0{,}44$

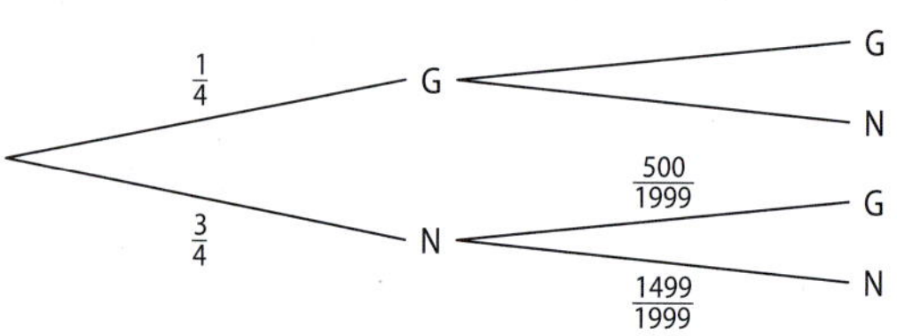

10 **a)** $\Omega = \{1; 2; 3; 4\}$

b) **1** $\Omega = \{12; 13; 14; 15; 23; 24; 25; 34; 35; 45\}$

2 $\Omega = \{3; 4; 5; 6; 7; 8; 9\}$

11 **a)** $P\{A; H\} = \frac{2}{3} \cdot \frac{1}{2} = \frac{1}{3}$

b) $P\{B; P\} = \frac{1}{3} \cdot \frac{5}{6} = \frac{5}{18}$

c) Es muss angenommen werden, dass die Wahl der Unterkunft und die Art der Anreise voneinander unabhängig sind.

12 $P(E_1) = \frac{1}{4} \cdot \frac{1}{4} = \frac{1}{16} = 6{,}25\,\%$

$P(E_2) = 4 \cdot \frac{1}{16} = \frac{1}{4} = 25\,\%$

Aufgaben für Lernpartner

A Die Aussage ist richtig, wenn der Würfel nicht lauter gleiche Seiten hat.

B Die Aussage ist richtig, da das Ergebnis dennoch nicht vorhersehbar ist.

C Die Aussage ist richtig, da alle Wochentage als gleich wahrscheinlich angenommen werden können.

D Die Aussage ist richtig.

E Die Aussage ist falsch. Beispielsweise sieht beim zweimaligen Würfeln bzw. beim gleichzeitigen Würfeln mit zwei unterscheidbaren Würfeln das Baumdiagramm gleich aus.

F Die Aussage ist richtig.

G Die Aussage ist falsch, man erhält die Wahrscheinlichkeit eines Ergebnisses durch Multiplikation der Wahrscheinlichkeiten entlang des zugehörigen Pfades.

H Die Aussage ist richtig. Eins der möglichen Ergebnisse muss auf jeden Fall eintreten, daher ergeben alle Wahrscheinlichkeiten addiert 100 % bzw. 1.

I Die Aussage ist richtig, da das Gegenereignis genau dann eintritt, wenn das Ereignis nicht eintritt.

J Die Aussage ist (in der Realität) falsch. In der Theorie kann sie jeden Wert zwischen 0 und 1 annehmen, in der Praxis reichen 1000 Wiederholungen des Experimentes aus, dass sich die relative Wahrscheinlichkeit nach dem Gesetz der großen Zahlen um 0,5 herum einpendeln wird.

Startklar – Seite 45

1 Der erste Rechenbaum stimmt:

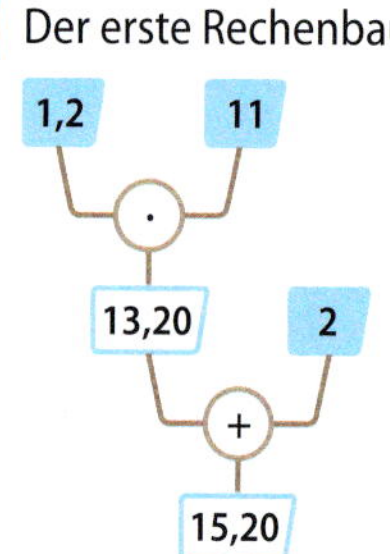

Preis/km:	1,20 €/km
Kilometerzahl:	11 km
Fahrtkosten:	13,20 €
Grundgebühr:	2,00 €
Gesamtpreis:	15,20 €

2 a) $u = 2 \cdot (a + 5) + 2a = 4a + 10$; a steht hier für die kürzere Seitenlänge des Rechtecks.
$u = 2 \cdot (a - 3) + 2a = 4a - 6$; a steht hier für die längere Seitenlänge des Rechtecks.

b) $u = 2 \cdot \left(a + \frac{1}{2}a\right) = 3a$; a steht hier für die längere Seitenlänge des Parallelogramms.

c) $u = 6a$; a steht hier für eine Seitenlänge des Sechsecks.

3 a)

3x + 8y + 8
3x + 4y | 4y + 8
3x | 4y | 8

b)

79s – 8t
35s | 44s – 8t
9t | 35s – 9t | 9s + t

4 a) –15,8 b) 18,8 c) –43 d) –25,52

5 a) $2 \cdot (x + y) - 3x = 2x + 2y - 3x = 2y - x$
b) $(4a - 3) \cdot 5 + 8 = 20a - 15 + 8 = 20a - 7$
c) $\frac{1}{2} \cdot (e - 2) + (f - 1) \cdot 7 = \frac{1}{2}e - 1 + 7f - 7$
$= \frac{1}{2}e + 7f - 8$
d) $\frac{1}{4} \cdot \left(\frac{1}{2}s + 4t\right) - 3s = \frac{1}{8}s + t - 3s = -2\frac{7}{8}s + t$
e) $(a + b) \cdot 3 + 4 \cdot (a - b) = 3a + 3b + 4a - 4b$
$= 7a - b$
f) $5k - (0{,}7m - 3k) = 5k - 0{,}7m + 3k$
$= 8k - 0{,}7m$

6 a) Ein Rechteck der Länge a + b und Breite c hat den Flächeninhalt $(a + b) \cdot c$. Dieses Rechteck kann in zwei kleinere Rechtecke zerteilt werden: ein Rechteck mit Länge a und Breite c und ein anderes mit Länge b und Breite c. Die Summe der Flächeninhalte der kleineren Rechtecke $(a \cdot c) + (b \cdot c)$ entspricht dem ausmultiplizierten Term für den Flächeninhalt des großen Rechtecks. Letztlich verbirgt sich das Distributivgesetz dahinter.

b) $(a - b) \cdot c = a \cdot c - b \cdot c$

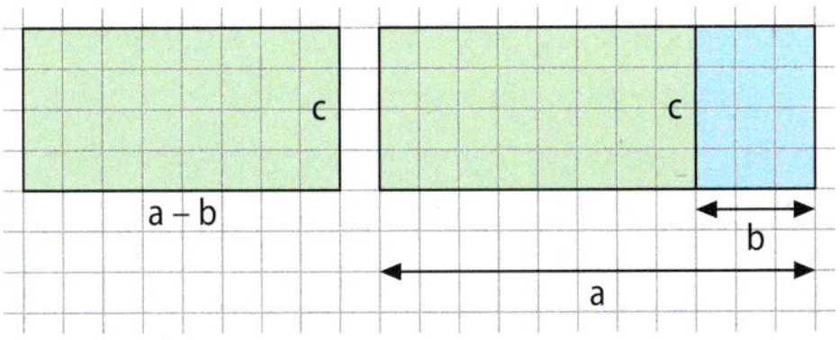

Am Ziel – Seite 80

1 a)

Schritt	1	2
1	$2 \cdot 1 = 2$	$3 + 2 \cdot 1 = 5$
2	$3 \cdot 2 = 6$	$3 + 2 \cdot 2 = 7$
3	$4 \cdot 3 = 12$	$3 + 2 \cdot 3 = 9$
4	$5 \cdot 4 = 20$	$3 + 2 \cdot 4 = 11$
5	$6 \cdot 5 = 30$	$3 + 2 \cdot 5 = 13$
6	$7 \cdot 6 = 42$	$3 + 2 \cdot 6 = 15$
7	$8 \cdot 7 = 56$	$3 + 2 \cdot 7 = 17$
8	$9 \cdot 8 = 72$	$3 + 2 \cdot 8 = 19$

b) **1** Anzahl der Punkte beim n-ten Schritt:
$(n + 1) \cdot n$
2 Anzahl der Punkte beim n-ten Schritt:
$3 + 2 \cdot n$

2 a) $3x + 8{,}2y - 4$ b) $-x^2 + 2{,}5x + 9y$
c) $\frac{2}{5}x + \frac{6}{5}y$ d) $-3x + \frac{4}{5}y$
e) $-2x + \frac{8}{3}y + 14$ f) $16{,}1ab - 6{,}9b$
g) $2x^2 - 12xy - x + 18y - 3$ h) $8x^2 + 20x + 8$

3 a) $\mathbf{3\frac{1}{3}s} + 1 - \frac{1}{3}s = 1 + 3s$
b) $2 \cdot \left(\mathbf{\frac{1}{9}u} + \frac{2}{7}v\right) = \frac{2}{9}u + \mathbf{\frac{4}{7}}v$
c) $(28 + 5t) : \mathbf{(-4)} = \mathbf{-7} - 1{,}25t$

4 a) $x^2 - 2x - 3$ b) $a^2 - 2a - ab + 2b$
c) $-3x^2 + 14x - 8$ d) $2{,}5xy + 7x - 2{,}5y^2 - 7y$
e) $1{,}44s^2 - 1{,}2st - 0{,}6s + 0{,}5t$
f) $-0{,}9a^2 + ab + 5{,}4a - 6b$

5

	gemeinsamer Faktor	vereinfachter Term
a)	$7x$	$7x \cdot (x + 3)$
b)	$6a$	$6a \cdot (2b - 6a + 3b^2)$
c)	$3x^2$	$3x^2 \cdot (5x + 4y)$
d)	$0{,}4kl$	$0{,}4kl \cdot (m + 5km - 4)$
e)	$0{,}2x$	$0{,}2x \cdot (4x + 2a - 1)$
f)	$-t^2$	$-t^2 \cdot (t^2 + 1{,}2 + 4{,}8ts)$

6 a) $x^2 - 3x + 2{,}25$ b) $64x^2 - 4y^2$
c) $27 + 18h + 3h^2$ d) $4x^2 + 24x + 36$
e) $-81y^2 + 90xy - 25x^2$ f) $\frac{3}{16}a^2 - \frac{3}{16}ab + \frac{3}{64}b^2$

7 a) $(a - 2b)^2$ b) $(3 + 4z)^2$
c) $(2{,}5 - 2y) \cdot (2{,}5 + 2y)$ d) $-(1 + 2r)^2$
e) $(1{,}2x - 0{,}8a) \cdot (1{,}2x + 0{,}8a)$
f) $(17y - 2) \cdot (17y + 2)$

8 $(x - 5)^2 = 64 \quad | \sqrt{\ }$
$x - 5 = 8 \quad | + 5$
$x = 13$
Das Quadrat hatte ursprünglich eine Seitenlänge von 13 cm.

9 a) $x = 8{,}5 \notin \mathbb{N}$; $L = \{\ \}$
b) $x = 1 \in \mathbb{Z}$; $L = \{1\}$
c) $x = 9 \in \mathbb{Z}$; $L = \{9\}$
d) nicht lösbar; $L = \{\ \}$
e) $x = \frac{4}{9} \in \mathbb{Q}$; $L = \left\{\frac{4}{9}\right\}$
f) $x = 8 \in \mathbb{N}$; $L = \{8\}$
g) $x = \frac{8}{3} \notin \mathbb{Z}$; $L = \{\ \}$
h) $x = \frac{11}{3} \notin \mathbb{Z}$; $L = \{\ \}$
i) $x = 2 \in \mathbb{N}$; $L = \{2\}$
j) $x = -\frac{5}{12} \notin \mathbb{Z}$; $L = \{\ \}$
k) $x = 17 \in \mathbb{Q}$; $L = \{17\}$
l) $x = -3 \notin \mathbb{N}$; $L = \{\ \}$
m) $z \leq 2 \in \mathbb{Q}$; $L = \{z \in \mathbb{Q} \text{ mit } z \leq 2\}$
n) $x > \frac{1}{4} \in \mathbb{Q}$; $L = \left\{x \in \mathbb{Q} \text{ mit } x > \frac{1}{4}\right\}$

10 a) $D = \mathbb{Q}^+$ bzw. [0; 28]: Wenn man davon ausgeht, dass die Breiten- und Längenangaben so zu verstehen sind, dass G_1 mindestens 17 m breit und höchstens 39 m lang ist bzw. G_2 mindestens 22 m breit und höchstens 28 m lang ist, wird als Grundmenge $D = \mathbb{Q}^+$ bzw. [0; 28] angenommen (bei $x > 28$ bekäme G_2 einen negativen Wert für die Länge).
b) Flächeninhalt von G_1: $A_1 = (17 + x) \cdot (39 - x)\,m^2$
Flächeninhalt von G_2: $A_2 = (22 + x) \cdot (28 - x)\,m^2$
Annahme: $A_1 = A_2$
$(17 + x) \cdot (39 - x) = (22 + x) \cdot (28 - x)$
$663 - 17x + 39x - x^2 = 616 - 22x + 28x - x^2$
$663 + 22x - x^2 = 616 + 6x - x^2 \quad | + x^2 - 6x - 663$
$16x = -47 \quad | : 16$
$x = -2{,}9375$
Wenn man sinnvollerweise von $D = \mathbb{Q}^+$ bzw. [0; 28] ausgeht, hat Anna Recht, da ein negativer Wert für x ausgeschlossen wurde.

11 Alter von Ioana: j
$j + 2 \cdot (j + 7) = 4j + 1$
$j + 2j + 14 = 4j + 1$
$3j + 14 = 4j + 1 \quad | - 3j - 1$
$13 = j$
Ioana ist 13.

12 a) Die Formel beschreibt den Inhalt der Oberfläche eines Quaders.
b) **1** $A_O = a \cdot (2b + 2c) + 2bc$
$a = \frac{A_O - 2bc}{2b + 2c}$
2 $A_O = b \cdot (2a + 2c) + 2ac$
$b = \frac{A_O - 2ac}{2a + 2c}$
3 $A_O = c \cdot (2a + 2b) + 2ab$
$c = \frac{A_O - 2ab}{2a + 2b}$

Aufgaben für Lernpartner

A Die Aussage ist richtig.

B Die Aussage ist falsch. Der Faktor, der ausgeklammert werden soll, muss in allen Summanden vorkommen.

C Die Aussage ist falsch. Ausklammern und ausmultiplizieren sind entgegengesetzte Operationen.

D Die Aussage ist falsch. Richtig ist nach der 1. binomischen Formel:
$(x + y)^2 = x^2 + 2xy + y^2$

E Die Aussage ist falsch. Die Lösungsmenge einer Gleichung darf sich bei einer Äquivalenzumformung nicht ändern.

F Die Aussage ist falsch. Eine Formel ist eine Gleichung, die man mithilfe von Äquivalenzumformungen umstellen kann.

G Die Aussage ist richtig.

H Die Aussage ist falsch. Richtig ist nach der 3. binomischen Formel:
$(a + b) \cdot (a - b) = a^2 - b^2$

I Die Aussage ist richtig.

J Die Aussage ist richtig.

K Die Aussage ist falsch. Bei der quadratischen Ergänzung handelt es sich um eine Äquivalenzumformung, daher bleibt die Lösungsmenge unverändert.

Startklar – Seite 85

1 a) *Parkdauer ↦ Preis* b) *Menge Benzin ↦ Preis*
c) *Masse Äpfel ↦ Preis*

2 a) *Alter in Jahren ↦ Körpergröße in cm*
b)

Alter in Jahren	Körpergröße in cm
0	50
1	70
2	80
3	90
4	100

3 a) Indirekt proportional: Je mehr Leute sich den Gesamtpreis des Ausfluges teilen, desto geringer fallen die Kosten pro Person aus.
b) Indirekt proportional: Je schneller ein Pkw fährt, desto schneller ist er am Ziel.
c) Direkt proportional: Je mehr Zuckerpäckchen man kauft, desto mehr muss man bezahlen.
d) Indirekt proportional: Je größer die Schrittlänge, desto weniger Schritte muss man gehen, um eine bestimmte Strecke zurückzulegen.

4 a) Indirekt proportional (Produktgleichheit)
b) Direkt proportional (Quotientengleichheit)
c) Direkt proportional (Quotientengleichheit)

5 a)

Anzahl Beschäftigte	4	8	3
Anzahl Tage	12	6	16

b)

Anzahl Personen	18	20	30
Preis pro Person in €	60	54	36

a)
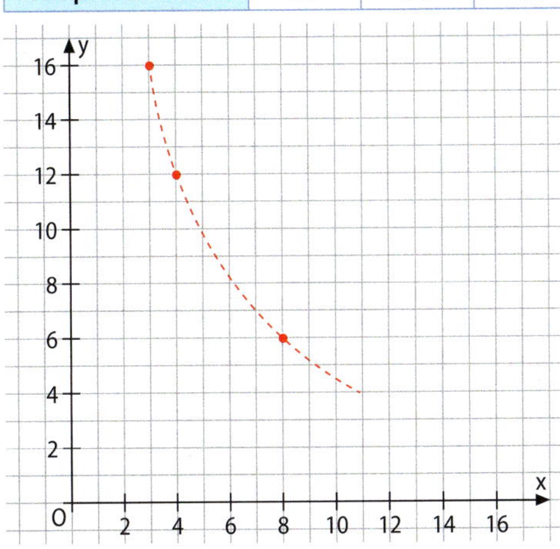

b)
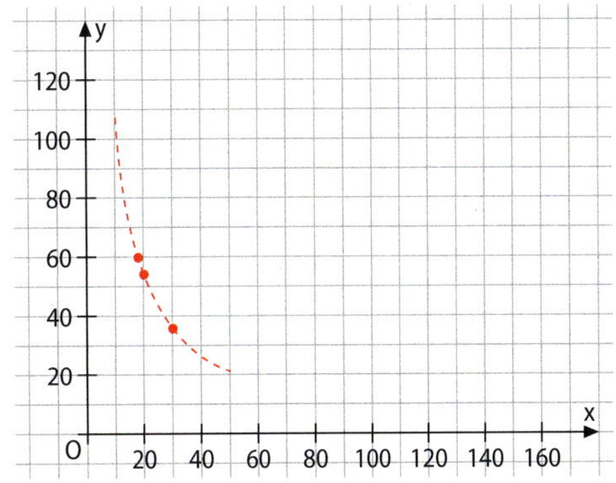

Am Ziel – Seite 116

1 a) Ja, hierbei handelt es sich um eine Funktion, da jedem x-Wert genau ein y-Wert zugeordnet wird.
b) Ja, hierbei handelt es sich um eine konstante Funktion. Jedem x-Wert wird genau ein y-Wert zugeordnet.
c) Nein, hierbei handelt es sich nicht um eine Funktion, da dem Wert $x = 3$ mehrere (unendlich viele) y-Werte zugeordnet sind.
d) Ja, hierbei handelt es sich um eine abschnittsweise definierte Funktion. Bei diesem Graph wird jedem x-Wert genau ein y-Wert zugeordnet.
e) Nein, hierbei handelt es sich nicht um eine Funktion, da einem x-Wert teilweise zwei y-Werte zugeordnet werden.
f) Für $D = \mathbb{Q}$ handelt es sich hierbei nicht um eine Funktion, da manchen x-Werten (zwischen 3 und 5) keine y-Werte zugeordnet sind.

2 $y = -3{,}3x$

x	−5	−1,4	6,6	10,5
y	16,5	4,62	−21,78	−34,65

3 a) Ein Graph, der steiler verläuft als die gegebene Funktion, muss eine größere Steigung haben.
Zum Beispiel: $y = x + \frac{1}{2}\left(m = 1 > \frac{3}{4}\right)$
b) Ein Graph, der parallel zur gegebenen Funktion verläuft, muss die gleiche Steigung und einen anderen y-Achsenabschnitt haben. Zum Beispiel:
$y = \frac{3}{4}x - \frac{1}{2}$

c) Ein Graph, der flacher verläuft als die gegebene Funktion, muss eine kleinere Steigung haben.
Zum Beispiel: $y = \frac{1}{2}x + \frac{1}{2}\ \left(m = \frac{1}{2} < \frac{3}{4}\right)$

d) Ein Graph, der denselben y-Achsenabschnitt hat wie die gegebene Funktion, kann eine andere Steigung haben. Zum Beispiel: $y = -\frac{3}{4}x + \frac{1}{2}$

4 **1** $y = -x$ **2** $f(x) = 5x + 3$
3 $y = \frac{3}{7}x - 2$ **4** $f(x) = -4{,}2x + 2$

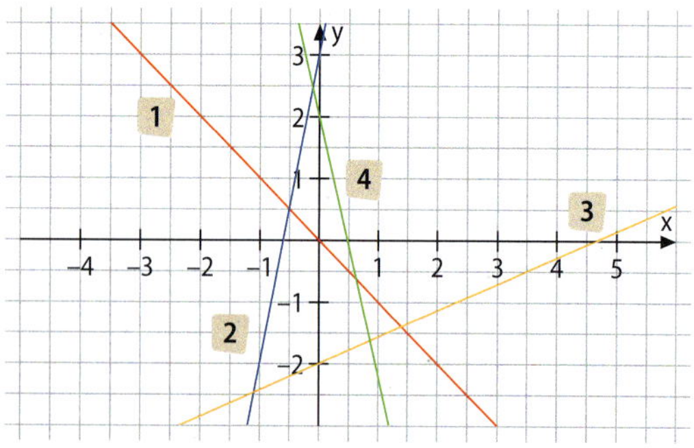

Nullstellen:
1 $x_0 = 0$ **2** $x_0 = -0{,}6$ (ca. $-0{,}5$)
3 $x_0 = \frac{14}{3}$ (ca. 4,5) **4** $x_0 \approx 0{,}48$ (ca. 0,5)

5 Funktionsgleichung mit P und Q aufstellen:
$m = \frac{8 - (-4)}{-2 - 4} = -2$ $-4 = -2 \cdot 4 + n \Leftrightarrow n = 4$
Funktionsgleichung: $y = -2x + 4$
Punktprobe mit R: $16 = -2 \cdot (-6) + 4$
$16 = 16$
Wahre Aussage, alle drei Punkte liegen auf einer Geraden.

6 **a)** $f(x) = x + 3{,}5$ $f(x) = -5 + 3{,}5$
ergibt: A(−5 | **−1,5**)
$3{,}8 = x + 3{,}5$
ergibt: B(**0,3** | 3,8)

b) $f(x) = -\frac{3}{8}x - 9$ $f(x) = -\frac{3}{8} \cdot 2 - 9$
ergibt: $A\left(2 \middle| \mathbf{-9\frac{3}{4}}\right)$
$-\frac{4}{5} = -\frac{3}{8}x - 9$
ergibt: $B\left(\mathbf{-21\frac{13}{15}} \middle| -\frac{4}{5}\right)$

c) $f(x) = 2{,}2x - \frac{1}{4}$ $f(x) = 2{,}2 \cdot (-1) - \frac{1}{4}$
ergibt: $A\left(-1 \middle| \mathbf{-\frac{49}{20}}\right)$
$-1 = 2{,}2x - \frac{1}{4}$
ergibt: $B\left(\mathbf{-\frac{15}{44}} \middle| -1\right)$

7 **a)** Funktionsgleichung: $y = 3x - 14$ A(−5 | 1)
Punktprobe: $1 = 3 \cdot (-5) - 14 \Leftrightarrow 1 = -29$
Falsche Aussage, A liegt nicht auf dem Graphen der Funktion.

b) Funktionsgleichung: $y = -2x - 9$ A(−5 | 1)
Punktprobe: $1 = -2 \cdot (-5) - 9 \Leftrightarrow 1 = 1$
Wahre Aussage, A liegt auf dem Graphen der Funktion.

c) $m = \frac{y_2 - y_1}{x_2 - x_1} = \frac{2 - 3}{5 - (-1)} = -\frac{1}{6}$
$2 = -\frac{1}{6} \cdot 5 + n \Leftrightarrow n = \frac{17}{6}$
Funktionsgleichung: $y = -\frac{1}{6}x + \frac{17}{6}$ A(−5 | 1)
Punktprobe: $1 = -\frac{1}{6} \cdot (-5) + \frac{17}{6} \Leftrightarrow 1 = \frac{22}{6}$
Falsche Aussage, A liegt nicht auf dem Graphen der Funktion.

8 **a)** $0 = -4x + 6 \Leftrightarrow x_0 = 1{,}5$

b) Lösungsmöglichkeit: Der Graph von f hat eine negative Steigung, schneidet die y-Achse im Punkt $P_y(0|6)$ und verläuft durch den I., II. und IV. Quadranten.

c) P(3 | −3) $m = -4$ $-3 = -4 \cdot 3 + n \Leftrightarrow n = 9$
Damit ergibt sich für die Funktionsgleichung:
$y = -4x + 9$

9 **a)** grün: $f(x) = 2x - 1$ rot: $g(x) = 0{,}5x + 1$
blau: $h(x) = -x + 2$

b) f: **1** $f(4) = 7$ **2** $f(-2) = -5$ **3** $f(-4) = -9$
g: **1** $g(4) = 3$ **2** $g(-2) = 0$ **3** $g(-4) = -1$
h: **1** $h(4) = -2$ **2** $h(-2) = 4$ **3** $h(-4) = 6$

10 Gegebene Größen in die Funktionsgleichung $y = m \cdot x + n$ einsetzen:

a) $m = \frac{2 - (-1)}{3 - (-2)} = \frac{3}{5}$ $2 = \frac{3}{5} \cdot 3 + n \Leftrightarrow n = \frac{1}{5}$
$y = \frac{3}{5}x + \frac{1}{5}$

b) $1 = -2 \cdot 2 + n \Leftrightarrow n = 5$
$y = -2x + 5$

c) $-1{,}5 = m \cdot 5 + 8 \Leftrightarrow m = -1{,}9$
$y = -1{,}9x + 8$

d) Da die Funktion direkt proportional ist, verläuft der Graph durch den Ursprung (0 | 0) und es gilt: $n = 0$.
$-1 = m \cdot (-2) \Leftrightarrow m = \frac{1}{2}$
$y = \frac{1}{2}x$

e) $m = -0{,}2$ $2 = -0{,}2 \cdot 5 + n \Leftrightarrow n = 3$
$y = -0{,}2x + 3$

f) $m = \frac{\frac{1}{2} - (-1)}{2 - 1} = \frac{3}{2}$

$-1 = \frac{3}{2} \cdot 1 + n \Leftrightarrow n = -\frac{5}{2}$

$y = \frac{3}{2}x - \frac{5}{2}$

Punktprobe mit K: $1 = \frac{3}{2} \cdot (-3) - \frac{5}{2}$

Falsche Aussage, eine solche Funktion gibt es nicht.

g) konstante Funktion, $m = 0$

$y = 3$

11 Sachverhalt **1** und Graph **C** – Die Anfahrt von 45 € ist der „Startwert" (y-Achsenabschnitt) und die Kosten von 30 € pro Stunde sind die lineare Steigung.
Sachverhalt **2** und Graph **B** – Die Grundgebühr von 8 € ist der „Startwert" (y-Achsenabschnitt) und ab da fallen zunächst keine Kosten an (konstanter Verlauf). Erst danach steigt der Preis linear.
Sachverhalt **3** und Graph **A** – das ist eine direkt proportionale Zuordnung. Bei 0 Stunden Arbeit gibt es auch keinen Lohn, der Stundenlohn entspricht der Steigung und der y-Achsenabschnitt ist 0.

Aufgaben für Lernpartner

A Die Aussage ist falsch. Bei einer Funktion wird jedem x-Wert genau ein y-Wert zugeordnet. Umgekehrt dürfen einem y-Wert mehrere x-Werte zugeordnet sein.

B Die Aussage ist richtig.

C Die Aussage ist richtig. Jede direkt proportionale Funktion hat eine Funktionsgleichung der Form $y = m \cdot x + n$ mit $n = 0$.

D Die Aussage ist falsch. $f(x) = 2x + 4$ bedeutet, dass der Graph der Funktion die Steigung $m = 2$ hat und den y-Achsenabschnitt $n = 4$. Also wird die y-Achse bei $y = 4$ geschnitten.

E Die Aussage ist falsch. Bei einer negativen Steigung verläuft der Graph einer Ursprungsgeraden vom II. in den IV. Quadranten.

F Die Aussage ist falsch. Wenn zwei lineare Funktionen die gleiche Steigung haben, verlaufen sie parallel zueinander und schneiden sich nicht.

G Die Aussage ist richtig. Eine lineare Funktion mit $m = 0$ ist eine konstante Funktion der Form $y = n$ und ist eine Parallele zur x-Achse. Sofern $n \neq 0$, hat die Funktion keine Nullstelle.

H Die Aussage ist falsch. Wenn $m = 0$ ist, liegt eine besondere lineare Funktion vor, nämlich eine konstante Funktion. Wenn $n = 0$ ist, liegt auch eine besondere lineare Funktion vor, nämlich eine direkt proportionale Funktion.

Startklar – Seite 121

1 **a)** … 375 cm in der Wirklichkeit.
b) … 0,2 cm im Modell.
c) … 0,26 cm im Original.

2 **a)** 7,5 cm   25 000 = 187 500 cm = 1,875 km
b) 15 km : 25 000 = 0,0006 km = 60 cm
c) Es bietet sich an, einen Maßstab von 1 : 1000 zu verwenden. Dann enstprechen 10 m in der Wirklichkeit 1 cm in der Zeichnung.

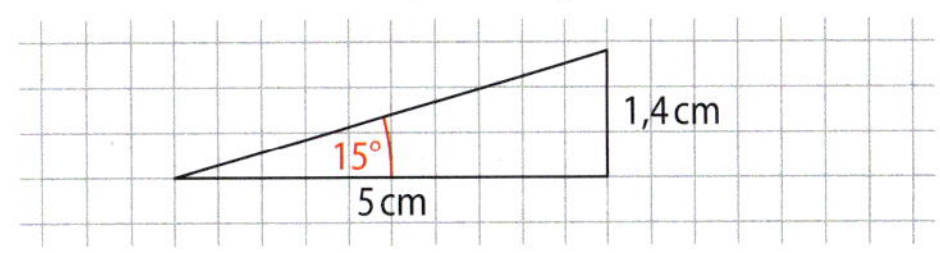

In der Zeichnung hat der Baum eine Höhe von 1,4 cm, das entspricht 14 m in der Wirklichkeit. Dazu kommt noch die Augenhöhe von 1,5 m. Insgesamt ist der Baum also 15,5 m hoch. Vater Hurtig hat die Höhe demnach sehr gut eingeschätzt.

3 **a)** **1** $\overline{AT} : \overline{TB} = 1:3$ **2** $\overline{AT} : \overline{TB} = 7:5$
3 $\overline{AT} : \overline{TB} = 1:1$

b) Eine Strecke von bestimmter Länge soll im Verhältnis 3 : 4 geteilt werden. Insgesamt ist die Strecke damit in 7 gleich lange Teile unterteilt. Drei dieser Teile bilden den ersten Abschnitt, vier dieser Teile den zweiten Abschnitt. Man verwendet den Dreisatz: Erst berechnet man die Länge von einem der Teile (: 7) und anschließend multipliziert man mit der Anzahl an Teilen, die den jeweiligen Abschnitt bilden (· 3 bzw. · 4).

Gesamtlänge 14 cm: $\frac{14\,\text{cm}}{7} = 2\,\text{cm}$

$\frac{3}{4} = \frac{3 \cdot 2\,\text{cm}}{4 \cdot 2\,\text{cm}} = \frac{6\,\text{cm}}{8\,\text{cm}}$

Gesamtlänge 21 cm: $\frac{21\,\text{cm}}{7} = 3\,\text{cm}$

$\frac{3}{4} = \frac{9\,\text{cm}}{12\,\text{cm}}$

Gesamtlänge 18,9 cm: $\frac{18{,}9\,\text{cm}}{7} = 2{,}7\,\text{cm}$

$\frac{3}{4} = \frac{8{,}1\,\text{cm}}{10{,}8\,\text{cm}}$

c) Besonders einfach gelingt die Streckenteilung, wenn die Gesamtzahl der Teile ein Teiler der Zahl ist: $T_{24} = \{1; 2; 3; 4; 6; 8; 12; 24\}$.

Teiler 2: Verhältnis $\frac{1}{1} = \frac{12\,\text{cm}}{12\,\text{cm}}$

Teiler 3: Verhältnis $\frac{1}{2} = \frac{8\,\text{cm}}{16\,\text{cm}}$

Teiler 4: Verhältnis $\frac{1}{3} = \frac{6\,\text{cm}}{18\,\text{cm}}$

Teiler 6: Verhältnis $\frac{1}{5} = \frac{4\,\text{cm}}{20\,\text{cm}}$

Teiler 8: Verhältnis $\frac{1}{7} = \frac{3\,\text{cm}}{21\,\text{cm}}$ oder $\frac{3}{5} = \frac{9\,\text{cm}}{15\,\text{cm}}$

Teiler 12: Verhältnis $\frac{1}{11} = \frac{2\,\text{cm}}{22\,\text{cm}}$ oder $\frac{5}{7} = \frac{10\,\text{cm}}{14\,\text{cm}}$

Die Teiler 1 und 24 liefern natürlich noch andere Verhältnisse, beispielsweise $\frac{5}{19} = \frac{5\,\text{cm}}{19\,\text{cm}}$. Viele weitere Verhältnisse erhält man außerdem, wenn man nicht nur ganzzahlige Streckenlängen zulässt.

4 a)

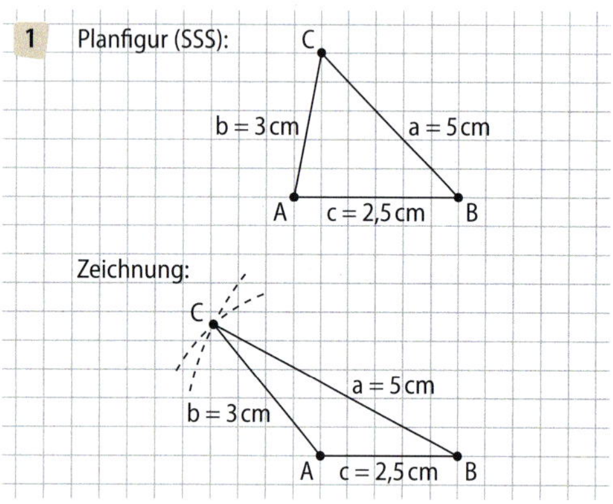

Beschreibung:
1. Zeichne die Strecke c mit den Eckpunkten A und B.
2. Zeichne einen Kreisbogen um A mit Radius b.
3. Zeichne einen Kreisbogen um B mit Radius a.
4. Die Kreise schneiden sich in C.

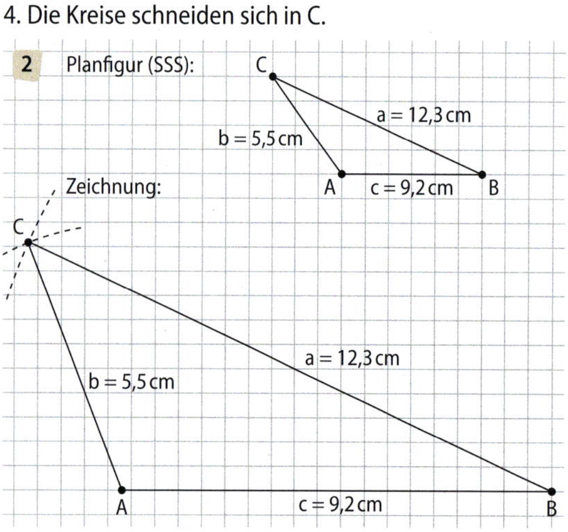

Beschreibung:
1. Zeichne die Strecke c mit den Eckpunkten A und B.
2. Zeichne einen Kreisbogen um A mit Radius b.
3. Zeichne einen Kreisbogen um B mit Radius a.
4. Die Kreise schneiden sich in C.

b)

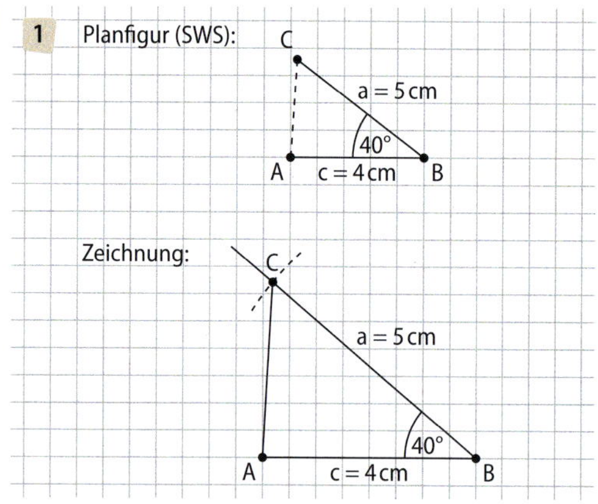

Beschreibung:
1. Zeichne die Strecke c mit den Eckpunkten A und B.
2. Trage in B den Winkel β an.
3. Die Länge des Schenkels in B beträgt 5 cm. Man erhält C.

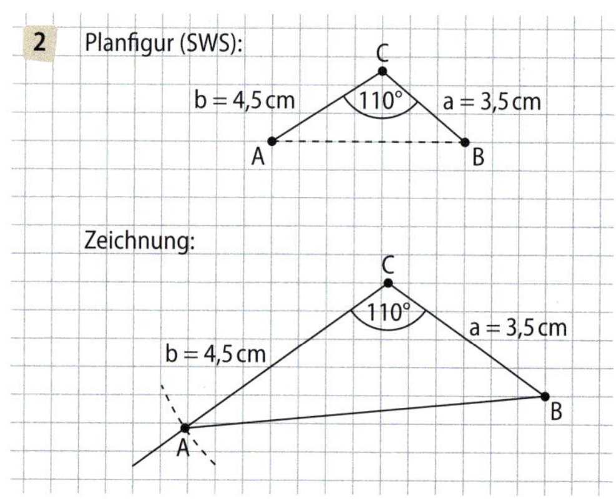

Beschreibung:
1. Zeichne die Strecke a mit den Eckpunkten B und C.
2. Trage an C den Winkel γ an.
3. Die Länge des Schenkels b beträgt 4,5 cm. Man erhält A.

c)

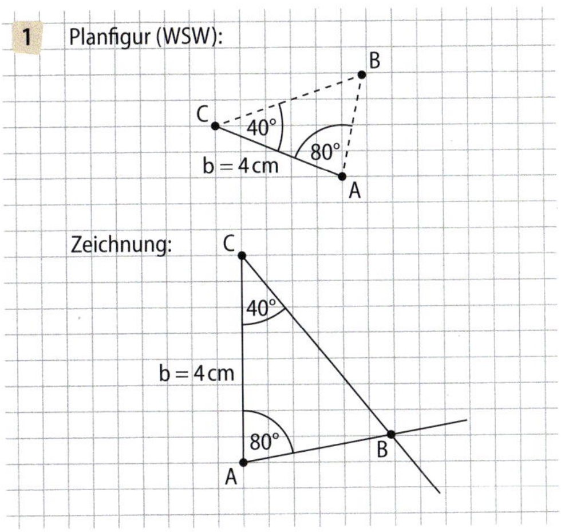

Beschreibung:

1. Zeichne die Strecke b mit den Eckpunkten A und C.
2. Trage in A den Winkel α an.
3. Trage in C den Winkel γ an.
4. Der Schnittpunkt der freien Schenkel von α und γ ergibt B.

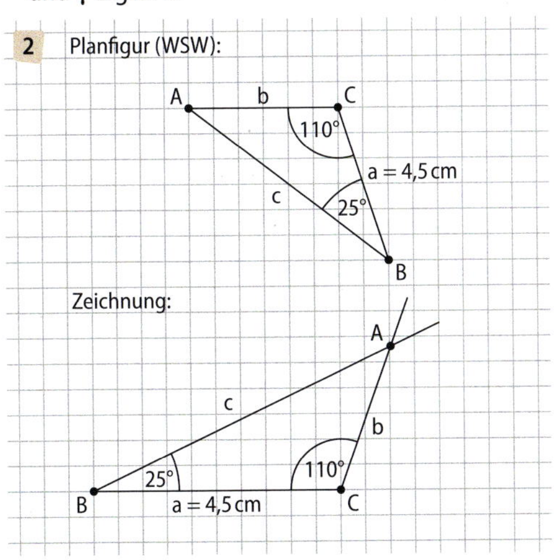

Beschreibung:

1. Zeichne die Strecke a mit den Eckpunkten B und C.
2. Trage in B den Winkel $\beta = 25°$ an.
3. Trage in C den Winkel $\gamma = 110°$ an.
4. Der Schnittpunkt der freien Schenkel von β und γ ergibt A.

d)

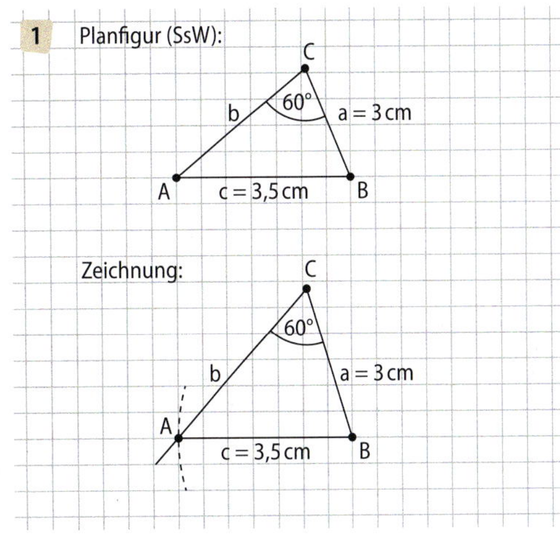

Beschreibung:

1. Zeichne die Strecke a mit den Eckpunkten B und C.
2. Trage in C den Winkel γ an.
3. Zeichne einen Kreisbogen um B mit Radius c.
4. Der Schnittpunkt des freien Schenkels von γ und des Kreisbogens ergibt A.

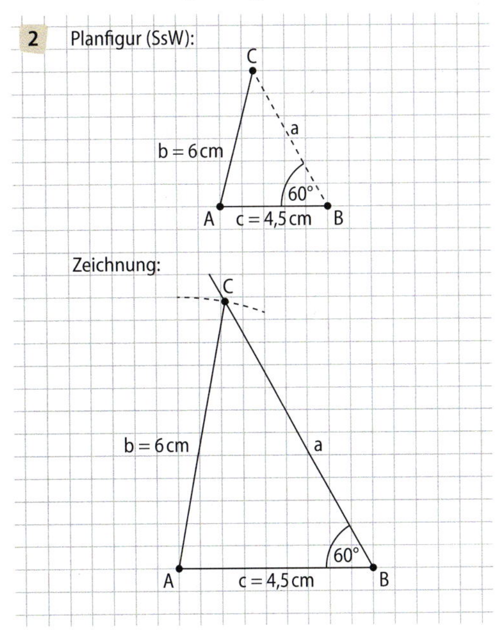

Beschreibung:

1. Zeichne die Strecke c mit den Eckpunkten A und B.
2. Trage in B den Winkel β an.
3. Zeichne einen Kreisbogen um A mit Radius b.
4. Der Schnittpunkt des freien Schenkels von β und des Kreisbogens ergibt C.

5 a) nicht konstruierbar, da Innenwinkelsumme > 180°
b) nicht konstruierbar, da $\beta + \gamma$ bereits 180°
c) konstruierbar nach WSW
d) konstruierbar nach SSS

Am Ziel – Seite 152

1 Die Strecke ist insgesamt in 12 gleiche Teile unterteilt. Jedes Teil ist 36 cm : 12 = 3 cm lang. Fünf dieser Teile bilden den ersten Abschnitt, sieben dieser Teile den zweiten.

$\frac{5}{7} = \frac{5 \cdot 3\,\text{cm}}{7 \cdot 3\,\text{cm}} = \frac{15\,\text{cm}}{21\,\text{cm}}$

Der erste Abschnitt ist 15 cm lang, der zweite 21 cm.

2 a)

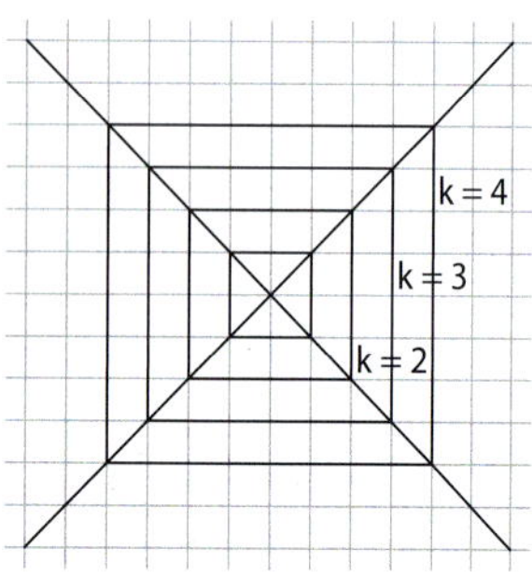

b) $A_1 = 1\,\text{cm}^2$
$A_2 = 4\,\text{cm}^2$
$A_3 = 9\,\text{cm}^2$
$A_4 = 16\,\text{cm}^2$

3 a)

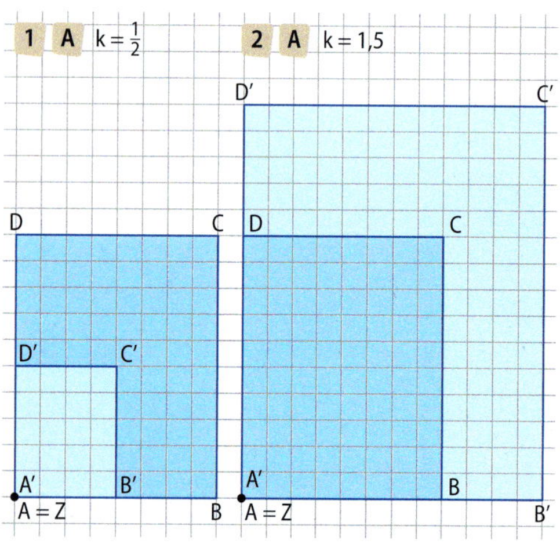

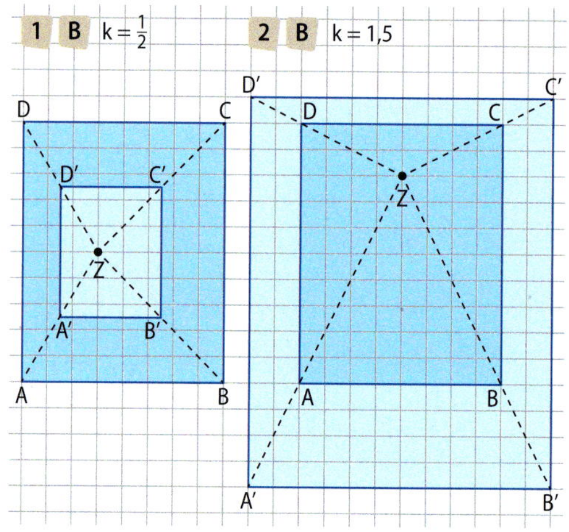

b) Bei $k = \frac{1}{2}$ ist der Flächeninhalt der Bildfigur jeweils $\frac{1}{4}$ des Flächeninhalts der Originalfigur.
Bei $k = 1{,}5 = \frac{3}{2}$ ist der Flächeninhalt der Bildfigur jeweils $2\frac{1}{4} = \frac{4}{9}$-mal so groß wie der Flächeninhalt der Originalfigur.
Es gilt: $A_{\text{Bildfigur}} = k^2 \cdot A_{\text{Originalfigur}}$

4 a)

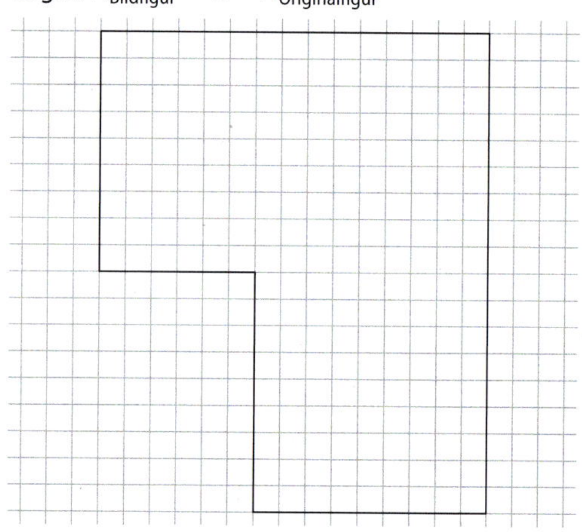

b)

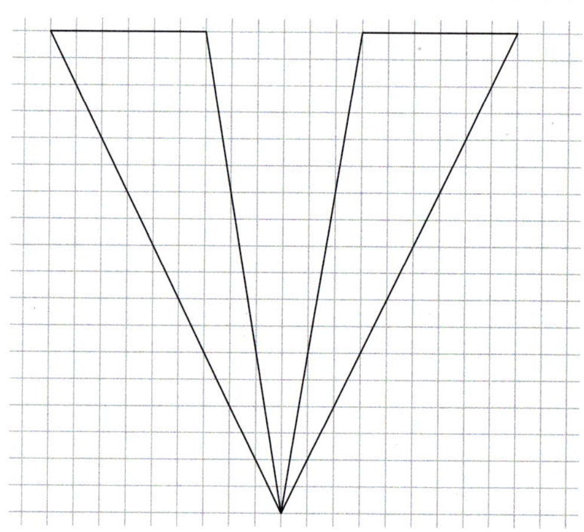

5 In Klammern steht jeweils die Verkleinerung.

a) $k = 3$ $\left(k = \frac{1}{3}\right)$

b) $k = 2{,}5 = \frac{5}{2}$ $\left(k = 0{,}4 = \frac{2}{5}\right)$

6 $k = -1{,}5$ $Z(0\,|\,-0{,}5)$

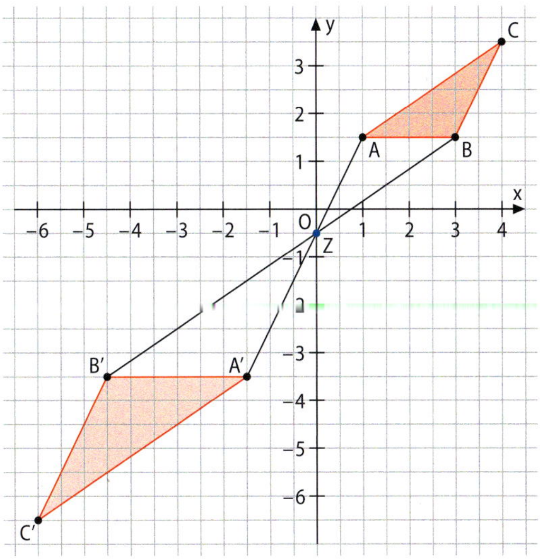

7

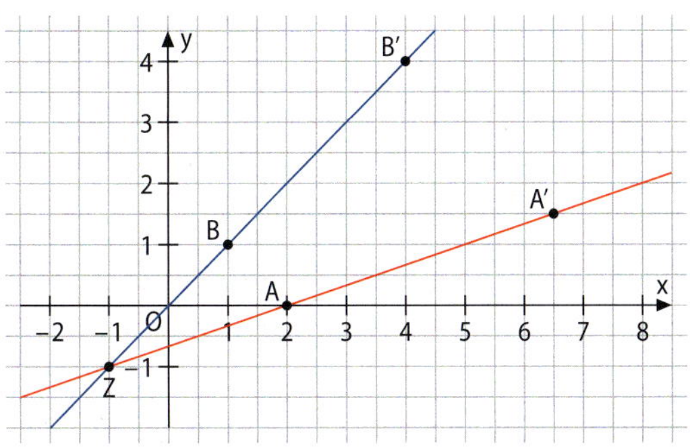

a) Zeichnet man die Geraden AA' und BB', so schneiden sich diese im Punkt $Z(-1\,|\,-1)$.

b) Den Streckungsfaktor kann man bestimmen, indem man das Verhältnis der Streckenlängen $\overline{ZA'}$ und $\overline{ZA}$ oder $\overline{ZB'}$ und $\overline{ZB}$ bildet:

$k = \frac{\overline{ZA'}}{\overline{ZA}} = \frac{7{,}9\,\text{cm}}{3{,}2\,\text{cm}} \approx 2{,}5$

8 **a)** $u_{\text{Originalfigur}} = 2a + 2b = 2 \cdot 40\,\text{m} + 2 \cdot 25\,\text{m}$
$= 130\,\text{m} = 13\,000\,\text{cm}$

Maßstab $52 : 13\,000 = 1 : 250$

b) $A_{\text{Originalfigur}} = a \cdot b = 800\,\text{m} \cdot 450\,\text{m}$
$= 360\,000\,\text{m}^2 = 3\,600\,000\,000\,\text{cm}^2$

$A_{\text{Bildfigur}} = k^2 \cdot A_{\text{Originalfigur}}$, d. h.

$3\,\text{cm} \mathrel{\widehat{=}} 60\,000\,\text{cm}$

Maßstab $3 : 60\,000 = 1 : 20\,000$

9

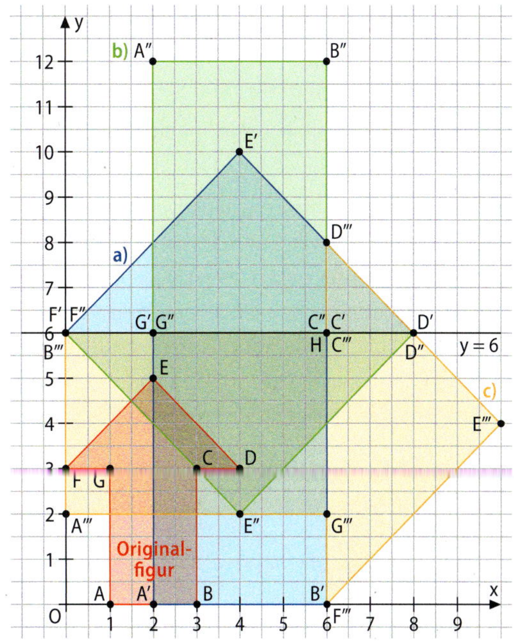

10 Die Rechtecke **1** und **2** sind ähnlich zueinander ($k = 1{,}5$). **3** ist weder ähnlich zu **1** noch zu **2**.

11 Lösungsmöglichkeiten:

$\frac{m}{n} = \frac{s}{t}$ $\frac{m+n}{n} = \frac{s+t}{t}$ $\frac{m+n}{m} = \frac{s+t}{s}$

$\frac{x}{y} = \frac{m}{m+n}$ $\frac{x}{y} = \frac{s}{s+t}$

12 $\frac{h}{1{,}5} = \frac{20{,}4 + 1{,}8}{1{,}8}$ $h = 18{,}5$

Der Turm ist 18,5 Meter hoch.

13 $\frac{6{,}2}{4{,}9} \approx 1{,}27$ $\frac{7{,}8}{5{,}9} \approx 1{,}32$

Die Verhältnisse entsprechender Abschnitte auf den beiden Geraden sind ungleich. Der 1. Strahlensatz gilt also nicht. Das bedeutet nach der Umkehrung des 1. Strahlensatzes, dass die Geraden a und b, die die beiden Strahlen schneiden, nicht parallel sind.

Aufgaben für Lernpartner

A Die Aussage ist falsch. Die Streckenlängen werden zwar verdoppelt, nicht jedoch die Winkelgrößen. Diese bleiben gleich.

B Die Aussage ist richtig.

C Die Aussage ist richtig.

D Die Aussage ist richtig. Die Dreiecke sind sogar kongruent, also sind sie auch ähnlich zueinander.

E Die Aussage ist falsch. Die beiden weiteren Geraden müssen parallel zueinander liegen, damit die Strahlensätze angewendet werden können.

F Die Aussage ist falsch. Beide Strahlensätze lassen sich sowohl für V-, als auch für X-Figuren anwenden.

G Die Aussage ist falsch. Ein negativer Streckungsfaktor bedeutet nicht zwingend, dass die Figur verkleinert wird. Er bedeutet, dass man die Figur „in die andere Richtung" streckt; als Bildfigur erhält man die Originalfigur gedreht. Ob die Figur verkleinert oder vergrößert wird, hängt nur vom Betrag von k ab. Ist dieser kleiner als 1, wird verkleinert; ist er größer als 1, wird vergrößert.

H Die Aussage ist falsch. Gleichschenkligkeit reicht nicht aus als Kriterium, da die Winkel beider Dreiecke dennoch unterschiedlich sein können.

Startklar – Seite 157

1 a)
1 gleichschenklig-spitzwinkliges Dreieck
2 rechtwinkliges Dreieck
3 stumpfwinkliges Dreieck
4 gleichseitiges Dreieck
5 gleichschenklig-stumpfwinkliges Dreieck
6 spitzwinkliges Dreieck
7 gleichschenklig-rechtwinkliges Dreieck
8 stumpfwinkliges Dreieck

b) $A_1 = 8\,cm^2$ $\quad A_2 = 7{,}5\,cm^2$
$A_3 = 10{,}5\,cm^2$ $\quad A_4 = 3{,}8\,cm^2$
$A_5 = 6\,cm^2$ $\quad A_6 = 8\,cm^2$
$A_7 = 8\,cm^2$ $\quad A_8 = 4{,}5\,cm^2$

2

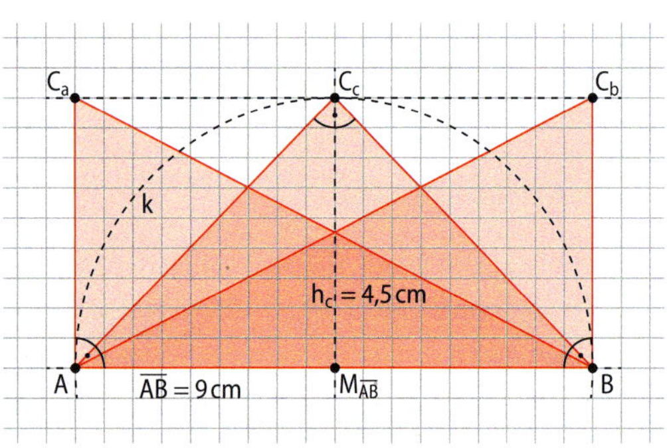

Es gibt eine Lösung mit dem 90°-Winkel in C:
Der Thaleskreis über $\overline{AB}$ mit $\overline{AB} = 9\,cm$ schneidet die Parallele zu AB im Abstand von 4,5 cm in C.
Weitere Lösungen sind die beiden Dreiecke mit dem 90°-Winkel in A bzw. in B mit $\overline{AC_a} = h_c = 4{,}5\,cm$ bzw. mit $\overline{BC_b} = h_c = 4{,}5\,cm$.

3 a) $\sphericalangle BAC = \sphericalangle CDB = 90°$, da A und D auf dem Thaleskreis über $\overline{BC}$ liegen.
$\gamma = \sphericalangle ACB = 180° - 90° - 37° = 53°$
$\beta = \sphericalangle CBA = 180° - 90° - 73° = 17°$

b) $\sphericalangle ACB = 90°$, da C auf dem Thaleskreis über $\overline{AB}$ liegt.
$\beta = \sphericalangle CBM = \frac{1}{2} \cdot (180° - 136°) = 22°$, da Dreieck MBC ein gleichschenkliges Dreieck ist.
$\alpha = \sphericalangle BAC = 180° - 90° - 22° = 68°$, da Dreieck ABC ein rechtwinkliges Dreieck ist.

4 a)

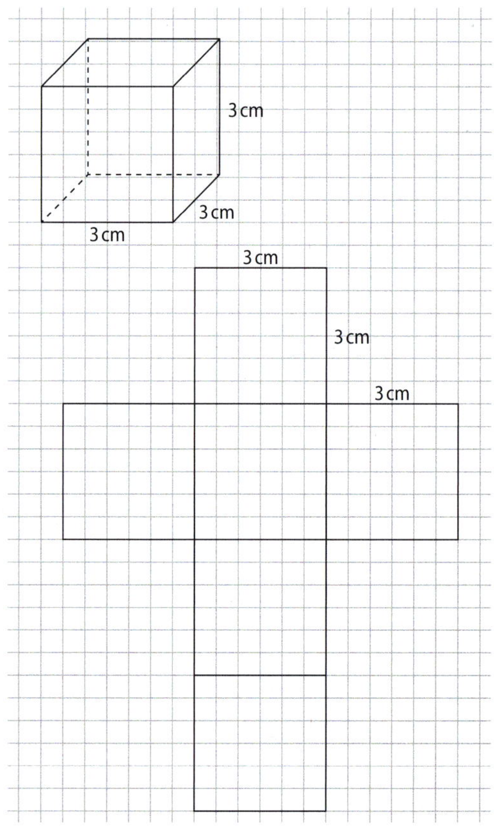

$A_O = 6 \cdot a^2 = 54\,cm^2$
$V = a^3 = 27\,cm^3$

b)

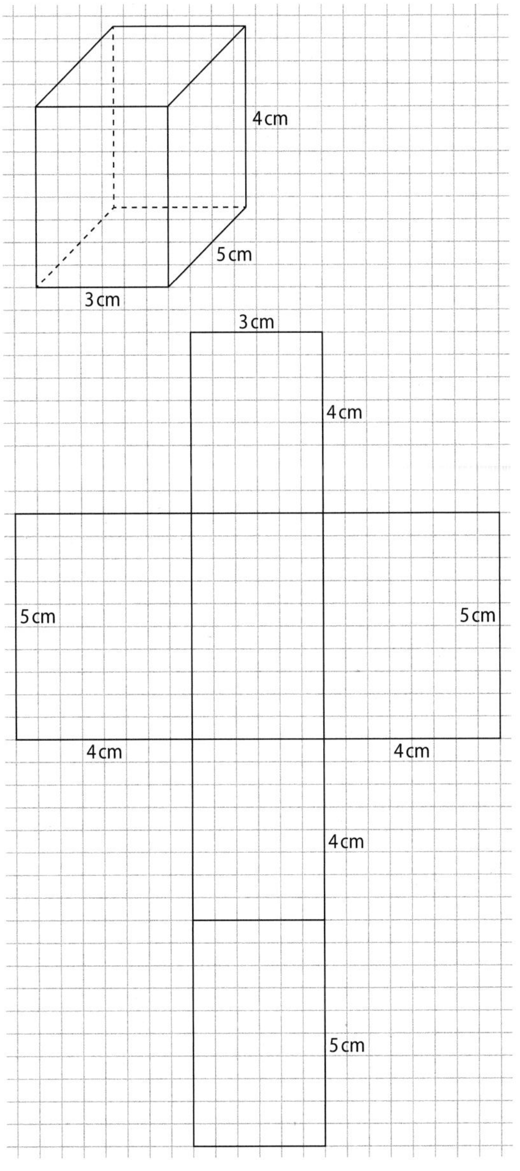

$A_O = 2 \cdot (ab + ac + bc) = 94\,cm^2$

$V = a \cdot b \cdot c = 60\,cm^3$

c)

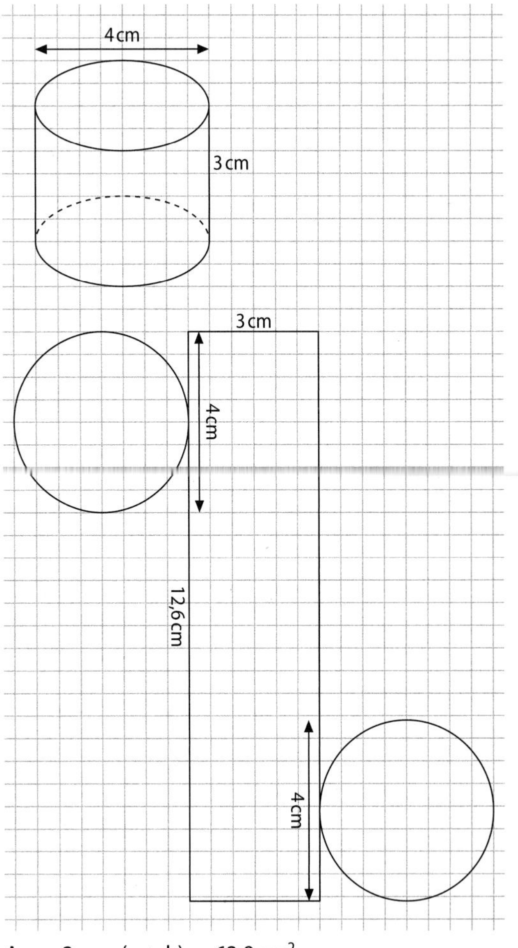

$A_O = 2\pi r \cdot (r + h) \approx 62{,}8\,cm^2$

$V = \pi r^2 \cdot h \approx 37{,}7\,cm^3$

d)

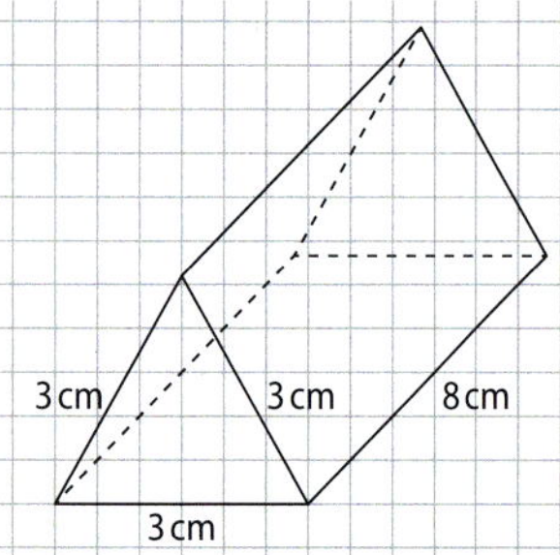

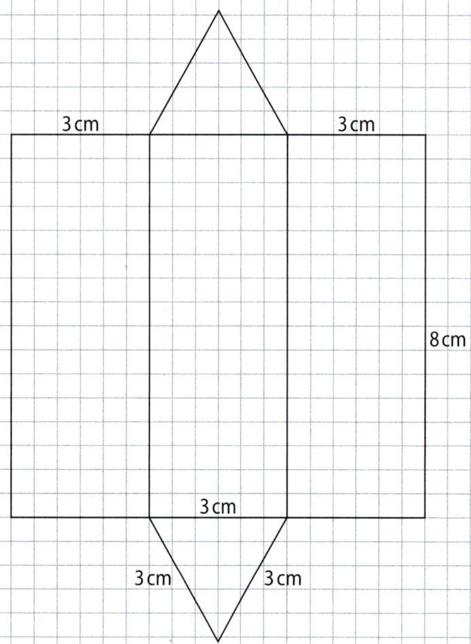

$A_O = a \cdot h_a + 3 \cdot (a \cdot h) = 79{,}8\,cm^2$

$V = \frac{1}{2} a \cdot h_a \cdot h = 31{,}2\,cm^3$

5 a)

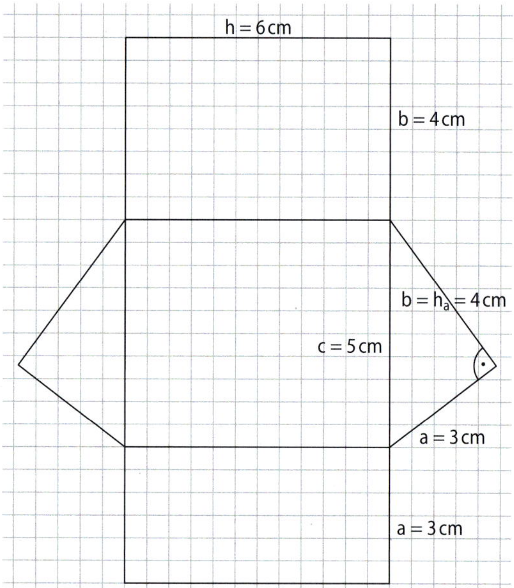

$A_O = a \cdot h_a + (a + b + c) \cdot h = 84\,cm^2$

$V = \frac{1}{2} a \cdot h_a \cdot h = 36\,cm^3$

b) *Hinweis: Maßstab aus Platzgründen geändert.*

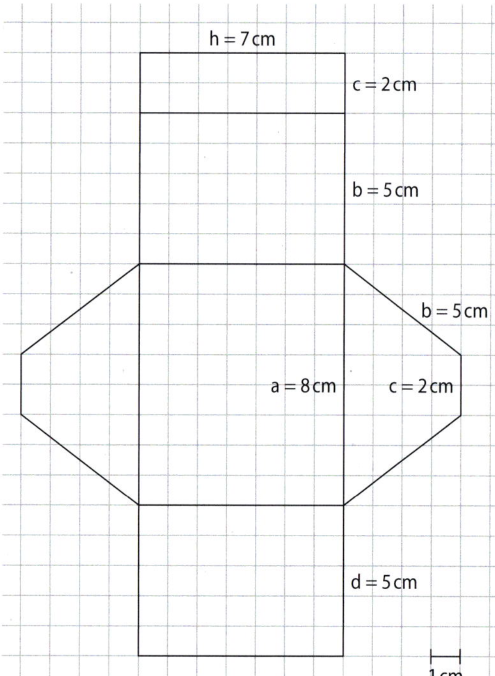

$A_O = (a + c) \cdot h_a + (a + b + c + d) \cdot h = 180\,cm^2$

$V = \frac{1}{2} \cdot (a + c) \cdot h_a \cdot h = 140\,cm^3$

c)

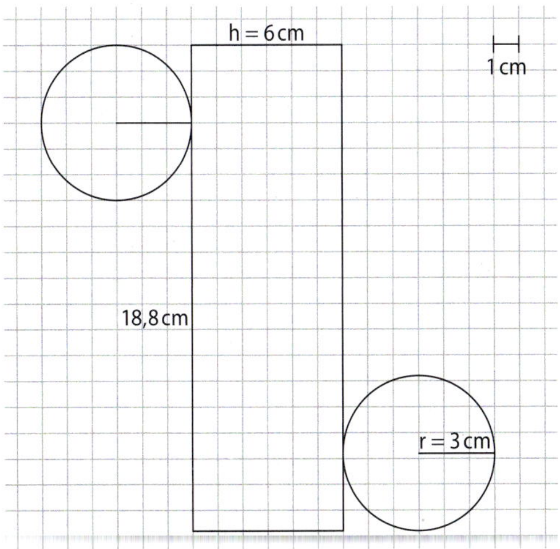

$A_O = 2\pi r \cdot (r + h) \approx 169{,}6\,cm^2$
$V = \pi r^2 \cdot h \approx 169{,}6\,cm^3$

Am Ziel – Seite 188

1 **a)** 5; 9; 11; 12; 25; 100 **b)** 0,2; 0,4; 0,7; 0,5; 600; 0,03

2 **a)** $a^2 + c^2 = b^2$ **b)** $d^2 + e^2 = f^2$ **c)** $h^2 + i^2 = g^2$

3 **a)** $c = \sqrt{80}\,dm \approx 8{,}9\,dm$
b) $a = \sqrt{28\,800}\,m \approx 169{,}7\,m$
c) $a = \sqrt{605}\,mm \approx 24{,}6\,mm$
d) $b = \sqrt{230{,}75}\,m \approx 15{,}2\,m$

4 **a)** Hypotenusenlänge 6 cm und Kathetenlänge 5,1 cm:
$a^2 = (6\,cm)^2 - (5{,}1\,cm)^2 \Rightarrow a \approx 3{,}16\,cm$
b) Hypotenusenlänge 2,8 cm und Kathetenlänge $\frac{4{,}2\,cm}{2} = 2{,}1\,cm$:
$a^2 = (2{,}8\,cm)^2 - (2{,}1\,cm)^2 \Rightarrow a \approx 1{,}85\,cm$
c) Kathetenlängen 4 m und $\frac{26\,m}{2} = 13\,m$:
$a^2 = (4\,m)^2 + (13\,m)^2 \Rightarrow a \approx 13{,}6\,m$

5 **a)** $a^2 + b^2 = (6\,cm)^2 + (5\,cm)^2 = 61\,cm^2$
$c^2 = (8\,cm)^2 = 64\,cm^2$
$a^2 + b^2 \neq c^2 \Rightarrow$ nicht rechtwinklig
b) $a^2 + b^2 = (5{,}5\,dm)^2 + (4{,}8\,dm)^2 = 53{,}29\,dm^2$
$c^2 = (7{,}3\,dm)^2 = 53{,}29\,dm^2$
$a^2 + b^2 = c^2 \Rightarrow$ rechtwinklig
c) $a^2 + c^2 = (4\,m)^2 + (0{,}3\,m)^2 = 16{,}09\,m^2$
$b^2 = (5\,m)^2 = 25\,m^2$
$a^2 + c^2 \neq b^2 \Rightarrow$ nicht rechtwinklig
d) $a^2 + c^2 = (12\,m)^2 + (5\,m)^2 = 169\,m^2$
$b^2 = (13\,m)^2 = 169\,m^2$
$a^2 + c^2 = b^2 \Rightarrow$ rechtwinklig

6 $\overline{AB} = \sqrt{(-2-4)^2 + (3-7)^2} \approx 7{,}2$

7 Flächendiagonalen:
$e_1 = \sqrt{7{,}4^2 + 6{,}5^2}\,cm \approx 9{,}8\,cm$
$e_2 = \sqrt{7{,}4^2 + 4{,}3^2}\,cm \approx 8{,}6\,cm$
$e_3 = \sqrt{6{,}5^2 + 4{,}3^2}\,cm \approx 7{,}8\,cm$
Raumdiagonale: $d = \sqrt{9{,}8^2 + 4{,}3^2}\,cm \approx 10{,}7\,cm$
oder $d = \sqrt{7{,}4^2 + 6{,}5^2 + 4{,}3^2}\,cm \approx 10{,}7\,cm$

8 $l = \frac{54\,cm}{0{,}06} = 900\,cm = 9\,m$

9 **a)** Nach dem Satz des Pythagoras gilt:
$h_a^2 = h^2 + \left(\frac{a}{2}\right)^2$, also
$h_a^2 = (6\,cm)^2 + (2{,}5\,cm)^2 = 42{,}25\,cm^2$,
also $h_a = 6{,}5\,cm$. Die Höhe einer Seitenfläche beträgt 6,5 cm.
b) Nach dem Satz des Pythagoras gilt: $s^2 = h_a^2 + \left(\frac{a}{2}\right)^2$.
Mit h_a^2 aus a) folgt:
$s^2 = (6{,}5\,cm)^2 + (2{,}5\,cm)^2 = 48{,}5\,cm^2$, also
$s \approx 7{,}0\,cm$.
Die Kante einer Dreiecksseite ist etwa 7,0 cm lang.
c) *Hinweis: Maßstab aus Platzgründen geändert.*

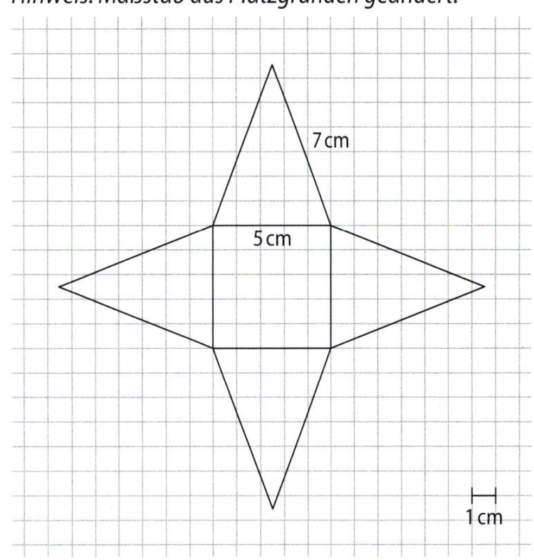

d) $A_O = 2a \cdot h_a + a^2 = 90\,cm^2$
$V = \frac{1}{3}a^2 \cdot h = 50\,cm^3$

10 **a)** Diagonale der Grundfläche:
$e = \sqrt{2 \cdot 7^2}\,\text{dm} \approx 9{,}9\,\text{dm}$
Höhe der Pyramide:
$h^2 = s^2 - \left(\frac{d}{2}\right)^2 \Rightarrow h \approx 3{,}39\,\text{dm}$

b) Höhe der Seitendreiecke:
$h_1 = \sqrt{s^2 - \left(\frac{a}{2}\right)^2} = \sqrt{6^2 - 3{,}5^2}\,\text{dm} \approx 4{,}87\,\text{dm}$
Flächeninhalt: $A_\triangle = \frac{1}{2} \cdot h_1 \cdot 7\,\text{dm} \approx 17{,}06\,\text{dm}^2$

c) $V = \frac{1}{3} \cdot 49\,\text{dm}^2 \cdot h \approx 55{,}37\,\text{dm}^3$

11 **a)** $h_b = \sqrt{\left(\frac{a}{2}\right)^2 + h^2} = 5{,}9\,\text{cm}$

$h_a = \sqrt{\left(\frac{b}{2}\right)^2 + h^2} = 6{,}1\,\text{cm}$

Hinweis: Maßstab aus Platzgründen in den Aufgaben 11 und 12 teilweise geändert.

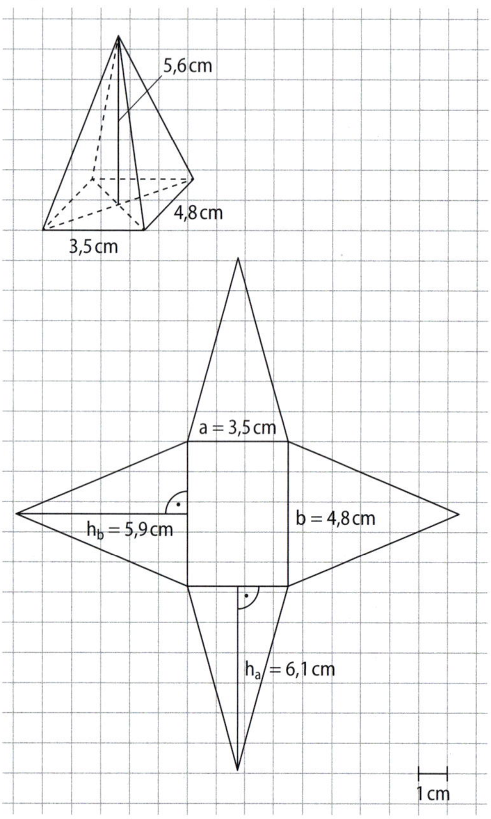

b) $A_O = a \cdot h_a + b \cdot h_b + a \cdot b \approx 66{,}5\,\text{cm}^2$
$V = \frac{1}{3} \cdot a \cdot b \cdot h \approx 31{,}4\,\text{cm}^3$

c) $V = \frac{1}{3} \cdot \pi \cdot r^3 \cdot h$
$\Leftrightarrow h = \frac{V}{\frac{1}{3} \cdot \pi \cdot r^3} \approx 3{,}7\,\text{cm}$

12 **a)** $s^2 = r^2 + h^2$
$s^2 = (1{,}5\,\text{cm})^2 + (2\,\text{cm})^2$
$s^2 = 6{,}25\,\text{cm}^2$
$s = 2{,}5\,\text{cm}$
$\varphi = \frac{r}{s} \cdot 360°$
$= \frac{1{,}5\,\text{cm}}{2{,}5\,\text{cm}} \cdot 360°$
$= 216°$

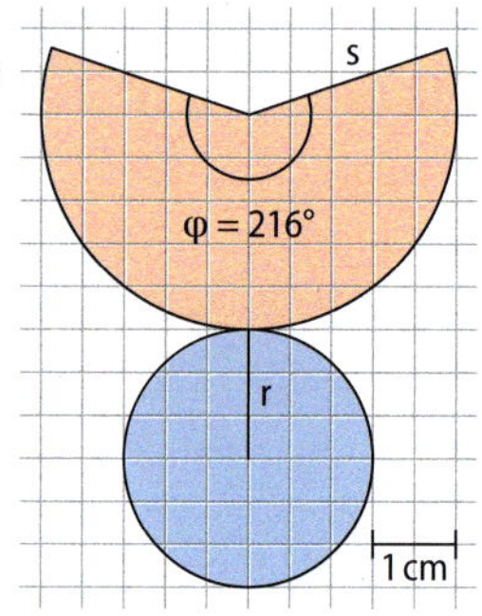

b) $r = \frac{d}{2} = \frac{8\,\text{cm}}{2} = 4\,\text{cm}$
$\varphi = \frac{r}{s} \cdot 360° = \frac{4\,\text{cm}}{12\,\text{cm}} \cdot 360° = 120°$

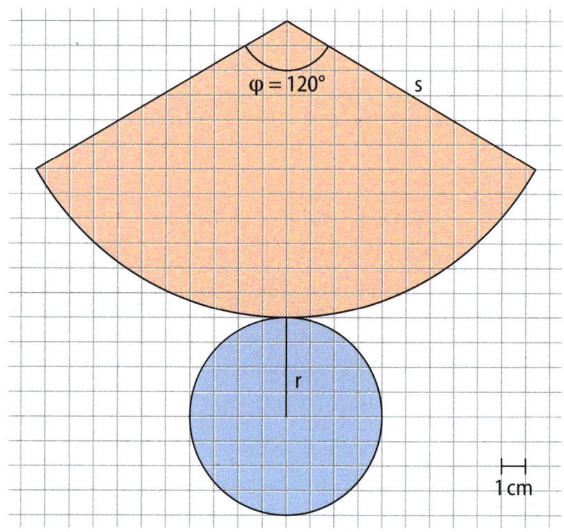

13

	a)	b)
r	8,46 cm	6,37 dm
$h = \sqrt{s^2 - r^2}$	12,00 cm	493,29 dm
$V = \frac{1}{3}\pi \cdot r^2 h$	900,00 cm³	20 960,89 dm³
$s = \sqrt{r^2 + h^2}$	14,68 cm	493,33 dm
$A_M = \pi \cdot r \cdot s$	390,16 cm²	9872,52 dm²
$A_O = A_M + r^2\pi$	615,01 cm²	10 000,00 dm²
$u = 2\pi \cdot r$	53,16 cm	40,00 dm

	c)	d)
r	1,55 cm	6,00 cm
$h = \sqrt{s^2 - r^2}$	6,83 cm	24,00 cm
$V = \frac{1}{3}\pi \cdot r^2 h$	17,18 cm³	904,78 cm³
$s = \sqrt{r^2 + h^2}$	7,00 cm	24,74 cm
$A_M = \pi \cdot r \cdot s$	34,00 cm²	466,34 cm²
$A_O = A_M + r^2\pi$	41,55 cm²	579,44 cm²
$u = 2\pi \cdot r$	9,74 cm	37,70 cm

Aufgaben für Lernpartner

A Die Aussage ist falsch. Aus $\sqrt{4} = 2$ lässt sich z. B. $\sqrt{400} = 20$ oder $\sqrt{0{,}04} = 0{,}2$ ableiten. Kommaverschiebung um 2 Stellen unter der Wurzel führt zur Kommaverschiebung um 1 Stelle im Ergebnis.

B Die Aussage ist nur teilweise richtig. Abhängig davon, wo der rechte Winkel liegt bzw. wie die Seiten im Dreieck bezeichnet sind, kann die Formel auch anders lauten.

C Die Aussage ist richtig.

D Die Aussage ist falsch. Die Länge der Strecke berechnet man über $\sqrt{(-4-(-1))^2 + (-2-7)^2}$.

E Die Aussage ist richtig.

F Die Aussage ist falsch. Es ist ausreichend, r und s zu kennen, dann kann man $\varphi = \frac{r}{s} \cdot 360°$ berechnen.

G Die Aussage ist richtig.

H Die Aussage ist falsch. Es lässt sich keine allgemeine Aussage darüber treffen.

I Die Aussage ist falsch. Es vervierfacht sich die Grundfläche, aber nicht die ganze Oberfläche.

J Die Aussage ist falsch. Bei der angegebenen Rechnung fehlt der Faktor $\frac{1}{3}$.

Startklar – Seite 193

1 Die Terme **3** und **4** sind zu $8x - 10$ äquivalent.

2 a)

$6x + 7$

$-2x + 7$ | $8x$

$2x + 7$ | $-4x$ | $12x$

b)

$12b$

$-a + 15b$ | $(2a - 6b) \cdot \frac{1}{2}$

$4a + 7b$ | $-5a + 8b$ | $6a - 11b$

3

	$D = \mathbb{Q}$	$D = \mathbb{N}$	$D = \mathbb{Z}$
a)	$L = \{11\}$	$L = \{11\}$	$L = \{11\}$
b)	$L = \{-13\}$	$L = \{\ \}$	$L = \{-13\}$
c)	$L = \left\{\frac{22}{23}\right\}$	$L = \{\ \}$	$L = \{\ \}$
d)	$L = \left\{13\frac{4}{5}\right\}$	$L = \{\ \}$	$L = \{\ \}$

4 Die Äquivalenzumformung der Gleichung ergibt für den gesuchten Koeffizienten k: $k = \frac{20}{x} - 8$

a) $k = 2$ **b)** $k = -4$ **c)** $k = -8$ **d)** $k = -18$

5 **a)** $f_1(x) = x + 2$ $f_2(x) = 2$
$f_3(x) = -2x$ $f_4(x) = -x - 2$

b) $0 = x + 2$
$\Rightarrow x_0 = -2$
$0 = 2$
$\Rightarrow$ keine Nullstelle.
$0 = -2x$
$\Rightarrow x_0 = 0$
$0 = -x - 2$
$\Rightarrow x_0 = -2$

c) Individuelle Lösungen möglich. Die Steigung muss gleich bleiben, der y-Achsenabschnitt kann beliebig gewählt werden. Beispiele: $f_3' = -2x + 3$ oder $f_3' = -2x - 4$.

d) **1** $m = \frac{y_2 - y_1}{x_2 - x_1} = \frac{2{,}5 - (-4)}{0{,}5 - (-2)} = \frac{6{,}5}{2{,}5} = 2{,}6$
$-4 = 2{,}6 \cdot (-2) + n$
$\Leftrightarrow n = 1{,}2$
$f(x) = 2{,}6x + 1{,}2$

2 $-3 = m \cdot 1 + 2$
$\Leftrightarrow m = -5$
$f(x) = -5x + 2$

3 $3{,}5 = -0{,}5 \cdot (-2) + n$
$\Leftrightarrow n = 2{,}5$
$f(x) = -0{,}5x + 2{,}5$

4 $f(x) = -\frac{1}{3}x - 1$

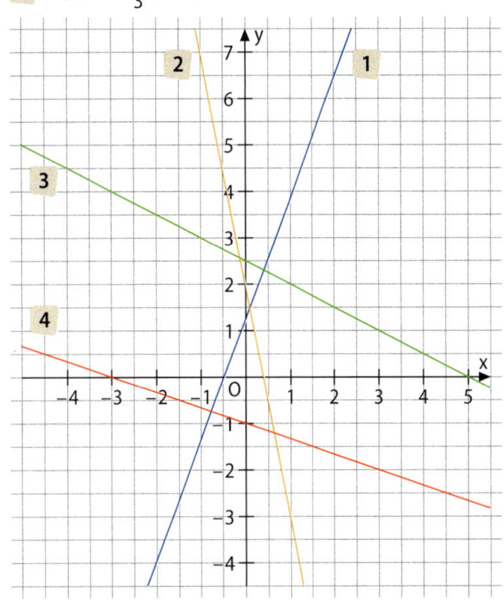

Am Ziel – Seite 220

1 Lösungsmöglichkeit:

a) $P_1(0|-5)$; $P_2(1|-4)$; $P_3(2|-3)$; $P_4(3|-2)$; $P_5(4|-1)$

b) $P_1(0|4)$; $P_2(2|1)$; $P_3(4|-2)$; $P_4(6|-5)$; $P_5(8|-8)$

c) $P_1(0|-5)$; $P_2(1|-2{,}5)$; $P_3(2|0)$; $P_4(3|2{,}5)$; $P_5(4|5)$

d) $P_1(0|-2)$; $P_2(1|10)$; $P_3(2|22)$; $P_4(3|34)$; $P_5(4|46)$

2 a) $y = -\frac{1}{2}x + 5$

b)

x	−3	−2	−1	0	1	2	3
y	6,5	6	5,5	5	4,5	4	3,5

c)

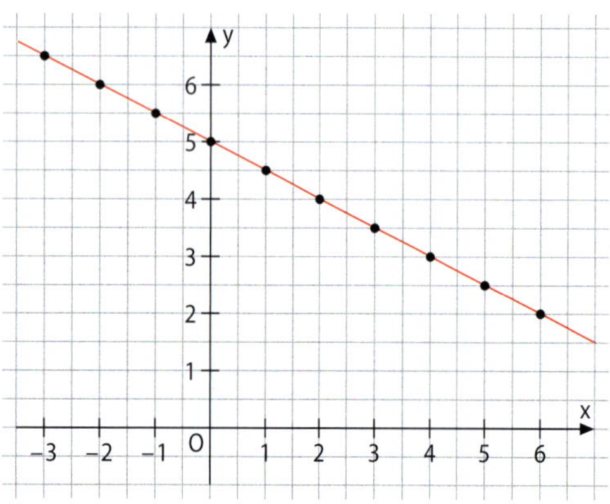

3 a) (1 | **0,5**) b) (**10** | −13) c) (**5** | −5,5) d) (−3 | **6,5**)

4 Zur graphischen Bestimmung der Lösungsmenge müssen zunächst alle Gleichungen nach y umgeformt werden. Mithilfe der Geradengleichung $y = mx + n$ können dann jeweils zwei Geraden in ein Koordinatensystem gezeichnet werden. Die Koordinaten des Schnittpunktes geben die Lösungsmenge an.
Zur Probe setzt man diese Koordinaten in eine der beiden Ausgangsgleichungen ein.

a) $L = \left\{\left(\frac{14}{5}\middle|\frac{3}{5}\right)\right\}$

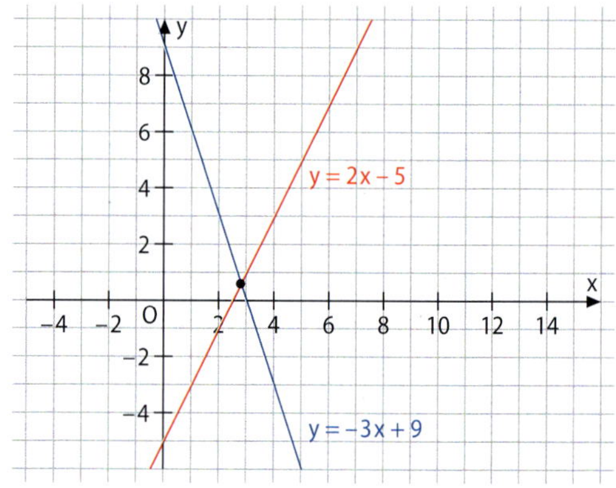

Probe: II $3 \cdot \frac{14}{5} + \frac{3}{5} = \frac{45}{5} = 9$ ✓

b) $L = \{(-11|-5)\}$

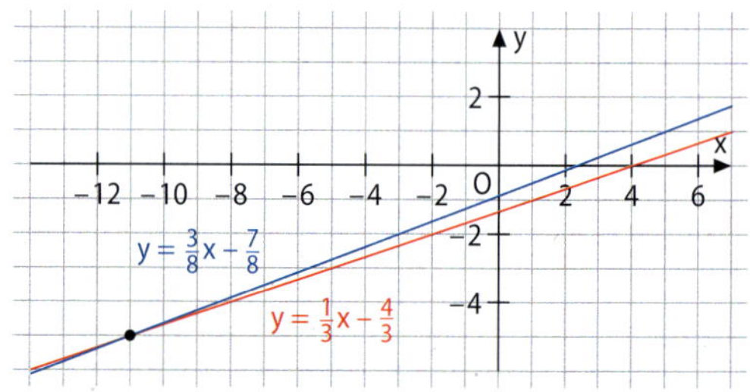

Probe: I $-4 + (-11) = 3 \cdot (-5)$ ✓

c) $L = \{(0{,}8|0{,}2)\}$

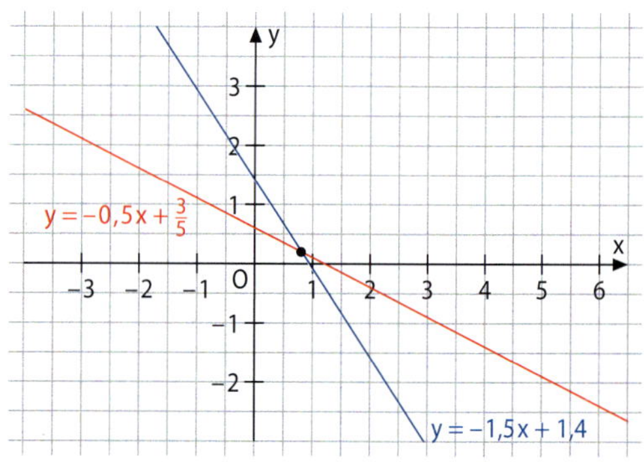

Probe: I $3 - 2{,}5 \cdot 0{,}8 = 5 \cdot 0{,}2$ ✓

d) $L = \{(5|-0{,}9)\}$

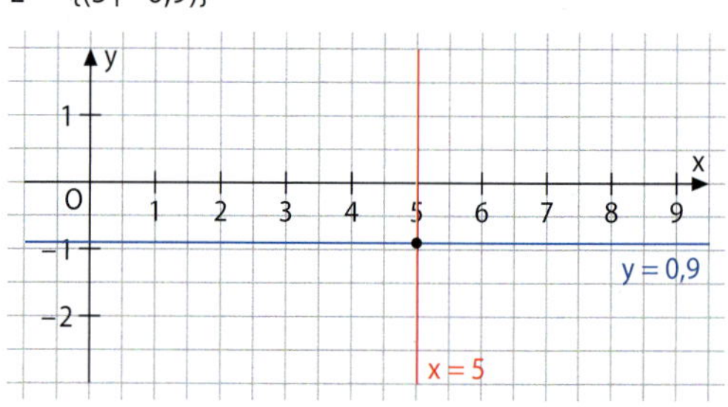

Probe: II $3 \cdot (-0{,}9) - 1{,}8 = 5 \cdot (-0{,}9)$ ✓

5 Zum Vorgehen bei der graphischen Bestimmung der Lösungsmenge: Siehe Lösung zu Aufgabe 4.

a) L = {(−8 | 2)}

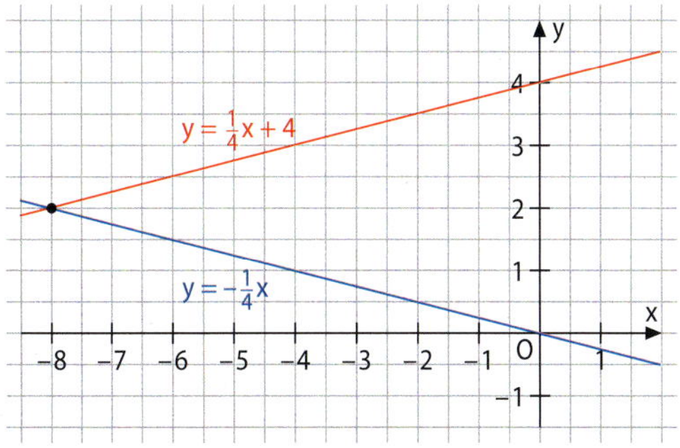

b) L = {(−2,5 | 3)}

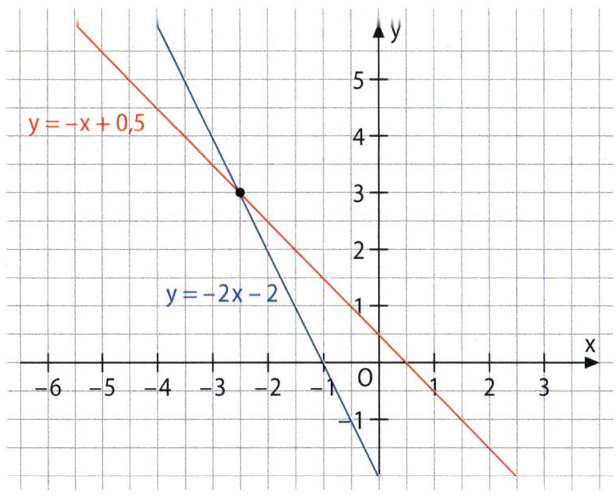

6 Zum Vorgehen bei der graphischen Bestimmung der Lösungsmenge: Siehe Lösung zu Aufgabe 4.

a) L = {(7 | 6,5)}

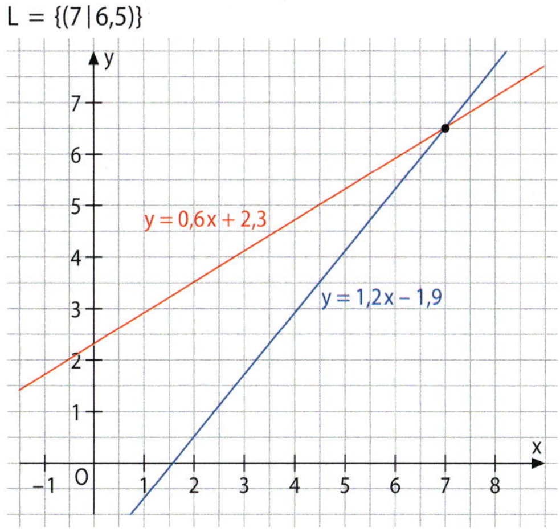

Probe: II 5 · 6,5 + 9,5 = 6 · 7 ✓

b) L = {(1 | −0,5)}

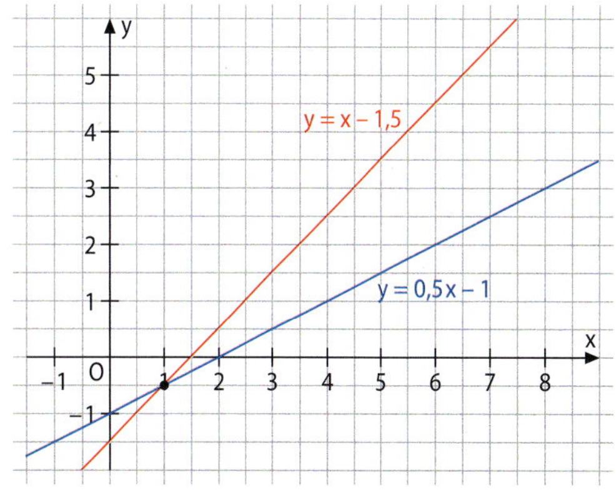

Probe: I −4 · (−0,5) + 2 · 1 = 2 + 2 = 4 ✓

7 **a)** I y = x + a
II y = −2x + 4
Keine Lösung **2** und unendlich viele Lösungen **3** ist nicht möglich, da die beiden Geradengleichungen dafür die gleiche Steigung besitzen müssen, was hier durch Einsetzen von a nicht möglich ist.
Es ist also nur möglich, dass das Gleichungssystem genau eine Lösung **1** besitzt, wobei für a ein beliebiger Wert eingesetzt werden kann.

b) I y = −ax + 10
II y = −4x + 10
Unendlich viele Lösungen **3** ist der Fall für a = 4, denn dann sind die beiden Gleichungen identisch und die Geraden liegen somit aufeinander.
Genau eine Lösung **1** gilt für ein beliebiges a ≠ 4 mit der Lösung x = 0 und y = 10.
Keine Lösung **2** ist nicht möglich, da die beiden Gleichungen dafür die gleiche Steigung, aber unterschiedliche y-Achsenabschnitte benötigen. Der y-Achsenabschnitt ist jedoch hier schon für beide Geradengleichungen auf 10 festgelegt.

8 I y = −1,5x + 2
II y = −2x + 3
Die Lösungsmenge entspricht dem Schnittpunkt beider Geraden: L = {(2 | −1)}.
Probe: II −1 = (−2) · (−1) + 3 ✓

9 **a)** I $15 = x + 2y + 1$
II $2y = x + 10$

b) Die Waagen werden so verändert, dass auf den inneren Waagschalen jeweils gleich viel liegt: $x + 2y$. Man kann anschließend die beiden äußeren Waagschalen gleichsetzen und erhält eine Gleichung, die nur eine Variable (x) enthält (Gleichsetzungsverfahren).

1 I $15 = x + 2y + 1$ $\quad | - 1$
II $2y = x + 10$ $\quad | + x$

2 I $14 = x + 2y$
II $x + 2y = 2x + 10$

3 I = II
$14 = 2x + 10$ $\quad | - 10$

4 $4 = 2x$ $\quad | : 2$

5 $2 = x$

Einsetzen in **1** II liefert $2y = 2 + 10$
$\Leftrightarrow y = 6$,
also $L = \{(2|6)\}$.

10 **a)** keine Lösung: Die Gleichungen sind Vielfache voneinander.

b) genau eine Lösung: $L = \left\{\left(0\middle|\frac{7}{5}\right)\right\}$

11 **a)** $L = \{(-20|-11{,}5)\}$ **b)** $L = \{(-12{,}5|-2)\}$

12 **a)** $L = \{(18|-3)\}$ **b)** $L = \{(3{,}5|16)\}$

13 **a)** $L = \left\{\left(\frac{7}{4}\middle|\frac{5}{2}\right)\right\}$ **b)** $L = \{(9|1)\}$

14 **a)** $L = \{(18{,}5|-1)\}$ **b)** $L = \{(12|15)\}$
c) $L = \left\{\left(-2\frac{5}{11}\middle|2\frac{4}{11}\right)\right\}$ **d)** $L = \{(12|-17)\}$

15 **a)** $L = \{(15{,}5|-18)\}$ **b)** $L = \{(19|14)\}$
c) $L = \{(-0{,}6|4)\}$ **d)** $L = \{\ \}$

16 x: Käsestange y: Laugenstange
I $15x + 15y = 27$
II $18x + 12y = 27{,}90$
Eine Käsestange kostet 1,05 € und eine Laugenstange 0,75 €.

17 Die gesuchte Zahl besteht aus den Ziffern x und y.
Dann gilt:
I $x + y = 10$
II $y \cdot 10 + x = 3 \cdot (10x + y) - 2$
Es folgt: $x = 2$ und $y = 8$.
Die gesuchte Zahl ist demnach 28.

Aufgaben für Lernpartner

A Die Aussage ist falsch, denn es entsteht „ausführlich" das folgende Gleichungssystem:
I $x + 0y = 3$
II $0x + y = 4$
Die Lösung ist aber direkt ablesbar: $(3|4)$.
$x = 3$ beschreibt eine Parallele zur y-Achse, $y = 4$ eine Parallele zur x-Achse.
Die Graphen schneiden sich in $P(3|4)$.

B Die Aussage ist falsch. Zur x-Achse gehört die Funktionsgleichung $y = 0$.
Die y-Achse kann durch $x = 0$ beschrieben werden, wobei das aber nicht die Gleichung einer Funktion ist.

C Die Aussage ist richtig.

D Die Aussage ist richtig. Beide Gleichungen beschreiben dieselbe Gerade und sind somit identisch. In der Lösungsmenge wird dann die Geradengleichung angegeben.

E Die Aussage ist falsch. Das Einsetzungsverfahren ist sinnvoller, wenn eine Gleichung bereits nach einer Variablen aufgelöst ist. Das Gleichsetzungsverfahren ist sinnvoller, wenn der gleiche Term in beiden Gleichungen vorkommen.

Mediencodes auf einen Blick

Verwendung

Bitte gib den gewünschten Medien-Code/Clip-Code in die Suchmaske auf www.ccbuchner.de/medien ein.

Suche: Clip-/Medien-Code »

1 Daten und Zufall

2 Terme und Gleichungen

3 Lineare Funktionen

A Umgang mit Operatoren

Anweisung	Erklärung	Beispiel
angeben, nennen, benennen	Beispiele, Begriffe, Wörter ohne weitere Erklärung aufschreiben	**Gib an**, wie groß die Wahrscheinlichkeit ist, erst keine 6 und dann eine 6 zu würfeln. (S. 30) $P = \frac{5}{6} \cdot \frac{1}{6} = \frac{5}{36}$
aufstellen, darstellen (1)	Zusammenhänge oder Ergebnisse übersichtlich aufschreiben	**Stelle** einen Term mit der Variablen x **auf**. **a)** Subtrahiere von der Summe einer Zahl und 7 die Zahl 12. (S. 52) *a)* $(x + 7) - 12$
ausklammern, faktorisieren	aus den Summanden einen gemeinsamen Faktor herausnehmen	**Faktorisiere** wie im Beispiel. **a)** 35 + 21b + 10a + 6ab (S. 57) *a)* $35 + 21b + 10a + 6ab$ $= 7 \cdot (5 + 3b) + 2a \cdot (5 + 3b)$ $= (7 + 2a) \cdot (5 + 3b)$
darstellen (2), zeichnen, erstellen	graphische Abbildung oder Tabelle anfertigen	Benenne die Fehler und **erstelle** eine neue Mindmap. (S. 99) *Individuelle Lösungen; eine Mindmap soll gezeichnet werden. Dieser Operator wird auch verwendet, wenn das Erstellen einer Wertetabelle, einer Skizze, eines Diagramms oder eines Graphen gefordert wird.*
begründen, argumentieren, zeigen	Zusammenhänge erklären, dabei mathematische Beziehungen verwenden	**Begründe**, möglichst ohne die Graphen zu zeichnen, dass das entstehende Viereck ein Parallelogramm, aber kein Rechteck ist. (S. 115) *Jeweils 2 Funktionen haben die gleiche Steigung. Diese beiden Funktionen sind jeweils zueinander parallel. Es entsteht also ein Viereck mit jeweils 2 parallelen Seiten, also ein Parallelogramm.* *Für ein Rechteck mussten die nicht-parallelen Seiten senkrecht zueinander stehen.* *Test mit* $m_1 \cdot m_2 = -1 \Rightarrow 3 \cdot (-0{,}5) = -1{,}5 \neq -1$. *Die nicht-parallelen Seiten stehen nicht senkrecht zueinander, also kann es kein Rechteck sein.*
berechnen, rechnen, lösen	Ergebnis durch eine Rechnung ermitteln	**Berechne** die Längen der beiden Teilstrecken. (S. 152) $36\,cm \cdot \frac{5}{12} = 15\,cm$ $\quad$ $36\,cm \cdot \frac{7}{12} = 21\,cm$
beschreiben	Zusammenhänge oder Lösungswege in eigene Worte fassen	**Beschreibe**, welche Zusammenhänge du zwischen den Quadraten entdeckst. (S. 162) *Die Quadrate erfüllen den Zusammenhang* $a^2 + b^2 = c^2$ *(abgesehen von ein paar Ungenauigkeiten, die durch die Messung entstehen können).*
bestimmen, ermitteln	Lösung oder Zusammenhang anhand vorliegender Informationen finden	**Ermittle** die gesuchte Zahl. **a)** Addiert man zum Fünffachen einer ganzen Zahl das Sechsfache ihrer Gegenzahl, so erhält man 10. (S. 67) *a)* $5x + (-6x) = 10$ $\Leftrightarrow -x = 10$ $\Leftrightarrow x = -10$

Anweisung	Erklärung	Beispiel
entscheiden	aus verschiedenen Möglichkeiten eine Auswahl treffen	**Entscheide**, ob die Gruppen 1 bis 3 die Breite b bestimmen können. (S. 142) *Nur die Gruppen 1 und 3 können die Breite b bestimmen.*
erklären, erläutern	Sachverhalte verständlich und nachvollziehbar machen	Anni meint: „Die nach hinten verlaufenden Kanten brauchen nicht verkürzt werden." **Erkläre**, welche Folgen dies für die Schrägbildwirkung hätte. (S. 179) *Wenn man die nach hinten verlaufenden Kanten nicht verkürzt, dann wirkt der Körper auf dem Bild tiefer, als er in Wirklichkeit ist. Die Darstellung entspricht dann nicht unserer natürlichen Wahrnehmung.*
ordnen, zuordnen	systematisch einteilen aufgrund einer Eigenschaft	**Ordne** den abgebildeten Graphen I bis IV die zugehörige Funktionsgleichung **zu**. (S. 110) *f (x) – II* *g (x) – I* *h (x) – IV* *k (x) – III*
prüfen, überprüfen, untersuchen	Sachverhalt feststellen aufgrund von bekannten Eigenschaften oder Zusammenhängen	**Überprüfe**, ob die beiden Geraden a und b parallel sind. (S. 153) $\frac{7{,}8}{5{,}9} \approx 1{,}32$ $\frac{6{,}2}{4{,}9} \approx 1{,}27$ *Die Verhältnisse entsprechender Abschnitte auf den beiden Geraden sind ungleich. Der 1. Strahlensatz gilt somit nicht, daher sind die Geraden nach der Umkehrung des 1. Strahlensatzes nicht parallel.*
vereinfachen, zusammenfassen	einen Term oder eine Rechnung verkürzen	**Vereinfache** die Terme so weit wie möglich. **a)** $-4ab - 3x + 7ab - ab + 8a$ (S. 74) ***a)*** $2ab + 8a - 3x$
vergleichen	Gemeinsamkeiten, Ähnlichkeiten und Unterschiede feststellen	**Vergleiche** mithilfe der Graphen beide Kerzen miteinander. (S. 100) *Noahs Kerze war zu Beginn 180 mm lang, die Kerze von Merle war 210 mm. Die Kerze von Noah ist pro Minute langsamer abgebrannt als Merles, denn der Graph ist flacher als der von Merles Kerze.*
konstruieren	Schrittfolge bestehend aus Skizze, Zeichnung und Beschreibung zum Erstellen einer Figur.	**Konstruiere** ein Dreieck mit den gegebenen Maßen. **a)** $a = 6\,cm$; $b = 4{,}5\,cm$; $\gamma = 80°$. (S. 137) ***a)*** *Skizze:* 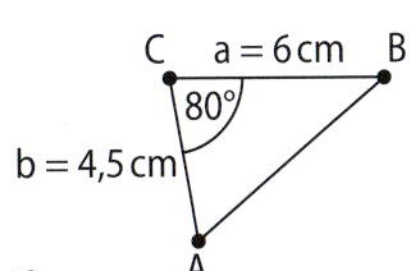 *Beschreibung:* *1. Strecke a = 6 cm zeichnen.* *2. Winkel γ = 80° abtragen.* *3. Freier Schenkel b = 4,5 einzeichnen.* *4. A und B verbinden.* *Konstruktion:* 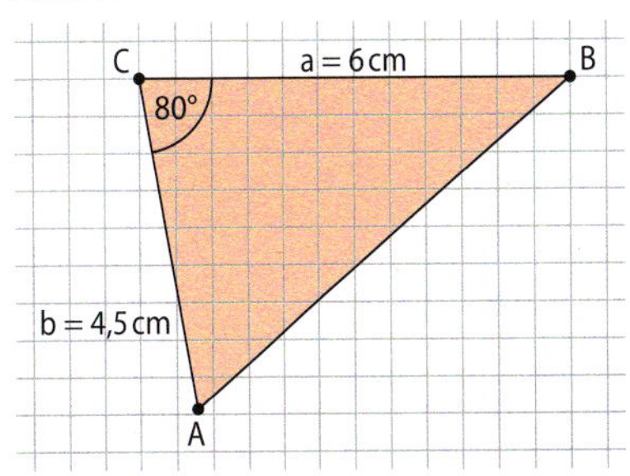

Bildquellenverzeichnis

AdobeStock / Africa Studio – S. 115; - / Artalis-Kartographie – S. 4, 83; - / fotofabrika – S. 20; - / Image'in – S. 194; - / jeafish – S. 87; - / mdi – S. 14; - / Mixage – S. 113; - / sablin – S. 195; - / shootingankauf – S. 212; Alamy Stock Photo / ALLTRAVEL – S. 46; - / ARCTIC IMAGES – S. 46; - / Peter Horree – S. 5, 155; - / NORMA JOSEPH – S. 46; - / Wirestock, Inc. – S. 46; - / World History Archive – S. 119; Fotolia / by-studio busse, yankushev – S. 185; - / destina – S. 122; - / Doc RaBe – S. 109; - / ExQuisine – S. 184; - / Werner Hilpert – S. 186; - / Manfred Steinbach – S. 73; - / James Thew – S. 123; - / unpict, Paul Schwarzl – S. 34; Getty Images Plus / Hemera, Brian Jackson – S. 210; - / Hemera, Goce Risteki – S. 113; - / iStock Editorial, Delpixart – S. 18 (2); - / iStock Editorial, miroslav_1 – S. 198; - / iStockphoto, a40757 – S. 87; - / iStockphoto, alexandragl1 – S. 213; - / iStockphoto, Andrey_KZ – S. 36; - / iStockphoto, bluegame – S. 213; - / iStockphoto, Creative Crop – S. 210; - / iStockphoto, diego_cervo – S. 12; - / iStockphoto, Godfried Edelman – S. 125, 185; - / iStockphoto, encrier – S. 219; - / iStockphoto, Fertnig – S. 79; - / iStockphoto, gbh007 – S. 87; - / iStockphoto, ChrisGorgio – S. 4, 119; - / iStockphoto, MartinJGruber – S. 22; - / iStockphoto, Viktoriia Hnatiuk – S. 86; - / iStockphoto, iJalin – S. 38; - / iStockphoto, jakkapan21 – S. 107; - / iStockphoto, Jummie – S. 207; - / iStockphoto, Kintarapong – S. 186; - / iStockphoto, langdu – S. 210; - / iStockphoto, Mojito_mak – S. 27, 36; - / iStockphoto, molchanovdmitry – S. 47; - / iStockphoto, LeoPatrizi – Cover; - / iStockphoto, Photology1971 – S. 108; - / iStockphoto, PhotoRK – S. 100; - / iStockphoto, Zbynek Pospisil – S. 72; - / iStockphoto, Prostock-Studio – S. 72; - / iStockphoto, RicoK69 – S. 86; - / iStockphoto, rusak – S. 38; - / iStockphoto, rx8 – S. 211; - / iStockphoto, S_A_N – S. 39; - / iStockphoto, samirabdala – S. 123; - / iStockphoto, Roman Samokhin – S. 210; - / iStockphoto, StockSolutions – S. 61; - / iStockphoto, Timsulov – S. 72; - / iStockphoto, Ullimi – S. 124; - / Photos.com – S. 196; - / Stockbyte, John Foxx – S. 208; Dominik zur Heiden, Düsseldorf – S. 10 (4); Lisa Hepp, Bamberg – S. 3, 7, 37; imago images / Westend61 – S. 115; iStockphoto / carlosalvarez – S. 151; - / Nastasic – S. 105; - / SKrow – S. 29; Michael Kleine, Büren – S. 3, 43; Mauritius Images / Alamy Stock Photo, GL Archive – S. 209; Jacqueline Pachal – S. 111; picture-alliance / dpa, Martin Schutt – S. 124; - / dpa, ZB, Manfred Krause – S. 123; - / ZB, Jan-Peter Kasper – S. 187; Christian van Randenborgh, Bielefeld – S. 134 (3), 139; Shutterstock / aquatarkus, Andrii Zhezhera – S. 5, 191.